装备科技译著出版基金

Activity-Based Intelligence
Principles and Applications

基于活动的情报技术原理及应用

[美] 帕特里克·比尔特让　斯蒂芬·瑞安　著

李峥　陈亮　李斌　杨玲　汪博　译

国防工业出版社

·北京·

著作权合同登记　图字：01-2022-7029 号

Translation from the English Language edition：
Activity-Based Intelligence Principles and Applications by Patrick Biltgen and Stephen Ryan
Copyright © 2016 Artech House

All rights reserved. Printed and bound in the United States of America. No part of this book may be reproduced or utilized in any form or by any means, electronic or mechanical, including photocopying, recording, or by any information storage and retrieval system, without permission in writing from the publisher.
All terms mentioned in this book that are known to be trademarks or service marks have been appropriately capitalized. Artech House cannot attest to the accuracy of this information. Use of a term in this book should not be regarded as affecting the validity of any trademark or service mark.
本书简体中文版由 Artech House, Inc. 授权国防工业出版社独家出版发行。
版权所有，侵权必究。

图书在版编目（CIP）数据

基于活动的情报技术原理及应用／（美）帕特里克·比尔特让，（美）斯蒂芬·瑞安著；李峥等译. —北京：国防工业出版社，2023.5（2025.5 重印）
书名原文：Activity-Based Intelligence Principles and Applications
ISBN 978-7-118-12927-4

Ⅰ.①基… Ⅱ.①帕… ②斯… ③李… Ⅲ.①情报学 Ⅳ.①G250.2

中国国家版本馆 CIP 数据核字（2023）第 063955 号

※

国防工业出版社出版发行
（北京市海淀区紫竹院南路 23 号　邮政编码 100048）
北京虎彩文化传播有限公司印刷
新华书店经售

＊

开本 710×1000　1/16　印张 25¾　字数 442 千字
2025 年 5 月第 1 版第 3 次印刷　印数 3001—4000 册　定价 188.00 元

（本书如有印装错误，我社负责调换）

国防书店：（010）88540777　　书店传真：（010）88540776
发行业务：（010）88540717　　发行传真：（010）88540762

译者序

本书描述了美军情报分析方法近期最重要的发展成果——"来源于伊拉克战争和阿富汗战争的实践经验，基于活动的情报技术（Activity-Based Intelligence，ABI）是情报分析领域最重要的发展成果"。

ABI 的架构对电磁态势情报有重要的启发意义。一代又一代的技术工作者围绕情报和电磁态势的生成呕心沥血：采集脉冲，密度和精度逐渐逼近物理上限；分选信号，类别和模式日益涵盖设计师的想象力；定位目标，精度和信息渐渐赶上了机械运动的极限；生成态势，平滑航迹度和目标特性追求用户的极度满意，可是，依然难以满足情报工作日益增长的需求。正如罗伯特·克拉克在《情报分析——以目标位中心的方法》中指出："我们不能只是简单地向用户提供更多的情报，他们拥有的信息已超出了其处理能力，而且信息过载易于造成情报失误。情报界必须提供与用户需要相关的情报，也就是所谓'可供行动用的情报'"。电磁情报如何提供"可供行动用的情报"，固然是横亘在电子侦察领域的永恒难题。本书提供的原则和技术支柱对如何支撑行动能力提供了重要的参考。

ABI 的方法对进一步改善情报处理技术有重要参照。"ABI 代表了一种从根本上发生改变的情报分析方法，这种改变，不仅方法本身至关重要，而且也创造性地颠覆了现有情报处理流程的范式。ABI 已经推动了'大数据处理'的进步，实现了自动化-人工相结合的工作流程，从而让分析人员能够去做他们最擅长的事情。"正如高金虎教授在《军事情报学》一书中指出的："在情报工作的众多门类中，情报分析处于核心地位。它是信息转换成情报的必经桥梁，是情报工作成果的体现，是衡量情报工作质量的标准"。我们需要不断开发技术，提升情报分析的能力和水平。本书介绍了 ABI 核心原理和基本原理，并以多个案例以及翔实的分析描述了情报工作的准则、流程和模式，为我们全面了解 ABI 技术在美国情报界的应用提供了良好的借鉴。

ABI 的应用对进一步全面掌握外军情报研究技术有帮助。在介绍美国作为情报强国的技术方面，金城出版社的"情报与反情报"丛书，给我们提供了很好的借鉴，这套丛书所选作品均为西方名家的情报研究经典，内容涉及情报基础理论、情报体制、情报历史、谍报技术、反间谍、隐蔽行动、情报分析与失误、突然袭击等，涵盖了情报工作的各个领域。时至今日，其中很多观点仍然值得借鉴，例如《情报——从秘密到政策》这本早期著作，将情报定义为三个层次的含义："情报是流程、情报是产品、情报是组织"，依然值得我们借鉴和思考。当然，由于该丛书出版时间较早，无法反映美国情报界最新的动向和发展，希望本书能够帮助从事相关研究的人员理解美军的情报研究。同时，虽然军事情报学等已经列入了我国学科门类，但情报研究在我国远未成长为一门成熟的学科。理论研究的落后，制约了我国情报工作的发展。目前我国的情报专业，尤其是电子情报方面，尚未形成完整、系统的学科体系，也希望本书的出版能够进一步启迪国内情报专业的发展。

本书作者帕特里克·比尔特让和斯蒂芬·瑞安在情报界深耕多年，并因其在情报行动和基于活动的情报方面的贡献而获得美国国家情报功勋单位奖和国家情报综合奖。帕特里克·比尔特让博士是美国国家地理空间情报局基于活动的情报能力实施的主题专家。在此之前，他是BAE系统情报集成局的高级任务工程师，他在其中担任过多种角色，包括地理空间情报数据自动化"管道"处理的初始概念的开发、多源情报数据发现和关联，以及与图论相关联的对象关系。比尔特让还领导了一项预测研究，研究2050年ABI对情报界的影响。斯蒂芬·瑞安是诺斯罗普·格鲁曼公司信息系统部门情报、监视和侦察部门的任务工程经理。

为便于读者理解，我们在翻译过程中，力求尊重原文，保留了原书中的划代、举例、假设和甚至部分文字错误（例如有的章节引用是空缺的）；书中观点，尤其是涉及各个国家的描述和分析，不代表译者支持或者认同这些观点，请读者在阅读时注意。

因为情报工作自身的复杂性，加之译者水平有限，内容难免存在偏差，敬请读者批评指正。

在翻译过程中，得到刘永红、汪华、黄晓峰、姚吕等同志的帮助，特此致谢。

李 峥
2023年1月

序

来源于伊拉克战争和阿富汗战争的实践，基于活动的情报技术（ABI）是情报分析领域最重要的发展。几年前当我参与兰德公司的一个项目，研究情报界如何利用社交媒体信息（如推特和脸书）时，我第一次注意到这种技术。美国国家地理空间情报局（NGA）的一个团队听说了这个项目后，邀请我与他们见面。他们使用社交媒体是相当偶然的——他们抓取公开信息源，如维基卫星地图和谷歌地球，以便使用地理定位数据。但他们的工作令人惊叹，对于像我这样的人来说更是如此，尤其是当我聚焦在战略问题情报分析时，相关数据通常总是供不应求。

该团队通过汇编特定地点的数据为士兵提供支持。一旦发生了一些潜在的关键事件——例如，一辆卡车冲向农舍——他们可以从数据库中搜索有关该位置的信息，以判断事件是否有意义。如果是，那么分析人员可以深入挖掘数据。如果不是，那么活动将被记录在数据库中，以备与后来的事件引起关联。在任何一种情况下，重要的不是视频，而是活动行为本身。

基于活动的情报技术代表了一种从根本上发生改变的情报分析方法，这种改变，不仅方法本身至关重要，而且也创造性地颠覆了现有情报处理流程的范式。冷战时期情报工作的目标往往很大（如导弹或军队编制），而且这些目标通常具有标志特征（如苏制T-72坦克的外形特征广为人知），甚至这些标志特征可以归纳出若干作战原则：如果图像情报中发现了一辆T-72坦克，它就可能会伴随着许多其他的坦克。

但是恐怖主义目标却完全不同，这导致传统原则已经无效，并推动了"基于活动的情报技术"的创建。目标很小，通常不是大规模行动，而是小规模网络甚至是个人单独行动，它们既没有标志特征也没有现成的情报分析原则。即使嫌疑恐怖分子有标志特征，例如手机号码，那也是稍纵即逝的，因为它们可以随意改变。反恐斗争标志着情报分析从报告已知目标到发现未知目标的过渡。ABI以发现情报作为核心原则。发现它并获知其意义是一项激动人心的挑战，是情报界刚刚开始面对的挑战，所以本书的出版特别及时。

虽然世界并非线性的，以前广泛使用的情报范式仍然是十分制式化的：

设定需求，收集相关的要求，然后进行分析。或者正如通常所说的："记录、写作、打印、重复。"当试图解决围绕苏联的情报问题时，这个范式可能是有意义的，那时目标是秘密而又笨重的。现在它却变得不那么有用了，ABI改变了情报线性收集、利用、传播的循环。它专注于将数据——任何数据——数据地址组合在一起。它不仅从秘密来源获取数据，而且将非结构化文本、地理空间数据和传感器收集的情报结合起来。它标志了一条情报融合的重要通道，是由真正的从业者第一次对"大数据"分析的人工演化。ABI最初对反恐行动的关注促使其通过关联恐怖分子的活动，或时间和空间中的事件和事务来推演其行为模式。

ABI遵循四个与传统情报方法截然不同的基本原则：

第一个原则是时空关联性。有时某些数据唯一的共同点就是时间和位置，但这足以发现重要的相关性，而不仅仅是报告事件的发生。

第二个原则是序列不确定性。当确知一个情报难题之前，我们可能只发现了关于难题的只言片语。想一想在日常生活中经常发生的例子，往往在你看到答案之前，常常都没有真正意识到你被某些东西所困惑。

第三个原则是数据等价性。数据就是数据，并没有对是否是机密信息有所侧重。ABI并没有像传统情报处理范式那样在多种信息源中更看重来自情报口的信息。

第四个原则完全围绕第一个原则，在利用数据之前先聚合数据。所有数据依据时间和位置关系进行聚合，以便于被发现，并且这种数据聚合是发生在任何分析人员操作数据之前。

ABI已经推动了"大数据处理"的进步，实现了自动化-人工相结合的工作流程，从而让分析人员能够去做他们最擅长的事情。特别是为了便于数据发现，必须对元数据（如时间和位置）进行标准化。这就需要用与过滤元数据和提取数据相关性的技术。此外还需要新的数据可视化技术，特别是地理空间可视化以及地理模式分析工具。自动化活动提取技术增加了可用于分析的地理信息数据量。ABI还采用了新的相关和融合算法，包括快速发展的高级建模和机器学习技术。

本书是一本由ABI从业者描述的有关ABI核心原理的入门书。它将向读者介绍ABI增强技术，并提供与ABI相关高级分析的调查概述，以及针对情报分析发现的数据和利用ABI技术的丰富非密示例。这些示例将ABI的原则应用到开源数据集上。

可以肯定的是，ABI仍然处于发展之中。作为一个目前在情报界热门的流行语，有一种危险的倾向，即用ABI解决所有问题，这有可能使它变得毫无意义。因此，本书的目的是仔细论述 ABI 的核心方法、增强技术和相关应用。ABI 的口号之一是"越多越好"。随着每个人的口袋里都有手机，每个街角都遍布摄像头，数据来源越来越多样化。然而，首先收集这些数据本身就是技术挑战。数据集越来越大。元数据日益非标准化。还有种类日益增多的"烟囱"式和孤立数据集。最后，最终的挑战是在保护隐私的同时实现数据访问。

ABI 在反恐斗争中成熟，但它是一种可以扩展到其他问题的情报方法——特别是那些在缉毒或海岸预警领域需要从大量好人中识别不法分子的问题。除此之外，ABI 强调数据相关性而不是因果关系，可能会导致过于宽松的假设。当然，分析人员会发现许多虚假的相关性，但他们也会在有趣的地方找到奇妙的联系，这并不是面面俱到的情报，而是暗示要在哪里寻找和探索新的联系。至少，通过使用本书中的方法和技术，分析人员可以花费更多时间来揭开谜题的神秘面纱，而减少用于挖掘数据的时间。

格雷戈里·特雷弗顿（Gregory F. Treverton）
华盛顿特区

前言

即便在最好的情况下，撰述一个全新的领域也是一次艰难的尝试。而情报领域更是难上加难，因为它本质上必须在阴影中操作，躲避公众视野。在情报领域，特别是在谍报分析中，为了保护信息来源和获取方法，发展成果都被秘密地隐藏起来；这些发展成果，有的是技术性的，如间谍卫星；有的是人，勇敢地冒着生命危险的人。本书描述了一种革命性的情报分析方法，本书使用经过批准的、开源的或商业的案例，向读者介绍基于活动的情报技术（ABI）的基本原理和应用。

我们认为这是关于 ABI 的对话的开始，ABI 是一个在过去五年中在情报界中泛滥的"新"词。尽管该术语的使用是新的，但该方法的原理在情报学术研究中具有学术性和持久性。

在一份最近的调查研究《基于活动的情报方法的基础技术：文献综述》（*Foundational Technologies for Activity-Based Intelligence：A Review of the Literature*）中，纽约州立大学布法罗分校研究教授詹姆斯·利纳斯（James Llinas）博士和海军研究生院詹姆斯·斯科诺法利（James Scrofani）博士指出"关于 ABI，在情报界的行业出版物中已有很多人说过……但科学文献中还很少发表明确支持和追溯到 ABI 应用的特殊和新颖的技术方法。"尽管十多年前就开始了最初的发展，但行业和学术专家对这一新兴学科缺乏开创性的文献感到遗憾。对支持情报需求的分析人员和工程师的培训落后于政府和行业的需求。在这个隐蔽和新生的领域，我们通过与二十多位专家进行广泛的研究、综合、讨论和合作来编写本书。

《基于活动的情报技术原理及应用》一书针对的是情报研究专业的学生、入门级分析人员、技术专家和高级政策制定者以及需要对这一系列新方法进行基本入门的高级管理人员。本书的权威性来自于它首次完整记录了在伊拉克和阿富汗战争期间分析人员使用的一系列取得显著成效的情报分析概念和流程。它还总结了与 ABI 相关的基本技巧、技术和方法。我们认为，本书为安全、国防和执法部门提供了进一步扩大发展的共同基础。

作者在情报界深耕多年。瑞安是情报专业人士，获得乔治城大学沃尔什外交学院的安全研究硕士学位,以及乔治·华盛顿大学艾略特国际事务学院的国际事务学士学位。瑞安提出了本书的分析和操作视角:他在阿富汗工作了将近一年,在那里他将 ABI 作为了一种分析方法论。2013—2014 年期间,他致力于将其他分析人员的概念规范化,并解决反恐和反叛乱作战行动之外的情报问题。他作为 ABI 技术和方法的主题专家,支持了众多研究和小组。瑞安将这种分析视角带入了他在面向任务的工程和技术开发方面的工作,在那里他作为一个主要的国防承包商领导一个多元化的研究团队,并与政府和军方客户合作解决他们最棘手的问题。

比尔特让拥有佐治亚理工学院航空航天工程专业的博士学位,专注于复杂系统的建模、仿真和分析。他在 2010 年为持续监控系统处理分系统的概念设计工作时引入了 ABI 方法。作为一名训练有素的工程师,比尔特让为 ABI 方法提供了一个过程和技术视角,专注于传感器数据并使数据能够为分析人员所用。如今,他为政府客户提供多类情报数据处理和分析软件设计及开发的支持服务。

比尔特让和瑞安于 2012 年通过共同的政府同事和导师格雷(Gerry)介绍认识。随后他们开始就新领域及其对情报界的影响进行合作研究,这些研究跨越了情报机构和特种作战领域。也许最重要的是,他们的专业合作发展成就了今天从华盛顿到洛杉矶的个人友谊。

两人因为对该主题的共同热情联合起来,但他们的讨论经常由于个人经验而产生(建设性的)分歧。两人对本书所包含的主题进行了深入讨论,包括自动化、大数据分析和情报分析。共识与分歧之间的相互作用体现在本书的许多主题中,各自不同的观点能够丰富情报专业读者的阅历。最后,作者认为这种综合视角提供了对情报这一艰难领域的高度全面的理解,并希望学术界、政府、行业和执法部门能够从这些观点中认识到 ABI 的作用。

瑞安要感谢很多人。许多仍然在政府中任职的情报官员,不管是过去和现在,都对 ABI 的持续发展和在战场上的实际应用发挥着重要作用。维多利亚·阮(Victoria Nguyen)以前在国家地理空间情报局(NGA)任职,现在是"白色空间"(White Space)解决方案的一员,她是瑞安的合作伙伴,帮助将 ABI 纳入到了更广泛的国家安全事业中,她仍然在日复一日地做出重要贡献。没有她的努力,这本书可能就不能问世。蒂莫西(Timothy)和查理斯(Charles)也是核心团队成员,该团队帮助国家地理空间情报局定义了 ABI 的大部分工作内容,没有他们,瑞安不可能完成这本书的写作。格雷戈里·特雷弗顿(Gregory Treverton)博士是兰德公司的第一位成员,现在是美国国家情报委员会(NIC)主席,他一直以来都是一位值得信赖的同事和朋友,在

ABI研究领域做出了巨大贡献。来自麻省理工学院的优秀工程师团队创建了许多早期的技术原型，并且撰写了最初的关于实现ABI技术的白皮书，这也为本书第二部分贡献了大量基础内容。杰基·巴比里（Jackie Barbieri）和舒勒·凯洛格（Schuyler Kellogg）现在是"白色空间"解决方案的负责人，还有其他仍在政府任职的人，他们为ABI原则培训而开发的情报分析员早期课程中注入了活力。梅勒妮·科克伦（Melanie Corcoran）现在是情报分析融合师，一直都是一位令人感动的同事和朋友，她努力地为ABI新兴领域创造技术和项目，因而得到广泛认可。诺斯罗普·格鲁曼公司的同事们为瑞安提供了一个极好的合作环境，并鼓励瑞安在该项目上开展工作，布鲁斯·霍夫曼（Bruce Hoffman）、保罗·皮勒（Paul Pillar）、约翰·甘农（John Gannon）、安托尼·安伦德（Anthony Arend）、查克·库什曼（Chuck Crushman）和马特·奥加拉（Matt O'Gara）等人是研究恐怖主义、叛乱、情报、国际法和国家安全的顶级教师和导师。多年前，苏珊·卡普兰（Susan Kaplan）和海伦·克劳利（Helen Crowley）培养了瑞安对社会科学、历史和政治的终身热爱。最后，瑞安要感谢他的父母阿德里安（Adrianne）和约翰（John）一生的爱和支持，没有他们，这项事业就不可能实现。

比尔特让要感谢BAE系统公司的工程师和技术专家，特别是唐·米勒（Don Miller）、特瑞·沃德（Terri Ward）和柯蒂斯·麦康奈尔（Curtis McConnell），他们领导了ABI分析师首批使用这一系统的开发工作。如果没有肯特·默多克（Kent Murdoch）的友谊和指导，他在这一领域的工作是不可能完成的。他要感谢吉姆·麦克利（Jim MacLeay），他的另一位朋友和导师，将他吸纳进了情报领域。比尔特让还要感谢乔治·罗格（George Logue）和巴里·巴洛（Barry Barlow）在本书出版过程中给予的指导和支持。迪米特里·马弗里斯（Dimitri Mavris）博士是佐治亚理工学院的王牌教授，他教授比尔特让如何创新和解决开放式的问题，这对于他跨越航空和航天工程领域到情报处理和分析领域至关重要。比尔特让要感谢他的父母比尔（Bill）和朱迪（Judy），他们经常为了给他提供更多机会，而做出巨大的个人牺牲。比尔特让还要感谢他出色的妻子珍妮（Janel），不仅感谢她的鼓励和支持，也感谢她在共进早餐时提出的重要见解和共同研究论述。

两位作者都要感谢马克·菲利普斯（Mark Phillips），国防部《战略优势》（*Strategic Advantage*）系列论著的作者，他创造了"ABI"这一名词，并引起了整个国家安全机构的注意，通过频繁的讨论和合作，为本书中的观点形成做出了很大贡献。马克在过去五年中担任两位作者的导师，在指导两位作者沿着积极而有益的职业生涯轨道发展方面发挥了重要作用。

国家地理空间情报局的大卫·高瑟尔（David Gauthier）定期与两位作者进行交流，并利用他领导 ABI 圆桌会议的工作机会，帮助促成了本书的许多讨论。自 2012 年以来，高瑟尔代表了 ABI 的公众形象，他对复杂概念的描述经常构成本书中教程课件的基础。他是本书两位作者的朋友和导师。

作者还要感谢国家情报局长办公室的杰森·摩西（Jason Moses）的不懈努力，他直到今天还在继续应对一项艰巨的挑战，即协调秉持截然不同的体制观点和立场的不同机构和军种之间开展合作共同使用 ABI 方法。

埃德·华尔兹（Ed Waltz）是《情报和信息战》(*Intelligence and Information Warfare*) 系列的编辑，作为情报领域的杰出人物，在本书的编著过程中充分发挥了他广阔的视角和经验。正是在他的坚持下，两位作者最终走到一起，把手放在键盘上，本书这才得以诞生。

许多同事提供了大量见解和案例，丰富了本书内容。来自 ClearTerra 公司的杰夫·威尔逊（Jeff Wilson）为地理坐标发现技术提供了专家意见和软件说明。格雷格·塞佩克（Gregg Sypeck）提供了"蓝魔"Ⅱ飞艇的材料。空间和海战系统司令部的海蒂·巴克（Heidi Buck）提供了快速图像开发资源（RAPIER）自动处理系统的材料。信号创新集团（Signal Innovations Group）的保罗·伦克尔（Paul Runkle）、列维·肯尼迪（Levi Kennedy）、乔纳森·伍德沃斯（Jonathan Woodworth）和彼得·沙戈（Peter Shargo）提供了大量跟踪技术和方法方面的材料。流明咨询集团（Illumina Consulting Group）的大卫·沃尔德罗普（David Waldrop）开发了一个使用 LUX 处理器的程序。诺斯罗普·格鲁曼公司的格雷格·巴特利（Greg Bottomley）为第 14 章中提到的有关数据融合方法做了重要的工作。SAS 研究所的戴安娜·利维（Diana Levey）开发了 JMP 分析软件，用于制作本书中许多可视化分析案例。

里奇·拉瓦利（Rich LaValley）审阅了整个手稿，完成了录入工作，这是一项繁重的任务，比尔特让和瑞安对此深表感谢。Artech House 出版公司的玛丽莎·库尔斯（Marissa Koors）在整个写作过程中反应积极，并确保作者按照任务和时间表完成写作。马克·菲利普斯（Mark Phillips）、威廉·雷茨（William Raetz）、亚历克斯·谢诺夫（Alex Shernoff）、莎拉·汉克（Sarah Hank）和大卫·高瑟尔（David Gauthier）都为本书提供了很多章节内容，本书内容也因此而更加丰富。

最后要感谢的——可能也是最重要的——是格雷格。他带来的知识基础最终变成了本书章节内容。他的创新思维、对分析过程改进的不懈追求、大量海外部署经验以及敏锐的技术能力，为追随他的艺术家和技术专家提供了便利的基础条件和施展才能的舞台。他是两位作者的私人朋友、知己和导师。

国家应对他的巨大付出给予补偿。

本书已由国家空间情报局（档案号：15-198）、中央情报局和国家侦察局（档案号：2015-01706 和 205-01987）审查通过，以防止机密信息的泄露。而任何事实错误或遗漏事项均由作者负责。本书包含的意见、评估和结论仅代表作者的意见、评估和结论。

弗吉尼亚州克里夫顿，帕特里克·比尔特让
加利福尼亚州洛杉矶，斯蒂芬·瑞安

目 录

第1章 引言和动机 …………………………………… 1

    1.1 第四代情报 …………………………………… 1
        1.1.1 一个充满动态变化和各种威胁的时代 …………………… 3
        1.1.2 技术的融合与大数据的前景 …………………………… 4
        1.1.3 多源情报分析技术：可视化、统计和时空分析 …………… 6
        1.1.4 新方法的需求 …………………………………… 7
    1.2 引入 ABI …………………………………… 7
        1.2.1 地理位置的首要性 ……………………………… 8
        1.2.2 从基于目标到基于活动 ……………………………… 9
        1.2.3 将焦点转移到发现新情报 ………………………………… 10
        1.2.4 发现与寻找 ……………………………………… 12
        1.2.5 发现：一个例子 ……………………………………… 13
        1.2.6 总结：ABI 的关键属性 ……………………………… 14
    1.3 本书的结构 ………………………………………… 15
    1.4 关于来源和方法的免责声明 …………………………… 17
    1.5 关注地理空间情报（GEOINT） ………………………… 17
    1.6 阅读建议 …………………………………………… 17
    参考文献 ………………………………………………… 18

第2章 ABI 的历史和起源 ……………………………… 21

    2.1 战争的开端 …………………………………………… 21
    2.2 美国国防部分管情报副部长办公室的研究和术语 ABI 的起源 … 22
    2.3 社会领域分析 ………………………………………… 23
    2.4 ABI 的研究和发展 …………………………………… 25

2.5　加速发展 ABI 实现技术 ……………………………………… 26
2.6　术语的演变 …………………………………………………… 27
2.7　总结 …………………………………………………………… 28
参考文献 ……………………………………………………………… 29

第 3 章　寻找 ABI 方法的支柱 ……………………………………… 31

3.1　不同战争的第一天 …………………………………………… 31
3.2　利用地理信息发现情报："一切都在某处发生" …………… 32
　　3.2.1　第一级直接利用地理信息 ……………………………… 33
　　3.2.2　第一级间接利用地理信息 ……………………………… 34
　　3.2.3　第二级利用地理信息 …………………………………… 34
3.3　通过情报去获取地理信息与利用地理信息去发现情报 …… 34
3.4　数据等价性：构设多源情报空间数据环境 ………………… 36
3.5　开发利用前的数据整合：从关联到发现情报 ……………… 38
3.6　序列不确定性：数据关联的时间含义 ……………………… 43
　　3.6.1　序列不确定性对元数据的关注 ………………………… 46
3.7　下一步：从原则到概念，再到实际应用 …………………… 47
3.8　总结 …………………………………………………………… 48
参考文献 ……………………………………………………………… 48

第 4 章　ABI 术语词典 ……………………………………………… 50

4.1　ABI 的本体论 ………………………………………………… 50
4.2　活动数据："人做的事" ……………………………………… 51
　　4.2.1　"活动"与"具体活动" ………………………………… 52
　　4.2.2　事件和事务 ……………………………………………… 52
　　4.2.3　事务：时间标识 ………………………………………… 54
　　4.2.4　事件或事务？答案（有时）是肯定的 ………………… 55
4.3　背景数据：提供理解活动的背景 …………………………… 56
4.4　属性数据：实体的属性 ……………………………………… 57
4.5　关系数据：实体组成的网络 ………………………………… 59
4.6　分析和技术影响 ……………………………………………… 60
4.7　总结 …………………………………………………………… 60

参考文献 ·· 60

第 5 章　分析方法与 ABI ·· 62

5.1　重新审视现代情报架构 ·· 62
5.2　发现新情报的案例 ·· 64
5.3　多源情报处理与情报产品 ·· 65
5.4　为 ABI 分解一个情报问题 ··· 67
5.5　W3 方法：通过人关联地点和通过地点关联人 ················ 68
　　5.5.1　通过同一位置关联实体 ····································· 69
　　5.5.2　通过同一实体关联位置 ····································· 71
5.6　推论："已知"与"认为" ·· 73
5.7　事实：已知的东西 ·· 74
5.8　推论：认知或"认为"的东西 ······································ 75
5.9　差距：未知因素 ··· 75
5.10　未完成的线索 ··· 76
5.11　给艺术和直觉留下空间 ·· 77
参考文献 ·· 78

第 6 章　模糊消解和实体解析 ·· 80

6.1　代理的世界 ··· 80
6.2　消解模糊 ·· 81
6.3　唯一标识——"更好"的代理 ······································ 83
6.4　实体解析 ·· 85
6.5　实体解析的两种基本类型 ·· 86
　　6.5.1　代理到代理的解析 ·· 86
　　6.5.2　代理到实体的解析：索引 ·································· 88
6.6　实体解析的局限性和迭代性 ··· 89
参考文献 ·· 89

第 7 章　分析过程中的区分度和持久性 ··································· 91

7.1　模糊消解和实体解析在现实世界的局限性 ····················· 91

7.2 区分度在时空中的应用 …… 92
7.3 描述位置区分度的一系列特征 …… 93
7.4 区分度和时敏性 …… 96
7.5 代理-实体关联的持久性 …… 97
7.6 总结 …… 100
参考文献 …… 100

第8章 行为模式和活动方式 …… 101

8.1 实体和行为模式 …… 101
8.2 行为模式的要素 …… 104
8.3 活动方式的重要性 …… 104
8.4 常态和情报 …… 105
8.5 解析实体时建立行为模式 …… 106
  8.5.1 图形表示 …… 107
  8.5.2 定量和时间表示 …… 108
8.6 通过行为模式采取行动 …… 108
参考文献 …… 109

第9章 附带情报收集 …… 110

9.1 历史遗留问题 …… 110
9.2 从已知目标获取额外情报 …… 111
9.3 定义附带情报收集 …… 112
9.4 "翻垃圾"和空间档案检索 …… 113
9.5 重新思考任务和处理之间的平衡 …… 114
9.6 最大化额外收益的情报收集 …… 115
9.7 附带情报收集和隐私 …… 117
9.8 总结 …… 118
参考文献 …… 118

第10章 数据、大数据和数据化 …… 120

10.1 数据 …… 120

10.1.1　数据分类：结构化、非结构化和半结构化 …………… 121
　　10.1.2　元数据 ……………………………………………………… 123
　　10.1.3　分类法、本体论和大众分类法 …………………………… 124
10.2　大数据 ………………………………………………………………… 125
　　10.2.1　容量、速度和多样性 ……………………………………… 126
　　10.2.2　大数据架构 ………………………………………………… 127
　　10.2.3　情报界大数据 ……………………………………………… 129
10.3　情报数据化 …………………………………………………………… 130
　　10.3.1　收集所有信息 ……………………………………………… 131
　　10.3.2　基于对象的情报生产（OBP） …………………………… 132
　　10.3.3　OBP 与 ABI 的关系 ……………………………………… 134
10.4　数据与大数据的未来 ………………………………………………… 135
10.5　总结 …………………………………………………………………… 136
参考文献 ……………………………………………………………………… 136

第11章　数据收集 …………………………………………………………… 139

11.1　收集的介绍 …………………………………………………………… 139
11.2　动态情报中的运动图像 ……………………………………………… 141
　　11.2.1　全动态视频（FMV） ……………………………………… 142
　　11.2.2　广域运动图像传感器 ……………………………………… 143
11.3　雷达动态情报 ………………………………………………………… 146
　　11.3.1　地面动目标指示雷达（GMTI）的基本原理 …………… 146
　　11.3.2　地面动目标指示雷达采集系统的演变 …………………… 147
11.4　活动和事务的其他来源 ……………………………………………… 148
11.5　适合 ABI 的收集方式 ………………………………………………… 149
11.6　坚持不懈：洞察一切的眼睛 ………………………………………… 150
11.7　持久性"主方程" ……………………………………………………… 151
11.8　基于太空的持续监视 ………………………………………………… 155
　　11.8.1　基于太空的地面动目标指示雷达 ………………………… 157
　　11.8.2　商业空间雷达应用 ………………………………………… 158
　　11.8.3　持续的天基光电（EO）成像 …………………………… 161
11.9　总结 …………………………………………………………………… 163

参考文献 165

第 12 章　活动的自动化提取 169

12.1　自动化需求 169
12.2　数据治理 170
12.3　利用地理信息进行实体和活动提取 171
12.4　从静止图像中提取对象和活动 174
12.5　从运动图像中提取目标和活动 178
　　12.5.1　从视频中提取活动 178
　　12.5.2　从广域运动图像中提取活动和事件 182
12.6　跟踪和轨迹提取 184
　　12.6.1　采样率和分辨率的作用 185
　　12.6.2　术语：轨迹和轨迹片段 185
　　12.6.3　卡尔曼滤波 187
　　12.6.4　概率跟踪框架 189
　　12.6.5　聚类、航迹关联和多假设跟踪（MHT） 190
　　12.6.6　异常轨迹检测 191
12.7　自动化算法的评估指标 193
12.8　需要多种互补资源 194
12.9　总结 195
12.10　致谢 196
参考文献 196

第 13 章　分析和可视化 201

13.1　分析和可视化简介 201
　　13.1.1　21 世纪最吸引人的工作 202
　　13.1.2　提出问题并获得答案 203
13.2　统计的可视化 204
　　13.2.1　散点图 205
　　13.2.2　帕累托图 206
　　13.2.3　要素分析 207

13.3　可视化分析 ······ 208
13.4　空间统计和可视化 ······ 210
　　13.4.1　空间数据聚合 ······ 211
　　13.4.2　树形图 ······ 212
　　13.4.3　三维散点矩阵 ······ 214
　　13.4.4　空间叙事 ······ 217
13.5　前进的道路 ······ 219
参考文献 ······ 220

第14章　相关与融合 ······ 222

14.1　相关性 ······ 222
　　14.1.1　相关性与因果关系 ······ 223
14.2　融合 ······ 224
　　14.2.1　融合技术的分类 ······ 225
　　14.2.2　数据融合架构 ······ 227
　　14.2.3　上游与下游融合 ······ 228
14.3　数学相关与融合技术 ······ 230
　　14.3.1　贝叶斯概率与贝叶斯定理的应用 ······ 230
　　14.3.2　德普斯特-沙弗理论 ······ 234
　　14.3.3　置信网络 ······ 238
14.4　ABI 的多源情报融合 ······ 240
14.5　多源情报融合程序示例 ······ 241
　　14.5.1　示例：多源情报融合架构 ······ 241
　　14.5.2　示例：美国国防高级研究计划局的"洞察"计划 ······ 242
14.6　总结 ······ 244
参考文献 ······ 244

第15章　知识管理 ······ 247

15.1　知识管理的必要性 ······ 247
　　15.1.1　知识的类型 ······ 248
15.2　探索已知情况 ······ 249

XXI

  15.2.1 推荐引擎 ··· 249
  15.2.2 通过数据来发现数据 ······················ 250
  15.2.3 把查询当做数据 ······························ 252
 15.3 语义网 ··· 252
  15.3.1 XML ·· 253
  15.3.2 资源描述框架（RDF） ···················· 254
 15.4 知识图及探索 ································· 255
  15.4.1 图表和链接数据 ······························ 256
  15.4.2 溯源 ·· 257
  15.4.3 使用"图"进行多分析人员协作 ········ 258
 15.5 信息和知识共享 ····························· 258
 15.6 维基百科、博客、社交软件和共享 ···· 259
 15.7 众包 ··· 260
 15.8 总结 ··· 262
 参考文献 ··· 262

第 16 章 预测情报 ···································· 265

 16.1 预测情报简介 ································· 265
  16.1.1 预言、预报和预测 ·························· 266
 16.2 预测情报建模 ································· 267
  16.2.1 模型和建模 ···································· 267
  16.2.2 描述性模型与预测/预言模型对比 ···· 268
 16.3 机器学习、数据挖掘以及统计模型 ···· 269
  16.3.1 基于规则的学习 ······························ 269
  16.3.2 基于案例的学习 ······························ 270
  16.3.3 无监督学习 ···································· 270
  16.3.4 感知 ·· 272
 16.4 规则集合和事件驱动架构 ············· 273
  16.4.1 事件处理引擎 ································ 273
  16.4.2 简单的事件处理：地理围栏、监视框和空间边界 ········ 274
  16.4.3 复杂事件处理 ································ 274
  16.4.4 提示和指示 ···································· 277

16.5 探索性模型 ·· 278
　16.5.1 基础探索性建模技术 ······················ 278
　16.5.2 先进探索性建模技术 ······················ 279
　16.5.3 基于代理的建模 ···························· 280
　16.5.4 系统动态分析模型 ························· 280
16.6 模型聚合 ·· 282
16.7 群体智慧 ·· 285
16.8 基于模型的预测分析的缺点 ·················· 286
16.9 ABI 建模 ··· 286
16.10 总结 ··· 287
参考文献 ·· 288

第17章 ABI 技术在警界中的应用 ············ 291

17.1 警务的未来 ······································· 291
17.2 情报主导的警务：简介 ························ 291
　17.2.1 统计分析和条件比较 ······················ 292
　17.2.2 日常活动理论 ······························· 293
17.3 犯罪地图标注法 ································· 293
　17.3.1 标准化报告使犯罪地图标注成为可能 ···· 293
　17.3.2 时空模式分析 ······························· 294
17.4 拆解犯罪网络 ···································· 298
17.5 预测警务 ·· 300
17.6 总结 ·· 301
17.7 进一步阅读 ······································· 301
17.8 本章作者简介 ···································· 302
参考文献 ·· 302

第18章 ABI 和华盛顿环城公路狙击手 ······· 304

18.1 简介 ·· 304
18.2 时空关联性 ······································· 306
18.3 开发利用前的数据整合 ······················· 307

18.4　时序不确定性 ································· 308

18.5　数据等价性 ································· 310

18.6　总结 ································· 310

18.7　本章作者简介 ································· 311

参考文献 ································· 311

第 19 章　基于网络的事务分析 ································· 313

19.1　用图表分析法分析事务 ································· 313

19.2　辨别异常 ································· 315

19.3　熟悉数据集 ································· 316

19.4　分析活动模式 ································· 317

　　19.4.1　方法：位置分类 ································· 319

　　19.4.2　方法：平均时间距离 ································· 320

　　19.4.3　方法：活动量 ································· 321

　　19.4.4　活动跟踪 ································· 322

19.5　用图表分析高优先级位置 ································· 322

19.6　验证 ································· 323

19.7　总结 ································· 324

19.8　本章作者简介 ································· 324

参考文献 ································· 325

第 20 章　ABI 与马来西亚航空公司 370 航班的搜寻 ································· 326

20.1　简介 ································· 326

20.2　数据稀疏性、假设和误导 ································· 327

20.3　接下来的几天：盯着错误的目标 ································· 328

20.4　广域搜索和商业卫星图像 ································· 329

　　20.4.1　情报技术的突破：众包图像开发利用 ································· 330

　　20.4.2　众包图像搜索的经验教训 ································· 332

20.5　突破：附带数据收集和数据等价性分析 ································· 333

20.6　总结：搜索仍在继续 ································· 335

20.7　本章作者简介 ································· 335

参考文献 ·································· 336

第 21 章 行为模式可视化分析 ·································· 338

21.1 将可视化分析应用于行为模式分析 ·································· 338
    21.1.1 数据集概述 ·································· 338
    21.1.2 探索两个随机选择用户的活动和事务 ·································· 339
    21.1.3 社交网络数据中同行者/配对的识别 ·································· 341
21.2 在大数据集中发现成对实体 ·································· 343
21.3 总结 ·································· 346
21.4 致谢 ·································· 347
参考文献 ·································· 347

第 22 章 多源情报时空分析 ·································· 348

22.1 概述 ·································· 348
22.2 人机界面基础 ·································· 348
    22.2.1 地图视图 ·································· 348
    22.2.2 时间轴视图 ·································· 350
    22.2.3 关系视图 ·································· 350
22.3 分析操作概念 ·································· 351
    22.3.1 发现和筛选 ·································· 351
    22.3.2 证据追溯 ·································· 352
    22.3.3 观察框和告警 ·································· 352
    22.3.4 轨迹链接 ·································· 354
22.4 高级分析 ·································· 355
22.5 信息共享和数据导出 ·································· 355
22.6 总结 ·································· 356
参考文献 ·································· 356

第 23 章 泛在传感器模式分析 ·································· 358

23.1 通过活动模式进行实体解析 ·································· 358

23.2 时间行为模式 …… 361
23.3 整合多个泛在传感器数据源 …… 363
23.4 总结 …… 365
参考文献 …… 365

第24章 ABI 的现在和未来 …… 366

24.1 日新月异的时代 …… 366
24.2 ABI 与地理空间情报革命 …… 368
24.3 ABI 和基于对象的生产 …… 370
24.4 ABI 用于高空侦察 …… 371
24.5 ABI 在情报界的未来 …… 373
24.6 结论 …… 375
24.7 本章作者简介 …… 375
参考文献 …… 376

第25章 结语 …… 378

关于作者 …… 382

第1章
引言和动机

1.1 第四代情报

第一代情报开始于第二次世界大战时期[1]，1942年罗斯福总统建立了战略情报局（OSS），主要负责人力情报、秘密行动、特别行动和破坏活动。1947年的《国家安全法》正式规定成立中央情报局（CIA），作为一个专业的情报机构，其早期的大多数行动是集中在反共产主义和遏制苏联。由于难以用人力资源渗透苏联，中情局使用了最先进的军事情报收集技术手段，如U-2高空侦察机。

到20世纪60年代初，美国已经进入了第二代情报，其特点是不断增加的财政预算和革命性的技术，如图像卫星、声纳和数字加密技术。在政府机构的规模和地位急剧膨胀的同时，庞大而复杂的系统也控制着军事和情报机构。专注于冷战对手的思路主导了情报行动和军事计划。在那段时期，虽然世界仍处于全球热核战争的边缘，但对于情报专业人员来说却是一段"过去的好时光"，因为他们面对的是一个明确的、具有可预测性的国家。

第二代情报瓦解于2001年9月11日。一支由19名外国人组成的队伍在美国境内的商业飞行学校接受军事行动训练，并发动了一次令全世界感到震惊的精确的军事协同攻击。一群纪律散漫的恐怖分子只有几把廉价的美工刀和屈指可数的飞行经验，却击败了价值万亿美元的国防体系。美国国会的调查指出，美国无法"将这些问题联系起来"，并认识到，为冷战对手和第二次世界大战时代民族国家开发的情报方法，难以应对非国家行为者和非对称威胁，因为目前尚不能清晰地认知这些威胁所遵循的理论或模式。

在随后的10年里，新的情报收集系统逐步建立，并逐渐扩大收集活动范围。数以百计的无人机布满天空，在全世界传送数千小时的视频。2009年，美国空军负责情报、监视和侦察（ISR）的副参谋长戴维·德普图拉（David Deptula）中将说："我们将发现自己在不久的将来，在传感器中'游泳'，在数据中'溺水'。"[2]德普图拉是对的。当年空军收集的视频，如果连续观看的话得用近24年的时间[3]。"万亿字节"（TB）这个词首先进入到语言体系，随着装满数据的硬盘被运出战区，并被拖车般大小的计算机系统处理，这个词就变得很常见了。具有高清晰度视频和信号定位能力的多传感器平台被作为快速反应能力紧急送往战区，以追捕隐藏在人群中的恐怖分子[4]。

成千上万的新手和经验不足的情报分析人员成群结队地涌入情报界。2007年的一项研究发现，"大约一半的分析人员只有五年或更少的工作经验"[5]。这些分析人员用他们的计算机技能来弥补经验上的不足。这些"数字人"（在"任天堂"和"雅达利"游戏伴随下成长的孩子）在互联网上线的时候还在上中学，很早就接触了计算机和网络。正如《华尔街日报》撰稿人罗恩·阿尔·索普（Ron Al-sop）所指出的，"千禧一代"具有高度的科技头脑、社交能力、协作能力和多任务能力[6]。参加"伊拉克自由"行动的军事指挥官，美国海军陆战队第一远征军副参谋长保罗·米勒（Paul Miller）上校惊讶地获悉，机动部队通过聊天避开了无谓的战斗，他揶揄道："战争是靠聊天来进行的。"[7]

第三代情报随着信息技术和社交媒体的发展而兴起，但却因巴基斯坦阿伯塔巴德一家小咖啡店老板索哈伊布·阿塔尔（Sohaib Athar）发的一条推特而告终，他的推特上写道："凌晨1点直升机在阿伯塔巴德上空盘旋"（这是一个罕见的事件）。2011年5月2日，一支美国特种作战部队突袭了一座三层大院，击毙了基地组织头目本·拉登。对这位隐藏头目的情报收集工作仍属机密，它是一个创新的组合，融合了不同的视角和对多个情报来源或多种情报的深入分析。

到2014年年中，情报界再次处于十字路口：第四代情报的来临。这个时代被各种各样的威胁、不断增加的变化及其变化率所支配。这一变化还包括信息技术的爆炸和电信、位置感知服务的融合，以及随着全球移动计算的兴起而出现的互联网。多源情报融合技术主导着情报行业。"大数据"分析方法已经用于应对数量、速度和各种数据源的巨大增长，通过快速、可靠地集成这些数据源，了解日益变化的复杂情况。实时信息流时代的决策者对情报专业人员提出了越来越高的要求，希望他们预测可能发生的情况，以应对在资源日益减少的情况下日益增多的威胁。本书是对新时代情报处理方法和技术的介绍。它充分利用了我们在前几代情报工作中学到的知识，并引入了综合利用信息的方法，以提高应对突发和不断演变的威胁的决策优势。四个情报时代的主要特征如图 1.1 所示。

图 1.1　四个情报时代的主要驱动因素
(图片来源：美国中央情报局、国家侦察局、空军和国防高级研究计划局)

1.1.1　一个充满动态变化和各种威胁的时代

不断增加的变化及更快的变化率主导着第四代情报。当前国家安全面临的威胁数量、速度和种类都是前所未有的、先进的、不对称的，网络化的敌人有了更好的装备和准备，能够识别和利用我们庞大的国家安全体系中的弱点。在 21 世纪，世界已经进入了一个持续冲突的时代。

2010 年 12 月—2013 年间，与"阿拉伯之春"运动有关的起义迫使突尼斯、埃及、利比亚和也门的统治者下台。经过 4 年多的暴动和暴力抗议，叙利亚爆发了全面内战，12 万多平民丧生，400 多万叙利亚人沦为难民。2014 年，一个名为"伊拉克和黎凡特伊斯兰国"(ISIL) 的激进"圣战"组织从叙利亚入侵伊拉克，经过与当地安全部队的武装冲突控制了安巴尔省的大部分地区，重组了议会，在伊拉克北部建立"伊斯兰哈里发国"，并从 2014 年年底开始从叙利亚边界扩张到巴格达附近。

拥有常规和远征军事力量的大国正在复苏。2014 年，在乌克兰局势不稳的情况下,俄罗斯控制了克里米亚半岛,并加强了其西部边境和塞瓦斯托波尔海军基地的军事能力。

在21世纪初,敌对国家和犯罪组织的网络攻击还被认为仅是理论上的,但在2013年,这些攻击已经成为司空见惯的日常事件。2013年晚些时候,塔吉特(Target)公司储存的数据遭到泄露,其中超过7千万条客户数据被盗,令投资者感到不安,消费者信心下降,对公司的盈利产生了近50%的负面影响[8-9]。根据隐私权信息中心的数据,类似的黑客攻击已经窃取了索尼网络游戏站、TJ Maxx百货商场、ebay购物网站、RSA数据安全公司、蒙大拿州卫生部、美国在线、加州机动车辆管理所的个人数据,以及Mt Gox比特币交易所、益百利和4000多家其他公司的总计个人记录近10亿条[10]。

猖獗的海盗威胁着印度洋上航行的船只。令人不安的是,贩毒集团已经占领了墨西哥中部和西部的大片地区。尼日利亚"博科圣地"(Boko Haram)恐怖组织从当地的一所学校绑架了219名女孩,并贩卖为奴隶。一些人认为,此举意在激怒西方国家,从而破坏该国的稳定。跨国犯罪组织、恐怖组织、网络黑客、造假者和毒枭越来越混杂在一起;国家的统治正迅速被利益集团的统治所取代。

上述这些威胁的影响是巨大的。在冷战时期,情报部门关注的是来自已知地点的某个民族国家的威胁。在全球反恐战争期间,整个社会面临的是拥有不同战术和战法,来自多个地方的威胁。第四代情报的特点是要面对非对称、非传统、不可预测、迅速扩散、来自多个领域的威胁,甚至是来自内部。要想在这些不同威胁面前取得战略优势,就需要一种收集和分析信息的新方法。

1.1.2 技术的融合与大数据的前景

信息处理和情报生成能力正在逐步普及。2011年9月17日,国家侦察局(NRO)解密了KH-9"锁眼"间谍卫星。这个60英尺①长、30000磅②重的"大鸟"是一个图像情报(IMINT)系统,从1971年运行至1986年[11],由洛克希德·马丁公司和一个分包商团队设计和建造,这项耗资32亿美元的超级机密计划提供了数十年来无人能及的天基侦察能力[12]。

以色列、印度、韩国、日本、法国和德国等国家通过控制军事成像卫星[13]也快速进入第四代情报。人们可以用信用卡购买DigitalGlobe(美国)和

---

① 1英尺=0.3048m。
② 1磅≈0.45kg。

SPOT（法国）这样的商业图像公司提供的高分辨率彩色图像。加拿大、德国和意大利甚至发射了先进的商业雷达卫星，能够透过云层和在夜间成像[14]，它们还制作了高分辨率的地形图，用于数十种民用、军事和商业用途。

至2013年年底，由斯坦福大学四名研究生创办的硅谷卫星图像公司Skybox推出了一颗220磅重的图像卫星，该卫星造价5000万美元，以现成组件组装而成。2013年12月，该公司发布了世界上第一个来自太空的高清视频，以其革命性的低成本吸引了全世界。2014年6月，谷歌斥资5亿美元收购了Skybox图像公司，计划向商业客户提供改善实时高分辨率图像流媒体和数据分析的服务。10年前无法想象的情报能力很快就会出现在联网智能手表上。2010年，美国海军阐述了获取"信息优势"的挑战：虽然拥有由空中和太空侦察系统产生的不断增长的大量数据（图1.2），但缺乏存储、传输和使用这些数据的基础架构。

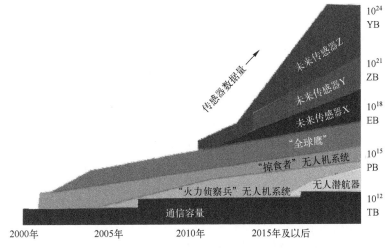

图1.2 情报、监视和侦察（ISR）传感器数据的预计增长[15]

除了迅速提高的情报收集能力外，第四代情报也与术语"大数据"的引入相吻合。大数据是指用传统的信息体系结构难以处理、存储和分析的大容量、高速数据。这一术语最早出现在1999年8月的《美国计算机学会通信》（*Communications of the ACM*）中的一篇文章[16]。麦肯锡全球研究所（McKinsey Global Institute）将大数据称为"创新、竞争和生产力的下一个前沿领域"[17]，新技术如众包、数据融合、机器学习、自然语言处理等在商业、民用、军事中得到了应用，提高了现有数据集的价值，并获得了竞争优势。一个重大的技术转变是从简单地存储和存档数据到更好地处理数据，包括对多个"数据流"的实时处理。

大数据在很大程度上是由日益强大和激增的、接入互联网的计算设备产生的。国际电信联盟发现,全球近40%的人口在使用互联网,并预测到2014年年底,手机的数量将超过地球上的人口数量[18]。思科公司预计,到2018年,将有210亿台接入互联网的数据生产和消费设备,如手机、平板电脑、视频游戏机,甚至智能汽车[19]。这些设备产生的数字数据的爆炸为信息管理创造了一个转折点,数据的生成速度在史上第一次超过了人类和机器处理、分析、集成、消费和理解数据的速度,这给情报分析和决策带来了新的挑战。

1.1.3 多源情报分析技术:可视化、统计和时空分析

在第一、第二和第三个情报时代,军事活动推动了情报分析和处理能力的进步。今天,最强大的计算技术正服务于商业智能、股票快速交易和商业零售。这些分析技术(情报专家称为"间谍情报技术")是在"大数据"信息爆炸的背景下发展起来的。它们不同于传统的分析技术,因为它们是基于可视化、统计和地理空间的。

新兴的可视化分析领域是"基于可视化人机交互界面的分析推理科学"[20]。我们认识到,当人们使用统一的、创造性的直观显示技术时,更容易理解活动的趋势和模式。高分辨率数字显示器、功能强大的显卡和图形处理单元、交互式可视化和人机界面等技术进步改变了科学家和工程师分析数据的方式,这些方法包括三维可视化、聚类算法,数据过滤技术,并利用颜色、形状和运动来快速传递大量信息。

接下来是可视化技术与统计方法的融合。统计分析软件,如SAS、R、SPSS和Minitab,被工程师和科学家用来分析数据以发现统计上的明显趋势。这些工具最初就像编程语言一样,通过在终端窗口中输入数据处理命令来生成报表和表格。20世纪80年代,SAS推出了一款叫做JMP的新型统计软件包,它利用新的苹果计算机的图形用户界面(GUI),基于同样的统计处理命令生成彩色的交互式图形和图表。这项功能不断发展,更加侧重于交互式图形和图表,可视化地显示各种统计信息。情报分析人员引入了统计的方法,通过一系列步骤,利用数学函数来描述值得关注的趋势,排除不可行的替代方案,并发现异常情况,以便决策者能够快速方便地可视化和理解复杂的决策空间。

自20世纪60年代后期以来,地理信息系统(GIS)和地理信息学一直被用来以地图和图表的形式显示地理空间信息。早期的应用主要集中在数字制图学,但情报分析方法的第三次重大革命是时空分析与可视化分析以及统计分析技术的结合。可以使用直方图和时间序列图来分析长期收集的数据集,

以确定情况变化、转折点和随时间的发展趋势。利用统计制图工具，人类学家可以研究人类的迁移模式如何随时间而变化。季节性的土地使用、贸易路线、天气模式、房地产、部落冲突和成千上万的其他数据集都可以很容易地根据地理信息进行分析。

谷歌公司在 2005 年收购了锁眼（Keyhole）公司，随后又开发了谷歌地图和谷歌地球，这使得研发人员和科学家可以更容易地使用地图、图表和卫星图像。据报道，在美国大选中也使用了墙壁大小的触摸屏地图，描述了"红州"（共和党）和"蓝州"（民主党）之间时时刻刻的较量。越来越多的软件工具，如 JMP、Tableau、GeolQ、MapLarge 和 ESRI ArcGIS 已经包含了先进的空间和时间分析工具，这些工具促进了数据分析的科学。分析空间和时间上的趋势和模式的能力被称为时空分析。

1.1.4 新方法的需求

第四代情报的特征是威胁性质的变化、信息技术的融合和可用的多源情报分析工具——这三个驱动因素为情报工作的变革创造了必要的条件。新的方法需要针对非国家行为的主体，利用技术进步，并将情报工作的重点从报告过去转向预测未来。我们称这场革命为基于活动的情报分析，兰德公司前情报分析专家、国家情报委员会主席格雷戈里·特雷弗顿宣称这种方法是伊拉克和阿富汗战争中最重要的情报分析方法。

1.2 引入 ABI

部署在伊拉克和阿富汗的情报分析人员发现，传统的情报方法不适合执行追捕恐怖分子这项任务。传统的情报分析方法从脑海中想象的目标开始（图1.3），但恐怖分子通常与他们周围的人难以区分。这些分析人员是精通可视化分析工具的"数字人"，因此他们从综合某个地区已经收集的数据开始。通常，两个数据集之间唯一共同的元数据是时间和位置，因此他们应用时空分析方法从大量、不同的数据集发现活动趋势和模式。这些数据集描述了许多"活动"：一个地区内由实体（人员或车辆等）执行的事件和事务。有时，情报分析人员会发现一系列与这些数据集相关的不同寻常的事件。当综合分析这些事件时，就反映了某个实体的行为模式。这个实体有可能会成为目标，随后情报分析人员会对这个实体的信息进行收集和分析，对其身份进行确认，以及基于当前行为模式对其未来活动的预测，从而产生了一系列新的情报产品，提高了反恐任务的可行性。

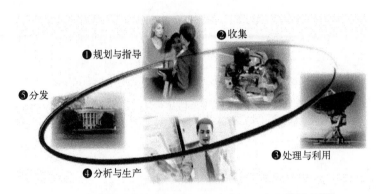

图 1.3　传统的情报分析环路（图片来源：中央情报局[25]）

ABI 是一种新的方法论，采用了一系列的分析方法和使能技术，它基于以下四个由经验形成的基本原则，与传统的情报分析方法截然不同。

（1）时空关联性：聚焦空间和时间上的多维关联数据，从而发现关键事件、趋势和模式。

（2）数据等价性：珍惜所有的数据，不管其来自何处，都要进行分析。

（3）序列不确定性：充分意识到有时答案在你提问之前就出现了。

（4）开发利用前的数据整合：尽可能早地关联数据，而不是依赖于经过处理的最终情报产品，因为在多源情报综合时，看似无关紧要的事件可能很重要。

这四个基本原则将在第 3 章中详细描述。

尽管各种情报机构、工作组和政府机构对 ABI 给出了许多定义，而我们将其定义为"一套时空分析方法，用于发现相关性、解决未知问题、了解网络、构建知识，以及收集不同的多维数据集。"

ABI 对第四代情报最重要的贡献是将情报处理的焦点从报告已知信息转移到发现未知信息。本章的第 1.2.1 节~第 1.2.6 节总结了 ABI 区别于其前代的关键突破点和新特性，强调了这种方法的新颖之处。

1.2.1　地理位置的首要性

> 每件事和每个人，当你想到它的时候，都必定存在于某处。
> ——尊敬的詹姆斯·克拉珀（James R Clapper）①，2004 年[23]

地理位置的重要性是 ABI 情报处理能方法的核心。因为任何事情都发生

---

① 当时，克拉珀是国家图像和制图局（NIMA）局长，后更名为国家地理空间情报局，曾任国防部分管情报副部长，2010 年被任命为第四任国家情报局局长。

在某个地方，因此所有的活动、事件、实体和关系都有一个固有的空间和时间属性，无论它是否是预知的。

困难的问题通常不能用一个数据集来解决。跨多个情报域访问多个数据集的能力，是解决在单一数据集中难以对实体进行标识的关键。在某些情况下，两个数据集之间唯一共同的元数据是位置和时间，因此可以利用不同数据集中基于位置的相关性，完善不同数据集中实体的属性。

房地产经纪人早就告诉我们，最重要的三个因素是"位置、位置、位置"，而第四代情报的颠覆性和 ABI 革命的关键突破点是推动将位置概念集成到大量复杂数据集的可视化和统计分析中。

1.2.2 从基于目标到基于活动

情报和情报分析的形式已经改变，主要是由于首要目标已从民族国家转变为跨国集团或非正规力量。

——格雷戈里·特雷弗顿，兰德公司[24]

如图 1.3 所示，传统的情报是以目标为中心的。目标可以是物理存在的，如机场或导弹发射井，也可以是电子目标，如特定频率的辐射源或通信终端。目标可以是个人，如你想招募的间谍。目标可以是对象，如特定的船只、卡车或卫星。在网络域中，目标可能是电子邮件地址、互联网协议（IP）地址，甚至是某个具体设备。目标是情报的主要问题，情报的规划与指导、收集、处理与利用、分析与生产、分发的线性循环始于目标，止于目标。但如果你无法定位、识别或描述你的目标呢？你该如何着手呢？

"基于活动"一词是相对于"基于目标"的情报模型而言的，本书描述了当目标或目标特征未知时进行情报分析的方法和技术。在 ABI 中，目标是一个推演分析过程的输出，该过程开始于未解析的、不明确的实体和由事件和事务主导的数据环境。

传统情报中的目标是具有已知规则的、确定的、可预测的对手。如果对手符合已知的规则，你所要做的就是窃取并解译它，从而知道他们会做什么。运用归纳推理的分析方法对这类问题是有效的。如果你观察到 A，你可以推断出 B 会出现，然后是 C。如果你观察到 C，你可以假设 A 和 B 已经出现了，这个推理模型不适合于动态的、不可预测的对手，他们会避免使用这些可被预测的行为模式。

聚焦基于规则的对手与侧重针对其确定特征的技术收集能力是协调一致的。如果你知道敌人一定会执行事件 C，你就可以定义事件 C 为其特征。然后,你可以建立一个数据采集系统来感知与 C 相关的征候。一个预定的、基于目标的数据采集平台是合适的,因为你知道要查找什么和在哪里找到它。传感器在看到它时就能够认识它,情报分析员则能够根据预定义的模式推导出其他缺失的信息。

在 ABI 方法中的数据采集不是提前规划好的,与事件相关的数据采集必须收集跨多个域的大量的(可能不相关)事件、事务和观察结果数据。与可预测的、线性的、归纳的方法相比,分析人员运用演绎推理来排除错误的结论,并将问题空间缩小到合理的范围内。当目标与周围环境混杂时,一个持久的、"可感知的"特征可能无法被辨识。可以通过观察实体的一些外在表象(如通信设备、车辆、信用卡或活动方式等)的活动和事务,从而推断其行为模式。

传统的情报分析结果是一种可分发的情报报告。由于多重审查、相互竞争、机构间的分歧以及对失败的担忧,正式的情报报告几乎从来都不及时[26]。虽然国家政策需要长期的分析,但国家地理空间情报局主任罗伯特·卡迪罗(Robert Cardillo)在 2015 年 3 月的一次公开演讲中谈到了这些担忧,他说:"没有任何情报产品是'已完成的'"。因此,他将"已完成的情报产品"纳入到国家地理空间情报局的禁用术语列表中"[27]。随着地理空间分析工具变得更加普及化和分布化,非正式协作和信息共享也在不断发展。分析人员分享他们在地图上的观测结果,并讲述关于实体事件、事务和网络在地理空间的变化过程。

通常,ABI 的输出是一个已判明的实体,一种明确的活动方式,或对未知行为现象的理解。虽然很难将这些结论具体地记录下来,但是从分析过程中获得的"知识"可以用于后续的情报收集,并最终用于对目标的正确判断。

1.2.3 将焦点转移到发现新情报

所有真理一旦被发现就容易理解,而关键是如何发现他们。

——伽利略·伽利雷(Galileo Galilei)

情报工作的目的是解析不确定性和了解未知事物。ABI 将情报工作的重点从报告已知地点和目标转变为发现未知目标。通过可视化、统计和空间分析,我们可以识别出原本无法检测到的行为模式。最终,ABI 的重点是解决未知的问题——特别是某个实体的身份及其行为。

图 1.4 总结了情报分析的四个重点领域。纵轴代表实体行为和特征,即可被观察和进行数据采集的表象。横轴代表位置和目标,即情报收集的对象。

虽然传统的情报机构长期以来一直采用研究、监视和搜索的技术，但是 ABI 方法的主要重点是发现未知情报，这也是最困难的一类情报问题。

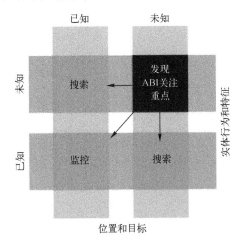

图 1.4　ABI 的重点是发现未知情报（资料来源：国家地理空间情报局[29]）

图 1.4 的左下角代表已经掌握的情况，针对这些已知的地点或目标，情报分析的重点是监视它们的变化。例如，俄罗斯北方舰队的司令部位于摩尔曼斯克（Murmansk）附近的北莫尔斯克（Severomorsk）[28]，美国海军情报分析人员知道潜艇长什么样（它们的特征），他们知道潜艇的行动（它们的行为）。在这个问题中，目标、位置、行为、特征都是已知的。情报任务是监视目标位置的变化，并在对方舰艇离开时发出警报。

下一个感兴趣的象限在图 1.4 的左上角。在这里，行为和特征是未知的，但是目标或位置是已知的。继续前面的示例，分析人员将研究北莫尔斯克地区，并尝试在已知位置识别所有新船只（新特征）或新作战行动（新行为）。俄罗斯人是否改变了他们的船舶维修程序？船上是否有新的设备？新设施建好了吗？舰船到港和离港的方式有什么不同吗？通过构建深入的背景知识，能够增强对已知位置和目标的理解，进而识别更多的监控目标，提高预警能力。

图 1.4 的右下象限"搜索"要求在未知位置查找已知的特征/行为。例如，在 1962 年古巴导弹危机期间，分析人员从 U-2 的侦察图像中寻找苏联地空导弹基地和中程弹道导弹（MRBM）设施[30]的部署地点。一旦确定了一种新型装备，例如一种新的主战坦克，分析人员就会搜索图像试图定位这种装备。观察已知的演习区域被称为"监视"，在未知区域寻找新装备被称为"搜索"，显然，情报分析人员普遍不喜欢后一种任务。

ABI 方法的"新"功能和重点是右上角。你不知道你在找什么，你也不知道去哪里找。对于情报分析人员来说，这一直是最困难的问题，我们之所以将其描述为"新"，只是因为这些方法、工具、策略和技术最近才发展到可以发现新情报的程度，而不是纯粹靠运气。

发现新情报是一个数据驱动的过程。理想的情况下，分析人员通过分析所有的数据集来检测异常、描述行为模式、调查有趣的线索、评估趋势、排除不可能的情况，并形成一些假定的结论。这本书的重点主要放在提升发现新情报过程中的方法和工具上，然后把发现的情报移到另外三个象限中进行进一步的分析。

通常，擅长发现新情报的情报分析人员都是侦探，他们表现出不同寻常的好奇心、创造力和批判性思维能力。一般来说，他们是打破常规的人。当他们在其他三个象限工作时，他们很容易感到无聊。新的工具对他们来说很容易使用，空间思维、统计分析、假设场景及相关的模拟仿真都是有意义的。新一代的情报分析人员主要由"9·11"事件后雇用的"千禧一代"组成，他们推动了ABI方法的发展，因为他们处在一个需要不同方法的时代背景中。坦率地说，正是由于他们对传统情报工作缺乏经验，反而促成了一种全新的情报分析的局面。

1.2.4　发现与寻找

发现和寻找是两个密切相关但又截然不同的行为，寻找的目的是"找到"。公共媒体广泛报道了2013年欧洲核子研究中心（CERN）实验室"找到"希格斯玻色子的消息。作为物理学标准模型中缺失的一部分，轰动一时的"上帝粒子"的存在是彼得·希格斯（Peter Higgs）和其他五位科学家在1964年提出的。大型强子对撞机（Large Hadron Collider）是一个耗资90亿美元、历时10年的项目，它几乎是专门为了寻找希格斯玻色子而建造的。希格斯玻色子是一种已知的特征（一种质量在125～127 GeV/c^2 的基本粒子），位于一个相对不为人知、迄今未被探索的亚原子粒子区域。科学家们找到了他们正在寻找的东西。

相比之下，哥伦布在1492年发现了新大陆。这位意大利探险家出发前的假设是向西航行就能到达东印度群岛。他的这种非常规方法发现了占地球陆地面积28.5%的大陆。这一发现确实改变了人们长期持有的世界观，并永远改变了地球的社会经济、政治、文化和技术史。1928年，弗莱明（Fleming）发现了一个医学的新世界，他注意到一种叫青霉菌的真菌能够分泌出一种杀死细菌的物质。这些令人惊异的发现对人类社会发展的启发和影响是非常深远的。

1.2.5 发现:一个例子

为了说明这个发现过程,思考一下我们是如何购买房屋的,你去商店买一份报纸,从头到尾阅读分类广告,对吧?也许你打电话给房地产经纪人说:"带我去看看房子!"这些传统的工作流程说明了人们是如何完成这项任务的。今天,你可能会访问一个像 Yahoo、Trulia 或 Zillow 这样的网站,从一个搜索框开始,查询你感兴趣的领域。你输入"福尔斯彻奇(Falls Church),弗吉尼亚州",然后点击搜索。

这些站点都在地图上显示查询结果并提供所有可用的数据,你可以放大、平移并感受高密度和低密度住宅区域、交通走廊、购物中心和学校。地理空间环境对发现目标房屋至关重要。

下一步是根据一些标准去过滤搜索到的结果。价格、地块大小和卧室数量等条件有助于聚焦搜索。你以为你知道自己在找什么,其实不然。你点击这里的几个样本,然后阅读那里的一段简短的文字说明,然后,你再浏览一下它们有什么共同点?有什么不同之处?你再看看房子的图片。有四间卧室的房子太远了;而这附近的房子又太小了;为奶奶准备的客房到底要花多少钱……排除这些不能作为结论的样本的过程就是演绎推理的一个例子。

然后,你偶然发现了一些不寻常的事情:两幢房子面积相同,相距 500 英尺。然而,其中一幢的标价比另一幢低 10 万美元。因此很容易得到一个推论:这房子一定很"垃圾"。你看了几十张图片,其实"蹩脚的房子"看起来似乎更好一些。最后发现:这两幢房子的唯一区别是邮政编码。

根据你朋友的建议,最初的搜索把重点放在了弗吉尼亚州可爱而受欢迎的福尔斯彻奇;然而,邻近的安南代尔(Annandale)和邮政编码 22003 与较低的价格密切相关(作为一名出色的 ABI 分析人员,你不会试图假设因果关系)。你深入研究了它们之间的关联关系,发现涉及了一个更大的区域。你再次撒网,并在新的地区寻找符合筛选条件的新房子……

在这个过程中,你一开始是寻找一栋房子,但是执行一些分析之后,你才发现你真正想要的房子。再次回到图 1.4,最初的条件过滤和尝试不同标准的过程强调了这样一个事实,即你理想中的房子在搜索开始时是未知的,你不知道你在寻找什么。因为你预先不知道理想房子的地址,所以你并不知道在哪里可以找到它。我们刚才描述的过程就是发现。

接下来会发生什么呢?再次使用新标准撒网说明了分析人员如何将问题从图 1.4 右上角移到右下角,即搜索。确定几个已知的目标,你可以参观它们，给它们拍照，从该地区提取犯罪报告，查看学校，检查税务记录等。最后，你可以将一些发现的候选房屋添加到你的收藏列表中，然后等待价格变化，这就是持续保持监视。

我们是在说追捕恐怖分子和买房子是一样的吗？当然不是，但是过程有相似之处。位置（和空间分析）是搜索、发现、研究和监视过程的中心。有条件地浏览数据有助于对信息进行分类排序，并能够很快地聚焦到结果。随着新实体的出现或消失，问题也会不断变化，但我们的资源有限，不可能对每一条线索都采取行动。

然而，这两种情况在许多重要的方面也有所不同。房屋记录是客观存在的，而不是变化的事件和事务。筛选的条件是明确的和结构化的。地理空间数据库是为你构建的。房屋不会移动，它们不会故意欺骗你，它们不会改变身份。事实上，它们会大声宣布："我是一座愿意被购买的房子！"而只有极少数的恐怖分子敢于如此嚣张。想象一下，这一挑战涉及全球数十个情报难题，而这些难题都是由具有未知特征和行为规范的，且极其狡猾和难以对付的对手引起的。

这就是你读这本书的原因。

1.2.6 总结：ABI 的关键属性

在过去几年里，情报界围绕 ABI 是否是一种"新方法"，或者我们是否一直在利用"活动"展开了争论。尽管这些说法都不错，但通过经验得到 ABI 的四大原则，在第四代情报中三种力量的融合（第 1.1 节），以及位置的首要地位，将目标作为输出结论，侧重于发现未知情报等，都体现了我们在第 1.1.4 节中寻求的情报革命。

表 1.1 总结了区分 ABI 与传统情报的关键属性。ABI 是一种新的情报技术，专注于发现未知情报，非常适合在"大数据"环境中对非传统威胁进行深入的多维分析。

表 1.1 传统情报和 ABI 的关键属性

属　　性	传统情报	ABI
对手	民族国家；可预测的；基于规则的	不对称威胁；不可预知的；基于活动的
特征	持久的；物理的；确定的	非持久的；具有各种表象
最小单位	一类设备/物品	具有唯一标识符的个体
分析推理	归纳的；线性的	演绎的；非线性的

续表

属 性	传统情报	ABI
数据焦点	单源的；分隔的	多源的，跨域的
分析模型	分阶段的；线性的；独立的；基于模式的分析	序列的不确定性；强调证据；基于活动；对未知情报的发现
目标模型	设施与目标；配套设施	感兴趣的地区；人员；偶然侦察的目标
动机	侦察驱动	分析驱动
报告	完成的系列报告	中间产品，图层，文件
情报收集频度	有计划的；基于平台的	持久的和广泛的；多维的

1.3 本书的结构

本书是针对入门级情报专业人员、实习工程师、熟悉一般性情报分析原则的科学家。它以独特的视角看待 ABI 的新兴方法和技术，特别关注时空分析和相关的支撑技术。图 1.5 介绍了 ABI 方法和技术的组织模型，该模型将分析人员置于动态情报环境的中心，他们可以访问数据（左）、分析方法（下）和多方面的知识（右）。

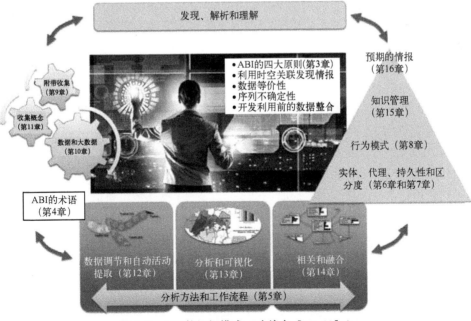

图 1.5 ABI 的组织模式（改编自 [29-32]）

第 1 章和第 2 章的导论部分描述了 ABI 的起源、历史和发展。第 3 章介绍了 ABI 的四大原则，以及一系列在过去几年里发展起来的，通过对新涌现的方法论的透彻分析而形成的重大情报技术的突破。

第 4~9 章向新手和经验丰富的专业人士介绍 ABI 的 "不同之处"。第 4 章介绍了 ABI 术语，以及实体、事件、活动和事务的核心概念。对这些基本术语的理解是从传统的情报方法论到基于活动的新模型的主要转变。第 5 章定义了理解 ABI 数据和复杂问题推理所需的分析方法和工作流程。此外，第 5 章对 ABI 背景下的决策、对假设的验证和判断方面的典型工作进行了扩展，还介绍了基本的工作流程更改，这些更改要求分析人员自由地关联数据，并从大量不同的数据集中得出合理的情报结论。此外，第 5 章介绍了 "非线性" 工作流的概念，并描述了归纳推理、演绎推理和诱因推理之间的区别。第 6 章阐述了实体解析和代理的概念。这种能力从反恐和搜捕犯人演变而来，但后来扩大到一系列更广泛的应用。解决未知情报问题，特别是辨识实体的身份和行为，是真正实现 ABI 所必需的。第 7 章扩展了这些主题，包括持久性（特征和行为）和区分度（位置和时间）。这两个概念密切相关，有助于理解地理空间信息以及如何从人类的角度去利用它。"行为模式" 这一开创性的概念将在第 8 章中介绍。第 8 章揭示了 "行为模式" 与模式分析之间的细微差别，并描述了如何使用这两个概念来理解复杂的数据并利用实体的活动和事务得出结论。最后一个关键概念，附带情报收集是第 9 章的主题。附带情报收集的核心理念是从基于目标的定点情报收集转变为大范围的基于活动的情报侦察。

随着 ABI 的概念和技术在过去的十年中同步发展，本书接着描述了 ABI 的实现技术。第 10 章介绍了数据和大数据中的关键概念，由于关于这个主题有大量的开源代码，第 10 章只是入门并在 ABI 分析的背景下介绍了相关概念。第 11 章描述了一些突破性的情报收集技术（特别是日益增强的商业遥感能力）以及这种情报收集设备如何收集大量的多源情报数据。第 11 章还介绍了持续性的概念，读者将了解长航时飞机、飞艇、地面传感器、闭路电视摄像机和用于收集大量遥感数据的先进卫星。第 12 章介绍了机器学习、模式匹配和用于自动化处理、数据训练和机器辅助分析的人工智能技术，这些技术有可能彻底改变人类与数据交互的方式。第 13 章回顾了 ABI 的一些基本分析和可视化技术的意义。第 14 章介绍了 ABI 数据和情报的知识管理、协作和共享的核心概念。第 15 章概述了在这个学科中应用的数据融合和关联的方法。本书的技术部分在第 16 章结束，其中整合了前面所有的概念，并描述了一个用于未来情报处理的框架和方法，包括建模、模式学习和复杂事件处理。

本书的一个独特之处在于它专注于公共领域的应用。第17~24章回顾了第1~16章中的概念和技术，这些概念和技术是在当代各种学科背景下提出的，包括执法、模式分析和寻找失踪客机等。这些解密的示例和案例研究中包含了大量ABI分析的图形化示例，为读者构建了跨学科应用的广泛基础。

1.4 关于来源和方法的免责声明

保护情报来源和方法是情报人员最重要和神圣的职责，这一核心原则将贯穿本书。商业数据管理和分析技术应用于各种独有的数据来源，促进了ABI的发展。在该领域的从业人员可以获得在职培训和处理各种复杂数据集的经验。本书的一个主要功能是规范情报界的理解，并告知情报专业人员在数据分析和可视化分析方面的最新进展。

本书中所有的应用实例都来源于公开领域。其中一些例子与情报行动和情报职能有关。其中一些仅仅是ABI基本原则在其他领域的有趣应用，在这些领域中，多源相关性、行为模式和预测分析是很常见的方法。商业公司越来越多地使用类似的"大数据分析"来理解客户的行为模式、解决未知问题和预测可能发生的事情。

多个政府组织已经审查了本书的内容，确认它不含涉密信息，并批准本书出版。

1.5 关注地理空间情报（GEOINT）

因为ABI是一个固有的空间学科，而且地理空间情报对入门级的情报专业人员来说更可用、更直白、更容易理解，本书中的许多例子应用了地理空间情报原理，而不是人力情报（HUMINT）和信号情报（SIGINT）领域中更敏感的例子。这并不是说这些领域——以及作为这些"情报"职能管理者的各类政府机构——没有独特和丰富的ABI谍报技术，只是很多成功的例子仍然是高度机密。

1.6 阅读建议

不熟悉情报分析、情报学科和美国情报界的读者在深入研究ABI世界之前，应先阅读以下书籍。

罗文萨·马克（Lowenthal Mark），《情报——从秘密到政策》（*Intelligence: From Secrets to Policy*）。该书是针对美国情报界、情报基本原则以及情报与政策的关系的专著。作者对该书不断更新，延伸到了对各种政策问题的连续评论，包括奥巴马政府、情报改革和维基解密等。作者曾任美国中央情报局分析部副主任和国家情报委员会（National Intelligence Council）评估副主席，是早期情报专业人士的理想导师。

乔治·罗杰（George Roger）和詹姆斯·布鲁斯（James Bruce），《情报分析——起源、障碍和创新》（*Analyzing Intelligence: Origins, Obstacles, and Innovations*）。该书由两位乔治敦大学教授撰写，是目前出版的关于情报分析的最全面和优秀的介绍性图书之一。该书提供了情报分析技术的综述，以及如何通过分析所有来源的情报来产生情报产品。

赫厄·理查兹（Heuer Richards），《情报分析心理学》（*The Psychology of Intelligence Analysis*）。这本书是情报分析人员必读的书，描写了情报分析人员的思维方式，介绍了超线程竞争分析法（ACH）和演绎推理法（ABI 的核心原理）。

霍伊尔·理查兹（Heuer Richards）和伦道夫·费尔森（Randolph Pherson），《情报的结构化分析技术》（*Structured Analytic Techniques for Intelligence Analysis*）。作为理查兹先前工作的延伸，这是一本面向所有分析人员的优秀技术手册。他们的技术思路与本书所讨论的时空分析方法很相似。

华尔兹·爱德华（Waltz Edward），《定量情报分析——应用分析模型，仿真模拟和博弈》（*Quantitative Intelligence Analysis: Applied AnalyticModels, Simulations, and Games*）。爱德华详细描述了基于现代建模技术的情报分析。它是第 12~16 章中描述的许多分析方法的重要参考。

参考文献

［1］ "History of American Intelligence," Central Intelligence Agency, March 23, 2013, Web, June15, 2014.

［2］ Magnuson, S, "'Coin of the Realm': Military 'Swimming in Sensors and Drowning in Data,'" National Defense, 1 Jan. 2010, Web.

［3］ Drew, C., Military is Awash in Data from Drones, "New York Times, January 10, 2010.

［4］ Robinson, C. A, "Sensor, Listening Device Integration Provide Battlefield Intelligence Boon," SIGNAL, February 1, 2013, web.

［5］ Ackerman, R. K., "Cultural Changes Drive Intelligence Analysis," SIGNAL, May 2007.

[6] Alsop R., The Trophy Kids Grow Up: How the Millennial Generation Is Shaking up the Workplace, San Francisco: Jossey-Bass, 2008.

[7] Seffers, G., "War is Fought in Chat Rooms", SIGNAL, March 28, 2012.

[8] Mc Whorter, D. "Mandiant Exposes APTI - One of Chinas Cyber Espionage Units&Releases3, 000 Indicators, February18, 2013, web https://www.fireeye.com/blog/threat-research/2013/02/mandiant-exposes-aptl-chinas-cyber-espionage-units.html, accessed July 5, 2014.

[9] Ziobro, P., "Target Earnings Slide 46% After Data Breach," Wall Street Journal, February 26, 2014.

[10] "Data Breach Chronology," Pyprivacy Rights Clearinghouse, http://www.privacyrights.org/data-breach/.

[11] "Center for the Study of National Reconnaissance Classics: Hexagon KH-9 Imagery," National Reconnaissance Office, April 2012.

[12] "The Hexagon Story." National Reconnaissance Office, 1988, approved for public release September 17, 2011.

[13] "Satellite Database," Union of Concerned Scientists, 2014.

[14] Thomas A, "NGA Employs Emerging Commercial Space Radars," Pathfinder, Vol. 8. NO. 1, September/October 2010.

[15] Simpson, T: "Information Dominance Trends and Strategies," presented at the NDIA Luncheon, October 6, 2010, P 8, approved for public rel distribution.

[16] Bryson, S., et al., "Visually Exploring Gigabyte Data Sets in Real Time," Commun. ACM, VoL. 42, No. 8, August 1999, Pp 82-90.

[17] "Big Data: The Next Frontier for Innovation, Competition, and Productivity," McKinsey Global Institute, June 2011.

[18] "The World in 2014: ICT Facts and Figures," International Telecoms Union, 2014.

[19] Wieland, K, "Cisco Says Mobile Devices To Generate More IP Traffic Than PCs by 2018," Mobile World Live, accessed July 13, 2014.

[20] Thomas, J., and K Cook, "Illuminating the Path: The R&D Agenda for Visual Analytics," National Visualization and Analytics Center, Pacific Northwest National Laboratory, 2004.

[21] Farhi, P., "Elephants Are Red, Donkeys Are Blue," The Washington Post, November 2, 2004, p. C01

[22] Treverton, G. F., "Creatively Disrupting the Intelligence Paradigm, The international Relations and Security Network, August 13, 2014.

[23] Ackerman, R. K., "Digitization Brings Quantum Growth in Geospatial Products," SIGNAL, August 2004, accessed June 15, 2014.

[24] Moore, D. T., Sensemaking: A Structure for an Intelligence Revolution, Washington, D. C.: National Defense Intelligence College, 2011.

[25] "Discover the CIA with The Work of a Nation, "Central Intelligence Agency, Central Intel-

ligence Agency, April 30, 2013, web, accessed June 2, 2015.

[26] Committee on Homeland Security and Governmental Affairs, "Senate Permanent Subcommittee on Investigations Federal Support for Fusion Centers Report," October 3, 2012, web, accessed March 19, 2015.

[27] Cardillo, R, "Remarks as Prepared for Robert Cardillo, Director, National Geospatialnce Agency, AFCEA/NGA Industry Day, Springfield, VA, March 16, 2015, speech, approved for public release NGA Case#15-281

[28] Northern Fleet, Wikipedia, June 14, 2014.

[29] Gauthier, D., "Activity Based Intelligence: Finding Things That Don't Want to be Found," presented at the 2013 "GEOINT Symposium, Tampa, FL, April 16, 2014, approved for public release NGA Case #14-233.

[30] McAuliffe, M. S., "CIA Documents on the Cuban Missile Crisis (1962), CIA History Staff, October 1992.

[31] Waltz, E., Knowledge Management in the intelligence Enterprise, Norwood, MA: Artech House 2003.

[32] Gauthier, D., "Activity-Based Intelligence: NGA Initiatives," December 17, 2013, approved for public release NGA Case #13-509.

第 2 章
ABI 的历史和起源

在过去的 15 年里，ABI 已经进入了情报领域。美国国家地理空间情报局前雇员利蒂希娅·朗（Letitia Long）说，这是"情报分析的新基础，就像第二次世界大战期间的照片解读和图像分析一样基础和重要"[1]。自从在伊拉克和阿富汗发现恐怖分子以来，这种方法和相关术语也有了显著的发展。本章介绍了 ABI 的起源，并描述了情报技术发展到今天的演变过程。

2.1 战争的开端

ABI 方法总被拿来与其他许多学科进行比较，包括潜艇搜寻和警务等，而 ABI 目前的概念可以追溯到全球反恐战争。根据利蒂希娅·朗的说法，"特种作战领导了基于地理空间的多源情报融合技术的发展，ABI 就是在这种技术上建立起来的"[1]。前政府执行官员兼蕾杜斯公司高级副总裁罗伯特·瑞兹（Robert Zitz）解释说，"特种作战不仅融合了信号情报和地理情报，还引入了人力情报和公开资源情报"来推动 ABI 方法的发展[2]。

地理情报分析人员在与伊拉克和阿富汗的特种作战部队协作过程中发挥了重要作用。这些分析人员发现，在他们的支持下，部队可以从各种情报中获取大量的与地理相关的情报数据，而且大多数数据在过去都没有被关注。如果这些数据被有效利用，那么在一个线性工作流程中对单个来源的情报处理就没问题了，如信号情报专家处理信号情报、人力情报专家处理人力情报等。

国家地理空间情报局的大卫·高瑟尔说，2004—2006 年，在伊拉克和阿富汗的地理情报分析人员将多个来源的信息整合到某个含有地理信息的数据库中，"他们搜索数据库，找出敌方位置，以便部队能够对其采取行动，"高瑟尔说[1]，他们最初称这种方法为基于地理空间的多源情报融合（GMIF）[2]。

分析人员还研究了来自像美国空军的MQ-1B"捕食者"这样的无人机的全动态视频（FMV），这些视频是一个丰富的数据源，提供了关于潜在对手的令人难以置信的详细信息。比尔特让和托马斯指出，全动态视频分析人员是第一批报告"行为模式"的专家，因为他们一直在伊拉克和阿富汗使用高分辨率视频跟踪目标[3-4]。

支持特种作战部队的分析人员将继续他们在国外的工作，与此同时，基于地理空间的多源情报融合已经引起了五角大楼分管情报的国防部副部长的注意。

2.2 美国国防部分管情报副部长办公室的研究和术语ABI的起源

在2008年夏天，美国国防部分管情报副部长办公室下属的技术收集和分析部门需要一份定义"持续监视"以支持非常规战争的文件。最初的定义是一个"小册子"，它简要地定义了持续性，并向读者展示支持这种持续性的各种监视方法。中央司令部是负责整个中东地区的作战司令部，它表示有兴趣将小册子用于辅助训练，并作为统一相关术语的一种手段。马克·菲利普斯（Mark Phillips），一位国防部分管情报副部长办公室工作人员，技术收集和分析部门的新成员，奉命编写这本小册子。

大约在同一时间，2008年10月，国防部分管情报副部长办公室派出两名工作人员参加了麻省理工学院林肯实验室的年度情报、监视和侦察（ISR）研讨会。一份美国政府的简报总结了基于地理空间的多源情报融合（GMIF）取得的成功，重点介绍了工作人员用几周时间学习情报分析技术、与分析人员交流并了解取得成功的过程。这项研究将概述性的小册子转化为一份机密白皮书《非常规战争的监视手段应用策略》（*Surveillance Employment Strategies for Irregular Warfare*），并于2009年12月发布。这份文件不仅包含政府各种分析人士的看法，还包括对内华达州博彩委员会（Nevada Gaming Commission）用于抓捕赌场骗子的新型监控技术的讨论中所收集到的意见，以及各种执法工作组用来瓦解犯罪网络的方法。该报告正式定义了监视的持续性，并描述了支持反叛乱和反恐行动的各种监视方法。其中一种监视方法称为基于活动的监视（ABS），通过必要的监视收集数据以支持基于地理空间的多源情报融合。

这篇白皮书还没有被普遍接受，虽然它在小范围内获得了成功，并为当时的分管情报的国防部副部长詹姆斯·克拉珀带来了一种新的思维方式。

在一份关于基于活动的监视原则的简报中，一名高级政府官员表示："我可以做到基于活动的监视，但我对通过这种行动收集到的情报更感兴趣。"技术收集和分析部门开始了一项与基于活动的监视相关的情报分析方面的研究。随着研究的深入，他们越来越希望了解和描述基于地理空间的多源情报融合分析人员感兴趣的实体，以及反恐和反叛乱中特有的强烈的人为因素。

国防部分管情报副部长办公室在 2010 年 9 月发表了第二本白皮书《从人的维度分析作战环境中人为因素的影响》(*The Human Dimension：Analyzing the role of the Human Element in Operational Environment*)。这本白皮书有两个独立的组成部分：①它对人本身进行建模，并概述了区分一个人所必需的特征信息；②它聚焦到基于地理空间的多源情报融合分析方法产生的情报。菲利普斯描述了情报系统中基于地理空间的多源情报融合的分析方法，并介绍了术语"基于活动的情报"[6]。ABI 的正式定义是现在广为流传的"国防部分管情报副部长办公室的定义"：

ABI 是情报领域的一种方法，强调将情报分析和后续的情报收集聚焦于与感兴趣的实体、人员或区域相关联的活动和事务[6]。

这个定义有几个关键要素。起先国防部分管情报副部长办公室试图将 ABI 定义为一个独立的情报学科，如人力情报或信号情报。但由于"情报学"是由国会法案定义的，这一定义后来被弱化为一种"方法"或"方法学"。

该定义规定了 ABI 关注的是活动（由事件和事务组成，第 4 章将进一步讨论），而不是特定的目标。它引入了"实体"一词，但也认识到，对社会领域的分析可能包括人员或地区，正如"人文地理"研究中所认识到的那样。最后，定义了情报分析和后续的情报收集，有时也称为情报分析驱动情报收集。这强调了情报分析比情报收集更重要——这是情报部门从传统的以情报收集为中心的思维模式的一个巨大转变。为了强调焦点从目标到实体的转移，白皮书还引入了"社会领域分析"的主题。

2.3 社会领域分析

"社会领域分析"（Human domain analytics）是对与人相关的所有事物的整体理解。社会提供了理解活动和事务的环境，这些活动和事务是解析 ABI 方法中的实体所必需的。基于对反恐、执法和反欺诈任务的研究，技收集和分析部门将社会领域划分为四个数据类别,这些数据类别汇聚了能够截获或获取的关于人的信息(图2.1)。第一类数据类别是属性信息,即"他们是谁",这包括了与个人直接相关的信息。第二类数据类别是活动,即"他们在做什么",此数据类别将人员和某个具体行动关联起来。第三类数据类别是关系,即"他们认识的人,如家人、朋友和同事"。最后一类数据类别是环境,它是关于人员所在的背景或环境的信息,例如在社会文化学和人类学研究中发现的很多信息。总的来说,这些数据类别能够支持ABI分析人员对人员的分析,对未知人员进行身份识别,并将人员活动置于社会背景中加以考虑。

1. 属性(他们是谁)		2. 活动(他们在干嘛)
• 姓名 • 性别 • 年龄 • 体重 • 宗教 • 语言 • 技能 • 价值观 • 婚姻状况 • 电子邮箱地址	• 地址 • 出生日期 • 身高 • 种族 • 财务状况 • 职业 • 受教育程度 • 性格 • 信仰 • 护照号码 • 个人特质	• 差旅(航班、火车、汽车、酒店) • 通信(邮件、电话、电子邮件、亲自) • 金融交易(购买、销售、租赁、存款、转账、贷款、进口、出口) • 实物资产的流动 • 军事攻击 • 协调的活动 • 犯罪行为
3. 关系(他们认识谁)		4. 环境(基础知识)
• 家人 • 雇主 • 同事 • 合作伙伴 • 供应商 • 领导 • 邻居 • 属下 • 组织成员 • 社区活动成员	• 朋友 • 合作者 • 敌人 • 客户 • 追随者 • 上级	• 人口统计资料(即社会文化和社会经济方面) • 组织概况(即规模、隶属关系、政治支持、业务目录) • 地理(即海拔、天气、资源使用情况) • 人类学 • 心理学 • 政治气候

图2.1　与人相关的数据类别和分类(发表于2010年美国地理空间情报基金会论坛[7])

2006—2010年,随着军事和情报机构开展基于活动的监视,与之相关的情报获取导致了多种传感器数据量的成倍增长。因此,技术收集和分析部门要求菲利普斯研究不断增长的数据量、数据增加的速度和数据种类,以及如何应用ABI来理解这些数据。

在2011年8月出版的《基于活动的情报知识管理》(*Activity-Based Intelligence Knowledge Management*)一书中,国防部分管情报副部长办公室揭示了支持ABI的知识管理新原则,以及实现这一目标所需的技术进步(见第15章)。技术收集和分析部门将这三本白皮书统称为"战略优势"系列丛书。

情报界对白皮书的接受情况喜忧参半。在情报分析团队中，有两个不同的阵营：①有 ABI 经验的分析人员，他们认为自己使用这种方法是正确的；②大多数传统分析团队，他们出于各种原因不愿使用这种方法。然而当国防部长成立了一个特别工作组来推动发展情报、监视与侦察能力，以支持正在进行的伊拉克和阿富汗战争之后，在工业界和学术界，人们普遍对白皮书提出的概念（特别是在实现技术、传感器和处理系统方面可能增加投资的情况下）表现出极大的热情。

2.4 ABI 的研究和发展

总部位于弗吉尼亚州斯普林菲尔德的国家地理空间情报局是参与开发新功能的机构之一。国家地理空间情报局已经分享了处理、利用和分发（PED）各种来源的地理情报数据的权限，这些数据来自于无人机（UAV），如美国空军的"捕食者"。他们在情报的取证方面发挥了新的作用，即开发了广域运动成像技术（WAMI，见第 11 章）。这导致了对传感器的需求迅速增长，这些传感器可以提供大片感兴趣区域（有时相当于整个城市）的侦察信息。

这些传感器产生了如此之多的数据，以至于依靠传统的方法和增加大量额外的分析人员也不可能持续处理这些数据。国家地理空间情报局还关注数据集的存储和传输，因为单次侦察任务可能产生近 100TB 的图像数据——这是以往战场上最复杂的传感器产生的数据的 100 倍。图 2.2 显示了从"基于图像的处理、利用和分发"到"基于活动的处理、利用和分发"的早期概念。图 2.2 的 x 轴显示了传感器覆盖范围的扩大，同时由于新传感器数据集的巨大规模，以及将基于图像的方法应用于广域运动成像技术的困难，必将推动处理方法的变化[8]。虽然国家地理空间情报局的任务集中在处理、利用和分发地理情报数据，但是首次公开的 ABI 仍然强调了传统情报对情报收集系统及其特性的关注。

在美国战备办公室的领导下，国家地理空间情报局在 2010 财年接受了国会的拨款，支持降低空军广域空中监视（WAAS）项目"恶妇凝视"改进 II 型红外传感器吊舱的风险[9]。菲利普斯最近撰写了三本白皮书，并参与提出了一份针对国防部分管情报副部长办公室 ABI 技术的信息需求，并被带到办公室来界定降低风险的需求。与此同时，BAE 公司实施了一项内部研发项目，利用一种称为 WAVELIB 的自动化算法（见第 11 章和第 12 章），从"自动实时地面全部署侦察成像系统"的广域运动图像传感器中自动提取目标活动。

图 2.2 "基于活动的 PED"的早期概念（来源：国家地理空间情报局[8]）

当美国陆军要求国家地理空间情报局提供情报处理、利用、分发方案，以便在海外快速部署编配 A-160"蜂鸟"无人机（AAA 项目[10]）的"自动实时地面全部署侦察成像系统"时，国家地理空间情报局加快了对原型机研发的需求。国家地理空间情报局选择 BAE 公司来开发代号为 M111 的原型机，以支持整合陆军、空军和国家地理空间情报局的目标。这一措施导致了一系列紧密相关的系统从一开始就被设计为"基于活动提取和 ABI 原则（见第 3 章）"的系统。

2.5 加速发展 ABI 实现技术

2011 年 1 月，美国战备办公室和国家地理空间情报局的代表向国家地理空间情报局负责人朗（Long）演示了在 M111 中实现的 ABI 概念。该团队演示了如何从广域运动图像（WAMI）数据中自动提取事件和事务，同时丢弃不相关的背景数据——从而节省了数百万美元的存储成本和数千小时的分析时间。朗要求将其作为远征军技术架构（NEA）[11]的一部分来加速这一尝试。

2012年，美国国家能源局部署了"基于网络的 ABI 快速反应能力，以支持美国在战区的军事行动"[12]。同样在 2012 年，国家地理空间情报局开始了一项技术工作，将多个 ABI 技术原型整合成一个单一的、可扩展的、基于网络的高级分析架构。2012 年 12 月，BAE 公司获得了一份为期数年的价值 6000 万美元的合同，提供"ABI 系统、工具和任务支持系统"[13]。

当这些技术的发展给分析人员带来新的数据源时，也带来了分析工具和分析方法的混淆。"ABI 工具"一词将用在 M111 及其相关合同下获得的后续项目上。

几年来，工程师（M111 及其后续工具的开发人员）和分析人员（支持特种作战）继续了他们的独立发展道路，直到国家地理空间情报局前副总监劳埃德·罗兰（Lloyd Rowland）做出指示，这两个小组由大卫·高瑟尔统一领导。

2.6 术语的演变

在 2010 年，由美国地理空间情报基金会（USGIF）主办的地理情报（GEOINT）研讨会上，在非保密领域首次提及了 ABI 这个术语并引入了四大原则。在 2012 年研讨会上，国家情报局局长克拉珀和国家地理空间情报局负责人朗的发言中，这个术语则被广泛引用[14-15]。在高瑟尔主持的研讨会上，著名专家和高级官员就 ABI 这一新兴学科的多种观点进行了讨论。

回到国家地理空间情报局，ABI 圆桌会议在 2012—2013 年期间开始研究和规范 ABI 的概念和技术，逐步发展了用于描述 ABI 的定义和术语。大多数工作集中在建立和协调情报分析人员和技术人员之间对 ABI 的共同理解上，他们最初持有完全不同的观点。分析人员关注的核心是：使用时空数据关联多源情报数据以解析实体（人员）；技术专家们则致力于利用时空相关性来推动更及时、更有效的情报收集，并将其与 ABI 结合起来作为分析过程的"最终结果"。

随着情报界的不断努力，ABI 适应多种任务的态势基本形成，ABI 的定义变得更加普遍化，并演变成被更广泛接受的观点，如表 2.1 所列。国家地理空间情报局的高瑟尔将其描述为"一套基于高速网络，通过大范围关联活动数据来发现行为模式的方法"[16]。它也被高瑟尔和朗通俗地描述为"发现那些不想被人发现的东西"。

表 2.1　业界关于 ABI 定义的演变

年　份	定　　义	来　　源
2010	情报学学科，其中的情报分析和之后的情报收集聚焦于与一个实体、人员或感兴趣的地区相关的活动和事务上	主管情报的国防部副部长[6]
2013	一种用于活动和事务数据分析的多源情报处理方法，用于解决未知问题、建立对象和网络知识，并驱动情报收集	国家情报局局长办公室（ODNI）ABI 实践团队（CoP）[1,16]
2014	通过高速网络和大范围内关联活动数据来发现行为模式的一组方法	大卫·高瑟尔，国家地理空间情报局[16]
2015	一套时空分析方法，用以发现相关性，解决未知的问题，建立知识库，并使用多源情报数据集驱动情报收集	比尔特让和瑞安，本书作者

表 2.1 总结了关键定义的演变。这些定义显示了概念范围的不断扩大，但也在很多方面保持了一致，如聚焦多源情报分析、数据相关性、情报分析驱动情报收集，以及对事件、事务和行为模式的关注。

军方对 ABI 发展的最初反应是喜忧参半。在 2012 年地理情报研讨会，其中一次关于 ABI 的小组讨论会上，陆军主管情报和安全的少将斯蒂芬·福格蒂（Steven Fogarty）说："陆军不承认 ABI 是一个理论术语"[17]，这让听众大吃一惊。福格蒂的意思并不是说陆军不使用 ABI，而是说这个术语没有出现在陆军手册或联合出版物中。他说，陆军提到的概念是"实时情报收集和融合，对我们来说，这是两个原则问题"[17]。空军中将罗伯特·奥托（Robert P. Otto）在《空军情报、监视和侦察 2023——提供决策优势》（*Air Force's ISR 2023: Delivering Decision Advantage*）政策指导文件中谈到："无论是否标记为'大数据'，数据挖掘、基于活动的情报、基于对象的情报生产（OBP）中收集到的大量信息都要求我们处理、组织和呈现数据的方式发生转变。"[18]本书将描述每一个术语，并针对正在发生的变化提供深入的理解和处理的方法。

2.7　总　　结

朗认为 ABI 是"2025 年前最重要的情报分析方法"，他指出云计算技术、先进的跟踪算法、廉价的数据存储、革命性的商业技术的融合推动了 ABI 方法的应用[1]。第 3~9 章介绍了 ABI 方法的基本术语和原理,这些术语和原理是通过解决一系列具有挑战性和动态性的情报问题而沉淀下来的。

参考文献

[1] Long, L., "ABI: Activity-Based Intelligence, Understanding the Unknown," The Intelligencer: Journal of U. S. Intelligence Studies, Vol. 20. 2, fall/winter 2013, pp. 7–15.

[2] Quinn, K., "A Better Toolbox," Trajectory winter 2012.

[3] Biltgen, P and R. Tomes, "Rebalancing ISR, Geospatial Intelligence Forum, VoL. 8, No. 9, September 2010, pp. 14–16.

[4] Tomes, R., "Beyond Eyes on Target: Training the Next Generation of ISR Analysts," Presented at the FMV Conference for Defense and Intelligence Operations. Washington, D. C., 28 February 2011.

[5] "Surveillance Employment Strategies for Irregular Warfare." Undersecretary of Defense for Intelligence [USD (D)], 2009.

[6] "The Human Dimension: Analyzing the Role of the Human Element in the Operational Environment." Undersecretary of Defense for Intelligence [USD (I)], 15 September 2010.

[7] Arbetter, R., "Understanding Activity-Based Intelligence and the Human Dimension," presented at the 2010 GEOINT Symposium, New Orleans, LA, November 1, 2010.

[8] Keene, K., "Wide Area Airborne Surveillance Activity Based Intelligence Processing, Exploitation and Dissemination Construct," presented at the 2010 GEOINT Symposium. New Orleans, LA, November 1, 2010. Approved for public release. NGA case #11-040.

[9] "RDT&E Budget Item Justification, Exhibit R-2, PE Number 0305206F, Airborne Reconnaissance Systems," May 2009.

[10] "Intelligence: Army and ARGUS Together At Last." Strategy Page, January 4, 2012, web, accessed August 20, 2014.

[11] Barber, K. L., "NSG Expeditionary Architecture Reshapes GEOINT," Pathfinder, vol 10, No. 3, May 2012.

[12] Barber, K. L., "NSG Expeditionary Architecture: Harnessing Big Data." Pathfinder, Vol. 10, No. 5, September/October 2012, Pp 8–10.

[13] BAE Systems Selected to Provide Activity-Based Intelligence Support for National Geospatial-Intelligence Agency," Business Wire, December 19, 2012, accessed November 9, 2014.

[14] Clapper J. R, keynote address at the 2012 GEOINT Symposium, Orlando, Florida October 9, 2012.

[15] Long, L., remarks at the 2012 USGIF GEOINT Symposium, Orlando, Florida, October 9, 2012.

[16] Gauthier, D., "Activity Based Intelligence: Finding Things That Don't Want to be Found," presented at the 2013 ∗ GEOINT Symposium. Tampa, Florida, April 16, 2014, approved for Public Release. NGA Case #14-233.

[17] Fogarty, S., comments on the Activity-Based Intelligence Panel at the 2012 GEOINT Symposium. Orlando, Florida, October 10, 2012.

[18] "Air Force ISR 2023: Delivering Decision Advantage. A Strategic Vision for the AF ISR Enterprise." United States Air Force, 2013.

第 3 章
寻找 ABI 方法的支柱

ABI 方法的基本原则被归类为四个基础"支柱"。这些简单而有力的原则是由践行者通过借鉴其他学科的最佳实践结果，并将其应用于情报领域而发展起来的。在过去的 5 年里，他们围绕这个领域形成了志趣相投的团队，并不断地发展和巩固。本章描述了四大支柱的起源和实践：时空关联、数据等价性、序列不确定性和开发利用前的数据整合。

3.1 不同战争的第一天

美国情报部门以及大多数美国和西方国家安全机构的建立是为了应对冷战时期以国家为中心的两极冲突。拥有庞大官僚机构和军队的大国在地缘政治格局中占据主导地位。冷战时期的情报工作重点之一，也是美国及其盟友最重要的任务之一，就是了解苏联在太空中的所作所为，而美国和北大西洋公约组织（北约）的主要情报来源均不掌握这一情况。高空侦察时代的到来改变了这一点：首先，利用秘密研发的 U-2 间谍飞机在苏联上空执行任务，直到弗朗西斯·加里·鲍尔斯（Francis Gary Powers）在一次飞越侦察任务中被击落，才结束了 U-2 在苏联上空的使用；第二，"科罗纳"（CORONA）计划推动了美国在航天发射领域的发展，1960 年 8 月，"发现者" 14 成为首颗过顶侦察的成像卫星[1-2]。

美国 1961 年在古巴发现了苏联中程弹道导弹，太空侦察的价值变得更加明显：关闭边境再也不能阻止对手用高分辨率相机在其领土内的行动。图 3.1 显示了 1961 年国家图像判读中心（NPIC）① 的一组图像判读人员正在识别在

---

① 国家图像判读中心后来与美国国防测绘局（DMA）合并，发展成为国家地理空间情报局[1]。

古巴的苏联导弹。

图 3.1　1961 年图像分析小组在国家图像判读中心识别在古巴的苏联导弹
（来源：美国国家地理空间情报局[1]）

时间快进到 2001 年 9 月 11 日之后的反恐战争。美国的对手不再是一个行动缓慢的国家，而是变得敏捷而迅速，没有任何规律和特征，并且融入了理论上享有行动自由的美国人民之中[3]。上一场战争中使用的技术与下一场战争中的对手之间出现了明显的不匹配。冷战时期的工具，包括太空侦察卫星等被称为国家级的技术手段（NTM），以及针对国家行为的分析工具，并不适合这个新的情报时代。

在第 10~17 章所描述的技术进步的支撑下，处于这场新战争第一线的分析人员提出了一些概念，这些概念被提炼为 ABI 的原则：这是一种基于证据的基础方法论，而不是一种自上向下的纯学术上对情报的重新定义。

3.2　利用地理信息发现情报："一切都在某处发生"

利用地理信息发现情报是 ABI 的基础支柱。它来源于最简单的概念，但也证明了简单的概念在它们的应用中有着巨大的能量。想象一下，你是一名情报分析人员，受过卫星图像解读方面的训练，具备一些基本的制图和地理信息系统技能。你来到一个大厅，里面有一排排坐在计算机工作站前的人，所有人都在试图从朋友中找出敌人，并摧毁一个由狂热激进分子组成的致命网络。你意识到，你为之前战争而准备的装备，对于找到这些躲在离你办公桌仅几分钟远的男男女女来说实在太过简陋了。然而，当你定下神来以后，你开始意识到一些事情：每一排坐着的人，都在以最细微的动作生成和接收大量的信息。

数据泛滥,很少有人共享,原因显而易见。在一个角落里,电子表格是精心制作的,一行行地从技侦系统中获取数据。在表格下面是其他人编写的文字报告,叙述一天中发生的事件或从线人那里得到的情报,并把这些情报放到一条提示线上。而所有这些数据都是与发生在地球某个地方的"活动"相关的。时任国防部副部长詹姆斯·克拉珀在2004年说:"一切事件都发生在某个地方。"[4]。当活动发生时,地理空间是这些不同数据中共同的要素。全球定位系统(GPS)的出现,使得精确捕见"事情发生的地方"这一技术从科幻小说进入到日常生活。随着技术的进步,位置已经变得可知。利用地理信息是指将位置信息添加到未标记数据的能力,通常包括添加空间坐标(有时称为地理编码)。对地名的确认是通过将信息关联到地名词典完成的,这种添加位置信息和利用这些信息发现相关性是"利用地理信息发现情报"原则的基础。

这种方法并非没有困难:有些信息天然比其他信息更容易"标注到地图上",这取决于它所代表的"活动"类型。这个过程分成几个不同的数据类和数据子类,如表3.1所列,这些分类将在下面的第3.2.1~第3.2.3节中详细说明。

表3.1 利用地理信息分类

级 别	类 型	基 础	例 子
第一级	直接	原始数据	静止图像上的GPS定位"标签"
	间接	内容数据	说明个人住所的文字文件
	间接	字段数据	带有住址元数据标签的个人简历
第二级	间接	原始数据/环境数据	内容和环境的综合数据(如隐含有地理信息的诗歌)

3.2.1 第一级直接利用地理信息

首先是直接利用地理信息,即机器可读的坐标系或已知测绘系统形成的地理坐标出现在某类信息的原始数据中,例如,一张带有GPS功能的手持相机或手机拍的照片的"原始数据"中,会以度/分/秒的格式给出一系列GPS坐标。无论格式如何,地理信息系统可直接读取的地理坐标都被定义为直接利用地理信息。

3.2.2 第一级间接利用地理信息

相对地，间接利用地理信息包含的空间数据不能被机器直接读取，不能直接进入地理信息系统。间接利用地理信息可以进一步分为利用地理名称和利用元数据，具体取决于我们能够找到哪一部分数据。利用地理名称的一个例子是没有格式化数据的文本文档，如"乔·史密斯住在诺姆，阿拉斯加"。借用同样的例子，在乔·史密斯简历中用格式化数据的标注就是："住宅：诺姆，阿拉斯加。"

3.2.3 第二级利用地理信息

再往下就是第二级利用地理信息，这是一种特例，其中的格式化和非格式化数据均不包含第一级涉及的地理信息，但可以通过分析相关数据获取地理信息。例如，一首关于一个美丽夏日的诗可能不包含任何准确的位置信息，而只是描述了一个模糊的位置。然而当把这首诗和"诗歌创作"这一"事件"联系起来的时候，就可以推导出具体的地理位置，因为诗人住在一个已知的地点，而诗的创作时间也是已知的，"诗歌创作事件"发生在当时诗人的家里，这样就为诗歌描述的地点提供了隐含的线索[5]。

第二级利用地理信息的概念是：我们如何解决那些显然与地理信息相关，却又"不出现"位置数据的令人烦恼的问题。上面的例子说明了通过从数据中推导出事件，我们可以更容易地确定活动发生的地理位置。这是对ABI方法批评者最有力的回应之一，这些批评者认为，即使不是全部，至少也有很多数据是难以通过其本身来得到地理位置的。

有了这些定位数据后，你就拥有了一个基于地理空间的分析环境。当然，其中一些位置数据（也许是很多）可能是临时性的，这样就需要引入其他的特性，从而允许用户以另一种方式更加智能地筛选数据。关于时间滤波的概念将在第3.6节中讨论，涉及到事件序列的不确定性，以及不受限于通过时间的线性向前特性分析潜在的关联关系的重要性（参见第13章和第22章中的例子）。

3.3 通过情报去获取地理信息与利用地理信息去发现情报

同样重要的是，将利用地理信息去发现情报的思路与更传统的通过情报去获取地理信息的思路进行对比。通过情报去获取地理信息这个概念没有一个准确的名称，但却恰当地描述了传统的与地理信息相关的方法。这个基于关键字、关系或布尔类型查询的传统过程如图3.2所示。通常，这个过程是人工手动的，通过分析人员从可获得的非格式化文档中复制粘贴来完成。

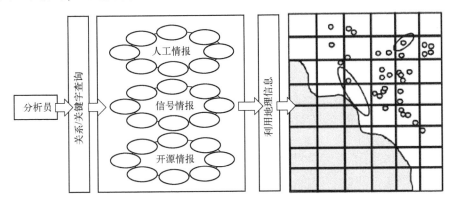

图3.2　从左到右获取地理信息的工作流程

通过情报去获取地理信息，人们常常无意识地提出的第一个问题是："这是一条有趣的信息；我应该找出它发生在哪里。"它也可以被描述为"地图标绘"，在一张地图上标识感兴趣事件的过程。关键的区别在于，在开始获取地理信息之前，一个给定的事件是相关的还是无关的。

无论是第一级还是第二级利用地理信息，将其作为基础进行情报分析都是数据处理的一个组成部分。这也是 ABI 分析过程的第一步，在分析人员查看数据之前就开始了。在"地图标绘"方法中，除了已经被标记为与某个问题"相关"或"感兴趣"的信息之外，我们无法从空间上发现任何其他信息（参见第17章中的关于犯罪的地图标绘示例，它将标绘的重点限制为"犯罪"而不是"所发生的一切"）。这种判断在很多时候是潜意识层面做出的，其结果是极大地限制了分析人员可获得的数据集，同时还破坏了从地理环境中发现潜在、未知问题或实体的可能性。图3.3说明了 ABI 中通过利用地理信息进行情报分析的工作流程。注意其与图3.2不同，利用地理信息的步骤首先出现在分析过程中，针对不同领域寻找潜在的空间/时间相关性驱动了整个分析过程。

通过获取地理信息产生了一个固有的空间和时间数据环境，ABI 分析人员将他们的大部分时间都花在这个数据环境中，识别空间和时间的同步性，并检查所谓的同步性以确定相关性。这种数据环境自然导致分析人员寻求更多数据的来源，改善数据的相关性，以利于后续的数据挖掘。对更多数据的

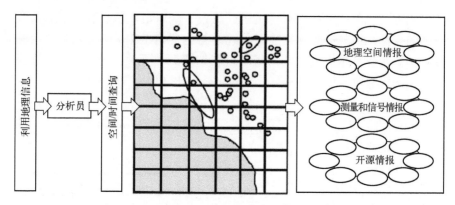

图 3.3　利用地理信息进行情报分析的工作流程

追求促使他摆脱了特定情报分析的局限,并直接导致了第二个支柱的发展:数据等价性。

3.4　数据等价性:构设多源情报空间数据环境

无论数据从何处获得,这些数据都可能是相关的,这是数据等价性的一个前提。这也许是 ABI 支柱中最容易被忽视的一个,因为它非常简单,并且显而易见。有些人可能认为这一支柱对 ABI 的整个过程并不重要,但是,这对于打破由于文化和体制障碍形成的情报"烟囱"是至关重要的,只有这样,所有的数据源才能被用于理解实体及其活动。

此外,在构建这些支柱的过程中,帮助编写 ABI 术语词典的技术人员将数据等价性定义为目的而不是结果。这一区别的重要性将在下面进行探讨,因为它涉及第一个支柱,即利用地理信息进行情报分析(图 3.3)。

再次假设你是前面章节描述的情报分析人员,在你面前的地理信息系统是一个空间数据环境,包括从许多不同的信息来源获得的数据,从最原始的徒步巡逻报告到从精密的国家战略资源收集的数据。这些数据可以用矢量表示为地图上的点和线(事件和事务)。当你开始通过空间和时间属性关联数据时,你会意识到数据就是数据,没有哪个数据源一定比其他数据源更重要。ABI 的第二个支柱强化了第一个支柱的重要性,它自身成为第二个支柱也自然地成为一种合乎逻辑的结果。

当然,重要的是一部分情报分析人员不要放弃将数据等价性视为目的的思想。这开始了我们对第 5 章详细讨论的概念的第一个重要解释,这就是"发现新情报的思维方式"。这是一个重要的概念,因为它帮助创建和维护了

ABI 方法论，甚至是在它被命名为 ABI 之前很久。

再次扮演分析人员的角色，想象一下你又回到计算机前，沉浸在地理数据中。实际上，你拥有如此多的数据，以至于很容易说，"我拥有的数据已经足够了"，或者"我拥有的数据太多了"。但是这些说法需要进一步商榷，在 ABI 环境中什么是"足够"的数据，这样的状态是否存在？

既然数据关联活动是 ABI 的核心功能，那么得出数据永远不会"太多"的结论是必然的。用分析人员不太准确的话说，"太多"通常意味着"我没有时间、兴趣或能力去理解"，但更常见的情况是"在单一的环境中更有助于对不同格式数据的检验"。这成为理解通过数据发现情报的思维模式的一个重要特征。

回到情报分析人员工作站，你注意到房间另一端的一个人正在处理一种新的数据类型，而这种数据类型来自陌生的信息源。你看到这些数据后问："这是什么？它从哪里来？"当他最初难以确定的时候，你可以开始和他讨论这个数据源，并且你意识到，通过讨论，你可以将这些数据和地理信息关联起来。同时，你也会问如何获取数据，并为如何将这种新的数据类型手动集成到你的空间环境中开始制定操作方案，甚至你作为一名技术人员，开始同步思考如何将这个过程自动化，以便数据能够准确无误地到达你的桌面。

随着数据密度的增加，智能属性关联技术成为 ABI 的一个关键技术是必要的。一些数据源由于包含固有的不确定性，必须用模糊边界、置信区间、空间多边形、圆概率误差（CEP）来表示，因此加剧了这一挑战。第 6 章和第 14 章更深入地探讨了这个问题，并介绍了在这些条件下进行数据关联的方法。

空间和时间环境为 ABI 方法提供了三个主要数据过滤器中的两个：位置的相关性和属性的相关性。基于属性的相关性对于排除只基于空间和时间的错误相关非常重要。尽管自动化算法显示出良好的前景，但许多数据源的特性几乎总是需要人工对跨多个域或信息源的相关性进行判断。机器学习随后发展起来，用于解决这些困难的问题，特别是那些难以描述的隐含的关联问题。例如，在华盛顿特区，"摩尔"可以指华盛顿纪念碑和国会大厦之间的大片绿地，也可以指附近水晶城的购物中心。这些问题将在第 7 章作为 ABI 的区分度和持久性概念进行讨论。

数据等价性涉及到人的思维模式。大多数分析人员接受的训练是对某种类型的数据（或相似数据类型的集合）进行分析。技术型分析人员接受的训练是针对传感器和侦察系统特定的输出数据，而传统的全源情报分析人员接受的训练是从初级情报报告中阅读和提取有价值的信息，这些报告往往与技术型分析人员自己编写的报告完全相同。数据等价的思维模式的重要性部分在于认识到分析人员对数据分析的观点是不同的，其核心是不同观点在类似的问题集上协作的产物[6]。这种融合式的分析方法是 ABI 革命的核心，来自两个截然不同的情报领域的技术型分析人员相互协作，将他们独特的视角带到对应的数据集。

通过利用地理信息可以创建一个数据环境，在空间上和时间上为发现情报做好了准备。更重要的是，与应用于单个领域情报分析的传统工作流程相比，一个集成的环境可以让分析人员进一步从"上游"考虑数据综合。这就引出了 ABI 的第四个原则：开发利用前的数据整合。

3.5 开发利用前的数据整合：从关联到发现情报

传统的情报闭环通常分为任务规划、情报收集、情报处理、情报应用和情报分发（TCPED）①。TCPED 对于在不同技术领域工作的情报专业人员来说是一个熟悉的概念，他们负责在诸如信号情报和图像情报等领域中分析数据。虽然通常被描述为如图 3.4 所示的一个闭环，但是这个过程有时也被描述为线性的。

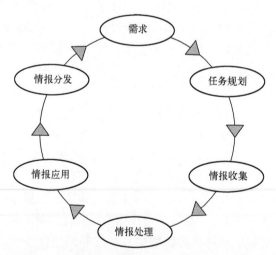

图 3.4 任务规划、情报收集、情报处理、情报应用和情报分发"闭环"

---

① 请注意，"需求"虽然不是 TCPED 的一部分，却是整个过程的驱动力。

从学术的观点来看，TCPED 做了几个重要的假设：

（1）情报侦察的资源是最稀缺的，这意味着任务分配是整个过程中最关键的部分，整个过程是从针对假想目标的任务分配开始的。

（2）在单一领域中获取知识的最有效方法是集中分析数据，通常会排除特定的背景数据。

（3）收集的所有情报数据都应加以利用和传播。

理解这些重要假设对于理解 TCPED 至关重要。这对于理解 ABI 为何要挑战许多传统概念也至关重要，这些传统概念本身就是冷战时期情报收集和分析的产物。例如，让我们回到"科罗娜"时代，"科罗娜"是美国的第一颗高空侦察卫星。它使用的是胶卷，它从太空中脱离轨道，固定在空中的货运飞船上。该过程使用 TCPED：识别目标、发射卫星到目标上空、对目标进行成像直到胶片被用完，然后投下胶片、取回胶片、冲洗胶片、分析胶片，并报告在胶片上观察到的情况。"科罗娜"执行任务的限制因素是卫星可以拍摄的图像数量。在这种模式下，任务规划变得极其重要：需要在一卷胶卷上成像更多的潜在目标。然而，由于在"科罗娜"时期的卫星成像是一项艰难的工作，因此需要通过一个专门的机构来详细审查、验证和安排侦察任务。

侦察的重点在于决定侦察什么。从逻辑上讲，"科罗娜"获取的侦察图像是非常有限的，因此每一幅图像都必须得到有效利用，以充分获取情报价值。事实上，由于收集的情报数据有限，而且非常有价值，因此采用了一个分阶段的利用过程（图 3.5），通过连续多次利用相同的数据来确保发挥最大的情报价值。

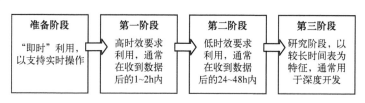

图 3.5 传统情报的分阶段利用过程

较早时期的侦察是针对已知地点已知目标的即时预警。冷战期间，情报分析人员通过寻找大规模的军事力量集结的迹象来预告敌人通过富尔达峡谷的入侵，或者在已知的导弹试验场加强"活动"。图 3.5 所示过程的后期阶段侧重于对目标的深度研究和认识。根据获取情报的要求，这些行动可能需要几天、几周、几个月甚至几年的时间。

分阶段利用的另一种情况是针对具有特征和规律的对手，虽然不一定为人所知，但可以通过反复观察来形成推论。像苏联这样庞大、传统、有规律可循的对手不仅拥有大量的特征，而且他们的活动总是在一定的时间范围内开展，这很容易被像"科罗娜"这样的卫星有计划的重访所捕获。尽管他们发展了先进的隐蔽和欺骗技术，用以对付机载和战略级的成像系统，但他们的大规模行动依然难以隐藏[7]。

一旦分析人员检查卫星数据并对其进行解析（用不同类型的设备对其进行标注，指出图像显示的是什么），分析报告和对应的原始图像数据被分发给决策者和其他对这些数据感兴趣的人。基于这些信息自然会产生新的侦察需求，从而再次启动 TCPED 过程。

但在这个过程中，情报综合在哪里呢？在 TCPED 中没有"综合"，无论大小。实际上，情报综合通常是由完全不同的分析人员执行的。在图像侦察方面，回到我们的"科罗娜"卫星的例子，图像分析人员编写的报告将分发给中情局情报委员会的全源情报分析人员，他们将这些报告与其他情报（可能是公开的）结合起来，但大多数情况下，这些情报是美国政府所关注领域产生的秘密的人力情报。只有到那时，才会真正发生情报综合，这也是评估情报结论之前的最后一步。这一过程的有效性不会持续很长时间，因为对手逐渐了解更多关于高空卫星侦察的能力，并能够成功地使用防御和欺骗措施来降低美国获取情报的能力[8]。在当今可观测特征逐步减少、敌人稍纵即逝、威胁环境迅速变化的时代，事后情报综合很少能及时提供决策优势。传统的事后情报综合只有在超过单一情报监测门限的情况下才能开展并形成综合报告，如图 3.6 所示。这种方法不仅缺乏时效性，而且还受到以下事实的限制：只有在单一情报域（没有其他情报提供相关信息）中被认为重要的信息才用于情报综合。由于这个原因，基于单一情报域的工作往往被情报专业人员嘲笑为"烟囱"或"烟囱式的情报处理"。

回到我们的作战中心，你作为情报分析人员正在探索 ABI 的原则。你意识到，可以接触到一些"原始"情报，而不是依赖其他情报分析人员在数据处理过程中得出的评估结论。虽然"原始"情报是一个在某些学科和情报侦察中具有特定含义的术语，但其定义是相同的：这些数据是你自己在地图上标定的，来自于你亲手掌握的情报源，通常还没有进入正式的情报报告，也没有正式发布。这是一种非常不同的数据，现有的 TCPED 过程和情报处理环路都不能完全适应这种数据。这些数据中的大部分远低于图 3.6 中的单一情报检测门限，但数据相关性告诉我们，虽然单个信息可能不会超过检测门限，但是几种信息的综合值则不仅可能超过检测门限，而且可能揭示出问题的特有本质。如果不这样做，情报分析人员是难以发现这些情况的。

第3章 寻找ABI方法的支柱

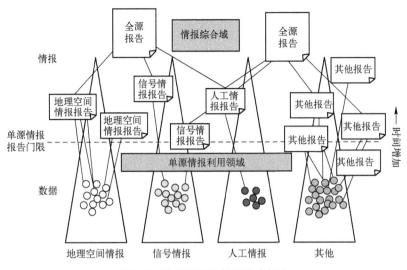

图3.6 传统的事后情报综合概念

基于空间和时间进行数据关联是一种强大的情报综合方式。在ABI中，情报综合是各类数据流在各自的工作流中被开发利用之前进行的，但是为什么要在开发利用之前进行综合呢？许多人认为，从信息源获取最大价值情报的最佳方式是在尽可能"干净"的环境中处理它。这种方法在科学研究中必然存在，为了得到结果，控制某些变量的措施在整个过程中占很大比重。你会发现，当情报分析人员开展空间关联性分析时，这种关联关系通过其他方式是很难被发现的。这体现了ABI作为一种方法论的一半的核心价值。（我们随后将讨论通过附带情报收集来进行目标识别，这是ABI核心价值的另一半。）

在开发利用之前开展的基于时空的情报综合产生的另一个重要结果是TCPED闭环的过程发生了明显的变化。TCPED是一个过时的概念，因为它总是在强调任务规划和情报侦察功能。情报侦察设备是一种有限的资源，这种观念要求分析人员事先决定什么是重要的，从而影响和带偏了信息的收集。这与ABI方法的目标不一致。相反，ABI提供了一个更适合于这样一个场景的模式：在这个场景中，数据不再是一种稀缺资源，而是一种常见的东西；相对而言，不强调任务规划和情报侦察，而强调情报的分析和利用（图3.7）。

这种侧重点的变化是不可避免的，因为我们周围的世界越来越被表征为"数据"。与此同时，技术已经发展到这样一个程度，即收集那些表征日常生活变化数据的能力更加廉价，并且在更大的范围内被应用。苏克尔（Cukier）和迈耶·斯库尔伯格（Mayer Schoenberg）是一篇被广泛传阅的关于"大数

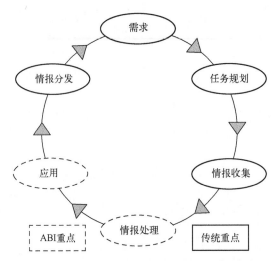

图 3.7　对比任务规划、情报收集、情报处理、情报应用和情报分发过程中传统方法和 ABI 方法的重点

据"的期刊文章的作者,他们甚至为这个过程起了一个名字:"数据化"[9]。第 10 章详细介绍了情报数据化。

重新审视利用地理信息发现情报的过程,它显然是数据化的一种特定形式和视图:一种表征、发现和处理信息的特定方法和视图。数据泛滥的结果是,人工处理情报的过程将无法再规模化。谷歌的 Skybox 公司开发的小型侦察卫星星座提供的数据将远远超过大量训练有素的图像分析人员的分析处理能力。如何避免被数据"淹没",有以下几个解决方案:

(1) 收集较少的数据(或者是较少的无关数据和较多的相关数据);

(2) 更早地综合数据,使用相关结论来引导人力密集型的情报处理;

(3) 利用人工智能将"传统处理"技术转移到"智能处理"阶段。

这三种解决方案并不是相互排斥的,尽管前两种解决方案在数据问题上代表了思路上不同的观点。ABI 很自然地选择了第二种和第三种解决方案。实际上,ABI 是为数不多的几种方法之一,这些方法在应对由于相关的可能性增加而大量增加的数据时变得更加强大。

ABI 方法中分析过程的重点也与宾夕法尼亚州立大学的研究人员首先提出的结构化地理空间分析方法(SGAM)非常相似[10]。特别是两个重要的迭代循环的概念,即"搜寻"和"感知",如图 3.8 所示。

映射到 ABI,搜寻很明显地反映到数据等价性和序列不确定性的结构中,不仅是一个情报分析人员的处理过程,也是一种试图融入分析思路的做法。搜寻的过程是一个持续的过程,不仅可以跨越特定的侦察范围,而且可以超

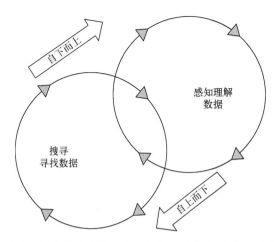

图 3.8　结构化地理空间分析方法的"搜寻"和"感知"过程（改编自文献［10］）

越特定问题的范围，从而可以把"搜寻过程"理解为对更多数据的持续追求。如图 3.4 所示，更多的数据为时空关联创造了更多的机会，因此，在情报分析人员可以获得的数据集中，他们可能有更多的新发现，有更多的机会来辨识目标。另一个含义是明确 ABI 分析人员在数据采集链中的合理位置，即不要将综合分析放在 TCPED 过程的末尾，而是将情报分析人员尽可能靠近数据收集点。虽然对于战术任务和战略任务来说，这有很大的不同，将情报分析员放在接近数据采集和处理部分的位置的结果很清楚：情报分析员不仅有额外的机会获取新数据，而且还可以从一开始就影响数据的采集和处理，通过他或她的个人努力向整个活动提供更多的数据。

随着空间相关概率的增加，必须讨论时间作为数据处理的过滤机制，以及作为一个要素在"提出问题-回答问题"这一迭代过程中的含义，这一讨论将直接引出 ABI 的最后一个原则。

3.6　序列不确定性：数据关联的时间含义

序列不确定性可能是 ABI 中最不容易理解和最复杂的一个原则。前三个原则通常在一两句话的解释之后就容易理解了（尽管随着我们不断探索，它们对分析过程有更深层次的含义）。另一方面，序列不确定性，迫使我们考虑（在很多情况下需要反复考虑）因果性和因果关系的时间含义。当 ABI 将数据分析转移到一个由相关性而非因果关系主导的世界时，必须处理好与因果关系相关的问题。

"Post hoc，ergo，propter hoc"这句拉丁短语可以直接翻译为"事后的，所以，因此"。转换成更容易理解的语言，就变为一个逻辑命题：因为事件 B 发生在事件 A 之后，所以事件 B 必然是由事件 A 引起的（图 3.9）。

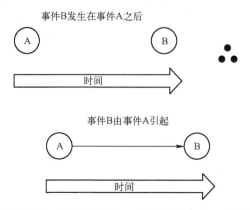

图 3.9　时序因果关系的基础图解："因为事件 B 发生在事件 A 之后，事件 B 是由事件 A 引起的。"

这句话里面的问题在大多数人看来是显而易见的：它很少是真的。许多事件之后还有许多其他事件，然而，前一个事件并不一定导致后一个事件的发生。历史学家们在试图重新梳理一系列历史事件时，常常会遇到这个问题。从"阿道夫·希特勒的崛起"到"德意志帝国"，再到"法国和英国的反应"以及最终导致第二次世界大战的复杂事件链很好地说明了这个问题[11]。

在认识论中，这一概念被描述为叙述谬误，纳西姆·塔勒布（Naseem Taleb）在他 2007 年的著作《黑天鹅》（*Black Swan*）中解释为"当我们无法解释事实发生的顺序，或者难以用箭头表示它们的逻辑关系时，我们是缺乏对序列的理解能力的。这些逻辑关系将事件联系在一起，使得事件更容易被记住，并且变得更有意义"[12]。在塔勒布的陈述中，关于时序的重要概念是：事件总是按顺序发生，我们围绕事件编织它们的逻辑关系。

在 ABI 的语境中，可以将事件理解为"活动"数据：在 ABI 中必然存在的"基本数据"（就像磨坊中必然存在面粉一样）。当事件按一定顺序发生时，我们把它们串在一起，即使我们难以准确地认知这些事件代表的事实。在进行单一数据来源的模式识别时（不是关联），时间被证明是一个有用的过滤器，它假定"全部"数据集所占有的百分比保持相对稳定。随着我们引入更多的数据集，潜在的差异成倍增加，导致不确定性呈指数级增加。在情报领域，由于许多数据集是通过对抗而不是合作的方式获得的（有别于传统的民用地理信息系统的方法，甚至治安状况图的方法），这个概念变得更加重要，我们给它起了一个专用名称：稀疏数据。

由于数据的不完整性或稀疏性造成的不确定性对按顺序描述、理解世界的方法提出了重大挑战。然而，当我们重新审视使用的方法，关注相关性而不是因果性时，我们开始明白，事件发生的顺序基本上变得无关紧要，因为我们的唯一目标是验证这些数据点是否可以在空间和时间上相互关联，并进一步明确这些潜在关联关系的意义。

重温我们的场景：你又回来坐在作战中心。你已经在地图上标绘了每一点可用的数据（并继续寻找更多的数据），在使用"烟囱式处理"之前就已经很好地综合了数据，并创建了一个数据等价的环境，在这个环境中，你可以对数据提出复杂的问题。这支持并阐明了序列不确定性的一个关键概念：数据本身驱使你提出各种各样的问题。在这种情况下，我们将序列不确定性的一个关键要素表述为"对于很多我们连如何问都不知道的问题，我们其实已经有了答案"。

如果我们对时空数据环境中的许多问题都有答案，那么这种认识的必然结果就是证据相关性比前向线性相关性更重要，因而从逻辑上讲，首先寻找答案（即寻找相关性）的地方就是我们已经创建的数据环境。由于数据环境是基于已经采集到的数据，因此得出结论的方法必然有数据支撑的。在向前看之前，先向后看。

人们常常错误地将证据相关性与情报分析的速度相提并论，而不是情报分析的方法，这在很大程度上是大数据以前时代的遗留问题（其残余在某些领域仍占主导地位），在那个时代，快速理解采集到的数据已经非常困难。在这里，我们看到了一个技术推动情报处理不断演进的具体例子。在图书馆里，我们已经从卡片式目录转向了搜索算法和元数据，这让我们作为分析人员能够快速而有效地采用一种基于搜索的方法来寻找数据相关性。

这也要求对数据集的时序过滤的应用进行讨论。在 ABI 历史的早期，分析人员利用基于地理信息系统的分析技术，但这些技术难以根据时间进行过滤（尽管后来的软件包升级增加了执行更多基于时间的交互式过滤的能力）。实际上，单独的图层或数据文件代表了某年所采集数据的总和，分析人员可以通过激活或不激活来筛选某年的数据。虽然这个过程非常麻烦，却是一个有价值的过程，尤其是存在大量数据集或处理能力有限的情况下。

随着软件平台的发展，人们采用了更加直观的基于时间的过滤，使得分析人员能够轻松地"在时间中穿梭"。然而，与许多技术发展一样，叙述谬误和事件顺序也有一个不太明显的缺点：时间的滑动允许分析人员看到与时间相关的数据总是按顺序出现的，这强化了这样一种认识，即由于某些事件发生在其他事件之后，它们之间可能存在因果关系。这也使得在数据集中进行与时间相关的搜索变得更容易：在单一数据集中有用，而在多源数据集中则可能误导分析人员，原因就在于先前我们讨论的稀疏数据的问题。因此，序列不确定性不仅是求证思维的一种表现，而且是对分析人员的一种警告，提醒他们思考序列分析法与非序列分析法的价值。当只有相关性的时候，人们对因果关系有一种直觉上的偏见。我们建议如果没有进行适当的训练和思维方式的调整，就不要使用高级的分析工具。

人工处理方法迫使分析人员在时间线上来回跳跃——从2004年到2007年再到2006年的数据——在分析人员没有意识到的情况下，将时间因果关系从分析过程中剔除。在访问元数据时，你会意识到，如果采用"回放"方法，根据数据发生的时间来滚动浏览数据，你可能就看不到它们之间的相关性。通过先研究空间相关性，然后再研究时间属性，你就能发现大量不同时间数据之间的相关性，而其他分析人员用正向线性方法查看数据时，很可能忽略了这一点。虽然这两种方法都是正确的，但在ABI的语境中，序列不确定方法更为正确。

3.6.1　序列不确定性对元数据的关注

序列不确定性对于我们如何采集、存储和标记数据也有重要的意义。假设所有数据都代表某些问题的答案，这就要求我们尽可能地收集和保存最大数量的数据，这仅受限于存储空间和成本。它还要求在超大数据集中创建索引，从而允许我们将注意力集中在数据的关键属性上，而这些关键属性可能只是整个数据的一小部分。通过保留原始数据，我们能够保留相关的可能性，即使内容在以后变得不可用（当然，内容的可用性增加了我们对关联背景的理解，从而使我们能够更好地理解关联是否有效，以及在更广泛的背景中理解它意味着什么）。元数据重要性的一个例子是现已解密的《美国爱国者法案》（USA Patriot Act）第215条批量电话元数据收集计划，2013年12月20日，国家情报局长办公室承认了这一点，并在ICONTHERECORD.tumblr.com网站上发布多个后续声明[13]。

《美国爱国者法案》第215条中有一项有争议的规定，允许联邦调查局局长（或被授权者）为防止国际恐怖主义或秘密情报活动而进行调查时，有权使用"某些商业记录"，可能包括"任何可获得的东西（如书籍、记录、文件、文档和其他物品"，前提是对美国公民的这种调查不违反《宪法》第一修正案"[14]。

为了支持该法案第215条的规定，外国情报监视法院（FISC）裁定，电话元数据包括"完整的通信路由信息，包括但不限于会话路由信息（例如，拨出及接听的电话号码、国际移动电话基站设备识别码（IMEI 号码）、中继识别码、电话被叫号码、通话时间及持续时间）"均可被采集[15]。根据已解密的计划，元数据被存档并编入索引，以备将来对疑似参与恐怖活动的目标身份进行调查时使用。如果这些元数据没有被编入索引，要通过取证调查发现有关联的事件序列是不可能的。

3.7 下一步：从原则到概念，再到实际应用

ABI 的原则代表了核心概念，这些概念是由 ABI 的第一批实践者引申出来的。这些原则不是在教室里产生的，而是基于实战的情报分析人员的真实经验，通过对实际任务中真实数据的处理而形成的。正是在这种环境下，由非对称战争的需求提炼出来，并依靠快速的技术发展得以实现。其间，ABI 成为数据驱动的情报分析方法的第一批例子之一，并将空间和时间的相关性作为发现情报的主要手段。

ABI 的搜索感知、以数据为中心、序列不确定的分析模式与"引导侦察"架构中使用的以前向线性情报处理环路为中心的方法相冲突。"引导侦察"概念基于预警传感器的采集数据，让其他传感器转向已被感知或已被预测的敌方行动，提升对已知目标的预警能力。这个概念忽略了关于世界的已知的数据财富，而倾向于简单的增量架构，如果不仔细理解，就会误导分析人员从部署的数据采集系统中得出预先确定的结论。需要重点关注"引导侦察"的风险，它将通过前三个原则创建的深度时空分析环境转移到关于加速线性 TCPED 过程的讨论中。这就不可避免地将焦点从情报综合活动转向发现未知目标和监视已知目标的变化情况。

序列不确定性引出了附带情报收集的重要概念（如有争议的国家安全局元数据计划）。这不仅对数据处理和存储的设计有影响，而且对传感器和平台的构建方式也有影响。通过使用不断获取和处理数据的系统（以及以智能方式重新处理目标数据），所有数据类型都可以转换为附带采集数据。按照苏克尔（Cukier）和梅耶·斯库伯格（Mayer Schönberger）的说法，这种方法导致了我们考虑将数据重用价值最大化，从而改变了我们对数据处理的整个方法。这个概念将在第 10 章进一步探讨。

这四大原则被称为 ABI 方法的基础，同时也是必要的情报处理变革的基础，即综合所有来源的数据并提高情报处理结论的及时性。图 3.10 说明了使用 ABI 四大原则从数据到情报的流程。开发利用前的数据整合降低了检测门限，使其低于单个情报源的检测门限。它允许在情报处理周期中更早地开展

多源情报关联，并发现那些容易被忽视的情况。

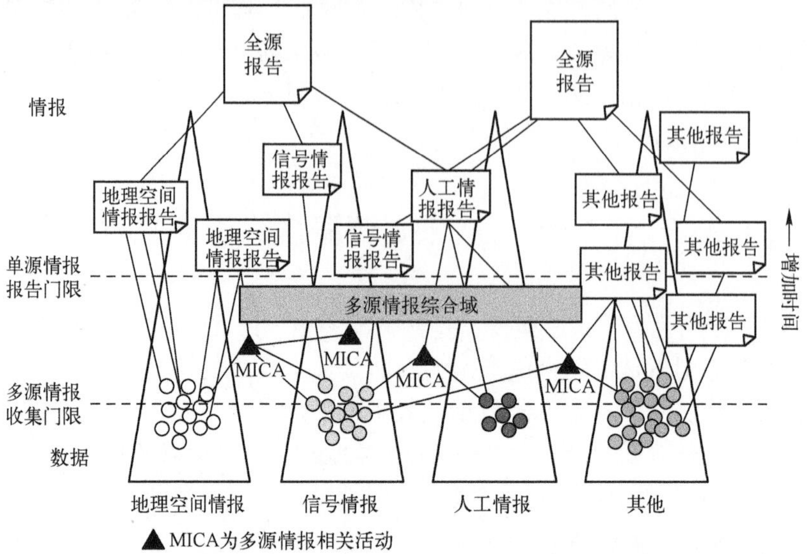

图3.10 通过开发利用前的数据整合提高情报质量和及时性

虽然一些传统的实践者对"发布未完成的情报产品"的现象感到不安，但是ABI方法基于大量的数据，利用"所有的事件总是在某个地方发生"的原理来发现未知情况。作为一个推论，当许多事情在同一地点和时间发生时，这通常是出现我们感兴趣活动的指示。跨多个数据源的相关性提高了我们对情报真实性的信心，并消除了情报的虚假性。

3.8 总　　结

ABI的四大原则是这种情报新方法和理念的理论基础。我们将在第4章中讨论ABI的更高级的原则，以及本章假设的分析人员所必须面临的不同数据类型和ABI特有的顶层数据本体论。

参考文献

[1] "The 1 May U-2 Incident and Powers' Fate," Central Intelligence Agency, 1961.

[2] "National Space Science Data Center-Discoverer 14 Spacecraft Details," National Space Science data center.

[3] Treverton, G., Cambridge, England: Intelligence for an Age of Terror, Cambridge University Press, 2009.

[4] Quoted in Phillips, Mark, "A Brief Overview of ABI and Human Doma in Analytics," Trajectory, http://trajectorymagazine.com/web-exclusives/item/1369-human-domain-analytics.html. 28 Sep. 2012. Accessed 28 May 2014. Approved for Public Release. NGA Case#12-463.

[5] Frost, R., "The Road Not Taken," Mountain Interval, New York: Henry Holt and Company, 1916.

[6] Matheny, J., "Tournaments for Geopolitical Forecasting," presented at the SAP NS2 Solutions Summit, October 29, 2013.

[7] Richelson, J. T., "Intelligence: The Imagery Dimension," in The intelligence Cycle: From Spies to Policymakers, Vol. 2, Santa Barbara, CA: Praeger, 2006, P. 71-72.

[8] Bennett, M., and E. Waltz, Counterdeception Principles and Applications for National Security Norwood, MA: Artech House 2007.

[9] Mayer-Schonberger, V., and K Cukier, Big Data: A Revolution That Will Transform How We Live, Work, and Think, New York: Houghton Mifflin Harcourt, 2013, p. 15.

[10] Penn state University Department of Geography, "Base Theory of Structured Geospatial Analytic Model," The Learner's Guide to Geospatial Analysis, available https://www.eeducation.psu.edu/sgam/node/173, accessed August 22, 2014.

[11] Overy, R. J., The Origins of the Second World War, 2nd ed, London: Longman. 1998, pp. 1-3.

[12] Taleb, N., The Black Swan: The Impact of the Highly Improbable, 2nd ed. New York: Random House, 2010, P. 303.

[13] "IC On The RECORD" Office of the Director of National Intelligence, http://icontherecord.tumblr.com/tagged/declassified, web, 2014.

[14] UNITING AND STRENGTHENING AMERICA BY PROVIDING APPROPRIATETOOLS REQUIRED TO INTERCEPT AND OBSTRUCT TERRORISM (USA PATRIOT ACT) ACT OF 2001. Public Law 107-56, October 26, 2001.

[15] IN RE APPLICATION OF THE FEDERAL BUREAU OF INVESTIGATION FOR AN ORDER REQUIRING THE PRODUCTION OF TANGIBLE THINGS FROM [REDACTED]. Foreign Intelligence Surveillance Court, United States of America, 04-12-2013. [Online]. Available: http://www.dni.gov/files/documents/PrimaryOrder_Collection_215.Pdf.

第 4 章
ABI 术语词典

ABI 的发展还包括一套与之相伴的特有的词典、术语以及概念的发展。活动数据包括"行动、行为和接收到的关于实体的信息。在 ABI 的分析中，贯穿始终的术语'活动'表示'实体在干什么'。根据其附带的元数据和分析应用，可以将活动细分为两类：事件和事务"[1]。一个对此感兴趣的团队建立了这个定义，使其在某种程度上包罗万象。与任何官方的定义一样，对读者来说，做一些深入研究并真正理解什么是活动数据，以及我们为什么关心它，是很有帮助的。

4.1 ABI 的本体论

对于我们现在生活的这个充满丰富数据的世界，情报分析方法的一大挑战是数据集成。在第 3 章中，作者介绍了开发利用前的数据整合以及利用空间和时间进行集成的思想。开发利用前的数据整合原则促使分析人员考虑新的数据源，这些数据源有时只有空间和时间元数据是共同拥有的。随着数据多样性的增加，分析人员面临着当今大多数人类分析人员共同面临的问题：如何用一种通用的方式表示不同的数据？

本体论是一个学术领域中描述概念和术语之间相互关系的正式名称。已经建立起来的学科，如生物科学和电信科学，具有完善的标准和本体论。随着数据的多样性和学科范围的增加，本体的复杂性也随之增加。如果本体论变得过于僵化，并且需要太多的委员会批准才能适应变化，那么它就很难解析随着技术进步而出现的新数据类型。此外，对于复杂的数据本体论，分析需要复杂的环境，这使得相关和关联数据变得异常困难（更不用说从数据相关性得出的结论了），除非做好了充足的准备。

随着 ABI 的发展，需要创建一个简单但适当灵活的基于元数据元素的数据本体。由于 ABI 在结论（通过时空关联发现情报这一原则的结果）之前强调元数据，任何数据本体都必须基于某些数据元素。当国防部分管情报副部长办公室在《战略优势》（*Strategic Advantage*）系列白皮书中定义了人的维度时，他们提供了四类数据，这些数据构成了支持 ABI 方法的基础本体论（表4.1），ABI 的重点是活动和背景数据的应用，但是关于某个实体的属性数据和关系数据在整个分析过程中通常是至关重要的。一次情报分析的工作流程通常涉及上述四个类别的数据。

表 4.1 在社会领域支撑 ABI 的四种数据要素

数据类型	聚焦点	主要目的
活动	个体从事的不关联的活动	实体解析/识别，活动方式评估
背景	任何类型数据的聚合	为观察到的实体活动提供背景信息
属性	实体的属性信息	提供与特定实体相关的信息，如年龄或姓名
关系	描述实体之间关系的信息	理解并描述一个实体所属的正式和非正式社交网络

这四种数据类型之间的相互作用，以及获取信息的非线性过程，可能是 ABI 最重要的目的。第 5~9 章探讨了如何在分析过程中使用活动数据以及其他数据类型，而本章的其余部分详细描述了这些重要数据类型的特征。

4.2 活动数据："人做的事"

"活动"数据强化的第一个核心概念是，ABI 最终是关于人的，在 ABI 中，我们称之为"实体"。

这是一个重要的特性，原因有很多，但由于 ABI 在图像处理和地理空间领域的传统，这一点尤为重要。"9·11"之前的国家安全战略重点是防止常规军事力量的扩散和威慑，较少关注恐怖主义、非国家行为者和跨国组织。那个时代的情报需求往往侧重于评估军事战斗序列（OOB），优先级最高的情报问题往往涉及国家行为及其军事力量。这与 ABI 形成了鲜明的对比，ABI 把焦点放在融入周围人群的恐怖分子和叛乱分子身上。因此，静止的图像在针对个人活动的情报中并没有提供同样的优势。

因此，ABI 中的活动是与"人们所做的事情"相关的信息。虽然这可能是一个简单的解释，但它对 ABI 的作用很重要。用 ABI 的说法，活动不是关于场所、设备或物体的。活动数据告诉我们人们做了什么，即使我们不知道他们的身份。

  这最终将我们引向更复杂的概念，即我们如何表达活动，以及如何在我们周围的环境中感知活动。在区分活动和背景数据时，很明显，针对一部分已定义的数据，必须理解其潜在用途和数据粒度。

4.2.1 "活动"与"具体活动"

  本书的书名使用了"基于活动的情报"这个术语，但在早期的讨论中，这个短语是"基于具体活动的情报"。"具体活动"是实体（人）的特有的、基本的、独立的活动。"活动"则是一个广义抽象的概念，用来描述在空间和时间上发生的所有具体活动的集合。

  为了说明这一区别，可以参考谷歌地图中提供的交通速度热力图，基本的算法最终是基于速度的合集的，而与每辆车的速度不直接相关；其目的是对给定路段上的平均车速有一个大致的了解，以便估计行驶时间①。如果某个特定罪犯驾驶摩托车以 100 英里②/h 的速度穿行在车流中以逃避警察，这并不会影响高速公路的总体"活动"。

  在另一个例子中，传统的图像分析人员喜欢说："在古巴导弹危机期间，我们在古巴的导弹基地看到了他们的活动情况！"这是在一个固定地点中随着时间发生的缓慢的、整体的变化。如果观察到人员在卸货、驾驶卡车、安装设备或与苏联人交流，那么这些具体的"活动"将作为导弹扩散的早期征兆[2]。

  ABI 的目标更侧重于针对个体具体活动的应用，以便了解个体特有的身份和行为模式（由进行日常活动的个体执行的具体行为的组合，在第 8 章中进一步讨论）。虽然作为上下文或背景的活动数据是有用的，但由于聚合的原因，这类数据通常很难用来消解一个实体与另一个实体之间的模糊。这与使用一般性的个体数据略有不同，有研究表明，通过少量的几个特有的数据点就可以有效地区别个体[3]。有趣的是，商业公司通过使用 ABI 从业者熟悉的方法将跨多个位置的活动关联起来，从而实现了对个人数据的针对性管理。

4.2.2 事件和事务

  本章导言中将活动数据定义为"物理活动、行为、以及接收到的有关实

---

  ① 这种聚合的交通数据作为 ABI 中的背景数据有时是有用的，但不是分析的重点，因为聚合消除了必要的特殊性，从而难以识别由个体执行的特定活动。

  ② 1 英里 ≈ 1.609×10^3 m。

体的信息",同时也将活动数据分为两类:事件和事务。这些类型根据其元数据和用于分析的使用方式进行区分。为了限制 ABI 数据本体的范围(即避免生成描述所有可能的实体类型执行的所有可能活动的数据本体),我们都会根据感兴趣的数据所附带的元数据,将所有活动数据具体分类为事件或事务。

一个事件是"在相关背景中查看时,由具有特定含义的实体产生的可识别的运动或变化。分析人员使用事件来描述位置和实体。事件是由其空间数据元素定义的。"例如简易爆炸装置攻击、导弹试验和居住在某处的人员[1]。

上面列举的例子很能说明问题,前面的两个例子——简易爆炸装置攻击和导弹试验——为我们提供了独立事件的例子,也就是说,在一段明确的时间内发生过一次的事件。第三个例子——居住在某处的人员——则是一种不同的事件,是一种不太具体的事件。虽然住宅地址或地点也可以被视为属性数据,但由于其具有空间数据元素而被视为事件。

在这三个例子中,空间元数据是最重要的要素。虽然简易爆炸装置攻击和导弹试验都有时间属性,但居住在某处的人员则在时间上没有限制;因此,它没有精确的时间属性。一个与地理位置相关的事件/情况的报告示例如图 4.1 所示。

情况报告	
日期	2010 年 11 月 12 日
主要内容	已知走私集团位置靠近中部的额尔德斯坦
位置	33-22-48N014-590IE
等级	2B-可靠
全文	local‖/22471.doc

图 4.1 事件报告示例

与地理信息相关的事件分析并不局限于军事或情报分析,语调数据库(GDELT)项目使用了 100 多种语言的数据,从 1979 年 1 月 1 日起每天更新,维护了一个 100% 免费开放的包括 300 多种事件的数据库。目前,该数据库包含超过 4 亿个与地理信息相关的数据点[4],分析人员使用事件来对位置和实体进行空间描述。在地理信息系统中,尽管考虑了空间和时间的不确定性,事件通常以一维形式表示为"点"。在以度分秒(DMS)形式进行的精确空间标注的同时,生成访问文档全文的链接。第 13 章更加详细地描述了使用地理信息系统工具进行的事件分析。

特征描述是一个重要的概念,因为它有时看起来就像我们将事件作为背景数据。通过这种方式,活动可以描述其他活动。这一点很重要,因为大多数由实体进行的活动并不是在真空中进行的,而是与不同实体在同一地点或时间进行的活动同时发生,有时两者发生的地点和时间都相同。(描述两个事件几乎同时发生在同一地方称之为"共现",两者之间并不是一种因果关系。)

在紧邻地点中发生的事件为我们提供了一种间接方法将多个实体关联在单独的数据点上。然而,一种更直接的方法是通过活动数据的第二个类型(事务)将实体联系在一起。

4.2.3　事务:时间标识

ABI 中的事务为我们提供了直接关联实体的第一种数据形式。假设将一个事务定义为"有明确起始和终止时间的实体间的信息交换(通过监视代理)"[1],这种信息交换通常体现了瞬时发生的两个实体之间的关系。这种关系可以有多种形式,但必须存在于事务的持续时间内。可见空间标识定义了事件数据,而时间标识定义了事务数据:所有事务都有一个精确的开始和结束时间。

在 ABI 中事务至关重要,因为它们代表实体之间的关系。事务通常可以通过实体或其代理进行监视,因此也间接反映了实体本身。例如,警察对犯罪嫌疑人的家进行监视时可能没有观察到本人,但他们可能会跟踪到嫌疑人的汽车,这种情况下汽车就是一个代理。嫌疑人离开家是一个事件,车辆从起点到终点的运动是一个事务。分析人员按照事务的类型,利用事务将实体和位置连接在一起。第 6 章将详细介绍代理的概念。

事务有两种主要的子类型:物理事务和逻辑事务。物理事务主要发生在物理空间中,或者换句话说,在现实世界中。物理事务的一个示例是在位置 A 和位置 B 之间行驶的汽车。事务的连接和交换发生在车辆与车辆之间,或者在每个不同的位置驾驶员与车辆之间。可能的子连接包括汽车驾驶员与处于位置 A 的汽车,驾驶员与处于位置 B 的汽车,以及位置 A 的汽车通过驾驶员到位置 B 的汽车。在一个物理事务中,通常需要额外的信息来辨识哪些实体涉及交换,我们将在第 7 章将其作为 ABI 位置区分度的一部分进行讨论。图 4.2 展示了一个物理事务的例子,一辆红色轿车在两点之间的移动。请注意给定的汽车启动和停止的准确时间,而线条表示汽车所走的物理路径。

逻辑事务是事务的另一种主要子类型。因为这类事务发生在网络空间而不是物理空间,因此更容易直接连接到实体的代理(以及实体本身)。然而,逻辑事务的终端(或节点)却会出现在物理空间中,因为这些逻辑事务是由前面所讨论的物理存在的个体执行的。

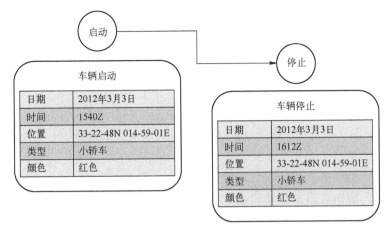

图 4.2 物理事务和相关描述数据的示例

一个很好的例子是两个不同账号的银行账户之间的金融交易。每个账户都是个人或实体的代理，资金从一个账户流出并流入另一个账户，就代表了一种交易。即使有了交易数据，其背景信息仍然是评估交易内涵的关键：账户之间是否存在雇佣关系？或者，这笔交易只是一个朋友给另一个朋友的一笔小额贷款？由于本身只有一笔交易，所以很难提供准确的评估。

通过它们各自的关键元数据要素定义事件和事务——空间和时间标识导致了一个显而易见的问题：当一些数据同时具有空间和时间标识时将会发生什么？有没有一些东西既是事件又是事务呢？

4.2.4 事件或事务？答案（有时）是肯定的

将数据定义为事件或事务，不仅是理解数据在分析过程中的作用，而且是识别当前元数据字段并将其"归类"为两大类型之一。同样的，根据某些数据类型的具体情况和在分析中的用途，可以同时被视为事件和事务。

由于在分析中的用途（空间特征描述或逻辑连接）是确定数据是否被视为事件或事务的重要依据，因此我们必须考虑某些数据类型同时适合这两类的可能性。在大多数情况下，这种类型的数据基本上是一个事务。在事务中，有两个重要部分：涉及的实体之间的关系或连接，以及节点（实体或其代理的监测情况）。

在考虑可能同时属于"事件"和"事务"两种类型的数据时，重新访问元数据字段有助于确认数据是事件还是事务：空间或时间标识。回到图4.2，我们可以看到事务的节点在空间上是被标识的。我们还知道每个节点都有一个不同的实体，由一个代理来表示。因此，我们有一个具有特定空间信息的实体，满足我们对事件的原始定义。因此，在分析过程中，具有空间信息的事务的节点可以被视为事件。

4.3 背景数据：提供理解活动的背景

关于活动数据，需要理解的重要一点是，如果不理解所观察到的活动发生的环境，活动数据的全部内涵往往是难以理解的。无论是从概念的角度还是从数据的角度来看，这都是正确的。这里，我们关注背景数据的重要性，它帮助我们理解活动发生的环境。这为我们提供了与商业大数据的另一个相似之处，在这种情况下，将数据置于特定环境中的重要性是显而易见的。来自奥吉发（Augify）公司的艾丽莎·洛伦兹（Alissa Lorentz）写道："在将无意义的数据转化为真实信息的过程中，考虑其背景是至关重要的。"ABI中的活动数据也是类似的：要完全理解它，我们必须理解它发生的背景，而背景本身就是一种数据。

有许多不同种类的背景数据。背景数据的一个简单示例是天气数据。通过了解我们感兴趣的活动期间的天气情况，分析人员可以针对其感兴趣的实体，在脑海中形成结论：邻居应该修剪草坪。天气对所讨论的活动有影响吗？活动和背景的融合使我们能够对空间数据环境提出更加合理的问题，并理解那些隐藏在大量活动数据中的关系。

背景数据的另一种类型是基础图像或地图。其中一个例子是国防后勤局（DLA）建立的受控图像数据库（CIB），该局的产品网站称受控图像数据库是"一个不保密的精确的正射影像数据集，由校正后的空间成像灰度图制成"[6]。受控图像数据库为规划人员提供了一个世界范围的数据集，他们可以看到各种景观和建筑，告诉我们活动是发生在城市、房屋附近还是农村地区；图像是活动的背景数据，活动数据的空间位置定位于背景之中，而图像则完全定义了活动的相关背景，是发生在巴格达，还是印度洋？最快和最简单的方法是在图像上看到这一点。类似地，数字地图可以提供有关活动发生地点的背景信息。因为位置的概念对于通过参照地理信息发现情报这一技术是天然存在的，所以空间地理环境数据是理解活动和事务的重要基础。

假设一辆汽车驶近一个十字交叉路口的情况。汽车是直走、左转还是右转？每种事件发生的概率是33%①。背景信息可能显示左边的道路是一条断头路，右边的道路通向一家受欢迎的百货商店。谁是司机？他们住在那条断头路上吗？他们以前在那家商店买过东西吗？他们有可能去买东西吗？活动数据和背景数据有助于理解事件和事务的本质，有时甚至有助于预测可能发生的事情。同样，这个例子也说明了国防部分管情报副部长办公室定义的另外两种数据类型的作用：属性数据和关系数据[7]。

4.4 属性数据：实体的属性

属性数据提供关于实体的信息：姓名、年龄、出生日期和其他类似属性。因为ABI不仅与活动有关，而且与实体有关，所以考虑与实体相关的数据类型非常重要。属性数据为分析人员提供了理解实体间活动内涵的相关信息。

在ABI中，属性数据可能是最直观的数据类型，因为我们很容易将它与人联系起来。这些数据是关于人的信息（例如姓名、别名、出生日期和银行账号等）。所有这些都帮助分析人员了解具体的事件和事务可能意味着什么，以及不同的事件和事务如何与特定人员相关。

在实体解析的过程中，属性数据也很重要。虽然我们将在第6章更广泛地探讨实体解析，但是在这里简要地讨论这个概念是很重要的，因为实体解析的过程（从根本上说是消解模糊）使我们能够理解关于实体的其他属性信息。如果我们设想每个实体都有一张"名片"，提供诸如姓名、电话、电子邮件和银行账号之类的信息，那么实体解析的过程就是确定哪些表面的属性（如电子邮件和银行账号之类的东西）属于哪些实体，而这些属性则进一步丰富了实体的属性数据。

阅读以上段落，很容易认为ABI只是一个基于旧的情报分析方法的新术语。警察部门、情报机构，甚至私人组织长期以来都希望了解有关个人的具体细节，是什么使ABI成为一种根本不同的分析方法？答案在于属性数据与第4.2.2~第4.2.4节描述的事件和事务的关系，以及贯穿ABI本体论的不同更新速度和不同精度的各类数据的融合。

在相对传统的方法中，分析人员可能从感兴趣的个人开始，试图"填写名片"，而ABI则从许多实体的事件和事务（活动）开始，最终再聚焦到感兴趣的特定个体。这是ABI用来解决网络中未知个体问题的技术之一，

---

① 或者汽车可以无限期地停止；或者它可以掉头；或者它可以被落下的陨石砸扁。（看看这个问题是如何影响可能的答案的？）

避免了最重要的实体可能被分析人员漏掉的可能性。即使在某些情况下，采用 ABI 的方法去寻找某个特定的个体，分析方法的一开始是关注活动而不是实体，这样就将 ABI 与其他方法区分开来。这将在第 5 章的实践中进一步探讨。

图 4.3 对比了 ABI 实体研究流程和传统实体研究流程，例如执法部门的流程。在这两种流程中，关于个人的常见信息是：姓名、住址、电话号码、电子邮件地址，这些都是理解个人行为的一个方面，正如在第 6 章中详细描述的关于代理与实体的关系一样。在传统的研究流程中，已知的属性信息被用于对确定的嫌疑人员的接触，执法人员可以依据法庭指令通过窃听电话或搜查住所来寻找证据。他们也可以跟踪车辆并监控人员的交易，用以识别相关地点和其他人员。ABI 工作流程中的小椭圆代表许多可能的与执行活动相关的电话、车辆和地址，从中可以推断出人员，其区别在于 ABI 分析人员将所有数据源视为数据（在活动中的数据价值不确定原则），并通过不同来源数据的关联来解析未知实体。

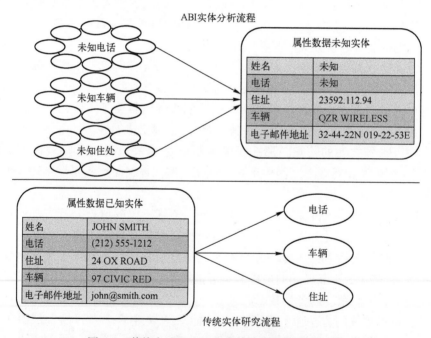

图 4.3　传统方法和 ABI 在实体分析流程中的比较

ABI 数据域中的最后一个难题是将实体相互关联，但与事务不同的是，我们开始理解广义链接和巨型网络，从根本上说，这就是关系数据。

4.5 关系数据：实体组成的网络

实体是真实存在的。就连世界上最隐秘的人物之一奥萨马·本·拉登，直到他在 2011 年离世，也与外部世界保持着联系，试图影响和领导"基地"组织各分支机构[8]。因此，在 ABI 中考虑实体之间关系也非常重要。关系数据通过正式和非正式的组织、社交网络和其他方式告诉我们实体与其他实体的关系。

最初，很难区分关系数据和事务数据。这两种数据类型从根本上讲都是将实体关联在一起；那么这两者之间的区别是什么呢？答案是，事务数据表示关系的细节，而关系数据则泛指与实体相关的属性数据和活动数据的关系。这个概念如图 4.4 所示。

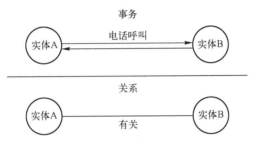

图 4.4　事务数据与关系数据的对比

理解实体之间存在关系这一重要性怎么强调都不过分；它是以事务的形式具体表述关系的有效方法之一。传统上，这个过程只是简单地使用具体的数据来形成一般性的结论（归纳过程，在第 5 章探讨）。然而在 ABI 中，演绎和诱因推理的过程是首选的（通过这种方式，通常可以得到我们对具体关系的评估结论）。在事件和事务数据中，对于包含两个或更多实体的关系网络的理解能帮助我们确定事件和事务的联系只是纯粹的巧合，还是个人或网络之间确实存在关系。

这类数据经常用于社交网络分析（SNA），社交网络分析是在社交网络背景中分析关系数据的一种具体方法[9]。这样，社交网络分析就成为了 ABI 的重要补充方法，但两者侧重于数据的不同方面，并得出完全不同的结果，因此这两种方法是不同的。然而 ABI 和社交网络分析的共同之处则在于，认识到理解实体和关系对于解决特定类型的问题是很重要的。

4.6 分析和技术影响

ABI 对数据本体论（聚焦到活动）的广泛应用，建立了一种方法，即从分析和技术的维度理解我们如何处理数据。通过考虑将时空发现环境作为主要接口，分别理解事件和事务的时间、空间要素，我们可以开始设计转换和应用事件-事务数据结构的技术解决方案。在某些情况下，这种技术可以应用到传感器数据处理系统中；而在其他情况下，特别是针对重复使用的数据（在第 9 章关于数据采集中进一步论述），下游的数据治理必须获取数据输出并将数据转换到事件-事务本体论中。

实体的关系和属性信息对于将事件和事务置于其发生的背景中非常重要，但是与早期的分析方法和传统的处理方法不同，从一开始就关注特定的实体并不是 ABI 的标志性创新。相反，在 ABI 中，对许多实体活动的分析有助于我们理解和发现关于重要实体的信息。即使我们不知道这些实体的存在，这也是事实；换句话说，活动帮助我们解开未知，并可以防止出现分析错误。

4.7 总　　结

了解了 ABI 的数据处理方法之后，下一步就是了解 ABI 独特的分析方法。第 5 章将探讨 ABI 在情报分析方法中的地位，第 6~9 章将概述和解释 ABI 的核心概念和定义及其对分析人员和技术人员的影响。

参考文献

[1] Ryan, S., "ABI Draft Lexicon Discussion," National Geospatial-Intelligence Agency, approved for public release, NGA Case #13-437, August 15, 2013.

[2] McAuliffe, M. S., "CIA Documents on the Cuban Missile Crisis (1962)," CIA History Staff, October 1992.

[3] de Montjoye, Y. A., et al., "Unique in the Crowd: The Privacy Bounds of Human Mobility," Scientific Reports, March 23, 2013.

[4] "The GDELT Project," web, available: http://gdeltproject.org/.

[5] Lorentz, A., "With Big Data, Context is a Big Issue," Wired Innovation Insights, April 23, 2013, web.

［6］ "Mapping Customer Operations: Digital Products," Defense Logistics Agency, web, available: http://www.aviation.dla.mil/rmf/products_digital.htm.

［7］ Phillips, M., "A Brief Overview of ABI and Human Domain Analytics." Trajectory, 28 Sep2012, approved for public release, NGA Case#12-463.

［8］ bin Laden, U, "LettertoNasiral-Wuhayshi (Englishtranslation)," SOCOM-2012-0000016-HT, Combating Terrorism Center, United States Military Academy, 2012, web, available: https://www.ctc.usmaedu/posts/letter-to-nasir-al-wuhayshi-english-translation-2.

［9］ Johnson, J., et al., "Social Network Analysis: A Systematic Approach for Investigating," Law Enforcement Bulletin, March 2013, Federal Bureau of Investigation. web, available: http://www.fbi.gov/stats-services/publications/law-enforcement-bulletin/2013/march/social-network-analysis.

第 5 章
分析方法与 ABI

在过去的五年里，情报机构和分析团队已经将术语 ABI 和与 ABI 相关的处理原则引入到他们的分析工作流程中。而这些方法很容易被那些刚进入这个领域的人所采用，尤其是那些从日常生活中获得了强大分析能力的"数字化人"，但传统主义者对这场情报革命的本质依然感到困惑。本章描述了在动态变化的世界中分析、集成和利用情报的一些基本方法的进展和新架构。

5.1 重新审视现代情报架构

谢尔曼·肯特（Sherman Kent）是迄今为止对情报分析领域产生深远影响的少数人之一。肯特与罗伯特·盖茨（Robert Gates）、道格拉斯·麦克伊钦（Douglas MacEachin）、理查德·霍伊尔（Richard Heuer）等人一起，在情报领域中对分析的专业化概念及其所使用的方法进行了雄辩的论述[1]。尽管情报处理技巧之类的词汇在过去和将来都适用于 ABI 和其他分析方法，这些受人尊敬的情报分析专家依然在呼吁找到一套情报处理的方法：一致的、可重复的，且最重要的是可传授的。

ABI 继承了这一知识遗产，同时也为情报分析的殿堂贡献了一些基础的独特方法：使用时空相关性来消解模糊，并从收集的海量数据集中识别感兴趣的实体。

这对当前的情报文献提出了挑战。约翰·霍利斯特·海德利（John Hollister Hedley），一位长期在中央情报局任职的官员，总统的《每日简报》（PDB）的编辑，总结了三大类情报：①战略或"预估"情报；②实时情报；③基础情报[2]。与大多数情报分析文献一样，这三类情报的问题在于，文献都集中于全源①情报分析人员的工作上,主要在中央情报局(CIA)的情报委员会(DI)、国防部情报局(DIA)和军事部门内部。相比之下,关于专业情报(如地理情报(GEOINT)和信号情报(SIGINT))的分析方法的文献较少,因为这些方法与数据采集模式密切相关。因此,这些机构有充分理由认为大部分与"情报收集来源和方法"相关的情报处理技术本身就涉密。

来自 ABI 方法的评估或结论很可能是战略性质的,然而考虑到 ABI 起源于伊拉克和阿富汗的现代战场,战略情报不足以代表 ABI 的全部。它同样也可能是实时情报,ABI 的取证法和序列相关法支撑了分析人员考虑当前数据与历史数据之间的关系。ABI 不一定具有预测性,导致它在实时情报中的预警能力不足。它也不是基础情报,尽管它确实像其他类别的情报一样依赖于基础情报。当然海德利是针对已完成处理的情报进行分类的,目前围绕情报产品的分类框架依然出现在许多相关的情报文献中。

从上述对情报类别的简短介绍中,我们可以清楚地看到,现有的情报框架需要扩展,以适应 ABI 和其他类似的情报方法。这些方法包括一个名为"新发现"的情报类别,如图 5.1 所示。

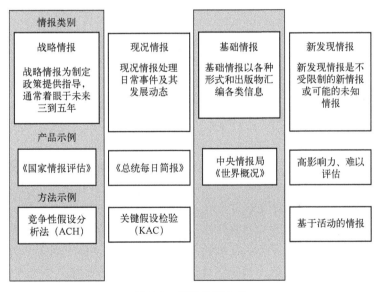

图 5.1　情报的四大类

---

① 国防部将全源情报定义为"将所有信息来源纳入最终情报生产的情报产品和/或组织和活动"[4]。

5.2 发现新情报的案例

在一个日益以数据为导向的世界里，出现超越已有情报分类的分析方法似乎是不可避免的。作者认为，ABI 是属于这一范畴的许多可能的方法中的一种，这些方法可以被泛称为"发现"新的情报，与现况情报、战略情报和基础情报并列[3]。

如何定义"新发现的情报"？大多数情报分析人员都具有天生的好奇心，当他们从事日常工作时，已经本能地进行了一些探索。但情报分析界和情报中心领导层越来越担心，情报生产日益受到决策者和作战人员提出的具体任务和问题的驱动。在某种程度上，这是可以理解的：因为决策者和作战人员是情报机构提供服务的两大客户群，所以这些情报机构自然会对这些客户的意见或需求作出响应。然而，对需求的响应并不包括识别那些情报用户以前不知道或不太了解的相互关系和问题的能力。这就是新发现情报的由来：其主要聚焦于确定相关的和先前未知的潜在信息，以便在没有特定要求的情况下提供决策优势。

布鲁斯（Bruce）和乔治（George）认为：有关这类情报分析的专业文献仍然非常少，这种明显缺失的部分原因是当前对情报的要求非常急迫（而不是更深入研究和花更多时间分析），也缺乏足够的时间去反思情报界过去的表现或去总结经验教训，而这些已有的经验教训将使以后的情报分析人员受益[5]。

甚至连"情报生产"的提法也体现了一种流水式的处理过程，这并不能很好地适应现实世界的复杂性，意味着拒绝承认、理解或探索"未知问题"。满足这些需求（要求越来越高，时间越来越短）可能会逐步降低情报分析人员发现新情报和潜在有用信息的能力。

在这一点上，与以技术为导向的公司的创新是相似的。技术人员的工作任务很明确，他们很少甚至没有时间专门用于创新。一些在创新领域的企业领导（如谷歌公司允许员工用一定比例的工作时间开发自己感兴趣的产品）常常认为创新是一种"浪费"或缺乏足够的投资回报，因此阻碍了企业试图创新的努力[6]。此外，企业创新往往有一种误解，即在一定的员工群体中，创新的愿望是均等的，然而，事实却是创造力更集中在某个特定的人群[7]。

如果情报领域的"发现新情报"与技术领域的"创新"类似，其产生的后果之一，就是在整个情报分析人员群体中，对于"发现新情报"的渴望以及在"发现新情报"方面的成功是有差异的，不同的分析人员希望并能够在

"发现新情报"上花费的时间并不相同。创新是在清晰理解需求的基础上去发现新的事物,而不受限于具体的任务或要求;没有人要求托马斯·爱迪生(Thomas Edison)发明白炽灯丝从而让电灯成为可能。这不是警察侦探在破案,而是更类似于使用从当前调查中收集到的新信息来增加背景和知识并解决可能的问题。

ABI 是"发现新情报"的大题目下的一套方法,但其他一些大数据领域常用的方法也适用于这个主题。ABI 的研究重点是通过消解模糊来解决空间和时间相关的实体辨识问题,这是针对人类社会的具体问题而设计的一套具体的方法。"发现新情报"作为情报的一个分支,应该进行充分论述,而且作者预计许多其他的方法——有些已经存在,有些还未被发现——将加入 ABI "发现新情报"的行列。

除了我们已定义的四类情报,ABI 的下一个挑战是它在单一来源情报和全源情报之间以及在情报处理和最终情报产品之间的脆弱地位。在现代世界中,为诸如 ABI 这样的面向多源情报、以问题为中心的方法明确一个定位是必要的,并且当前情报的模糊性也要求我们要么增加一种新的情报"类型",要么扩展现有的情报类型。

5.3 多源情报处理与情报产品

虽然 ABI 起源于地理情报分析领域,但其固有的多源情报处理方法使其在方法或策略上与地理情报分析人员的传统工作方式不同,或者说与任何其他类型的单源情报分析技术不同。美军联合出版物 JP1-02 将地理情报定义为"处理和分析图像和地理空间信息来描述、评估和可视化地球上的物理特征和与地理信息相关的活动。地理空间情报包括图像、图像情报和地理空间信息"[3]。虽然关于 ABI 是否属于地理情报一部分的争论还在继续,但是很明显,ABI 与地理情报分析的传统方法是不同的。并且与肯特的证据推理模式的分析方法也不相同,在这种方法里,情报报告和情报产品占据了主导地位,它们都服务于美国情报出版物《每日简报》(PDB),自从 1946 年美国中央情报局前身——中央情报小组成立以来,情报报告和情报产品就以这样或那样的形式存在着。

正是在这些方法中,ABI 找到了与其他数据驱动的分析方法并存的位置。传统上,单源情报分析方法侧重于情报分析人员所称的"处理",即一套用于从某个情报来源或一组公共情报收集系统中提取最大价值情报的技术手段。这些资源通常是技术上类似的情报收集系统,如信号情报(SIGINT)、测量和特征情报（MASINT）、地理情报（GEOINT）等。

ABI 和传统的情报处理方法之间的差异显而易见，ABI 的四大原则中有两个明确反对单源情报处理的原则：其一是先综合后处理，即在数据综合之前尽量减少对单个情报域和数据源的处理；其二是数据相关性，它利用地理信息在同等的基础上关联不同来源的情报。在应用数据相关性时，将从公开来源和社交媒体收集的信息与从秘密和技术手段收集的信息进行比对，而不应偏向于对传统的情报数据来源的分析，社交媒体数据也应该纳入情报处理流程。国家情报局公共来源情报中心（OSINT）主任批评说，将公共来源情报作为独立的情报领域，是在事实上形成了情报界的另一个"烟囱"，这也是前国家情报委员会主席约翰·甘农（John Gannon）博士在 2005 年国会听证时提出的观点[9]。

然而 ABI 和单源情报处理之间的关系是共存的，而不是对立的。各个情报领域都开发了独特的处理方法，并且能够生成 ABI 分析人员所需的数据类型。通过逐步引入位置相关的原则，在现有单源情报处理流程中就能够生成综合性的情报，并且不会为单源情报分析人员带来太大的负担。ABI 的成功来自于与战场战术行动中心（TOC）单源情报分析人员的合作，而不是取代他们。

同时，"处理前进行综合"这一基本原则减轻了单个情报领域处理人员的负担；ABI 聚焦于对部分耗时的数据类型的处理，从而提高情报处理人员的效率，特别是在完成数据采集后进行的基于证据的情报开发利用方法中（图 5.2）

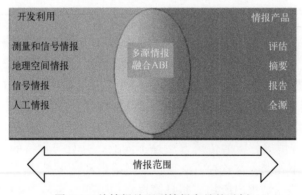

图 5.2 从情报处理到情报产品的示例

乍一看，评估 ABI 和全源情报分析之间的界限并不那么容易。数据等价性表明，ABI 与全源情报分析一样，可以而且实际上确实考虑了所有可能的情报和非情报数据来源。这表明了在多源情报范畴内传统界限之间的模糊，然而使用许多不同类型的数据只是 ABI 的一部分，要牢记 ABI 的核心目标往往是消解模糊并最终从大量数据集中解析实体，这一点很重要。这是 ABI 和全源情报分析之间的关键区别，全源情报分析更倾向于（尽管并不总是）关注更高阶的判断和对手意图；它有效地在抽象的层次上运行，超越了 ABI 和单一情报领域的开发；全源情报分析是一种处理与国家相关战略问题的显而易见的方法，旨在综合了解当前问题，以便对未来事件进行预测，然而 ABI 则侧重于通过消解模糊（与在平叛/反恐战场上发现的方法相同）来解析实体。我们很容易想象精确掌握敌方领导人活动的作用，尤其是当该领导人在权力组成结构中的定位尚不明确时。与基于人工观察和评估的方法相比，ABI 可以提供一个更加独特、有趣且有数据支撑的优势。

这种分析层次上的差异，就是 ABI 与全源情报分析之间在"完成"情报处理时最重要的区别所在。ABI 并不"完成"情报处理，甚至也不打算这么做。相反，ABI 是一种更具有调查性的方法，它可以识别时空数据关联这一主导因素，并提供给单源情报和全源情报分析人员参考。它为处理过程和全源评估提供了信息，采用了一系列独特的核心前提，以及以消解模糊为中心的实体解析方法。ABI 最独特的核心前提之一是根据活动而非感知到的或实际的人际关系来搜索社会网络中的某个成员。这种方法使其能够识别那些不为整个网络所知的网络成员（这对于有组织的或基于个体的网络特别有效），而不是将它们作为独立的个体来关注。ABI 让人们的活动"说话"，而不只是描绘一个网络结构图。

ABI 最重要的优点之一是它在发现"未知情报"方面的应用。这个术语经常被过度使用，它对应了知识中不完整或模糊的情况。在网络方面，"未知情报"在实践中通常指的是与已知实体相关联的未知实体。在第 5.5 节中描述了 ABI 中为解决这个问题而提供的两种不同但相关的方法。然而，在阐述这些方法之前，必须将情报问题进行分解，以便 ABI 能够更好地解决问题。

5.4 为 ABI 分解一个情报问题

恰当应用 ABI 的一个关键因素是提出"正确"的问题。从本质上讲，挑战在于将一个高级情报问题分解为一系列子问题，这些子问题通常以疑问的形式提出，并且可以使用 ABI 方法来解答。

虽然 ABI 来源于反恐行动，并已经得到了充分的论述，然而更加有趣的是研究一个简单的、基于国家行为的问题，来确定 ABI 可能在哪些方面提供独特的见解。豪尔（Heuer）在《情报分析心理学》（*Psychology of Intelligence Analysis*）的第 7 章中讨论了结构化分析问题，并指出情报问题的分解是所有分析方法的关键[10]。

举一个与这个概念相关的例子（图 5.3），假设有一个与美国实力相近的敌对国家，由于 ABI 的重点是消解实体间的模糊，所以必须将问题分解到这样一个级别，即消解特定实体间的模糊有助于填补与该敌对国家有关的情报空白。随着子问题的确定，将顺序生成处理特定子问题的方法，进而建立处理更大的情报问题的整体方法。在这种情况下，ABI 并不适合直接解决整个情报问题，而是解决那些从更大的问题中分解出来的有关实体活动的子问题。

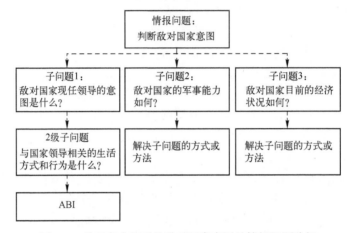

图 5.3　关于实力相近的敌对国家意图的情报问题分解

请注意，ABI 用于处理与国家领导人有关的某项活动的第二级子问题，在使用 ABI 之前已经将该问题分解了两个层次。

适用 ABI 的另一个示例，是通过分析与敌对国家高层领导出席活动的地点相关的人员，识别出公开的领导层之外的未知人物，这些人物很可能是国家政策的关键影响者。

一旦问题被分解到适用 ABI 的层次，下一步则是理解和应用 ABI 中两种被称为"W3"的分析方法。

5.5　W3 方法：通过人关联地点和通过地点关联人

一旦进入一个多源情报空间数据环境中，ABI 中有两种主要的方法用于建立网络知识和关联实体（以及各种代理，将在第 6 章详细介绍）。下面总结这两种方法，它们都涉及关联的实体和位置。它们被统称为"W3"方法，将"谁"和"在哪里"结合起来，拓展分析人员对社交网络和物理网络的认知。

5.5.1 通过同一位置关联实体

这种方法重点在于通过出现在相同位置来关联实体，从一个已知的实体开始分析，转而识别与之在相同位置的其他实体。因此，相同的位置可能将不同的实体联系起来。基于位置类型和邻近程度的相关度评估过程依赖于持久性和区分度的概念，这一概念将在第 7 章进一步探讨。通俗地说，这个过程被称为"谁-在哪里-和谁（who-where-who）"，它主要关注于构建逻辑网络（图 5.4）。

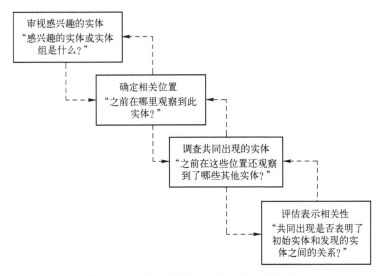

图 5.4 "谁-在哪里-和谁"方法的流程

举一个通过位置构建逻辑网络的贴切例子，例如有两个人在私人住宅中多次被观察到。在空间数据环境中，两个人在多个时间点上出现在同一位置可能有很多种情况。研究过程的一开始可能没有发现他们之间明确的关系，但通过持续的多方面的观察，他们之间的关系可能通过位置及其他属性得到证实，他们可能拥有共同的社会关系，可能是一个家庭中的成员，也可能是雇主和雇员的关系。

运用"谁-在哪里-和谁"最简单的方法是回答一组四个问题。这些问题为分析人员提供了一种逻辑能力，即通过对单个实体的位置来逐步分析潜在的关系。

第一个问题是："感兴趣的实体或实体组是什么？"这通常用简写表示为一个简单的"谁"，但这里的重点是确定分析人员感兴趣的某个实体或实体组。注意 ABI 起源于反恐行动，因此当搜索"敌人"时，中立方或友方也有可能成为感兴趣的实体,这取决于分析人员所属的组织类型。

这些技术在各种任务中都有应用。在实践中,这个阶段将包括利用已知的感兴趣的实体和检查实体存在的位置。这个过程通常可以导致为一个或多个特定的实体构建一个完整的"行为模式",但它也可以像识别实体在一个或多个特定场合的位置一样简单(注意:建立实体行为模式所需的细节数据远远超过少量针对性侦察所获得的数据)。值得注意的是,在分析过程中回答这个问题往往是在时空环境之外,而不是集中在感兴趣的实体、实体属性以及组成网络的实体之间的关系上。因此,这一阶段的有效工具可以是白板或纸,也可以是更复杂的聚焦于实体间关联的计算机软件,如 IBM 公司的"i2 分析人员的笔记本"[11]。

第二个问题是:"在哪里观察到这个实体?"在这一点上,重点是时空数据环境。这里的目标是得到实体存在的不同位置以及尽可能精确的时间。通过关注某个感兴趣的位置,如城市街区上的建筑物或普通的乡村,获取实体共同出现的可能位置。第 7 章将深入讨论有效确定出现在同一位置的要素。

第三个问题是:"在这些地点还观察到了哪些其他实体?"这也许是这一过程中四个问题中最重要的一个。在这里,我们的目的是确定与感兴趣的一个或多个实体出现在同一位置的实体。其重点是在空间上的共存,理想情况下能够在多个位置上共存。多次重复出现在同一位置增加了真实相关的可能性,可以由下面的线性相关函数计算。

$$r = \frac{n \sum xy - \left(\sum x\right)\left(\sum y\right)}{\sqrt{n\left(\sum x^2\right) - \left(\sum x\right)^2} \sqrt{n\left(\sum y^2\right) - \left(\sum y\right)^2}}$$

由于该方程是为二维图形的线性相关而设计的,因此我们的目标是利用方程背后的概念。在该方程中,n 是数据组的数量,x 和 y 是设定的两个变量。对于多个位置上实体间的共存,随着已知实体 x 和未知实体 y 共存的 n 个位置数量的增加,总体值 r 趋近于+1,表示已知实体和未知实体之间可能存在相关性。同样,必须评估每个位置的具体情况,以便区分"偶然性共存"和"经常性共存"。此外,在提到序列不确定性这一原则时,至关重要的是要考虑在不同时间发生共存的可能性。这通常发生在实体组成的关系网络中的某些成员发生变化,但依然使用同一地点进行活动时,就像许多俱乐部和社会组织一样,尽管在时间上不同,但在空间上的共存事实上也可以表明一种可能的关系。

第四个也是最后一个问题是:"地理位置的邻近性是否意味着最初已知的实体和新发现的实体之间存在某种关系?"考虑到 ABI 的两种主要数据类型(事件和事务),我们的目的是利用两个(或多个)发生在相邻位置的事件来评估实体之间的潜在关系。请注意,事件在发生时间上有巨大的差异是可能的,随着事件之间的时间差距的增加,两个事件根本没有联系的可能性也会大大增加。看看下面的例子:人员 A 在 2007 年位于某处私人住宅,人员 B 在 2008 年位于同一私人住宅。为了确定人员 A 和人员 B 在同一地点的存在是否表明他们之间存在某种联系,必须在分析过程中评估更多的信息,例如住宅的用途、其他人员的存在以及许多其他因素。

这项技术的应用与其姊妹技术不同。这里的目标是获取一个现存的实体网络,并识别可能部分已知或完全未知的其他实体。绝大多数实体为了实现共同的目标,彼此之间必须互动。这种分析技术有助于在元数据或基于属性的关系明确之前,根据相同的位置来识别相关的实体。这项技术甚至可以应用于实体"密集"的区域,因为它在积极考虑位置之前缩小了特定实体或网络的范围。它有助于消除由于购物中心、市场和人员密集的城市环境等公共区域造成的可能的干扰。

5.5.2 通过同一实体关联位置

此方法与前一种方法相反,侧重于基于同一实体的存在来关联位置。通过在多个位置跟踪实体,可以显示位置之间的联系。我们可以从一个已知位置开始,识别在此位置存在的实体,然后检查同一实体存在或曾经存在的其他位置。通俗地说,这个过程被称为"在哪里-谁-又去了哪里(where-who-where)",它主要关注于构建不同地点的关系(图 5.5)。

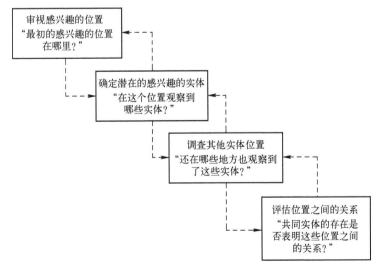

图 5.5 "在哪里-谁-又去了哪里"方法的流程

通过同一实体关联位置的过程涉及到四个问题。在很多情况下，这些问题反映了前面的过程，只是用"位置"代替了实体。前一个过程主要构建逻辑网络，其中实体是节点，这一过程主要构建逻辑网络或物理网络，其中位置是节点。虽然一开始这似乎与聚焦于理解实体网络的方法不太相关，但理解位置组成的物理网络有助于间接地揭示那些通过各种手段（无论是否出于恶意）利用物理位置的实体信息。

在这个过程中，首先要问的问题是"最初的位置或感兴趣的位置在哪里？"这是一个最难回答的问题，因为它涉及到对最初感兴趣区域的界定。然而，没有一种固定的方法来确定感兴趣的区域。它们依赖于数据密度和关注的实体类型（尽管从位置开始，但实体仍然在这一情报处理过程中具有最重要的相关性）。人员密度（以及由此收集的有关人员的数据）是一个重要的考虑因素，因为它有效地制约了分析人员人工可以处理的信息量。

在这里，巧妙地应用与机器相关的技术和自动搜索工具可以极大地增加处理的数据量，但有时这是以牺牲最细微的相关性为代价的。

因此，在假设不同形态的数据收集率大体相等的条件下，一个以私人住宅为主的小村庄可能与闹市区一座高层公寓楼的数据量大致相当。在大多数情况下，这个过程开始于一个"初始情况"，即发生在某个位置的信息片段，然后再集中注意力进行下一步分析（图5.6）。"初始情况"可以是明确的，例如一个秘密线人报告的贩毒集团的具体活动地点；也可以是不明确的，例如同事对城市中心外某个市场位置的询问。在这两种情况下，位置数据形成了先验知识，并为"在哪里-谁-又去了哪里"方法奠定了基础。

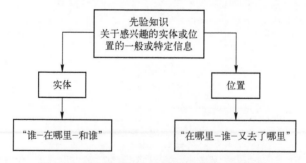

图5.6 基于先前已知实体或位置的工作流程

下一个问题把我们带回到实体："在这个位置观察到了什么实体？"无论是一个或多个地点，在这里都可以识别出某个实体或部分已知的实体，以进行下一步的研究。两种方法之间的核心区别之一，是第二种方法中并没有关于感兴趣实体的明确的先验知识。这个问题只是单纯地问实体在哪里被发现，由于关注发现实体的位置，使得那些难以通过传统的关联搜索发现的实体，能够在多个我们感兴趣的社交网络中浮现出来。

第三个问题是，"这些实体还在其他什么地方被观察到？"这就构成了由不同位置组成的网络。根据在前一阶段探索中发现的实体，当前的目标是利用同一实体关联更多的、以前未知的位置。在这一步骤中，一部分行为模式被用于与背景知识和其他信息进行对比验证，其主要用途之一是标识同一组实体共同出现的位置。在某些情况下，这种方法具有预测性，即能够提前标识实体可能出现的位置，即使还没有在指定的位置观察到。

最后一个问题是，"同一实体的存在是否表明了地点之间的关系？"要评估这些地点能否基于同一实体联系起来，公共场所带来的显而易见的问题（将在第 7 章中进一步讨论）只是必须克服的困难之一。在这里，背景数据再次占据主导地位：发现实体和位置之间的相关性只是第一步，随后必须客观地检查背景信息，以确定是否为同一实体这一前提条件。

至此，必须讨论这两种方法的相关推论。通过区分什么是"已知"正确的，什么是"认为"正确的，分析人员可以尝试为情报用户提供最大的情报价值。如何将推论的作用最大化则高度依赖于区分不同类型信息的能力。

5.6 推论："已知"与"认为"

在这两种方法的最后是一个推论问题：从大量的数据转换到关于实体和位置的特定数据的过程能否证明实体和/或位置之间的真实关系？相关性与因果关系可能很快成为推论阶段的一个问题，同时也要考虑在空间或时间的相关数据中偶然因素产生的影响。每种方法的推论阶段旨在帮助分析人员从数据的相关关系中分离出偶然因素。

ABI 采用了一个经典的情报推论问题中的新术语，即区分"事实"与"认知"。尤其是当推论建立在不同等级数据的相关性上时，必须考虑其他解释的可能性。虽然这些概念在各种情报方法中很常见，但它们对于正确理解和评价通过评估相关数据而产生的"结论"至关重要。长期以来，如果推论总是被"伪装"成事实时，情报错误就会经常发生，ABI 也遇到了同样的问题。在理解推论时，同样重要的是理解事实与认知之间的差距，即那些确定不掌握的知识，如果这些知识被补充，将提高整体理解能力。事实与认知的区分是通过逻辑推理过程实现的。分析人员进行推论时最常用的三种方法是归纳推理、演绎推理和诱因推理。

归纳推理也许代表了分析人员所采用的最常见的推理形式：从具体的观

察中得出普遍规律。在情报分析的环境中，可以从任何来源获取具体的观察结果，分析人员则试图从这些信息中找出更普适的结论，就好像椎体一样，从一个"小"现象放大到一个"大"规则。

演绎推理则是相反的过程：从普适的规则中得出特定的结论。最重要的是，这些结论的正确性是由它们所基于的前提所保证的。因此，只要前提成立，结论就一定成立。

诱因推理可能是常规思维中最不为人知的一种，但它却是与 ABI 分析人员关联最紧密的推理形式。这也是阿瑟·柯南·道尔爵士笔下的夏洛克·福尔摩斯最常用的推理方式，尽管福尔摩斯也是演绎推理大师。诱因推理可以被认为是"最合理的推论"，不是由前提保证的结论，而是基于背景知识和具体观察的"最佳推测"。图 5.7 中描述了使用类似信息的三种推理方式之间的区别[12-13]。当然，所有三种形式的推理都是基于事实的，而且必须包含事实。

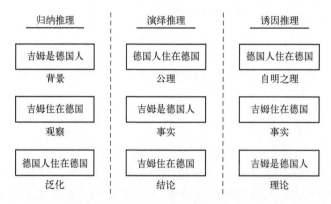

图 5.7　推理的三种类型（ABI 分析人员最常用的方法是利用诱因推理产生针对空间相关性的"最佳解释"）

5.7　事实：已知的东西

首先也是最重要的是陈述事实。有人可能会说："我知道 X 是犯罪组织 Y 的成员"。这是一个用主观认知替代事实的完美例子。一个好的经验法则是，这种情况越普遍，它就越有可能是一种认知而不是事实。为了确定事实，必须参考更多的数据片段。

一个更好的例子是："在 2000 年 7 月 24 日，传感器 A 检测到目标 B"，这种最基本的陈述一定是真实的。当然，即使在确定事实时也必须考虑到不确定性；由于各种原因，在一定的范围内，事实也可能被证明是不真实的。尽管存在这种可能，但区分事实和主观认识是一种有益的思维练习。它还有助于将关键假设审查（KAC）的概念引入 ABI，因为 ABI 所称的"事实"与其他情报方法所称的"假设"有一些重叠。

另一种界定事实的实用方法是"该信息来自主要的情报源"。例如，一个秘密线人可能会说："上个月，A 人住在 B 地，但 B 地归 C 人所有。"线人可能认为报告的两个事实（住在 B 地的 A 人，拥有 B 地的 C 人）都是真实的，但由于线人缺乏足够的客观性，会导致其中一个事实可能是真的，或者两个事实可能都是真的，或者都不是真的。与技术错误一样，我们的信息源可能在客观上将错误信息引入情报处理过程。

5.8 推论：认知或"认为"的东西

推论是指将具体情况变成普遍规律。推论是情报分析人员履行的关键职能之一，也是跨职能、层级和分析人员类型的为数不多的共性之一。严格地说，它也不只是属于 ABI 的领域。

这似乎有悖于直觉。既然推论不是 ABI 所独有的，为什么还要在一本关于 ABI 的书中提到它呢？答案是，和其他方法一样，ABI 是生成情报推论的众多方法之一。许多推论是多种方法的产物，有时包括 ABI，有时不包括它，所有这些都取决于手中的数据类型和情报问题类型。

终止 ABI 过程和开始推论的时机比较模糊，它不是一条清晰的界线。ABI 根据空间和时间上的同时出现来识别有关联的数据，但是它并没有明确地定义关联性，也没有将其置于更广阔的背景中考虑。此时"推论"过程接过主导权，并将 ABI 提供的情报与其他信息来源结合起来，放在某个环境中进行研究。有时候由于在空间和时间关联时的"误判"导致这种方法甚至难以进入到推论阶段，这也使得"未完成的线索"这一概念变得至关重要。

5.9 差距：未知因素

推论的最后一个难题是"未知因素"。这在许多方面与"已知事实"相反，然而也可以和"已知事实"一样为推论提供信息。未知因素和已知事实一样，必须尽可能详细和明确地说明，以便确定需要进一步研究或需要收集更多数据的领域。

未知因素的识别对大多数分析方法而言都是一项至关重要的技能，因为人们本能地倾向于忽视矛盾的、不完整的、丢失的信息。图5.8将事实、推论和未知因素与处理吉姆、桑迪、Y公司和项目X之间关系的简单案例进行了对比。

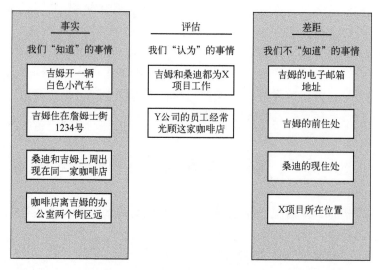

图5.8　一个关于两个人、一个项目和一个公司之间关系的简单案例，对比事实、推论和未知因素的示例图表

5.10　未完成的线索

每次运用本章前面讨论的一种或两种主要方法时，就开始了一项探索工作。在ABI中，这些通常被称为"线索"，它们将分析人员发现的信息片段与细致的探索（关于某个位置、某个网络或两者同时）紧密联系在一起。正如它在"发现新情报"中的地位一样，ABI不仅考虑到这些未完成线索的存在，而且还明确地产生了处理这些线索的技术，并让它们在分析过程中发挥出最大的作用。

未完成的线索非常重要，原因有以下几个。首先，它们代表了ABI在发现情报过程中的制度化。ABI没有强制一个处理过程必须生成最终的情报产品，而是允许分析人员出于各种原因暂停甚至放弃某个特定的处理流程。其次，未完成的线索有时会导致分析人员进入与初始线索同等重要或者更重要的，甚至完全不相关的并行线索。这个过程称为"线索跳转"，它是ABI内部非线性工作流程的一个特点。这方面的一个例子是通过一组位置搜索某种类型的实体网络，结果却找到另一个完全不同的网络。

未完成的线索带来的最具挑战性的问题之一是保留线索以供以后研究。这样做的方法既有技术性的（如为保存这些线索而设计的计算机软件，将在第 15 章进一步讨论），也有非技术性的，如便笺纸、白板和手写笔记本。当新的信息不期而至时，这一点尤其重要。正如在第 4 章和第 9 章中详细讨论的那样，对于 ABI 来说，重复利用因不同原因收集的多种来源的信息至关重要。

串行多线索和并行多线索的概念对于将失败的线索和成功的线索放在适当的背景中也很重要。实体不可能总是被解析，而且不是每一个数据点都会导致一个突破性的情报"新发现"。因此，通过某个线索开展工作有助于训练人员，并教他们每天探寻和处理真实数据，这是至关重要的。通过保持一种探索的心态，并持续从各种不同的信息来源中发现线索，再加上优秀分析人员的技巧和直觉，是可以实现 ABI 的全部能力的。

5.11 给艺术和直觉留下空间

对于结构化的情报分析方法来说，最困难的挑战之一是为人类的直觉和一点点"艺术"保留一片天地。对直觉的描述非常困难，几乎不可能传承，因此很容易在各种分析方法的讨论中被忽略，大家都努力聚焦到那些可以传承的东西。然而，这样做却是不切现实的，也不利于直觉在分析过程中发挥关键作用。

直觉的重要性远远超出了情报分析的范畴。理查德·波斯纳（Richard Posner）法官在分析上诉法官的思维过程时指出：

直觉听上去像是一种猜测，像黑暗中的一声枪响，影响着我们的判断。但"凭感觉"是对艺术表演和上诉复审的一种误导和贬低，两者都是直觉支配的领域，但并不是臆测。艺术表演是人类固有的、普遍的、富含直觉的天赋。直觉是具有领域性的，即一个人擅长摄影或现代诗歌，并不一定能成功地翻译合同或描述雕像。这不是一项受规则约束的活动，一个法官能够更好地诠释一部法规而不是一首诗，一个文学评论家能够更好地诠释一首诗而不是一部法规，这是因为个人的经验形成了一个潜在的知识库，当一个人需要诠释一个新的东西时，就可以利用建立在知识库上的直觉[14]。

波斯纳法官明确地将经验定义为形成直觉所依赖的"潜在的知识库"，这个说法与决策专家丹尼尔·卡尼曼（Daniel Kahneman）的研究一致。在他 2011 年的著作《思考，快与慢》（*Thinking, Fast and Slow*）中，他描述了两种不同的思维模式之间的相互作用："系统 1，自动并快速地运行，几乎没有刻意地控制"和"系统 2，被设计为关注人们下达的指令等思维活动，甚至包括复杂的计算等"[15]。卡尼曼指出，他对决策的深入研究使他对所谓的专家直觉持怀疑态度，但在书中的多个地方，他描写了系统 1 和系统 2 之间快速互动的可能性，尤其是他与主要的自然主义决策支持者加里克莱因的合作。卡尼曼写道："周边的情况提供了一个线索，这个线索让专家获得了存储在记忆中的信息，这些信息给出了答案，直觉只是一种认知而已。"[15]

卡尼曼又详细描述了直觉可能有用的条件，通过他与克莱因（Klein）的合作，他们在所谓的"可使用直觉的环境"中确定了两个基本原则：

（1）环境足够有规律，以至于可以预测。
（2）有机会通过长期实践来学习这些规律[15]。

很容易看出卡尼曼的两个原则和情报分析人员面临的环境中存在的问题，尤其是那些试图进行长期预测的人。（弗兰克·巴贝茨基（Frank Babetski）在情报研究中心对卡内曼的评论中直接提到了这个问题[16]。）虽然许多有经验的分析人员已经实现了第二个原则，但第一个原则（环境足够有规律，以至于可以预测）却难以支持依赖个人经验形成的直觉进行预测，即便这些经验来自于有规律的日常表象以及更为重要的反馈信息。

然而，ABI 的方法却不存在类似的问题，因为 ABI 运行于子问题级别（有时甚至在情报中处于第二层或第三层的子问题），其环境在许多方面变得更加规律。尽管环境是否足够规律以支撑预测本身就值得探讨，但是，主观的预测打破了客观条件的局限性，使得关于共现和关联的直觉在 ABI 中占有重要地位。当然在任何时候，这些直觉都必须经过严格的审查和交叉检查，以确保它们的正确性得到证据的支持，模棱两可的或"偶然性的"解释则不能说明数据中的空间或时间关联。

从根本上说，在分析空间和时间数据的相关性时，对于问题的结构化思考、成熟技术的应用以及艺术性和直觉都是有用的。在这些技术方面的实践和通过应用形成的经验对于 ABI 从业者的开发技能方面同样具有价值。掌握了这些分析原则的一般知识后，现在是时候深入研究 ABI 中使用的一组具体概念了：代理、实体、持久性和可辨识性、行为模式和附带情报收集。每一个概念都将在第 6~9 章依次讨论。

参考文献

[1] Kent, S., "The Need for an Intelligence Literature," in Sherman Kent and the Board of National Estimates: Collected Essays (D. Steury, ed.) Center for the Study of Intelligence,

Washington, DC, University of Michigan Press, 1994, p. 15-16.

[2] Hedley, J. H., "The Challenges of Intelligence Analysis," in Strategic Intelligence: Unde standing the Hidden Side of Government (L. Johnson, ed.) vol. 1, 2006, p. 126-127.

[3] Kimminau, J., Analysis Mission Technical Advisor, Deputy Chief of Staff (ISR), U.S. Air Force remaks at USGIF/ATIA ABI Forum, 24 July 2014.

[4] "Joint Publication 1-02: Department of Defense Dictionary of Military and Associated Terms," U.S. Department of Defense, 14 July 2014, web.

[5] Bruce, J. B., and J. B. George, "Intelligence Analysis-The Emergence of a Discipline," in Analyzing Intelligence: Origins, Obstacles, and Innovations, Washington, DC: Georgetown University Press, 2008, P. 5.

[6] Mims, C., "20%Time is Officially Alive and Well, says Google," Quartz, 21 August 2013, web.

[7] Martinsen, O. L., "The Creative Personality: A Synthesis and Development of the Creative Person Profile," Creativity Research Journal, Vol. 23, No. 3, 2011, pp. 185-202.

[8] "A Look Back: The President's First Daily Brief," Central Intelligence Agency: News and Information, 6 February 2008, web, available: https://www.cia.gov/news-information/featured-story-archive/2008-featured-story-archive/the-presidents-first-daily-brief.html.

[9] Gannon, J., Statement for the Record, Subcommittee on Intelligence, Information Sharing, and Terrorism Risk Assessment, Committee on Homeland Security, U.S. House of Representatives. 109th Congress, First Session, 21 June 2005, web.

[10] Heuer, R. J., The Psychology of Intelligence Analysis, Center for the Study of Intelligence, 1999. pp. 84-97.

[11] "Data analysis——i2 Analyst's Notebook," IBM, web.

[12] Patokorpi, E., "Logic of Sherlock Holmes in Technology Enhanced Learning," Educational Technology Society Vol. 10, No. 1, 2007, pp. 171-185.

[13] Gust, H., and K. Kuhnberger, "Computational Logic and Cognitive Science: An Overview," presented at the ICCL Summer School 2008, Technical University of Dresden, 25 August 2008.

[14] Posner, R., How Judges Think, Cambridge, MA: Harvard University Press, 2008, p. 113.

[15] Kahneman, D., Thinking, Fast and Slow New York: Farrar, Straus, and Giroux, 2011, pp.

[16] Babetski, F. J., "Intelligence in Public Literature: Thinking Fast and Slow (book review) Studies In intelligence, VoL. 56, No. 2, July 2012, web.

第 6 章
模糊消解和实体解析

前几章介绍了 ABI 方法的原则并解释了它们对发现情报的重要性,将情报处理从监视已知目标的线性过程转移到解决未知问题的更动态的过程。最重要的未知因素之一通常是执行活动的实体的身份。通过多源情报相关来解析实体或消解模糊是 ABI 的主要功能。然而,实体及其活动很少能通过现象直接观察到。因此,我们需要考虑代理(实体的间接表示)的方法,这些代理通常可以通过各种途径直接观察到。

6.1 代理的世界

考虑一下今天的普通名片。在这张卡片上,你可以找到一个人的大量信息:名字是肯定有的;通常有工作头衔;也许有办公地点或住址;大多数情况下有电子邮件地址;可能有一个或多个电话号码。假设我们所讨论的人是一个实体,那么这些信息片段则描述了人的属性(图 6.1)。

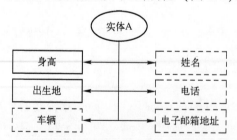

图 6.1 实体的属性,虚线框表示了一个实体的部分代理

由于实体是 ABI 的核心焦点,实体的所有属性都可能与分析过程相关。也就是说,属性的一部分可以被称为代理,是情报分析的重点,正如第 5 章

所述。代理"是一个可被观察的标识,用来指代实体,代理的持久性有一定的时间限制(即受实体的能力变化或者替换代理的影响)"[1]。基于这个定义,一个简单的经验法则可以将代理从其他类型的属性中区分出来,即代理可以用来消解实体间的模糊,从而在根本上帮助区分不同的实体。实体属性并非都是代理,例如一个人的身高(如5英尺11英寸①)肯定是他的一个属性,但不是一个代理。

为什么代理很重要?在ABI的认识论中,实体不能被直接观察到。从这个叙述中,可以很自然地得出结论,即任何观察实际上都是对一个实体的一种或多种代理的观察。这种说法乍听起来似乎有些过于绝对,我们会很自然地想到,如果人是实体,一个人观察另一个人,这就是对实体的直接观察②。

举个例子,通信本质上是实体之间的通信,但是通信被路由到适当的实体(从发送方到接收方)就是基于相关的代理。电子邮件地址在日常生活中是一个很常见的例子,不管一个人的地址是 John. Smith@ EmailService.com,还是更特别一点的 ScubaDiver32394@ EmailService.net,字母和数字的独特组合确保了电子邮件能到达它们应该到达的地方。第4章将这种类型的活动定义为事务——实体之间的信息交换。第4章还指出,信息交换是基于对代理的观察,而不是对实体的直接观察。

关注某个特定的实体都会产生一定数量的代理③。然而,从一个指定的实体开始分析,基本上就是一个"已知情报"。那么,情报分析人员如何确定一个"未知实体"呢?现在这个问题变得更加困难。如果不使用指定的实体来过滤可能的代理,则必须考虑所有的代理;这个数字可能非常庞大,在本章中将其设定为 n。ABI的时空方法论面临的挑战是从 n(或所有代理)到 n 的一个子集,它涉及到一个或一组实体。在某些情况下,n 的下限可以是1个代理。从 n 到 n 的子集的处理过程被称为消解模糊。

6.2 消解模糊

消解模糊并不是 ABI 独有的概念。事实上,这是大多数人每天在各种不同的环境下,出于各种不同的原因所做的事情。消解模糊的一个简单例子是

---

① 1英寸=25.4mm。
② 像本例中这样的直接观察是一种特殊情况,它通常不在 ABI 的范围内讨论,因为它超出了 ABI 方法论:不存在空间或时间相关性,而 ABI 更侧重于分析一般含义上的实体活动。
③ 尽管不同区域和文化因素可以改变与给定实体相关联的代理的数量。

使用面部特征来区分两个不同的人。人类的这种本能是如此重要，以至于不能做到这一点的人被称为脸盲症患者[2]。

在 ABI 中，重点是通过时间和空间来消解模糊，即使用时间和空间信息消除实体代理之间的模糊，这种方法使 ABI 成为一种独特的分析方法。如果没有基于属性或代理去消解模糊，ABI 固有的时空分析方法也将失效。随着地球人口密度的持续增加，越来越多的人口集中在同一个地方。第 5 章中的 W3 方法——"who-where-who" 和 "where-who-where"——都在确定位置（"where"）阶段使用时空信息消解模糊（ABI 的标志性方法）来确定可能相关的人员，并提升对其人际关系的整体理解。

消解模糊在概念上是一个简单的过程。然而，在实际过程由于不完整的、误导性的或不充分的数据而变得非常复杂。此外，某些类型的代理不太具体，或者对单个个体来说不是唯一的。对于给定的个体，代理的具体程度也会因为一些与代理相关的特定因素以及其他外部因素而有所不同。

图 6.2 显示了一系列具有代表性的代理，其中最好的或最"独特"的代理在图的右侧。

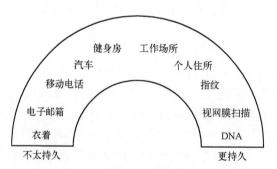

图 6.2　个人代理的持久性

对于一些代理而言，某些代理"取值"可能比其他"取值"更有助于消解模糊。名字就是一个很好的例子，假设在美国要寻找一个叫约翰·史密斯的人，由于很多人都取了"约翰·史密斯"这个名字，因此这个名字作为代理的整体效用大幅减弱。与"斯坦利·詹姆斯·泽维尔·斯特伦博斯"（Stanley James Xavier Stellenbosch）相比，后者作为代理的效用则明显增加。

在另一些情况下，某些代理可以通过其唯一性更自然地消解模糊。一个简单的例子是电话号码，它使用唯一的数字组合来识别终端。通过增加数字位数，可能组合的号码数量会增加，添加前缀或细分现有前缀也会增加唯一组合的数量。在美国，区号是用来表示电话号码所处的地理区域。由于可能的七位数电话号码是在给定的区号内分配的,并且存在号码"用完"的可能性,因此区号常常被分割,从而产生一个新的区号和一组新的唯一代理。

在今天的数字世界中,与我们的电子化生活相关的很多东西都有相同的属性:对于我们感兴趣的人员,其代理越来越具有唯一性,如电子邮件地址、电话号码、MAC 地址、IP 地址、无线电频率识别(RFID)芯片等。在图 6.3 中,两个电话号码代表代表两个人——"A"和"B",图中显示了事务实际上是通过观察某些人的活动(在本例中是电话)来间接观察人员的。

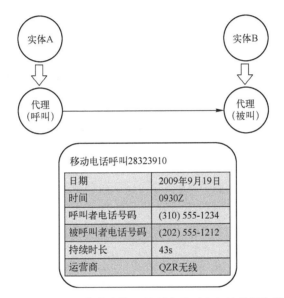

图 6.3　代理(代表实体)是所有类型事务的逻辑终端

随着关于"物联网"、可穿戴技术和互联的电子生态系统的讨论越来越多,显然需要一种专门利用这类数据的分析方法(见第 27 章)。这条技术发展路径与 ABI 的出现和发展是平行的。在不考虑更多"一般"代理(如外观、服装和汽车类型)的效用的情况下,"唯一"的标识在消解模糊的过程中提供了最大的价值,并且在达成解析实体的最终目标时发挥了最大的作用。

6.3　唯一标识——"更好"的代理

为了充分理解为什么唯一标识对 ABI 中的分析过程如此重要,必须扩展从第 4 章开始引入的"事件"和"事务"的数据本体论的概念。这个概念被称为身份的确定性。在 6.2 节中引入了两个不同的"名字"代理("约翰·史密斯"和"斯坦利·詹姆斯·泽维尔·斯特伦博斯"),通过同一类代理的实例来消解模糊的重要性立即变得很明显。另一个明显的例子来自执法领域。当一名警官提交一份"保持警戒"(BOLO)报告时,通常会给出对犯罪嫌疑人车辆的描述。如果报告的只是一辆红色新款的四门轿车,它立即产生了一个如何消解模糊的问题:道路上行驶的数千辆轿车中,哪一辆是目标轿车?然而假如有了车牌号(一种唯一的标识),消解模糊的过程就变得很容易。一个例子就是目前广泛使用黄色警报系统,它会播报涉嫌绑架儿童的车辆的唯一标识(车牌)的文本消息通知。

在计算机领域中有一个类似的概念,即通用唯一标识符(UUID)或全局唯一标识符(GUID)[3-4]。在分布式计算环境中(将不同的数据库连接在一起),通用唯一标识符或全局唯一标识符构建了在这种计算环境中区分不同对象的机制[4]。这种机制是在大量数据来自不同的计算和存储资源的背景下实现的。

在 ABI 中,同样的概念也适用于全球时空数据的存储:空间和时间数据提供了将唯一标识符(代理)相互关联以及与实体关联的功能。然后,代理可以被用于跨多个数据源标识同一实体,从而能够非常准确地理解实体的活动和行为。然而,ABI 将唯一标识符与在某个时间出现在某个区域的已知实体关联起来的方法依然不断面临挑战,其中最困难的挑战是唯一标识符在空间位置上的准确性不够高。

这方面的一个例子是基于互联网协议(IP)的地理定位所固有的误差。IP 协议将信息从相互连接的一台计算机发送到另一台计算机(也可以是电话或平板电脑等)。该协议是专门为美国国防高级研究计划局(DARPA)设计的,用于促进网络通信[5]。在 ABI 中,我们将其定义为在两个实体(计算机用户)之间执行的一个事务,并能够通过其代理(IP 地址)进行观察。

但在地理空间中,实体在哪里?基于 IP 的地理定位很难提供准确的答案。事实上,在 2011 年,一项基于 IP 的地理定位的增强技术被吹嘘为有能力将误差降低到 1km 以内,然而,这项技术并不是在所有情况下都有效[6]。即使在不到 1km 的区域,连接 IP 地址(代理)的可能实体的数量仍然无法通过自动化或人工方法进行查询,尤其是还需要通过空间和时间上的多次观察来确认是否存在可能的"配对"情况。为了得到有用的配对状态,必须讨论"确定性存在"这一概念。

当审视提供身份或存在位置的信息源时,发现很少有数据源能够同时提供这两种类型的数据。在非合作数据收集中尤其如此,这也是情报官员收到的最常见的数据。亚马逊和塔吉特公司在大数据方面的成功虽然令人印象深刻，但由于数据是合作收集的，而端到端的数据收集机制完全由各自的公司独立拥有[7]。情报机构的情况则正好相反，在那里，对手积极地否认或掩盖相关数据，因此收集的数据往往是不完整的。

在将代理与实体关联之前，将代理纳入到实体解析过程时需要一定程度的消解模糊。然而，无论是由人还是机器算法来执行，这个过程都非常复杂。第6.4节开始探讨解析实体的复杂性（和艺术性）。

6.4 实体解析

ABI分析方法核心是通过跨多个情报域的大型数据集中的空间和时间数据的关联来发现实体，通过时空属性进行实体解析的过程是ABI分析方法论的基本特征，代表了ABI对情报分析学科的持续贡献。

实体解析是"通过将代理生成的事件/事务数据关联到实体，并对已知或未知的实体进行唯一标识和表征的迭代和叠加过程"[1]。

实体解析本身并不是ABI所独有的。计算机科学中的数据挖掘和数据库工作将大量精力集中在实体解析上。这些工作有许多不同的术语（如记录链接、重复数据删除和指代消解等），并且都集中在"提取、匹配和解析结构化和非结构化数据中的实体"上[8]。在ABI中提到的实体包含在活动数据中，这些数据包括事件和事务，并且都涉及到对代理的具体观察。如图6.4所示，事务总是涉及到终端上的代理或者事务的"节点"。事件也提供代理，这些代理的范围很广，从一般性的（如报告指出某座房子是某人的住所）到非常具体的（在某个位置检测到的射频识别标签的时间戳）都有。

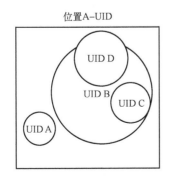
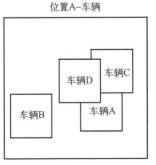

图6.4 在Z时刻某一区域内的唯一识别标识和车辆（两类代理）

6.5 实体解析的两种基本类型

实体解析过程最终可以分为两类：代理到实体的解析和代理到代理的解析，这两种类型在 ABI 中都有特定的用例，可以提供与感兴趣的实体相关的有价值的信息，从而帮助解答情报问题。

6.5.1 代理到代理的解析

通过时空相关性实现代理到代理的解析不仅是 ABI 的一个重要方面，也是 ABI 中定义的一个概念。但这是为什么呢？从表面上看，实体解析是 ABI 的最终目标。因此，如何通过区分一个代理与另一个代理，从而增进对实体的理解并将实体与相关代理关联起来？

答案在本章的开头，即实体不能被直接观察到。因此，根据定义，任何类型的解析都必须通过空间、时间和跨多个信息域将一个代理与另一个代理关联起来。图 6.4 演示了一个代理到代理的解析的示例：在区域中存在四个唯一识别标识，在同一区域中也存在四辆车，两个"快照"完全是在同一时间拍摄的。

代理到代理的解析试图识别哪个唯一识别标识（UID）属于哪辆车。（为了进行这个练习，假设每个车辆只有一个 UID。在现实世界中，有些车可能有多个，而有些车可能一个也没有。）乍看起来问题似乎很简单，唯一识别标识"A"与车辆"B"在同一时间的空间定位上很快被判定为相同，但除此之外就出现了困难，车辆"A""C""D"都非常接近，唯一识别标识"B""C""D"也大致处于同一位置。复杂性的增加是因为唯一识别标识的集合似乎引入一些误差（在情报、执法甚至商业应用中，许多类型的技术参数收集都是如此）：唯一识别标识"B"可能的范围完全包含剩余所有的三辆车，虽然唯一识别标识"C"和"D"的范围较小，仍然存在不止一辆车重叠在一起的可能。

不同大小的圆引入了圆概率误差（CEP）的概念（图 6.5）。圆概率误差最初是作为弹道学中精度的一种测量方法引入的，它表示 50%的"子弹"或"弹头"预计会落在圆内的半径。较小的圆概率误差表示武器系统更精确。尤其是随着基于 GPS 定位的广泛应用[9]，这个概念已经扩展到表示任何物体的地理定位的准确性（不仅仅是武器系统的炮弹或子弹）。然而即使是 GPS 这样的旨在提供精确位置的系统，也存在一定程度的误差。

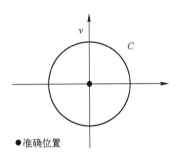

图6.5 一个半径为 r 的圆,表示在给定坐标系中从位于(0,0)处的
真实位置测量的圆概率误差值

很多技术方法都存在圆概率误差是一个现实情况,那么 ABI 分析人员可以使用什么机制来消解模糊并最终将唯一识别标识对应为车辆?由于只有一个时间点,如图6.4 所示,完全消解模糊是不太可能的,甚至是完全不可能的。在单一时间点上,唯一识别标识"A"与车辆"B"相关,但这种相关的有效性值得怀疑。为了确认其相关性并正确配对其余的三辆汽车及其唯一识别标识,合理的解决方案是在空间和时间上的多次观察。这可以在相同位置,也可以在不同位置,这取决于相关的代理(和它们所代表的实体)的行为。

图6.6 显示了在新位置上对相同的四个唯一识别标识和车辆的第二次观察。通过检查唯一识别标识和车辆的空间特征,唯一识别标识"A"和车辆"B"之间的相关性现在获得了一个额外的数据点,增强了相关的可能性。通过比较其他唯一识别标识和车辆位置的重叠,可以初步确定唯一识别标识"B"和车辆"A"、唯一识别标识"C"和车辆"D"、唯一识别标识"D"和车辆"C"之间的相关性。

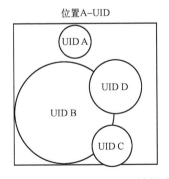 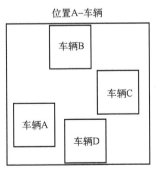

图6.6 Z+1 时刻在新位置的第二次观测

这个简单的例子说明了在空间和时间上多次观察的作用,可以正确地消解模糊,并从一个数据源的代理关联到另一个数据源的代理。这只是一个简

单的思维实验,边界被明确定义,并且车辆和唯一标识符(UID)的比例为1∶1,两者都是已知数量(4个)。现实世界的条件和问题则很少会给分析人员或计算机算法带来如此清晰的结果。在过去的30年里,多传感器数据融合领域对实体在空间和时间上消解模糊的方法和技术进行了广泛的研究。其中一些技术将在第15章中讨论。

这种代理到代理的解析过程与传统数据库环境中的"实体解析"最为相似。约翰·塔伯特(John Talburt)提出,"(实体解析)是确定两个表象是对应现实存在的同一个对象,还是不同对象的过程"。这个定义包含了两个要素:消解模糊和代理到代理的解析,其重点是"两个现实存在的表象"。在ABI的语境中,塔伯特指的是代理,他定义的后半部分包括使用多次时空观测来区分不同的代理,并最终发现与之关联的实体。

6.5.2　代理到实体的解析:索引

虽然代理到代理的解析是ABI的核心,但是代理到实体的解析(或索引)的重要性同样怎么强调都不过分。索引是在各种流程中广泛使用的一个术语,大多数超出了狭义ABI的范畴,这些流程通过各种技术和非技术手段将代理关联到实体。索引是基于单个信息源(而不是跨信息源)的值进行的,通常是在集中处理单个数据源或数据类型的过程中完成的。

一个简单的关于索引或代理到实体的例子是车辆牌照注册和所有权信息数据库。美国大多数州都通过各自的机动车辆管理局维护这样的数据库,执法人员在交通堵塞时经常使用这些数据库(见第23章)。在执法中,车牌信息(代理)用于检索关于车辆所有者的信息。然而,这样的索引并不绝对:尽管一辆车可能被一个人注册,但它实际上可能被另一个人使用(甚至是经常性的)。这表明了代理到实体的索引存在一个关键约束,而这又是21世纪生活中的常见情况。黑客经常使用受恶意软件感染的计算机对第三方进行网络攻击,利用受感染的计算机作为"虚假"代理来隐藏其真实身份和位置。

索引本质上是一种帮助分析人员理解实体属性的自动化方法。在情报领域,这通常聚焦于特定的情报收集机制或现象;在执法和公共记录领域也是如此,在这些领域,车辆登记数据库、射频识别(RFID)公路收费卡和其他有用的信息是根据数据类型存储的,并可以使用关键词进行搜索。虽然这不是ABI分析过程的必须部分,但是访问这些数据库为分析人员提供了一个重要的优势,可以确定在数据环境中可能与代理关联的实体。

6.6 实体解析的局限性和迭代性

然而，即使是最好的代理也有局限性。这就是为什么我们在 ABI 中将之称为代理，而不是标识。标识是一种特征，是身份的象征。最重要的是，标识具有内在含义，通常可以通过一种现象或信息域检测到。然而，代理缺乏相同的内在含义，尽管在日常使用中，这两者经常被混为一谈。例如，本章前面讨论的作为代理的电话可能出现在某个位置。许多人会说，"某人出现在这个位置"，隐含地假设了某人手机所在的位置也就是某人所在的位置。

然而，情况并不总是如此。以私人汽车为例，在大多数情况下，那辆车代表了我们可能感兴趣的一个人。然而，在某些日子里，这辆车会被借给关注对象的好朋友使用。分析人员如何确定汽车作为重要人物的代理的有效性？在多长时间内是有效的？

这些挑战需要使用 ABI 中迭代解析的关键概念；本质上，分析人员必须持续反复地检查代理，以确定它们是否仍然对感兴趣的实体有效。通过回顾图 6.2，可以直观地看出，某些代理更容易变化，而其他代理则困难得多。当恐怖分子、叛乱分子、情报官员和其他接受过反监视和反情报训练的人采用谨慎的安全行动（OPSEC）时，在一个时间点上评估某个代理的有效性可能更具挑战性。

将代理与实体关联的这些局限性可能是消解模糊和实体解析中遇到的最大的困难。相对于物理位置的区分度和相对于代理的持久性，这些都是贯穿 ABI 基础分析流程实际存在的限制条件。

参考文献

[1] Ryan, S., "ABI Draft Lexicon Discussion (Approved for Public Release 13-437)," National Geospatial-Intelligence Agency, 15 August 2013, slide 3.

[2] Mayer, E., et al., "Prosopagnosia," in Godefroy, O., and J. Bogousslavsky, The Behavioral and Cognitive Neurology of stroke (first ed.) New York：Cambridge University Press, 2007, pp. 315-334.

[3] "UUID Structure (Windows)," Microsoft Developer Network. [Online], available http://msdn.microsoft.com/en-us/library/aa379358%28v=vs.85%29.aspx. [Accessed：12-Oct-2014].

[4] "RFC 4122 - A Universally Unique Identifier (UUID) URN Namespace," IETF Tools,

July 2005.

[5] "RFC 760-DOD Standard Internet Protocol," IETF Tools, January 1980.

[6] Lowenthal, T., "IP Address Can Now Pin Down Your Location to Within a Half Mile," Ars Technica, April 22, 2011.

[7] Hill, K., "How Target Figured Out A Teen Girl Was Pregnant Before Her Father Did," Forbes, February 6, 2012.

[8] Getoor, L., and A Machanavajjhala, "Entity Resolution: Theory, Practice& Open Challenges," workshop at the Very Large Databases Conference 2012, 2012, Vol. 5, pp. 2018-2019. [Online]. Available: http://vldb.org/pvldb/vol5/p2018_lisegetoor_vldb2012.pdf. [Accessed: 12 Oct 2014].

[9] Nelson, W., "Use of Circular Error Probability in Target Detection," MITRE Corporation, ESD-TR-88-109, May 1988.

[10] Talburt, J., "Entity and Identity Resolution," presented at the MIT Q industry symposium, 14 Jul 2010. [Online]. Available: http://mitiq.mit.edu/IQIS/2010/Addenda/T2A%20-%20JohnTalburt.pdf. [Accessed: 12 Oct 2014].

第 7 章
分析过程中的区分度和持久性

第 6 章讨论了采用时空数据来消解代理之间的模糊和解析实体。然而，在现实世界中，有许多因素限制这两个过程。ABI 分析中最重要的两个因素是位置的区分度和代理的持久性。简而言之，这两个概念通常被简单地称为区分度和持久性。地理位置的区分度涉及到不同的物理位置，侧重于利用实体和实体组的特定位置，不同的位置上实体的行为也不同，并受到气候、时间和文化习俗等因素的影响。代理的持久性表示了实体改变或替换某个代理的能力，因此，分析人员需要定期重新验证或确认感兴趣实体的某个代理的有效性。

7.1 模糊消解和实体解析在现实世界的局限性

区分度和持久性作为概括性术语，表达了一个情报分析人员通过时空数据区分不同的标识符，匹配代理与实体，并完成实体解析的能力在现实世界中的局限。同时他们也是两个尝试自动化 ABI 的最大挑战：由于这些概念是"模糊的"，并且没有统一的标准或尺度来表达区分度和持久性，因此自动化解析过程仍然是一个巨大的挑战。本章将解释一些基本概念，以供分析人员使用。

本章并不试图提供一个明确的答案，向软件开发人员和程序员提供可以使用的数学方法；它将用来概述一般的原则和概念，并在适当的时候提供可以通过技术扩展的高级方法。第 10~20 章讨论了技术难点以及可能的技术解决方案，但这绝不是一个详尽的方案。相反，第 3~9 章中表达的基本概念可以作为进一步深入研究应用的基础，这些应用可以帮助分析人员解决复杂的问题。

7.2 区分度在时空中的应用

要理解位置区分度在时空中的应用，首先要回顾消解模糊的概念。正如在第 6 章中所讨论的，ABI 对情报分析方法的独特贡献之一是利用地理定位信息从大量数据集中区分代理，并最终将这些代理关联到实体。消解模糊对于算法和分析人员来说都是最重要的过程之一，其中一个主要的挑战是为消解模糊的结论分配置信度（定性或定量），特别是与某个地点、地理区域、特定组织结构的特征相关的时候。

但是为什么地点的特征很重要呢？答案很简单，甚至很直观：不是所有的人或实体都可以进入所有的地点、区域或建筑物。因此，在讨论某个地点的区分度时，无论是定性还是定量测量，总是与个体或群体以及社交网络相关。这通常与传统的人力情报收集方法相反，后者侧重于评估特定实体对感兴趣地点的访问[1]。在 ABI 中，分析人员首先关注某个地点的特征，然后关注可以访问该地点的人员和群体，以评估其区分度。

图 7.1 提供了一个基本示例，说明位置特征如何对应于个体和具有共同属性的群体等特定访问者。了解哪些人员（以及正式或非正式定义了关键属性的群体）拥有对某个地点的固有访问权是消解模糊的强大工具。考虑到消解模糊的过程始于"所有人员"的完整集合，随后，根据针对某个地点有固有访问权这一特征，就可以缩小人员范围，从而在分析过程中成为一个非常强大的工具。

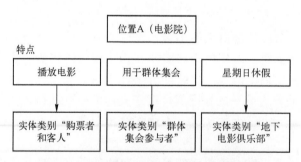

图 7.1　从位置特征到相关群体的分解示例

然而，在分析人员下意识地使用相同的标准来看待在不同社会文化规则和习俗下不同的地点时，则存在着巨大的风险。例如，在阿富汗，住宅的某些地方只允许家庭成员进入，访客永远不被允许进入。如果没有对这些文化习俗的详细了解，分析人员不仅会误判有权进入某一特定地点（或其一部分）

的可能的人员集合，也可能不正确地代之以自己更为熟悉的文化知识，导致一连串的错误[2]。

ABI 的分析过程使用一系列简单特征来描述某个地点的一般特性。这些特征为更复杂的分析提供了一个起点，但是在详细定量地描述地点的复杂性方面仍然存在巨大的差距。这是一个开放的研究领域，也是 ABI 面临的真正难题之一。

7.3 描述位置区分度的一系列特征

随着 ABI 的发展，不断面临新问题的情报分析人员需要继续开展基础工作，通过一系列基本特征将位置区分度分为三类（表7.1）：

(1) 公共的。
(2) 私密的。
(3) 半公共的。

表 7.1 总结三种区分度及其特征，以及每种类别的相关例子

区分度		
种　类	描　述	示　例
私密的	一个严格受限的人群才能够访问的地点，具有很高的观察和分析价值	私人住宅
半公共的	访问受到一定程度的控制，但仍然存在许多可能的人员与人员关系	有平民居住的军事据点仅限持票人参加的体育赛事
公共的	在某个时间内，对于任何一个人或群体来说都不是独有的，因此，在消解模糊时价值不高	公共市场、广场或公园

区分度的类别是时间敏感的，代表每天、有时甚至每小时对地点、设施和建筑物的动态和变化的使用。文化、行为规范和地方习俗都是分析区分度的因素，这有助于 ABI 践行者评估潜在的代理与实体匹配的确定性。

证据诊断是豪尔在情报分析中提出的一个非常重要的子概念，他恰当地指出，这是一个经常被忽视或误解的概念，甚至是老练的情报官员也容易忽视或误解。由证据诊断概念引出的核心问题是，"这一小块数据在回答总体信息需求或弥补差距方面有多大的指导意义？"豪尔写道：

当证据影响分析人员对各种假设的相对可能性的判断时，就值得去详细分析。如果一项证据看起来与所有假设一致，它可能根本没有详细分析的价值。人们通常会发现，最容易获取的证据其实帮助并不大，因为它与所有的假设都是一致的[2]。

这个概念可以直接应用于消解代理之间的模糊和将代理与实体关联起来。有两个关于某个代理位置区分度的关键问题需要考虑。第一个问题是，"在这个位置有多少其他代理，从而可以通过空间共存关联到实体？"这表述了ABI方法消解模糊的功能。第二个问题是，"某个代理在此位置的出现表示实体某个特定行为的可能性有多大？"这个问题涉及到随着时间的推移实体的特定行为，这将在第8章"行为模式"中深入讨论。在公共场所尤其对这两个问题和可能的工作流程都提出了挑战，如图7.2所示。

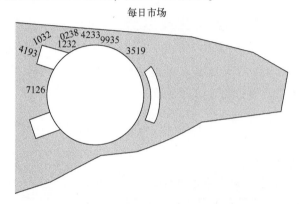

图7.2　一个具有许多检测到的代理的公共区域（自由市场）

在图7.2中，有许多四位数的标识符，代表了实体的多个代理，这些代理在它们的日常活动过程中在公共市场中自由移动。由于实体（以及实体与代理的组合配对）在一天中的大部分时间都在移动，所以这就属于第一种类型，也就是ABI所描述的公共区域。一个公共区域对于当时的任何一个实体或实体网络都不是独一无二的（时间对区分度的重要性的概念将在第7.4节中进一步讨论）。尽管在公共区域对实体和代理组合的单次观察提供了有关该实体的行为模式的一些信息，但对于消解模糊而言，它的贡献不大。

大多数公共场所（包括主要城区的交通枢纽、自由市场、购物区，甚至宗教场所）都属于这一类。随着某个区域内代理的密度增加（出现的实体数量也会增加，但不是1∶1的比例），消解模糊变得越来越困难，特别是在空间数据精度不高的情况下。当50m的距离覆盖了6个不同的私人住宅和一个自由市场时，它就变得非常重要了。

尽管有这些困难，在空间和时间上对代理的多次观察（即使在公共区域）可以将其联系在一起，并关联到同一实体类型[1]。分析人员可能需要在公共区域进行额外的观察，以确认实体与位置的关系，或将代理关联到某个实体。

私密区域是在给定时间内对实体或实体网络独有的位置。因此，在私密区域对代理的观察在本质上更具有分析的价值，因为它们被限制在一个非常有限的人际关系网络中。私密区域的最重要的例子是私人住宅。关于私人住宅的元数据也可能与一个或多个人员、人际关系或历史信息相关。图 7.3 以图形方式显示了与私人住宅相关的人际关系网络。它显示了"帕特"，一个与住宅 1 有直接联系的人，以及通过其他人关联到"帕特"的人，这样就增加了住宅和人之间的隔离程度。对这些人在私人住宅中的观察可能会作为人员之间联系的证据；例如，如果"蒂姆"访问了住宅 1，它可能会为"帕特"和"蒂姆"之间的关系提供额外的证据。因此，在住宅 1 观察"蒂姆"具有很高的分析价值。

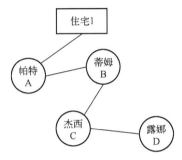

图 7.3　与私人住宅相关的人际关系网络。请注意帕特（人员 A）是与住宅直接相关的唯一个体

回顾上述两个主要问题，就私密区域而言，出现了以下特征：

出现在私人住宅的代理可以与一个较小的人际关系网络相关联，其中大多数是通过与位于该位置的人员，或与其直接关系联系起来的；出现在该位置的人员可以假定与居住在此地的人员有联系。

正如前面所讨论的，私密区域并非没有问题。事实上，当研究摩天大楼的问题时，二维 X/Y 空间在消解模糊方面的局限性就变得很明显了。如果在某个位置检测到一个代理，并且该代理属于摩天大楼中的一个人员，但没有相应的 Z 值（三维空间中的高度），那么这些人员将很难进行分析。这是一个很有说服力的例子，说明了 ABI 的发展如何推动某些人口密集的城市环境下的技术需求，其中 Z 值在分析过程中就变得非常重要。

半公共区域是与多个人员或多个人际关系网络相关联的位置。半公共区域的特征是更加的主题化，例如包括健身俱乐部（需要会员资格）、教堂（成员是同一教会的教众）和私立学校。将位置定义为半公共区域突出了自动化处理支持者面临的挑战之一；位置的区分度不是绝对的，而是相对的。世界上大多数地点是半公共的，一个地点是半公共的还是私密的在许多情况下取决于人的判断。

访问控制在半公共区域发挥着重要的作用；一个典型的例子是军事基地。虽然军事基地仍有公共设施，人们可以从基地外进入基地周边工作，但活动地点仍然受到限制。这种限制不足以被认为是私密的，但它也不是完全公开的。还有更多的例子，所有这些都遵循类似的模式，即只有共同的属性或人际关系网络的某个群体才能访问。

私密区域的复杂远非局限于 X、Y 或者 Z 空间。考虑某个地点私密性的一个重要因素是时间：从一天到一年的某个月，预期在某一地点出现的人群和人员以及相应的代理实际上是根据时间因素而变化的。这些将在第 7.4 节中深入讨论，并提供几个具有时敏特征的具体例子。

随着 ABI 的发展，大多数分析人员甚至没有给地点贴上"私密性"标签的意识，也没有将之前讨论的分类因素作为全部处理过程的一部分。这些分类信息在控制事件和事务分析时隐含在背景、历史和关系数据中。

7.4 区分度和时敏性

与区分度相关的时敏性用于描述人员对位置的利用如何随时间变化；地点用途的变化影响了其区分度的变化。虽然这看起来很抽象，但它实际上是一个许多人从小就熟悉的概念。

地点的区分度随时间（和时间范围）变化的经典示例是一所学校。在上课时间，学校是半公共区域，存在大量的人员（随学校规模而变化），这使得消除代理之间的模糊很困难。然而，这些人员主要是由那些与学校直接有关的群体（如学生、教师、雇员和承包商），及其附属机构的人员组成的。放学后，各种各样的课外活动，如乐队、艺术队和运动队，也可能出现在学校或相关的运动场上。家长和老师可能会出席家长会，所有这些活动可能会在一天或一周内举行，在不同的时间范围内有不同的人员参加。

在图 7.4 中，学校建筑是根据每日和每周的时间表进行安排的。在这个日常安排中（如工作日要安排上课），乐队、上课和体育锻炼都要统一考虑。随着每一个事件的发生，参与的人群也会随着时间的推移而改变。这凸显了在宏观（总体上）和微观（具体到特定地点）层面区域和文化习俗的绝对重要性。

这种有节奏的不断重复的活动可能是那些有军事背景的人所熟悉的；实际上，军方将这种日常活动称为战斗节奏——分布式作战人员之间同步的活动和过程[3]。此外，当在宏观层次上观察时，多个实体在每天或更短时间内活动的差异被称为活动方式，这将在第 8 章中深入探讨。这个概念同样对高

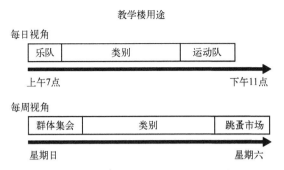

图 7.4　根据每日和每周的时间视图来使用学校建筑的一个例子

中生和教育工作者来说也很熟悉。在过去的几年里，大量的研究和讨论都集中在成套课程安排（班会时间较长，但不是每天都开）与传统课程安排（班会时间较短）之间[4]。就像战争节奏一样，两者都提供了对日常活动的不同看法，这些日常活动与时间紧密相关，因此对时间很敏感。与 ABI 类似，所涉及的教室将根据时间（传统课程表）和星期几（成套课程表）安排不同人员和群体。

了解一个地点的区分度（及其如何随时间变化，如何与区域或者某个感兴趣的地点相关）对于 ABI 来说是绝对重要的。这些因素可能会影响消解模糊的努力，如果不了解这些因素，可能会导致分析人员在实体和代理之间建立错误的关联，在 ABI 和其他依赖于 ABI 分析方法的分析过程中，可能会在后续的流程中出现更多的问题。

然而，在影响 ABI 分析过程的因素中，区分度并不是唯一的。分析人员必须考虑的另一个主要因素是代理关联到实体的持久性。以消解模糊和实体解析为目标，理解代理的特性及其持久性可能是实体解析过程中最重要的外部因素。

7.5　代理-实体关联的持久性

代理的持久性仍然是导致消解模糊和实体解析困难的另一个主要因素。第 6 章讨论了迭代解析的概念，即需要不断地"反复解析"或"反复验证"代理与实体的关联。虽然代理能够（并且经常能够）与某个实体关联起来，这些关联的时间范围可以从近乎永远到一瞬间。持久性表示了代理与实体关联持续时间的范围。

然而，与地点的区分度一样，讨论持久性并不像为各种代理提供绝对的"持续时间"并在整个分析过程中常规地应用这些值那样简单。虽然通常有

"更持久"和"不那么持久"的差别，但持久程度取决于当地习俗、文化信仰和行为，以及其他影响个体日常生活的因素，因为它与各种代理的属性有关。

举一个与移动电话使用和保留有关的简单例子，当地的惯例和习俗就改变了这类代理的持久性。目前，在美国，对于像美国电话电报公司和维瑞恩公司这样的大型移动运营商来说，两年的合同是一种常态，而少数较小的公司提供的服务则没有时间限制。这就使得较大的运营商可以大幅补贴全新手机的价格，特别是考虑到新的智能手机的高成本，这是一个特别重要的做法[5]。相比之下，在欧洲的许多地方，很少有将手机与运营商绑定的独家协议，而使用预存话费的情况则要普遍得多[6]。带来的可能的结果就是，与美国维瑞恩公司签订合同的人的手机作为代理具有更长的持久性，而西班牙或荷兰的手机用户则可能根据位置、活动或其他因素经常切换运营商。在评估实体的行为或试图在复杂环境中消解模糊时，这加强了对区域特色专业知识的需求，就像在考虑地点区分度的变化时所做的那样；当然，持久性往往缺乏作为区分度特征的时间敏感性。

这并不是说持久性在时间上是不敏感的。时间是评估所发现的代理与实体关联是否仍然有效的一个重要因素，但是与相对时间（相对时间与区分度最相关，如一星期中的一天或一天中的一个小时）不同，重要的时间因素是观察到代理后经过的时间。继续以手机作为代理为例，我们可以利用收集的长达三年的数据将一个电话号码和一个人关联起来（例如，三年前哪些手机号码是由个人使用的？），但当前掌握的情况却证明可能存在问题——我们感兴趣的对象三年前就开始使用手机的可能性有多大？因此，在考虑可能的代理与实体关联的有效性时，对代理的观察时间是一个重要因素。

区分度和持久性是分析人员在分析过程中要考虑的一个困难但重要的概念。当本章讨论的两个主要因素导致时空关联出现不同程度的不确定性时，回答"who-where-who"和"where-who-where"的问题将变得更加困难。因此，强烈建议分析人员采用结构化方法来考虑排他性和持续性的影响，尤其是作为整体分析判断的支持材料时。

在所有类型的情报分析中，我们的一贯建议是，在分析过程中做出的假设应该是明确的，这样，情报用户就可以了解什么是假设的，什么是评估的，以及评估结果是如何随分析人员提出假设的变化而变化的[2]。一种推荐的技术是在分析过程中使用一个矩阵，将区分度和持久性明确为因子，以便将它们纳入总体判断和结论。此外，矩阵的使用可以提供关键值，这些关键值可以在后续用于对不确定性的定量表达，但是如果没有清晰地定义基础变量，这些表达式从根本上来说是没有意义的（大体上可以创建一个"索引值"，这样整个量化值就可以适当地融入分析的场景）。

在表 7.2 中，分析人员已明确界定了一些绝对因素（如本例中的代理为手机），以及一些基于领域知识的与关注地域有关的特殊因素（在本例中，XYZ 网络上预付手机话费的用户保持电话号码的平均时间为 60~90 天）。分析人员还评估了该地点的区分度，指出它是一个独立的私人住宅，但又进一步说明，由于周四家庭聚会的人员范围扩大了，所以该地点的区分度降低了。

最重要的是，领导层和情报用户必须不断地鼓励分析人员清楚地表达情报结论中的不确定性，并展示他们为此而做的工作。不幸的是，在逻辑评估中暴露出缺陷和弱点往往被视为缺点，同时情报用户也会抨击概率评估并表达出对更强、"不那么模糊"的分析结果的渴望。所有分析方法的局限性必须被展示出来，在 ABI 中这一点变得尤为重要。

表 7.2 中没有涉及但在前面的第 6 章中讨论过的一个问题是，为了验证代理和实体之间的关系，需要多次时空关联的观测结果。因此，一个适当的代理与实体关联的结果以及多次相关的实例应该被记录，并考虑对不同的观测结果进行"加权"。然而量化诸如此类的"模糊"概念非常困难，有时甚至因为数据精度的问题导致真实的不确定性被掩盖。但是这个过程至少可以让我们深入了解分析人员得出结论的方法，提供一种方法来比较分析人员得到的相关结论的有效性，并作为一种训练机制向分析人员提供评估和反馈。

表 7.2　一个简单的代理/实体相关性和周围因素的示例

代　　理	代理持久性	相关的位置	实　　体
移动电话，XYZ 预付话费运营商	预付话费电话，最低持久性；本地使用建议为 60~90 天	私人住宅，高度私密，尽管周四晚上有扩大的家庭聚会	人员 A 或人员 B，家族中的兄弟

这里还有一个没有讨论的因素，它依然阻碍了自动化处理以及对不确定性的量化表达的努力，这就是"未知" n 值的概念，其中 n 是某个数据集的完整表达式。情报分析面临的一个特殊挑战是，对手在反侦察和提供虚假数据以歪曲结果方面发挥的积极作用（在情报界统称为反侦察和欺骗（D&D））。由于缺乏对"收集的全部情报数据"的先验知识，因此设置验证代理与实体关联所需的绝对相关次数几乎是不可能的，这迫使分析人员求助于相关措施，并最终对代理和实体配对的正确性做出分析判断。这个问题将在第 9 章进行更详细的讨论，在这一章中解释了附带情报收集的概念，并与经典的目标侦察模型进行了对比。

7.6 总　　结

第 6 章介绍了代理和实体的核心概念，第 7 章讨论了通过实体解析过程将代理与实体关联的各种限制。这个过程对于实体来说是连续的，它使分析人员能够最终理解某个实体特定的行为模式。实体行为模式的细节和用途将在第 8 章中详细讨论。

参考文献

[1] "FM 2-22.3: Human Intelligence Collector Operations, Headquarters, Department of the Army, September 2006, p.47, [online]. Available: http://fas.org/irp/doddir/army/fm2-22-3.pdf. [Accessed: 09 Nov 2014]

[2] Heuer, R. J, The Psychology of Intelligence Analysis, Center for the Study of Intelligence, 1999, p.70.

[3] Duffy, L., et al., A Model of Tactical Battle Rhythm, "in 2004 Command and Control Research and Technology Symposium, 2004. [Online]. Available: http://www.dtic.milgettrdoc/pdf? AD=ADA466128. [Accessed: 09 Nov 2014].

[4] Aldermane, D., "Comparison Study of the Relationships of 4/4 Block Scheduled Schools and 7 Period Traditional Scheduled Schools on the Standards of Learning Tests for Virginia Public Secondary Schools," Virginia Polytechnic Institute and State University, Blacksburg, VA, 2000. [Online].

[5] Klein, D., "Will Sprint, T-Mobile, AT&T, and Verizon End Subsidized Phones?," The Motley Fool September 14, 2014.

[6] Brustein, J., "Wireless, But Leashed," The New York Times, January 15, 2011.

第 8 章
行为模式和活动方式

前几章简要介绍了行为模式的概念及其与实体的关系，这是 ABI 中分析的重点。这个概念的重要性在于对行为模式做出更充分的解释，以便将它与"活动方式"的概念区分开来，"活动方式"在 ABI 分析过程中也是相关的背景数据。本章讨论了情报分析人员利用间接观测数据构建行为模式的基础，以及这一过程对整个 ABI 的重要性。

8.1　实体和行为模式

"行为模式"，就像 ABI 及其相关的许多概念一样，面临着书面文献不足的问题，应用方式也不尽相同，具体取决于探讨者或作者的背景。行为模式背后的概念并不新鲜，但随着持续监视技术的发展（在第 12 章中有更详细的讨论），这些概念重新引起了人们的兴趣，因为这种技术允许情报官员在连续多个小时内观察某个人的活动。这些概念对执法人员来说是熟悉的，他们通过直接监视技术已经在嫌疑人身上建立了多年的行为模式。ABI 在第 8.2 节中探讨的挑战之一是使用间接的、稀疏的观测数据来构建实体的行为模式。

对于地理位置的区分度而言，每隔几天、几周、几个月甚至几年的时间内对地理位置的不同用途进行核查是 ABI 分析过程的一部分。行为模式是一个相关的概念：行为模式被定义为在某个时期内与特定实体相关的具体行为和活动集。简单来说，这就是人们每天做的事情：起床、吃早餐、上班或上学、办差、见朋友、参加会议，以及其他一些具体的活动。在这些活动中有一些共同的线索：人们去的地方以及与他们相关的其他人。根据活动的地点或类型，这些活动通常会在一天、一周或者一个月的时间内重复进行。例如，一个人的住所和工作场所是他最常去的两个地点，他也可以去杂货店购物，参加每周的社团会议，参加宗教活动，为汽车或摩托车购买汽油，去邮局寄信等。所有这些都是人们行为模式的一部分。

这个定义中重要的是"特定实体"的概念。有时，"行为模式"一词被用来描述与特定对象（如一艘船）相关的行为，也被用来描述在特定地点或地区观察到的行为和活动。例如，刑事调查人员监视嫌疑人的住所：他们会了解许多不同人的各种出入，并看到住所内发生的各种活动。从本质上说，他们是从许多不同的人中观察到某个人行为模式的一小部分，但有时也以同样的方式来描述这种活动的整体。

描述在某个位置发生的各种活动的更准确的说法是"活动方式"，定义为更大单位实体的行为和活动，而不局限于单个实体。

例如，洛杉矶市内及周边的水面港口交通，就是一种活动方式，其中的某个轮船也有活动方式，而船上的人员则具有行为模式。图 8.1 给出了一个活动嵌套的示例。在顶层是洛杉矶一整天海上交通的全部活动方式，而其中的一小部分（在下一层）是某个渡轮的具体移动。在渡轮上，许多人在船上进行活动，这是他们行为模式的一部分，如图 8.2 所示。

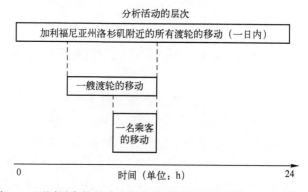

图 8.1　不同层次的活动分析总是基于不同的环境：一个大集合，一个具体的物理对象（船），最后是一个人

关于行为模式的一个事实是，它们不能通过周期性的观察而被完全掌握。早些时候，我们对持续监测与行为模式的相关性进行了简要讨论。前国防情报局局长迈克尔·弗林（Michael Flynn）在讨论传统和特种作战部队在情报资源使用方面的差异时，谈到了这一点的重要性："传统作战部队的方法倾向于服务大量的对象和单位，而不是构建对手的行为模式。人们倾向于从空间而不是时间的角度来考虑持久性，这导致在很多区域都有很少的一点资源，而不是将资源集中在有限的几个地区。"弗林和他的合著者在这项分析中明确地指出时间上的持续性对于理解行为模式的重要性[1]。

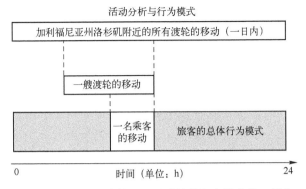

图 8.2　某个人在渡轮上的活动是其行为模式的一部分

总而言之，关于以前模糊的"行为模式"概念，界定了四个重要的原则：

（1）一种行为模式是具体到一个个体的。
（2）更长时间的观察可以更好地洞察一个实体总体的行为模式。
（3）即使是最长时间的监视也不能观察到一个实体行为模式的全部。
（4）传统的信息收集和情报收集手段只能反映一个实体行为模式的片段。

乍一看，第二种和第三种说法似乎相互矛盾。如果更长时间的观察能提供更好的洞察力，那么在某种程度上，一个足够长的观察可能会揭示整个行为模式。在一个理论构想中，这是真的：一只不眨眼的眼睛，一周七天，每天 24h 地跟随一个实体，将提供一个详细而精确的行为模式。然而，现实情况是，即便是最好的监控，也会在观察中存在间隙或中断。因此，对于分析人员来说，掌握实体行为模式中不可见或难以侦察的部分总是很重要的。虽然可以根据观察到的情况进行推演或假设，但重要的是要考虑到实体行为在技术或人工手段没有观察到的情况下存在的可能性。在执法方面，24h 监视的人力成本很快就会显现出来，而将警官分配到其他任务和调查其他罪行的需要，可能很快就会优先于对某个人保持监视的需要。因此，在时间持续性方面，采用技术侦察手段相对于人力侦察的优势是明显的[2]。

正如拼图的一小块一样，观察某个感兴趣的个人（如互联网使用、驾驶习惯和电话）的日常活动也是有用的。商业营销人员早就利用这类数据来更精确地定位广告和定向推销。因此，一个实体的行为模式的某些方面就其本身而言是非常重要的，并且是构成整体行为模式的基础。

在对一个实体的行为模式的讨论中存在一个潜在假设：这是一个已经消解模糊或已经解析的实体。虽然对代理观测可以用来解析实体，但如果不能完成解析，则最终不可能建立一个有用的行为模式。这就是说，行为模式的建立与消解模糊和实体解析的过程是相辅相成的，这将在第 8.5 节中讨论。

8.2 行为模式的要素

行为模式的要素是行为模式的组成部分。正如第8.1节中所讨论的，这些要素可以在一个或多个不同的维度中进行度量，每个维度都提供了关于实体行为的独特表述，并最终有助于对实体行为进行更复杂的全面描述。这些要素可分为两大类：

(1) 局部观测，即对实体在固定时间内进行观测。
(2) 单维测量，即随着时间的推移对行为或活动的某个方面进行测量，在某个特定维度上掌握实体行为或活动。

回想一下前面讨论的活动层次分析的概念（图8.1和图8.2）。在图8.1和图8.2的第三行中，是局部观察的一个完美例子，它聚焦于一个人在24h内乘坐一艘渡轮的旅行。进一步延伸这个轮渡的案例，假设一个无人机系统正在监视轮渡，并努力保持对特定人员的可视化"监视"，则无人机维持监视的时间将被界定为局部观察。虽然在理想的世界中，该无人机将能够继续维持对人员的监视，但现实条件的限制却造成了监视中断，从而在监视过程中引入了不确定因素。例如，该人员可能与其他人一起走进一个房间，一段时间后，可能会只出现一个人。传感器平台的局限性（分辨率、范围、视野）都会影响操作员评估稍后出现的那个人是否是进入房间的同一个人，但是，即使是高置信度评估仍然是一种评估，而且仍然存在一种可能性，即感兴趣的人根本没有从房间里出来。

相比之下，单维测量侧重于测量某个实体特定活动的一个维度。正如第8.1节所讨论的，对于某个住所中互联网使用的监视就可以产生构成个人行为模式的重要信息。然而，不确定性在这里也扮演着重要的角色。实体的活动不是被直接测量的，被直接测量的是代理的活动；如果代理与多个人（如四个家庭成员共同使用一个计算机终端）相关联，或者同一个人使用多个代理来执行特定类型的活动（如由于家里没有互联网，从而在网吧上网的个人），这种单维测量可能是不正确的，甚至不可能成功构建行为模式。

8.3 活动方式的重要性

图8.1和图8.2说明了不同层次的活动分析的概念，并在最高一级定义了大量实体活动的概念，例如在某个海域许多远洋船只的移动。这是活动方

式的一个示例，处理的是聚合的行为和活动，而不是具体到某个实体。

理解数据聚合的概念和含义对于评估活动方式的效用和限制非常重要。数据聚合的第一个也是最重要的规则是，聚合后的数据表示原始数据集的汇总。不管聚合技术如何，根据定义，任何数据汇总后都不可能像原始数据集那么精确[3]。因此，从包含多个实体的数据集构建的活动方式将不是消解模糊的有效工具。有效的消解模糊需要精确的数据，而汇总的活动方式则无法做到这一点。如第5章所述，如果问题是"谁在进行这项活动"，那么"正在进行什么活动"的概括性结论将无法提供准确的答案。

如果活动方式（包含多个实体活动概况的大型数据集）对消解模糊没有帮助，那么为什么要在ABI背景知识中提到它们呢？主要有两个原因，其一是活动方式经常性被错误地描述为行为模式，而没有正确区分个体的特定行为和一组个体的一般行为之间的界限[4-5]。其二是尽管存在这种混淆，活动方式仍然可以在分析过程中发挥重要作用：它们提供了对某一类活动发生的大背景的理解。因此，如第3章所讨论的，许多类型的活动方式被认为是背景数据。理解某一类活动（如一段时间的车辆流量）的相对"快慢"，可以更深入地理解在这个背景下某个真实发生的事务。比如一个人在某一天从A点开车到B点（真实发生的事务），而路上的车辆很少（意味着发生的事务很少），如果他花费了大量的时间，则可能需要对他进行更多的审查。

上面的例子可能在一个分析人员的头脑中构成一个"异常"的事件——相对于在某段时间观察到的一般活动而言是异常的，或者相对于某个实体的已知行为而言是异常的。在不完整的数据基础上评估正常和异常行为本身就是非常困难的，但是它值得讨论。

8.4 常态和情报

"正常"或"异常"是在有关ABI的讨论中经常出现的形容词。

但是，在更深的层次上考察这些形容词，可以发现这些形容词通常应用于活动方式分析，这是一种不同于ABI的分析方法，其逻辑的基础如下：

(1) 理解和"界定"什么是正常的。
(2) 当情报发生变化时发出警报（即当发生"异常"时）。

图8.3给出了一个例子，其中建立了一个24h的活动基线，并确定了活动中的异常"峰值"。我们总是假定"异常"是最重要的，这种说法不无道理，尤其是在情报的一个分支领域，即预警情报领域。这一领域尤其侧重于确定可能的相关活动，并在预期的活动之前向决策者或作战人员发出警报，

由此提供"告警"。前国防情报局高级分析员辛西娅·格拉博（Cynthia Grabo）将预警情报定义为处理："①敌对国家对美国或其盟国的直接行动，包括其正规或非正规武装部队的行动；②敌对国家正在或可能卷入其中的影响美国安全利益的其他事态发展，如地区冲突；③非美国盟国的其他国家之间的重大军事行动；④恐怖主义行动的威胁"[6]。因此，预警主要与未来可能发生的事情有关。

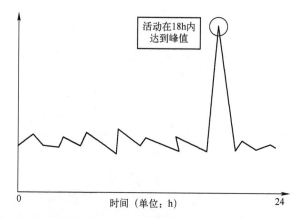

图 8.3　24h 活动方式的概念图，在 18 时的峰值可能是"异常"活动，但也可能不是

模式分析很好地支持了这一点，重点是识别"异常"活动：需要告警的事件的预兆。ABI 的思维模式并不关注未来事件（活动本身）的预兆，而是关注某个行为者（实体）的身份。

因此，告警试图回答的是"会发生什么"和"什么时候发生"的问题，ABI 则仍然致力于解决"是谁"的问题，并且主要关注数据相关性，而不是建立活动基线。这些数据关联被用来消解实体的模糊，并最终理解行为模式和关系网络，但是构建实体的行为模式和解析实体的过程是相互交织的，而不是顺序完成的。两个概念之间的复杂的相互作用将在第 8.5 节进行描述。

8.5　解析实体时建立行为模式

在此之前，消解模糊/实体解析和行为模式一直作为单独的概念进行讨论。然而，在现实中这两个过程经常同时发生。当分析人员消解代理的模糊并最终将它们解析为实体时，实体行为模式的各个部分就被组装起来了。一旦确定了感兴趣的代理（甚至在实体完全解析之前），监视代理的过程就会产生观测结果：行为模式要素。这种模式让分析人员和操作人员积累了服务于将来的意图和计划的相关知识。

8.5.1 图形表示

保存非层次化信息的最有用的方法之一是使用图形的方式，而不是专注于某个具体的技术，本节将简要描述图形表示的概念，并讨论这种方法的优点和缺点。图形有许多优点，但最重要的优点是能够组合和表示来自不同来源的数据点之间的关系，这在关联来自现有信息系统的数据时特别有用[7]。

图形提供了聚焦到对象（名词）和关系（动词）的能力，甚至是最复杂的网络。图形还提供了在多层次分析中抽取数据的能力，允许分析人员在视图之间快速切换，并分析摘要图，然后深入到图中感兴趣的具体细节。

在图8.4中，图形表示的基本单元是与相应的ABI名词术语相关的（图形中的对象也可以用来表示其他类型的数据，但这部分图形将专注于应用，代表行为模式和行为模式要素）。图形的核心是对象（通常是ABI中的实体）和关系，当然，对象也可以是位置。图形可以用来表示实体和感兴趣的位置之间的关系，这在描述行为模式的图形表示中很常见。如图8.4所示，图形还可以用来将对代理的观测与适当的实体联系起来，甚至可以将"未知"实体用作占位符，便于后续补充相关信息。

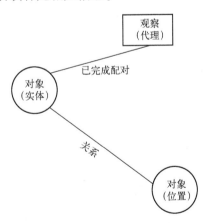

图8.4 ABI名称术语间的关系

显然，在处理ABI分析中经常遇到的异构数据时，行为模式图所提供的灵活性是有用的。当然，图形视图也有缺点。图形主要在二维（或三维，取决于可视化界面）空间中构建，不一定有基础数据来支持严谨的距离关系；节点之间的距离和关系的长度不一定有意义，这让一些图形用户感到困惑。

此外，图形也不是表示时间界限或定量数据的有效方法（尽管有一些方法可以弥补这些缺点）。

8.5.2 定量和时间表示

对于定量的和与时间相关的数据，用其他视图可能更适合。传统视图用于表示周期性和活动情况的统计是非常理想的，这要求在不同的时间范围内进行适当的概括。例如，对单个维度的测量结果（行为模式要素）就包括了对周期性活动的描述。这方面的一个例子是一个柱状图，它表示一个人访问某个地点的频度。这既显示了关于此人行为模式的一个特定的方面，又丰富了对其整体情况的描述。

图8.5显示了某个实体/代理的活动示例，在一星期中的每一天出现在某个感兴趣的地点的情况。这让分析人员能够辨别出活动频度与时间之间可能存在的关联，并据此提出建议。这种数据视图被认为是一种单一维度的测量，因此是行为模式的要素。在使用单维测量时，一个需要考虑的重要因素是周期性数据采集所引入的偏差，因此必须评估数据覆盖率，收集的部分数据不能作为"完整"样本的问题仍然需要高度关注。在大多数情况下（特别是在对手实施作战安全措施或反侦察/欺骗行动的情况下），情报抽样并不是首选方法，但在谨慎使用时仍然可以获得有用的情报。

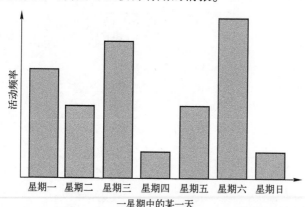

图8.5 在某个位置活动的统计（该图还可以表示某个实体在许多不同位置的活动）

8.6 通过行为模式采取行动

大多数关于行为模式的讨论中缺少的一个重要要素是"为什么要构建行为模式"。了解一个实体的行为模式，无论是友好的、中立的还是敌对的，都只是达到目的的一种手段,就像所有的情报方法一样。其目标不仅是在战略层面上提供决策优势,而且是在战术层面上提供作战优势。这方面的例子包括识别潜在的有价值的关键人物,或能够帮助扭转敌对势力观点的有影响力的人,以及非常规的威胁。理解事件、事务和活动方式后,还能够通过情报分析来推动情报收集,并识别重要的区域,在这些区域中,进一步的情报收集行动可以帮助揭示关于先前隐藏的人际关系的更多信息。行为模式和行为模式要素只是通过分析过程获得的知识的一种表示,最终有利于形成整体决策优势。

参考文献

[1] Flynn, M., et al, "Employing ISR: SOF Best Practices," Joint Forces Quarterly Vol. 3rd Quarter 2008, No. 50.

[2] Dees, T., "Surveillance Technology: An End to Stakeouts?", Police Magazine, December 14, 2010.

[3] Kabacoff, R., "Aggregation and restructuring data," R-Statistics Blog, September 9, 2012.

[4] "A Case Study: Patterns-of-Life and Activity-Based Intelligence Analysis." AGI, 13 March 2013. [Online]. Available: http://www.agi.com/downloads/support/productsupport/literature/pdfs/Case Studies/031313_Case Study_Suritec pdf [Accessed: 27-Nov-2014].

[5] "Data Fusion and Decision Making Systems," ESEN Sistem Entegrasyon [Online]. Available: http:/www.esensi.comtr/data-fusion-and-decision-making-systems. [Accessed:27-Nov-2014].

[6] Grabo, C., Anticipating Surprise: Analysis for Strategic Warning, Joint Military Intelligence College, 2002, P. 6.

[7] Sherman, M., "Advantages and Disadvantages of Document-and Graph-Based Databases," Texas Enterprise, 14 August2014. [Online]. Available: http://www.texasenterprise.utexas.edu/2014/08/14/innovation/your-database-so-retro-old-data-new-databases. [Accessed: 27-Nov-2014].

第 9 章
附带情报收集

本章通过对比问题空间的变化来探讨附带情报收集的概念：从冷战时期的战斗序列到 21 世纪物理和虚拟战场上的动态目标和人际网络。本章展示了情报收集概念是如何从美国国家安全机构的形成发展到今天的，并探索了满足 ABI 独特数据需求的新的情报收集概念。

9.1 历史遗留问题

现代情报系统（尤其是技术情报收集能力）是围绕一个对手苏联建立起来的。首先是 U-2 侦察机，然后是"科罗娜"（CORONA）和一系列的侦察卫星，它们是美国情报武器库中"皇冠上的宝石"：精确、高度专业化、价格昂贵。由于情报收集成本太高，情报行业必须执行相关的流程，以确保将资源聚焦到优先级最高的国防领域。由于了解和观察苏联军事活动是最高优先级任务之一，早期成像系统的许多初始目标都是苏联驻军、导弹设施和其他军事目标。其结果是形成了一个收集情报的清单，用情报术语来说就是"情报收集平台（deck）"：一套日常成像的设施，以针对变化的情况提供早期预警并准确估计对手的能力[1-2]。

之前的成像卫星上主要使用胶片成像系统，其返回的图像极具价值。在很大程度上，由于从太空传输数字图像的技术挑战，直到 20 世纪 70 年代，胶片返回技术一直是空间成像卫星的主要手段[2]。使用胶片的后果之一是，胶片实际上决定了成像卫星的使用寿命。当这颗卫星的胶片用完了，它就不能用了。要获得更多图像的唯一途径是发射一颗新的卫星。

很明显在"科罗娜"计划的早期，要获取或利用从卫星传回的信息，将需要大量的人力资源。在 1960 年发射第一颗"科罗娜"卫星后仅仅两个月，一份正式的提案被提交给美国政府。为了处理卫星图像,情报委员会决定将进入"锁眼"团队的人员数量增加一倍,从1431人增加到2938人。这些人员绝大多数是读图员和其他情报分析员[3]。

为什么这些相对有限的数据(按照今天的标准,以PB为计量单位)需要如此多的人员进行处理?答案可以在第3章中讨论的任务分配、情报收集、情报处理、情报应用和情报分发(TCPED)过程中找到。我们依然在尽力利用每一幅图像。到了2000年,在信息量迅速增加的情况下,这一过程的局限性就显而易见了。美国国家图像和制图委员会注意到,在未来图像架构(FIA)时代,图像数量的增加超过一个数量级本身并不意味着需要增加同等的处理能力。处理能力可能需要增加一些,但图像的N倍增加并不一定代表信息内容的N倍增加,特别是为了活动分析或情报预警时,将用更多的图像对同一目标进行反复采样[4]。委员会预料到了情报界当前面临的问题:传统的情报处理模式不再适合目前的数据环境。

9.2 从已知目标获取额外情报

附带情报收集是一个相对较新的术语,但它不是第一个基本概念。借用图像处理领域的说法,从一开始基于目标的额外情报就一直存在。举一个简单的军事要塞的例子,这个要塞可能有几个不同用途的建筑,包括维修站、车库和兵营。在许多情况下,它可能位于一个大型人口聚居地附近,但根据条令、地理和其他因素与人口聚居地分隔开来。

卫星可能会定期对这个要塞进行成像,寻找车辆移动、演习开始和其他可能的重要活动。然而,要塞只有$5km^2$的面积,而成像卫星产生的图像跨度几乎为$50km×10km$,结果如图9.1所示,要塞(主要目标)之外的其他地点

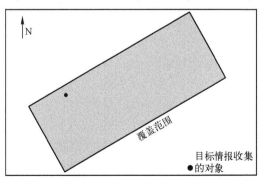

图9.1 目标情报收集与附带情报收集的简单对比图

也被拍摄成像。这个额外的图像区域可能包括其他建筑、军事目标或其他感兴趣的地方，所有这些都构成了附带情报收集。在图 9.1 中，针对目标收集的情报显示为黑色，而目标周围附带收集的情报显示为灰色。

当然，"附带"情报收集的初始目的是通过拍摄这些图像满足对目标位置的请求或要求。同样的概念也适用于人力情报：办案人员可能会收到分析人员的要求，要求其通过现场监视，确定从上午 8 点到 9 点进入大楼的人数。该情报源还可能提供超过初始任务的四个具体人员的信息；额外的信息在此背景下就是"意料之外"的情报。

这两个例子都没有充分抓住附带情报收集的微妙之处，附带情报收集是基于一种完全不同的情报模式，对"额外"情报收集的有意扩展：数据驱动而不是需求驱动；多源情报而不是"烟囱"情报；固有的空间和时间关联而不是关系。

9.3 定义附带情报收集

在附带情报收集中，第一个要丢弃的概念是目标"情报收集平台"的概念。在将附带情报收集与其他情报收集类型进行比较之前，必须检查驱动情报收集的需求，它们在区分附带情报收集背后的理念方面起着关键作用。

正如在 9.2 节中讨论的，使用目标情报收集平台的目的是收集足够的信息来满足需求。回顾第 5 章，这意味着针对确定需求的情报收集有一个前提，即在一定程度上了解情报收集的内容以及收集的信息是否满足相关需求，在许多情况下，甚至要在分析人员接触到相关数据之前。

附带情报收集不是将确定一个具体的情报问题作为需求，而是侧重于获取相关地域或某种类型的大量数据，并将获得的数据体量作为成功的关键指标。这有助于通过最大化时空关联来解决隐藏在活动数据深处的未知问题，从而最大化了代理与实体配对和实体解析的机会。

一开始，这似乎有悖常理。情报和执法部门的许多高级官员声称，当今情报分析机构面临的最大挑战之一，是他们能够获得的海量数据，尤其是包含公开的社交媒体等新型数据流。美国国会研究服务部（Congressional Research Services）在 2013 年得出结论称，"虽然情报界并非完全没有'烟囱式'的传统，但'9·11'事件十多年后面临的挑战主要是信息超载，而不是信息共享。"分析人员现在面临的任务是将不同情报机构之间共享的大量情报中隐藏的不同的、瞬时的数据点连接起来[5]。附带情报收集似乎与此背道而驰，因为它的主要目标是增加数据量。然而，分析人员在某种程度上"迷失"在数据中的情况掩盖了事实：分析人员缺乏工具和方法来利用大量可用的数据，特别是在高度异构的数据类型之间。一旦有了合适的工具，分析人员必将会如饥似渴地在海量数据中寻找情报。ABI 为时空数据关联提供了一个框架，可以将分析工具和分析方法添加到这个框架中，以帮助分析人员从他们每天使用的数据中获取有用的信息。因此真正的问题不是数据量，而是缺乏有效的分析框架和工具。

9.4 "翻垃圾"和空间档案检索

在情报工作中，情报收集几乎完全聚焦于通过技术手段确定优先次序和"下一步"获取的数据的过程上。换句话说，重点是明天卫星将收集什么情报，而不是它已经收集的从 10 年前到 10 分钟前的情报。但大量数据已经被收集，其中许多数据很快被筛选，然后因为缺乏情报价值而被丢弃。ABI 的序列不确定性原则强调了不同时间片段中空间关联的重要性，因此，维护和最大化为不同目的而收集的数据实际上是一种附带情报收集的形式。

第 3 章介绍了一个隶属于某个军事单位的分析人员的案例，以说明 ABI 的处理原则是如何从 21 世纪初的实际操作经验中获得的。我们假设生成并收集了大量的数据，分析人员正是利用这些数据创建了一个时空分析环境。这个过程被一些分析人员通俗地称为"翻垃圾"：利用 ABI 的地理相关性重构已有数据，从而发现 ABI 的处理原则。

通过数据整理过程（提取空间、时间和其他关键元数据特性，并基于这些特性建立索引）来重新利用数据是一种附带情报收集的形式，对 ABI 至关重要。这是因为在许多情况下，收集的信息是为了满足特定服务的需求，并用于生成新的知识。因此，使用这些整理过的数据相对于初始的情报收集意图就是附带性的。这个过程可以应用于所有有目的性的、精巧的情报处理方式。当单独的数据点聚合成完整的数据集时，就成为附带情报收集的数据。

第一批在伊拉克和阿富汗从事 ABI 研究的分析人员就使用了这种方法。《弹道》(Trajectory Magazine) 杂志在其 2012 年冬季刊中写道："一群部署在伊拉克和阿富汗的地理情报分析人员在 2004—2006 年开始整合情报学科……这些分析人员偶然发现了一个叫做'地理空间多源情报融合'的概念。"文章接着写道，这些分析人员认识到，所有数据都有一个共同点，那就是位置[6]。

这种方法是通过将地理位置作为主要的数据滤波和检索机制来实现的。

通过将 ABI 的两个主要工作流（who-where-who 和 where-who-where）中的"位置（where）"作为具有时间属性的空间环境进行探讨，分析人员有一套有效的方法和机制来根据附加的元数据实现信息的关联。图 9.2 显示了通过地理定位过程将单一情报领域有针对性的情报收集转化为附带情报收集的示例流程。图 9.2 还展示了如何在不中断的情况下将该流程添加到现有的处理流程中，从而使现有的处理方法能够继续使用，同时通过"定位发现"原则的专用应用使 ABI 发生效用。

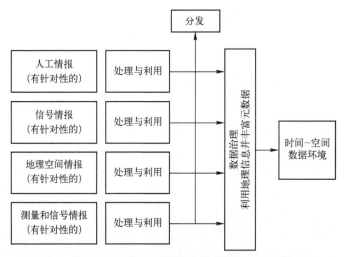

图 9.2 将针对性情报收集转换为附带情报收集的流程图

9.5 重新思考任务和处理之间的平衡

附带情报收集对传统任务分配、情报收集、情报处理、情报应用和情报分发（TCPED）循环的各个环节具有直接和破坏性的影响。第一点，也可能是最重要的一点，是彻底地重新检视在大多数情报领域中一直使用的情报需求和任务分配的过程。目前制定情报需求的正式程序是在第二次世界大战之后确立的，今天仍在大量使用。它取代了一个临时的、非正式的收集情报的过程，并使开发需求的业务专业化[7]。

与大多数正式的情报流程一样，冷战时期的情报需求也适应了 1945—1991 年的特殊形势，即美国和苏联这两个主要对手之间的两极竞争。因此，这一过程是建立在上述基础之上的，尽管在当时是正确的，但在目前的单极世界中，随着大量近乎对等的国家竞争者和日益强大的非国家行为的个人和组织的出现，这种基础已变得越来越有问题。

在20世纪50年代和60年代，随着高空照相侦察平台和成像卫星的发展，图像情报进入了情报领域。通过对飞机和卫星进行任务分配并规定侦察时间，明确定义了需求，并努力确保收集的信息刚好满足需求，并且没有浪费多余的系统容量。这个"满足需求"的过程（收集刚好满足需求的数据）需要从需求的建立和收集过程的管理中清楚地理解意图。当然，这就意味着对信息的需求驱动对情报收集的需求，只有这样，这种技术侦察系统才能精确地完成任务规划。

其结果是强调了TCPED循环中的任务规划，重点是解决分配情报资源的问题。在一个涉密信息和技术传感器享有特权的时代，这种方法既明智又有效，能够针对具体的需求规划采集信息的数量，并且利用涉密信息为整个情报循环服务。

当今时代已从秘密的技术侦察手段向全新的、大容量的技术侦察手段转变；长期大范围的持续侦察，以及对来自公开和商业来源的海量信息的利用要求任务规划的重点也发生相应的转变。由于从附带情报收集（或者重构）的数据集中获得了大量的信息，任务规划不再是最重要的功能。相反，关注日益繁重的处理资源变得至关重要；此外，谨慎地应用集成的方式自动预处理数据（执行诸如特征提取、地理定位和语义解析等功能）是必要的。空军第25军司令约翰·沙纳汉少将说："我们必须从以目标为基础的归纳方法过渡到以处理、利用、分发为中心的情报、监视、侦察（ISR），再过渡到以问题为基础的、演绎的、积极的和预测性的方法，以端到端的情报、监视、侦察行动作为重点"。并补充说，自动化是"必须的"[8]。

专注于处理特定的数据片段只是问题的一部分。情报收集的新模式必须与从规划收集任务到规划处理任务的转变相结合。情报收集不是为了回答预定义的情报需求，而是根据ABI方法的要求寻找数据，以便实现关联和实体解析。

9.6 最大化额外收益的情报收集

广泛的情报收集需求并不是新的概念，而ABI对具体数据也具有广泛的需求，这是情报和执法界尚未面临的新矛盾。这需要改变在ABI中使用的任务规划和情报收集方式，我们称为基于粗放式任务规划的情报侦察。

将这个概念分解为两个重要部分：一是粗放式任务规划的概念；二是情报发现的概念。粗放式任务规划首先将情报收集与传统的部署于地球上某个具体位置的情报收集平台区分开来，这些情报收集平台已经被用作空中和太空侦察资源,并提供目标清单服务。在基于情报收集平台的系统中,传感器的视野在很多情况下可以同时侦察到多个目标,对目标的覆盖范围则支撑了任务的达成。

图 9.3 和图 9.4 显示了传统的基于平台的情报收集方法的地理和表格视图,其重点是获取固定目标的部署范围。如图 9.4 所示,我们最终形成了一个清单,根据目标数据采集情况进行"是"或"否"的二元评估。在许多情况下,这些情报收集计划是定期制定的,通常是每天都要制定,偶尔也会以"特别"请求的形式进行修改,通过专门的流程提交修改请求。目标的优先级在这个架构中扮演着重要的角色,指示传感器将注意力集中在特定的目标上,甚至以牺牲其他目标为代价。在情报收集平台使用的任务规划模型是详细具体的,而不是粗略的,与专门为支持 ABI 分析而设计的情报收集形成了对比。

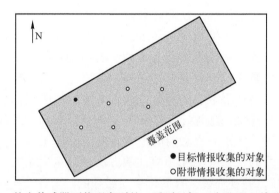

图 9.3 某个传感器可能观察到的一系列目标(在地理上彼此接近)

12月12日情报收集计划

目标标识	名称	地址	优先级
140X02935-1	詹姆士兵营	34-20-55N071-22-41E	1
123271238-4	詹姆士补给仓库	33-12-48N070-10-31E	1
140A10002-0	詹姆士军火库	33-51-55N070-57-14E	3
102P25267-4	温德尔训练营	34-40-41N072-42-50E	2

图 9.4 对四个目标的情报收集计划(这些计划是预先制定的,但可能会发生变化)

使用粗放式任务规划模型的情报收集的操作方式非常不同。虽然地理界限在情报收集过程中仍然扮演着重要的角色,但是情报收集的具体目标和用于评估的衡量标准发生了巨大的变化。粗放式任务规划不是通过目标清单来衡量任务完成情况，它的目标是在侦察窗口中尽可能获取最大的数据量（以及随之而来的可能关联的数据量）。这之所以成为可能，是因为时空关联的分析过程为分析人员提供了信息，并最终提供了内在含义，而数据不确定性原则并不强迫分析人员从某一个数据源就得出结论，而是依赖于数据源之间的关联关系来获得有价值的情报。因此，ABI 的情报收集最好是通过数据体量、相关元数据特征的标识和整理、时空关联来进行衡量。

这直接产生了基于粗放式任务规划的情报侦察。随着情报收集数据体量的最大化，通过时空关联和基于元数据的关联使得发现情报成为可能。随着特定数据点数量的增加，在数据中发现隐藏的新情报的可能性也在增加。与情报收集平台模型不同，关键的情报问题此刻在处理过程中仍然是未知的，这意味着增加情报收集可以促进我们思考：提出正确的问题与使用情报收集资源回答已知问题同样重要（也许更重要）。

9.7　附带情报收集和隐私

这种方法可能会引起对隐私的严重关注。"收集所有信息，以后再整理"是一种方法，当它应用于信号情报时，引起了人们对可能针对美国公民收集信息的严重担忧。这是每一种新的情报方法，尤其是那些聚焦于新型大容量传感器的方法，都必须面对的问题。

一直被描述为负面的附带情报收集与第 215 条款元数据收集项目有关[9]。然而，这在一定程度上是情报政策和社会规范未能跟上技术快速发展的步伐而直接造成的。关于隐私的规范也是如此，世界各地的美国公民越来越容易进入这些敏感地区，从而增加了信息被意外收集的可能性。

根据法律规定，美国情报机构不能在国内开展工作，只有少数例外情况是为了协助联邦机构救灾职能[10]。这种对行动的限制，加上收集情报的方法非常狭隘、有针对性，使得针对美国公民的附带情报收集的总体可能性相当低。然而，开源信息，尤其是社交网络信息的扩散，引发了关于情报机构利用这些信息的能力产生新的且有趣的问题。情报机构能收集和挖掘公开的信息吗？

在大多数情况下，这仍然是一个悬而未决的问题。虽然本书不会深入分析研究现有法律和政策，但各机构将被迫面对的一个问题是，谷歌和亚马逊等商业"大数据"公司是否能够进行那种以前只有在涉及政府安全的情况下才可能进行的精确分析。之所以能够做到这一点，是因为现在可以通过位置感知设备和环境感知设备获取大量数据；通过乐活（FitBit）公司的穿戴设备将日常行为数据化；以及来自领英（LinkedIn）、推特（Twitter）和脸书（Facebook）等网站的公开社交媒体信息。第 12 章深入介绍了相关的长期监视技术。

这些数据源为大规模的、持久的、附带情报收集的数据集提供了可能性，这些数据集可以被利用，也可以与其他数据源相结合。在 ABI 方法中，虽然只有一定比例的推文被地理标记，但数量仍然有数百万条。2013 年，南加州大学估计这个数字约为 20%（包括地理标记或元数据泄露的位置信息）；限制地理标记的规模将进一步降低这一数据[11]。

9.8 总　　结

对 ABI 的方法有了全面的了解之后，就需要了解使该方法成为可能的技术发展情况。第 10~17 章探讨了"大数据"等技术概念，这些概念是 ABI 流程的核心，并且必须被分析人员和技术人员所理解。

参考文献

[1] Clark, R., "Perspectives on Intelligence Collection, The Intelligencer, Vol. 20, No. 2, Autumn-Winter 2013.

[2] Waltrop, D., "Recovery of the Last GAMBIT and HEXAGON Film Buckets from Space, August-October 1984," Studies In Intelligence, Vol. 58, No. 2, PP. 19-34.

[3] Ruffner, K., ed., CORONA：Americas First Satellite Program, Washington, DC：Center for the Study of Intelligence, 1995.

[4] "NIMA Commission Report-NIMA in Context," Federation of American Scientists. [Online]. Available：http://fas.org/irp/agency/nima/commission/article05.htm [Accessed：12 - De2014].

[5] Erwin, M., "Intelligence Issues for Congress," Congressional Research Service, Washington, DC., RL33539, 2013.

[6] Quinn, K., "A Better Toolbox," Trajectory Magazine, Winter 2012.

[7] Heffter, C., "A Fresh Look at Collection Requirements," Central Intelligence Agency, 09-18-1995.

[8] "Q&A：Major General John N.T. 'Jack' Shanahan," KMI Media Group, 05-08-2014.

[9] Stout, M., "Incidental Collection," War on the Rocks, 07-11-2014. [Online]. Available：

http://warontherocks.com/2014/07/warchives-incidental-collection/#t_. [Accessed: 12-Dec-2014].

[10] "About NGA, "National Geospatial-intelligence Agency. [Online]. Available: https://wwwl.nga.mil/about/Pages/default.aspx. [Accessed: 12-Dec-2014].

[11] "Twitter and Privacy: Nearly one-in-five Tweets divulge user location through geotagging or metadata," University of Southern California, 09-03-2013. [Online]. Available: https://pressroom.usc.edu/twitter-and-privacy-nearly-one-in-five-tweets-divulge-user-location-through-geotagging-or-metadata/ [Accessed: 12-Dec-2014].

第 10 章
数据、大数据和数据化

数据等价性原则支持以新的方式处理新的数据。ABI 引发了情报分析人员在处理大量、快速、多样的数据方面的一场变革,这是以前从未有过的。本章描述了信息管理的基本原理,介绍了"大数据"变革,描述了大数据与情报融合的新尝试。

10.1 数　　据

数字化以后数据的数量正在呈指数级增长。美国国会图书馆是世界上最大的图书馆,拥有约 1.58 亿各种资料:3600 万册图书和印刷材料、1400 万张照片、350 万份录音、6900 万份手稿和 550 万张地图。它的数字化存储大约是 200TB[1]。到 2014 年 4 月,社交网络服务脸书每天的存档量是其总持有量的 3 倍多[2]。联网移动设备的普及和传感器的日益普及推动了数字数据的爆炸式增长。从海量不同的数据中获取有价值的信息是情报分析员的主要目标。

数据是由基本事实、统计数据、观测数据、测量数据和信息片段组成,而信息片段是类似情报分析员这样的知识工作者的核心商品。数据蕴含了我们想知道的事情。

情报学科过去数据匮乏。我们不知道的事情和无法获得的数据远远超过我们知道的事情和拥有的数据。今天,由于太多的数据不可能全部收集、处理、可视化和理解,这种数据爆炸式增长使工作环境变得非常复杂。历史情报学书籍描述的是基于有限数据集进行推理并给出明智判断的技术,而今天的情报分析人员则有机会获得极其海量的数据。因此,当前情报分析人员应当具备的关键技能是具有对海量数据进行分类、排序和关联的能力。

10.1.1 数据分类：结构化、非结构化和半结构化

数据管理最显著的特征是将数据分为三类：结构化数据、非结构化数据和半结构化数据。结构化数据构成了 20 世纪占主导地位的数据类型。然而，非结构化和半结构化数据在普及程度和数量上急剧增长，为管理和理解数据信息带来了新的挑战。每一类数据在接收、存储、管理和分析方面都需要采用完全不同的方法。支持 ABI 的分析方法需要整合三个类别数据来解析实体和理解模式。

1. 结构化数据

结构化数据是"保存在记录或文件中固定字段的数据"[3]。这包括关系数据库和电子表格中包含的数据。自 20 世纪 50 年代以来，信息管理领域逐渐演变为存储结构化数据。结构化数据最流行的数据库称为关系数据库管理系统（RDBMS），它依赖于 IBM 公司的科德（EF. Codd）在 1969 年开发的关系模型[4]。

关系数据库非常适合存储事务性信息，如财务、物流记录、销售记录、电话历史记录，以及其他易于标准化和规范定义的数据形式。数据库的结构称为数据模型或模式，在关系数据库中，必须预先定义模式以匹配所需的业务流程。例如，"大银行需要具备存储在全球范围内使用信用卡进行金融交易的能力。"从这个描述可知，模式必须包含信用卡号、交易金额和交易国家。我们还需要确定"金额"字段必须包含多个货币的单位，或者使用第二个字段来表示货币的类型。

在关系数据库中，使用"键（两个表之间的公共属性）"将不同的表单链接在一起。如果表 A 是包含多个银行账户的交易列表，而表 B 是包含每个账号的账户所有者列表，则账号是连接两个表的共有键，如图 10.1 所示。账户号为 257417014 的用户 Al Dee 在登录时运行一个简单的算法来计算该账户余额。方法是将表 A 中该账户的所有交易金额加起来，然后从以前的每月余额中减去这些交易金额。这是在关系数据库管理系统中应用的典型分析方式。

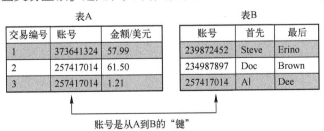

图 10.1 一个键连接关系数据库中的两个数据库表的例子

交易数据也可以看作是定义明确的字段中的简短记录，非常适合关系模型。当数字多媒体在 20 世纪 90 年代迅速发展时，一种用于存储数字数据（也称为数据包）的关系模型出现了。这种模型可以存储在数据库字段中，也可以作为文件目录的链接，这种类型的数据库表称为目录。例如，图像目录包含诸如文件名、拍摄时间/日期、相机类型、纬度/经度、图像大小、像素深度、用于描述性文本或标记的自定义文本字段以及数字包链接等字段。美国国防部按照国家图像传输格式，使用具有类似字段的关系数据库模型存储全国的图像数据，构建了一个高度结构化的数据库包[5]。使用这样的关系数据库和与设施数据库连接的表，分析人员可以查询一段时间内包含目标设施的所有图像。

对关系数据库的查询使用一种特殊用途的编程语言，称为结构化查询语言（SQL）。SQL 使用布尔运算和条件表达式（where，then，else，if）从关系数据库管理系统中检索数据，还可用于数据的插入、修改操作。尽管 SQL 语言用于关系数据库查询上表现较好，但由于关系原则和查询语言执行时存在细微差别，导致不同供应商的关系数据库管理系统之间的 SQL 查询语句缺乏可移植性。

随着数据表规模（行数）的增长，许多计算必须搜索整个表才能完成，这样导致数据库性能受到限制。通过关系键来组合多个表的链接操作变得更加复杂，数据的复杂度也呈指数级上升。当数据的属性和处理流程不能预先定义时，对数据库结构和模式的修改代价高昂且容易出错。非结构化数据这一新的数据模型出现了，用于应对不断增长的数据种类带来的挑战。

2. 非结构化数据

随着 1996 年万维网的引入，以及电子商务和移动互联设备的迅速发展，信息管理变得日益复杂。这是第一次大规模出现非结构化数据，并且这些数据不适合现行关系数据库管理系统的信息存储模型。非结构化数据（如自定义的文本文档、微软的 Word 文档、网站、博客、专利、手稿和推特等相关信息数据）不遵循预先格式化的模式。

NoSQL 顾名思义就是不限于 SQL，是指一个用于构建不完全符合关系数据库中表格模式数据的数据库概念。NoSQL 数据库有键-值和图两类，列族或文档存储是键值数据库的子类型。NoSQL 数据库的类型如表 10.1 所列。

NoSQL 数据库被称为"无模式"数据库，但是更准确地说，是在实例化数据库之前不需要预先定义它们的模式。这意味着用户可以添加新的键或列，而无需重新创建整个数据库，并从一个表迁移到另一个表。同时，这个属性对于难以定义问题属性和所需业务流程的演进问题（情报问题）也很有用。

表 10.1 四种类型的 NoSQL 数据库

类型	描述	例子
键-值	实现最简单的 NoSQL 数据库类型；一个（键，值）配对的关联数组，其中每个键唯一地映射到表中的某一个值	Dynamo, FoundationDB, MemcacheDB, Redis, Raik
列族	键-值数据库的子集，但该键可以指向由时间戳区分的多个值。跨列空间实例化多个记录，可以提升性能和磁盘访问	Accumulo, Cassandra, HBase
文档	键-值数据库的子集，但该值包含一个文本文档的数据包。文档不是作为二进制对象存储的，而是作为除主键外可以查询和处理的一系列文字	Couchbase, MarkLogic, MongoDB, LotusNotes
图	使用由节点、属性和边组成的图来存储数据。高度灵活地表示由许多关系控制的复杂数据。（使用关系数据库管理系统对这种类型的数据进行大规模建模非常困难）	Allegro, Neo4J, Virtuoso, Brightstar DB, DEX, Horton Oracle Spatial and Graph

NoSQL 数据库的优点之一是其横向能力，也称为分片。根据字段的值将数据库划分为更小的元素，并将其分布到多个节点进行存储和处理。这样提高了计算和查询的性能，这些计算和查询可以使用"分散-集中"的模型来处理复杂问题，其中单个处理任务被外包到分布式数据存储节点，而计算结果则被重新聚合并发送到中心节点。

3. 半结构化数据

半结构化数据在技术上是非结构化数据的子集，指不严格遵循表格或数据库记录格式的标记或标记数据。例如，XML 和 HTML 等标记语言可以自动处理查询和分析文件中的数据，但是没有一种简单的查询语言是通用的。半结构化数据不需要数据模型，因此建立信息存档"更容易"或"更快"；然而，随着这些数据集的增加和用于不同的目的，在规模上维护它们变得越来越昂贵和困难。这是因为不同的人使用不同的标签表示相同的事物，或者相同的标签表示不同的事物。半结构化数据库不需要正式治理，但是在面对大型数据库查询时如果没有管理模型将很难查找到数据，同时维护数据集之间的互操作性也变得困难。

10.1.2 元数据

元数据通常被定义为"描述数据的数据"。元数据的目的是组织、描述和识别数据。数据库的模式是一种元数据。用于非结构化或半结构化数据集的标记类别也是一种元数据类型。

图书卡目录中的元数据包含作者、标题、主题、索书号和类别。数字照片可能包含关于图像日期/时间、位置（如果使用支持 GPS 的相机）、图像大小、相机型号、设置和许多其他字段的元数据。（图像本身不是元数据，而是数据包。）

元数据可能包括从数据的实际内容中提取或处理的信息。第 12 章详细介绍了视频中运动目标的自动检测技术。视频的每个时间段中运动目标的数量可被标记为与原始数据相关联的元数据流。在本例中，分析人员可以查询视频中"运动目标数量最多的帧"或"运动目标数量大于 50 的帧（和时间戳）"。识别视频活动（如挖掘、跳舞、跑步或战斗）的高级算法也可以将活动标记为元数据。剪辑标记、分析人员对视频内容的分析、注释、解释等，都被认为是附加到原始视频流上的元数据。

数据集之间仅有的公共元数据往往是时间和地点。我们认为这两部分是 ABI 的核心元数据值。第三个主要的元数据字段是唯一的标识符，它可能是单个数据块的 ID，也可能是具有唯一标识符的特定对象或实体。由于 ABI 的主要目的之一是消解实体模糊，后续的分析判断必须追溯到使用过的数据，因此使用唯一标识符（甚至跨多个数据库）标识数据是开展分析的关键。

10.1.3 分类法、本体论和大众分类法

分类法是对信息的系统分类，通常对感兴趣实体的按层次结构划分。一个公认的分类法是由卡洛勒斯·林奈（Carolus Linnaeus）提出的生物分类方法，他根据相同或相似的物理特征对物种进行分类。国际机构对七级分类法（界、门、纲、目、科、属、种）进行了标准化处理，以方便在发现和分类新物种时共享信息。

因为许多军事组织和单一民族国家政府都是分级的，所以很容易进行分类建模。此外，由于军事力量的类型和分类（如飞机、装甲步兵和战列舰）在不同的国家中普遍存在，两个不同国家的相对实力很容易进行比较。大型企业也可以使用这种类型的信息模型来描述。分类法由类别组成，只存在一种关系类型："是谁的子类或属于什么……"。

本体论"提供了一个共享的词汇表用来建模一个领域，即存在的对象和概念的类型及其属性和关系"（额外强调）[6]。本体是正式和显式的，但与分类法不同，它们不需要分级。此外，对象和概念之间的关系数量允许

大于 1。这种类型的知识模型更容易应用于网络或非传统组织（如犯罪组织和社会网络），这些组织具有许多复杂的、相互关联的关系和快速演化的属性。大多数现代问题已经从分类发展到本体分类，包括对象和关系的共享词汇。本体与第 15 章描述的基于图的 NoSQL 数据库方法非常匹配。值得关注的是，本体是一种形式化的表达，需要针对问题和数据元素来描述已有的知识体。

随着非结构化数据、用户生成的内容和对信息资源的大众化访问的激增，大众分类法逐渐演化为一种通过协作创建和标签制作，从而实现对信息进行分类的方法[7]。与形式化的分类法和本体不同，大众分类法是随着用户生成的标记被添加到发布的内容而发展起来的，标记之间没有层次关系（父子关系）。当情报分析人员在描述问题的属性、观察值、探测值或对象，而数据并不适用于现有模型时，这种方法对于解决非常急迫或认识有限的问题非常有用。随着时间的推移，当标准实践和通用术语经过发展，大众分类法可能会发展为主流。表 10.2 总结了这三种组织模型的主要特点。

表 10.2 分类法、本体和大众分类法的概要

术语	主要特点	结构化程度	灵活性	是否具有复杂的关系
分类法	层次结构	高	低	无
本体论	正式的、共享的词汇	中	中	有
大众分类法	标签组；协作创建	非常低	高	无

10.2 大数据

大数据是一个总括性的术语，是指应用传统的信息管理技术无法存储、处理或使用的庞大而复杂的数据集。约翰·埃伯哈特（John Eberhardt）将其定义为"任何不能作为单个实例管理的数据集合"[8]。加州大学伯克利分校的计算机科学家乔·赫勒斯坦（Joe Hellerstein）称之为"数据的工业革命"[9]。数据革命正在影响政府、商业企业和个人。一些例子包括：

（1）天文学：斯隆数字巡天计划（Sloan Digital Sky Survey）每晚收集 200GB 以上的数据，在开始的几周内收集的信息比天文学历史上收集的所有数据都要多[9]。

（2）物理学：大型强子对撞机在一个 $1450m^2$、11000 个服务器的数据中心中每秒收集超过 6 亿次碰撞的信息，这个数据中心与世界各地的 8000 多名

物理学家实时共享数据。该网络每天运行超过 200 万个处理作业[10]。

（3）电子商务：2013 年"网络星期一"，亚马逊网站处理了超过 3680 万笔交易，平均每秒 426 笔交易[11]。

（4）社交媒体：Tumblr 博客作者每分钟发布 2.7 万篇帖子，脸书拥有 500 多亿张照片。推特用户每天发推的次数超过 3.4 亿次[12]。

数以百计令人瞠目结舌的统计数据和信息图表在互联网上大量涌现。但是，这场信息革命的根本变化是，大型企业存储、处理和使用信息的方式发生了转变，从而获得了可行的情报方法并提供了战略优势。

10.2.1 容量、速度和多样性……

2001 年，高德纳公司（Gartner）的分析人员道格·兰尼（Doug Laney）介绍了现在无处不在的"大数据"的三维特征，即容量、速度和多样性[13]。

（1）容量（Volume）：在绝对数量和大小不断增加的情况下，数据记录必须能够被索引、管理、存档以及跨信息系统地传输。

（2）速度（Velocity）：新数据以惊人的速度产生出来，要求处理和利用数据的算法必须提速，以便实时从数据中提取价值。在大数据模式下，大数据文件的"批处理"是不够的。

（3）多样性（Variety）：虽然传统数据具有高度结构化和组织特性，并且很少在组织之外传播。但是今天的数据集大多具有非结构化、无模式和演化特性。所有分析任务考虑的数据集的数量和类型都正在迅速增长。

自从兰尼最初描述"三个 V"以来，已经有人提出了一些额外的"V"来描述大数据问题。其中一些说明如下：

（1）准确性（Veracity）：有关数据的真实性和有效性。这包括置信度、证据链，以及验证跨多个数据集应用的处理算法结果的能力。如果数据是错的，它就没有意义。不正确的数据导致不正确的结论，后果严重。

（2）脆弱性（Vulnerability）：需要保护数据不被窃取和破坏。如果不能保证数据的完整性和安全性，那么数据分析就没有意义。

（3）可视化（Visualization）：包括那些直观理解"大数据"的技术（参见第 13 章）。

（4）可变性（Variability）：在逻辑意义上跨越多个数据集的变化。不同的来源可能使用相同的术语表示不同的事物，或者不同的术语可能具有相同的语义。

（5）价值（Value）：数据分析的最终结果。有能力提取有意义和可行的结论，并有足够的信心来推动战略行动。最终，价值驱动形成数据结果，并有效支持决策。

虽然提出了许多其他"V",但上述定义突出了情报应用中"大数据"最重要的属性。由于要求情报专业人员做出判断,而且这些判断依赖于基础数据。因此,在对数据进行采集、关联、采信、理解、解释时,以及处理和产生数据及元数据的各个环节中出现任何失误,都会降低整个情报过程的价值。在传统缺乏数据的情报模型中,由于已知源在已知问题上的稀疏性和一致性,对每个数据块的验证都很简单。关于对 ABI 的批评和对"大数据"分析的警告,认为其"过于依赖机器"或"没有理解地处理数据",这些认识可能是对上述"V"的无知造成的。

10.2.2 大数据架构

"大数据"的定义认为,在这种新的模式下,需要一种完全不同的数据存储、管理和处理方法,但对于能够实现的"大数据",技术进步和系统架构的区别是什么?

在 2004 年,谷歌开发并实现了一个称为大表(Big Table)的大型列-族键值存储。在该项目的第一次公开讨论中,谷歌的杰夫·迪恩(Jeff Dean)描述了一个表,其中行是网络地址(URL),列存储文件数据或其他内容[14]。通过这种方式能够高效搜索定位一个网络地址,其中的文件内容(页面内容的 HTML 描述符)用于关键字搜索。该表是一个稀疏、多维排序的映射,很容易分布在多个处理节点上。基于此,谷歌可以在可承受的范围内跨数千台商用计算机,将数据库扩展到 PB 级数据库,无需重新配置就可轻松添加更多硬件。考虑到硬件故障难以避免,借助这种可扩展特性使得谷歌实现了跨多个节点的高效复制数据,从而减少了因硬件故障而导致数据丢失的可能性。解决这个问题的传统方法通常需要更昂贵的"一级"低故障率的冗余设备。

大多数"大数据"存储架构使用基于谷歌大表的键值存储。Accumulo 表是大表的一个变体,由美国国家安全局于 2008 年开始开发。Accumulo 表增强了大表数据模型来添加单元级安全性,这意味着从数据库中的任何单元中搜索数据的用户或算法必须满足主键的"列可见性"属性。令人惊讶的是,国家安全局向 Apache 基金会发布了 20 万行代码,其中大部分是 Java 代码,还有数百页文档,使这个项目成为了代码开源项目。

谷歌通过实现一个现在称为 Map Reduce 的分布式处理框架进行了进一步的创新,Map Reduce 是处理类似于大表的存储模式。Map()过程将一个处理请求分发给多个节点。由于大表是一个稀疏的列族矩阵,它很容易被划分成子问题。Map( )函数可以对包含关键字的数据元素的数量进行求和,或者根据用户定义的条件查找文件。Reduce( )操作符将多个 Map( )指令的输出收集到单个聚合结果中。这些操作如图 10.2 所示。

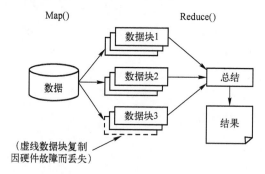

图 10.2　MapReduce 模型

　　Apache Hadoop 就是 Map Reduce 模型中最为广泛使用的开源实例之一。Hadoop 依赖于一个分布式、可扩展的 Java 文件系统,即 Hadoop 分布式文件系统(HDFS)。它支持跨多个节点存储大文件(GB 到 TB),并进行复制,以防止数据丢失。通常情况下数据被复制三次,两个副本存储在本地节点上,另一个副本存储在不同的节点处。据 Hadoop 供应商称,《财富》(*Fortune*)杂志评选的 50 强企业中有一半以上使用了这种技术[16]。重量级的数据管理公司 IBM、微软和 Oracle 在其架构和产品中采用了 Hadoop。

　　考虑到大容量实时设备产生的海量数据信息必须快速集成和处理,从而获得数据价值,IBM 开始系统的研究计划——"一个编程模型和一个运行平台,适用于用户开发的应用程序,对大量潜在的数据流进行接收、过滤、分析和关联处理"[18]。一种名为 infosphere@ streams 的商业化产品,每秒管理数百万个事件或消息,响应时间不到 1ms,IBM 将这种处理"动态数据"的模型称为"流计算"。"infosphere@ streams"可以实现对实时数据的分析。其中一种分析方法是通过计算与推特内容相关的观点对该推特打上标签加以识别,同时将结果进行聚合并实时显示。商业公司利用这种能力来获取客户对其品牌的实时看法。他们使用流数据来获取关于新广告、股票走势、公开声明、促销或短视频和评论的实时反馈[19]。

　　图 10.3 展示了一个支持大数据分析的通用架构。体系结构分为多个服务层,包括基础设施服务、数据服务、平台服务和软件服务。阴影框表示在"大数据"模型下新的或显著变化的架构元素。大数据架构越来越多地被用来支持 ABI 数据管理和分析。

第 10 章　数据、大数据和数据化

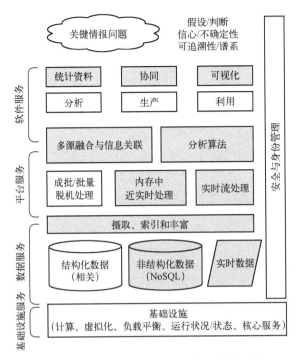

图 10.3　"大数据"的通用架构和关键组件

10.2.3　情报界大数据

考虑到 17 个情报机构的信息技术支出占国家情报项目资金的近 20%，情报界开始了一项雄心勃勃的整合计划，称为情报信息技术系统（IC-ITE），谐音为视野（eye-sight）[20]。IC-ITE 包括一个单独的情报域桌面程序、一个用于社区应用的"应用商城"，以及一个实现云计算技术的公共平台和基础设施。

IC-ITE 包含两种大型云计算技术的部署，如图 10.4 所示。第一种是基于谷歌云模式的 IC GovCloud，由美国国家安全局建设。第二种由中央情报局建设，与亚马逊公司签署了 6 亿美元的云计算服务合同[22]，基于亚马逊网络服务（AWS），提供了根据计算资源使用情况进行付费的商业云服务（C2S）方式，从而满足不同的情报机构业务需求[20]。

IC GovCloud 主要提供基于文档信息的高性能分析和大规模计算，其架构擅长于关键字搜索及大规模查询。基于谷歌的技术栈需要专门的编程技术来利用并行化特性，而商业云服务则不适合大规模、高性能的计算。围绕低强度、资源高效利用进行优化，商业云服务非常适合网络服务部署和一些常用

图 10.4　情报信息技术系统（IC-ITE）的主要组成部分[21]

的分析过程，而 IC GovCloud 更适合跨大型数据库的重复"大数据"分析。为了增强信息共享和降低信息技术成本，人们逐渐将信息技术功能部署到公有基础设施上。

10.3　情报数据化

2013 年，肯尼思·尼尔·库克耶（Kenneth Neil Cukier）和维克托·迈尔·舍恩伯格（Victor Mayer Schoenberger）引入了"数据化"一词，来描述一切事物向数据的迅速转变。"一旦我们对事物进行数据化，我们就可以转变它们的用途，并将信息转化为新的价值形式[23]。"情报界正在进行的一场革命，就是将所有信息数据转化为更容易发现、共享和关联的形式，能够跨越多情报领域的范围。

"9·11"委员会的建议在一定程度上推动了数据化的发展。该建议指出，分散的网络模型允许机构进行跨部门搜索，以便最大数量的用户可以访问所有信息[24]。报告还建议情报部门制定一项正式的信息共享政策。情报委员会第 501 号指令指出，在情报系统内发现、传播或检索信息时，"在一个综合的情报系统内形成可靠共享、协作的持久文化"[25]是非常必要的。

关于大数据分析的变革以及它对普通公民日常生活的意义，人们已经做了很多研究。在过去 10 年里，直接将商业"大数据"分析技术应用于情报界，效果不甚理想。原因有很多，但首先也是最重要的一个原因是，大多数商业"大数据"都具有精巧的结构，具有近乎完整的数据集。例如，一家大型百货商店的信用卡交易记录只包括该百货商店的信用卡交易，而不包括跨城镇杂货店的水果和蔬菜的通用产品代码。相比之下，情报数据要么是典型的叙事形式的非结构化文本，要么是差异很大的各种结构混合体。

此外,情报收集的本质是通过一系列采集规则来获取对手的计划和意图——所有这些都只能确保生成的数据集是"稀疏的",只代表对手全局中的小部分或样本。这相比于应用在商业大数据中基于算法的方法更加困难,因为既不可能知道全局数据集的边界,也不可能从有限和无界的数据集推断出更多的趋势和模式。

尽管如此,这并不意味着情报专业人员不能从商业领域的大数据经验中学习和受益。事实上,工业界在数据检测和系统架构方面有很多可以借鉴的东西。在情报分析人员面临更复杂、更稀疏类型的数据时,需要设计专有的系统来处理,商业系统中这些为实现"大数据"分析的考虑仍然是至关重要的。

10.3.1 收集所有信息

由于商业系统中数据集一致性较好,对密集数据集的模式预测算法成功率较高。"大数据"和 ABI 之间关键的共同方法是,从对信息的定期采样转向通过溯因和演绎的方式来识别大量信息间的相互关系。库克耶和舍恩伯格这样写道:

"当收集数据的成本很高,处理起来既困难又耗时时,数据样本就是救星。现代抽样的基本思想是,在一定的误差范围内,只要抽样是随机选取,就可以从局部推断出总体的情况。因此,在选举之夜投票后,民调会随机选择几百人进行调查,以预测整个州的投票情况。对于简单的问题,这个过程很有效。但是当我们想要深入到样本中的子群体时,该方法就很难奏效了。如果民调人员想知道 30 岁以下的单身女性最可能投票给哪位候选人,该怎么办?30 岁以下受过大学教育的单身亚裔美国女性呢?突然之间,随机样本变得毫无用处。因为样本中可能只有几个人具有这些特征,以至于无法对整个子群体的投票情况做出有意义的评估。如果我们收集所有的数据,用统计学术语来说就是"n = 全部",这个问题就消失了[23]。"

库克耶和舍恩伯格在他们对"n = 全部"优势的评估中,有效地论证了向基于数据相关性的演绎式工作流的转变,而不是基于稀疏数据的因果关系。通过"n = 全部"和地理信息利用,发现基于全部数据的共性知识。通过收集所有数据,从而挖掘出数据集中一小部分的相关性。广泛地收集符合条件的数据,使得分析人员能够探询出数据中涉及的情报问题。

美国国家安全局前局长基思·亚历山大(Keith Alexander)的"收集一切"理念的核心是"n = 全部"的方法。相比大海捞针的方式,他的方法是

"通过收集、标记、储存等各种手段,把各种数据汇集起来。这样一来,你需要寻找的都在其中了"[26]。在过去,当采集受到限制时,采集者必须决定收集什么、以及如何使用它。收集所有、搜索所有(可用和允许的数据)的一个重要优点是,不需要预先决定如何使用数据,这是第 9 章中描述的附带收集的前提。

这也是序列不确定性作为数据收集方法功能的有力论据。通过明确规定目标是收集尽可能多的信息,而不预先定义一个目标,情报信息收集的方式也发生了变化。通过这种改变,商业领域已经开始产生效益,这彻底改变了美国政府对情报信息的看法以及收集这些信息的方式。在 21 世纪初的"大数据"里,商业企业和情报机构都接受了 ABI 的四大原则,尽管最初他们并没有意识到正在这么做。第 10.3.2 节和第 10.3.3 节提供了关于无线电情报数据化的高级解密概述。

10.3.2 基于对象的情报生产(OBP)

2013 年,国防情报局分析主任凯瑟琳·约翰斯顿(Catherine Johnston)引入了基于对象的情报生产(OBP),这是一种在数据通信模式下组织信息的新方法。由于认识到需要在资源减少的情况下适应不断增长的复杂性,OBP 通过"围绕感兴趣的对象组织情报"来实现数据标记、知识提炼和总结报告[27]。OBP 解决了几个存在的短板问题。研究发现,已知的信息组织得很差,部分原因是信息被所有者进行组织和划分,因此报告只能局限在指定情报源的生产渠道内。更复杂的是,以目标为基础的情报围绕着已知的设施展开。分析人员将他们的大部分时间花在对已知数据的收集上,如图 1.4 所示,这些数据被称为监视数据。图 10.5 的左侧显示了这个以情报所有者为中心的"围炉"模型。

基于对象和活动的模式更加动态。它包括移动物体、车辆和人员,对于这些已知信息必须实时更新。这使得及时报告这些对象的状态和位置变得复杂,并且当多个信息所有者报告的信息相互冲突时,会产生令人困惑的情景。通过围绕对象而不是特定情报渠道来组织信息,分析人员减少了搜索数据的时间,简化了发现情报的过程,更容易地发现情报差距,如图 10.5 所示。

OBP 的目标是通过将信息与一组共享的现实世界对象关联起来,提供有关这些对象的行为以及它们之间如何交互的统一的社会视角,从而提供感兴趣对象的当前状态。获取这些信息的一种方式是通过"棒球球员卡"。"棒球球员卡"显示对象的持久属性(如长度、速度和导弹数量)和对象的活动属

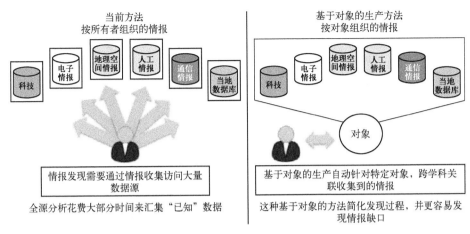

图 10.5　OBP 方法的实现（来源：国防情报局[27]）

性，即当前位置和活动类型。图 10.6 显示了海盗船"安妮女王的复仇"的棒球球员卡示例。

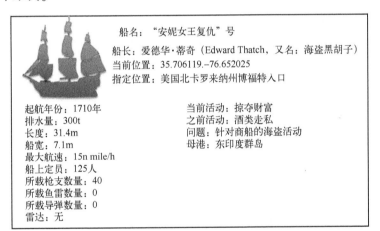

图 10.6　海盗船"安妮女王的复仇"的棒球球员卡示例（信息来源：维基百科[28]）

根据约翰斯顿（Johnston）的说法，"QUELLFIRE"是情报界将 OBP 作为企业服务开展的一个项目。在这个项目中，"所有的生产者都发布一个统一的对象模型"（UOM）[27]。经过"QUELLFIRE"整合后，OBP 对象被合并为综合通用情报图像（CIP）或通用操作图像（COP），以提供态势感知[29]。这种聚焦方式意味着信息的脉络是时间主导的，并且必须不断更新。在此基础上必须开展更多有关标准和情报技术的工作，从而为全球情报对象及其行为建立一个持久、长期的数据库。

国家地理空间情报局（NGA）采用了 OBP 组织模型（图 10.7）来集成多类数据。对象、关系和行为与多个数据源集成于丰富的地理背景信息基础上。高瑟尔通过添加"从简单而统一的数据块发现并表征"的模型来增强 OBP，并建议围绕这些模型设计数据收集策略[30]。

图 10.7 将 OBP 作为观测和支撑数据的组织原则
（来源：国家地理空间情报局。允许向公众发布的第 14-233 号案例[30]）

10.3.3 OBP 与 ABI 的关系

OBP 和 ABI 之间的区别一直存在普遍的混淆，这是因为这两种方法都关注相似的数据类型，并且被认为是事务处理的演进。OBP 主要由国家的全源军事情报组织国防情报局（DIA）支持，专注于作战命令分析、军事装备的技术情报、军事力量的状态、作战计划和意图（本质上是组织已知实体）。在国家地理空间情报局的领导下，ABI 开始专注于在一个感兴趣的地理区域整合多个地理空间信息的来源，并通过对地理信息的研究来发现和解决以前未知目标的活动模式。这个情报技术为 OBP 生成新的对象进行组织、监视、警告和报告，如图 10.8 所示。反过来，OBP 确定了知识缺口，即那些成为 ABI 演绎焦点和探索发现的未知事物。IC-ITE 云计划帮助融合了这两种技术，该计划通过通用的元数据标准来合并数据并提高信息的可发现性。这还包括可以使用这两种方法填充和分析的共享对象存储库。这是知识管理的领域，将在第 15 章中描述。

第 10 章 数据、大数据和数据化

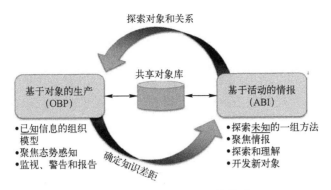

图 10.8　ABI 和 OBP 之间的关系

10.4　数据与大数据的未来

麻省理工学院自动识别中心创始人凯文·阿什顿（Kevin Ashton）在 1999 年创造了"物联网"一词，以强调信息领域的范式转变，即大部分数字信息是由机器而非人类创造的。阿什顿说："互联网上大约 50PB 的数据几乎都是由人类通过打字、按下记录键、拍数码照片或扫描条形码等方式捕捉并创建的[31]。"研究小组高德纳（Gartner）认为，到 2020 年，将有超过 2600 万台机器将实时数据传输到互联网上[32]。阿什顿说道：

如果我们有一台无所不知的计算机，可以在没有我们的帮助下处理采集的数据，那么我们就可以跟踪和计算所有的事情，从而大大减少浪费、损失并节约成本。我们将知道什么时候需要更换、修理或召回机器，清楚它们的状态是正常的还是已经过了最佳时期。物联网有改变世界的潜力，就像互联网一样，甚至超过互联网[31]。

美国中央情报局前局长戴维·彼得雷乌斯（David Petraeus）2012 年在该机构的 In-Q-Tel 风险投资公司发表演讲时，强调了物联网面临的挑战和机遇："正如你所知，19 世纪的机器学会了做，20 世纪的机器学会了初级水平的思考，而在 21 世纪，它们正在学习感知——实际上是感知和响应。他进一步强调了 In-Q-Tel 风险投资公司开发的一些使能技术，列举如下：

（1）条目识别或用于打标签的设备。
（2）传感器和无线传感器网络——感知和响应设备。
（3）嵌入式系统——用于思考和评估的系统。
（4）纳米技术让设备足够小，几乎可以在任何地方工作。

In-Q-Tel 公司的投资对象将包括（或已经包括）Digital Reasoning、

Endeca、FireEye、geoIQ、MetaCarta、Narrative Science、Nervve Technologies、Palantir、Recorded Future、Spotfire、Stratify 和 SRD。许多早期的合作伙伴公司已经被谷歌、IBM、微软、甲骨文和雷声等大公司收购[34]。

支持 OBP 和 ABI 的潜力是巨大的，因为物理对象和实体可以实时地向互联网报告它们的位置和状态信息。分析人员们将面临的挑战是，如何甄别真伪，并找出那些行为异常的实体。由于信息访问逐渐成为一种基本需求，使得越来越多的实体难以脱离社交网络。

2013 年，美国中央情报局首席技术官（CTO）亨特（Hunt）在纽约举行的 GigaOM 架构大会上发表讲话，他说："我们几乎可以计算所有人类产生的信息。"这给情报分析带来了新的挑战，也带来了新的机遇。

10.5 总　　结

本章介绍了数据和大数据的基本组成，这是 ABI 分析的基础。第 1~17 章描述了新的采集、分析、知识管理和信息共享技术和概念。这些技术和概念将为分析人员提供新的数据分析方式，实现数据价值提升、发现未知信息，从而发挥战略优势。

参考文献

[1] "Fascinating Facts" Library of Congress. Available：http://www.loc.gov/about/fascinating-facts/. Accessed：16 Jul 2014.

[2] Cohen, D.，"How Facebook Manages a 300-Petabyte Data Warehouse, 600 Terabytes Per Day, April11, 2014, http://www.adweek.com/socialtimes/orcfile/434041.

[3] "Definition：Structured Data."PC Magazine Encyclopedia, http://www.pcmag.com/encyclopedia.

[4] Codd, E. F.，"A Relational Model of Data for Large Shared Data Banks," Commun. ACM, Vol. 13, No. 6, June1970, pp. 377-387.

[5] "Interface Standard, National Imagery Transmission Format Version 2.1（MIL-STD-2500C），Department of Defense. May 1, 2006.

[6] Arvidsson, F., and A Flycht-Eriksson,"Ontologies I,"Powerpoint presentation, availab：http://www.ida.liu.se/-janma/semWeb/slides/ontologieslpdf.

[7] Peters, I., Folksonomies：Indexing and Retrieval in Web 2.0, Berlin, Germany：Walter de Gruyter GmbH and Co.. 2009.

[8] Law, D., andJ. Eberhardt, "Do You Know Big Data?, June9, 2014, web, http://www.vision. com/download/know-big-data.

[9] "Data, Data Everywhere. A Special Report on Managing Information," The Economist, February 2010.

[10] "Computing," CERN, web, http://home. web. cern. ch/about/computing.

[11] Palladino, V., "Amazon Sold 426 Items per Second in Run-up to Christmas," The Verge, December 26, 2013.

[12] Connor, M., "Data on Big Data," juLy18, 2014, web, http://marciaconner. com/blog/data-on-big-data/. Accessed July 26, 2014.

[13] Laney, D., "3D Data Management: Controlling Data Volume, Velocity, and Variety," META Group, Research Note, Application Delivery Strategies, February 2001.

[14] Hitchcock, A., "Google's BigTable," web, http://andrewhitchcock. org/?post=214.

[15] Hoover, J. N., "NSA Submits Open Source, Secure Database to Apache. " Information Week, September 6, 2011.

[16] "Altior's AltraSTAR- Hadoop Storage Accelerator and Optimizer Now Certified on CDH4, December 19, 2012.

[17] Noyes, K, "Hadoop: How a little open source project took over big data," Fortune, June 30, 2014.

[18] "Stream Computing Platforms, Applications, and Analytics-System S: Application Areas, System Componentsand Programming Model, IBM, http:/researcher. watson. ibm. com/researcher/view_group. php? id=2531.

[19] Brownlee, J, "IBM's Next Big Thing: Psychic Twitter Bots," Co. Design, March 3, 2014.

[20] Slabodkin, G., "How Cloud Is Changing the Spy Game," Defense Systems, August 22, 2014.

[21] Anderson, S., "Navy's Journey to the JIE and IC ITE, A Process Not a Destination. CHIPS, The Department of the Navy's Information Technology Magazine, September 15, 2014, web.

[22] Babcock, C., "Amazon Wins Best Cloud in CIA Bake-Off," Information Week, June 25, 2013.

[23] Cukier, K. N., and V. Mayer-Schoenberger, "The Rise of Big Data," Foreign Afairs, May/June 2013.

[24] The 9/11 Commission Report: Final Report of the National Commission on Terrorist Attacks upon the United States, Washington, D. C. U. S. Government Printing Office, 2004.

[25] Director of National Intelligence, Intelligence Community Directive (ICD) 501, Discovery and Dissemination or Retrieval of Information Within the Intelligence Community." 21 Jan 2009. Web: http://www. ncix. gov/publications/policy/docs/ICD_501-Discovery-_and_Dissemination_or_Retrieval_of_ Information_within_the_IC. Pdf.

[26] Nakashima, E., and J. Warrick, "For NSA Chief, Terrorist Threat Drives Passion to 'Col-

[27] Johnston, C., "(U) Modernizing Defense Intelligence: Object Based Production and Activity Based Intelligence," Defense Intelligence Agency (DIA) Innovation Day 2013, 27 Jun2013. Web: https://www.ncsi.com/diaid/2013/presentations/johnston.pdf.

[28] "Queen Anne's Revenge," Wikipedia.

[29] "Quellfire (QF) kNowledge Manager (KM) at SAIC," Web, http://www.simplyhired.com/job/qzdje7h4qs. [Accessed: 17 Jul 2014.]

[30] Gauthier, D., "Activity-Based Intelligence: Finding Things That Don't Want to be Found, presented at the 2013 * GEOINT Symposium, Tampa, FL, April 16, 2014. Approved for Public Release NGA Case#14-233. Web. http:/geointv.com/archive/geoint-2013-gov-pavillion-nga-abi/.

[31] Ashton, K., "That 'Internet of Things Thing," RFID Journal June 2009.

[32] "Gartner Says the Internet of Things Installed Base Will Grow to 26 Billion Units By 2020," Gartner, December 12, 2013, web.

[33] "Remarks by Director David H. Petraeus at In-Q-Tel CEO Summit," Central Intelligence Agency2012, web, https://www.cia.gov/news-information/speeches-testimony/2012-speeches-testimony/in-q-tel-summit-remarks html [Accessed: 27 Jul 2014.]

[34] "In-Q-Tel," web, https://www.iqt.org/historical-snapshot/. [Accessed:26Jul2014.]

[35] Sledge, M., "CIA's Gus Hunt on Big Data: We 'Try to Collect Everything and Hang on to It Forever, ' "The Huffington Post, March 20, 2013.

第 11 章
数据收集

收集就是通过汇集数据来解决问题。本章总结了情报收集的关键领域，并介绍了应用 ABI 方法的新概念和新技术。本章对多个关键概念进行了总体概述，描述了 ABI 中常用的几类重要采集方法，并归纳了 ABI 分析中持久监视的价值。

11.1 收集的介绍

收集的过程包括定义信息需求，以及根据这些需求对数据进行汇集。收集规程是从传统的"情报"特定分类发展而来，但是一些主要的收集规程及其对 ABI 的适用性如图 11.1 所示。远程收集信息的主要术语是 ISR（情报、监视和侦察）。

在美国情报界，情报机构是按照特定的情报系统的"渠道"来划分的。近年来，这种划分导致信息共享和节点互联受阻而饱受争议，但这种分类最初是有意为之。传统情报分类描述如下：

（1）人工情报（HUMINT）：最传统的"间谍活动"，人工情报是"一种从人工收集和提供的信息中获得的情报"。这些信息是通过人际接触、谈话、询问或其他方式收集的。

（2）信号情报（SIGINT）：通过拦截信息收集情报。在现代，这主要指的是电子信息。

① 通信情报（COMINT）：信号情报的一个分支，指的是涉及人与人之间通信的信息收集，国防部将其定义为"通过对方通信获得的技术信息和情报"。通信情报的使用包括语言翻译。

② 电子情报（ELINT）：信号情报的一个分支，与通信没有直接关系。例

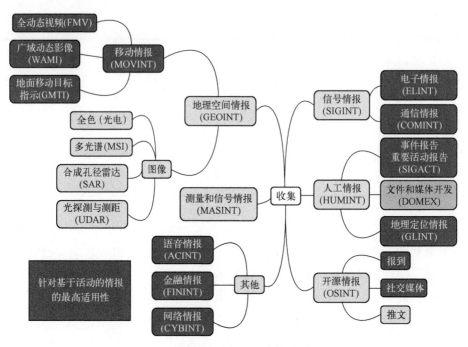

图 11.1 一些与 ABI 相关的收集学科的分类

如,通过探测发射的射频能量来探测预警雷达装置(这不是通信情报,因为雷达不搭载通信通道)。

(3)图像情报(IMINT):从图像中获得的信息,包括航空和卫星摄影。"图像情报"一词普遍已被"地理空间情报"所取代。

(4)地理空间情报(GEOINT):2004 年在"图像、图像情报和地理空间信息"[3]中新增的一个术语,反映了关于地理信息的融合、整合和分层的概念。

(5)测量和信号情报(MASINT):基于特有表象的技术情报收集,针对某个目标或某类目标的特定特征进行采集。

(6)开源情报(OSINT):来源于公开信息的情报,包括但不限于报纸、杂志、演讲、广播电台、博客、视频分享网站、社交网站和政府报告。

每个机构都要对收集到的信息开展特定的专家评估,然后交给中央情报局进行综合分析,即所谓的全源情报。ABI 数据等价性原则认为,所有信息来源都应被视为平等的情报来源。

除此以外,还有许多其他的子分类,包括技术情报(TECHINT)、声学情报(ACINT)、财务情报(FININT)、网络情报(CYBINT)和外国装备情报(FISINT)[4]。

在情报发展的第一阶段和第二阶段，情报收集概念的基础是对固定目标的侦察，为常规军事力量的大规模行动提供指示和预警。以图像情报为例，受到照相侦察能力的限制，无法及时拍摄快照。一天中只能获取几个预设的、周期性的片段，导致图像分析人员不得不在这样低频次观测之间通过推断来理解发生的活动。

如第 1 章所述，传统的情报方法不适用于处理现代冲突中普遍存在的机动、瞬时、可重新部署和隐蔽目标。在 1991 年的"沙漠风暴"行动中，尽管美军出动了数千架次的空中侦察，但还是无法对伊拉克机动"飞毛腿"导弹实施可靠定位[5]。在伊拉克和阿富汗的反恐和平叛行动中，这一问题进一步复杂化。在这些行动中，通过情报收集的目标信号非常微弱，特征含糊不清且动态变化。获取动态情报（MOVINT）是 ABI 的一种收集模式，因为它允许直接观察事件和收集完整的事务。其他方面的进步，如多传感器平台和从侦察到监视的转变，收集"大数据"，这是在大范围内进行 ABI 分析所必需的。本章讨论了获取动态情报集合的三个子类：全动态视频（FMV）、广域运动图像（WAM）——两种类型的运动图像——以及来自雷达的地面运动目标指示（GMTI）。

11.2 动态情报中的运动图像

首先，最基本的动态情报收集类型是使用运动图像，而不是传统的静止图像。运动图像是一系列连续的图像，当人们看到这些图像时，往往会产生运动的"错觉"。

运动图像被定义为任何自然、人为特征、相关物体或活动的表征，利用连续的图像流以便观察场景中物体的动态（时间）行为。运动图像的时间速率用帧/s 表示。[6]

图 11.2 总结了不同类别的运动图像。

运动图像还包括与数据流、传感器或采集平台相关的元数据。运动图像的最小帧频是 1Hz（每秒一帧）。"视频"一词用来描述 6～120Hz 的帧频。人类可以以 16 帧/s 的速度轻松地处理"运动错觉"，而商业视频的录制频率一般为 24～30Hz。美国国防部使用的全动态视频指的是通常以 24～30Hz 或更高频率拍摄的视频。

人们利用多种物理现象来捕捉运动图像。光电成像系统是一种工作在可见光谱上的无源传感器，能够感知目标发出或反射的能量，再将感知的光或光的变化转化为电子信号。光电成像系统在商业上的应用包括数码相机和摄

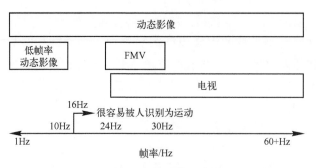

图 11.2 运动图像的分类

像机。由于光电系统需要反射光,所以通常用于日间成像。

  红外摄像机是一种工作在红外光谱中的被动传感器,通过感应目标发出的热辐射(热量)产生电子信号,然后将其处理成视频。对比光电系统需要一个反射光源,红外系统可以探测发射的热辐射,因此可以通过测量热对比度(目标与其周围环境之间的热辐射信号差异)来生成白天或夜间的图像。

  中波红外波段介于 3~5μm,是电磁频谱的一部分。由于黑体物理特性,地面目标具有较高的热对比度。然而在这个波段中,引入的传感器热噪声可能比收集到的信号更大,因此需要对探测器进行低温冷却,也由此增加了设备的重量、成本和复杂性。长波红外(LWIR)相机的工作频段为 8~12μm,虽然可以探测到热目标,但是由于这个波段的红外能量被大气吸收、散射和折射,导致远距离收集变得困难。

11.2.1 全动态视频(FMV)

  全动态视频是指以 24Hz 或更高频率拍摄的运动图像。广为人知的全动态视频收集器是美国空军 MQ-1 "捕食者" 和 MQ-9 "收割者" 无人机。中空无人机 "捕食者" MQ-1 是根据 1994—1996 年的一份前沿概念技术演示(ACTD)合同下首次开发的。从 2001 年开始,无人机广泛应用于对阿富汗的空中监视。飞机装备有雷声 AN/AAS-52 EO/IR 多光谱瞄准系统(MTS),具有多波长传感器、近红外和彩色电视摄像机、照明装置、目视安全测距仪、图像融合器、光斑跟踪器和其他航空电子设备[7]。由于观测空域的范围有限,数据收集具有高度的针对性。传感器操作员通过旋转摄像机来跟踪目标,因此系统一次只能跟踪一个目标[8]。

  根据兰德公司一份关于运动图像开发的报告,空军运动图像开发团队和真人秀电视制作人这两者的工作流程有相似之处。情报监视侦察的任务指挥官就像制作人或执行制片人一样,分配资源并开发一个贯穿整个事件的无缝线程。一个三人小组负责"素材"收集,并对结果进行汇总。图像分析人员需要持续关注实时视频流,实时观看流媒体视频,并将观察到的活动转化为文本记录。剪辑出的标记具有时间标签和可搜索性,形成视频流数据的摘要信息,为进一步的利用打下基础。相关性分析人员致力于寻找交互印证的线索,以便在发现事件时做出动态调整。图像报告编辑器(IRE)类似于故事编辑器,对结果进行审查筛选并发布产品,包括形成带注释的 JPEG 快照、故事板和精彩视频[8-9]。

分析人员使用实时全动态视频 FMV 和视频流来识别目标实体的行为模式。通过持续地跟踪目标,分析人员可以识别感兴趣的地理空间节点,包括居住地、会议地点、经常光顾的企业,以及实体通常在这些地点之间的移动路径。综合分析上述信息以理解实体的活动,并预测实体未来的走向。

随着战场指挥官对机载情报侦察监视需求的增加,五角大楼设定了一个目标,到 2013 财年末,将"捕食者/收割者"空中战斗巡逻机(CAP)的数量增加到 65 架[10]。由于每架无人机只携带一个多光谱瞄准传感器球,因此至少需要一架飞机来维持对目标的跟踪。到 2009 年,时任空军情报、监视和侦察理事会负责人的戴维·德普图拉(David Deptula)中将,开始推动情报侦察监视能力的重构,从轨道和空中战斗巡逻机转变为对每个平台的输出进行分析测量,进而催生了一个革命性的新功能:广域运动图像传感器(WAMI)。

11.2.2 广域运动图像传感器

德普图拉中将介绍了空军的广域空中监视项目,称为"恶妇凝视",为机载情报侦察监视确定了前进的方向。该项目将 MQ-1"捕食者"侦察机的单球全动态视频扩展为一种新的型号,可以传输大范围的实时视频图像。"恶妇凝视"系统,如图 11.3 所示,可以向地面部队发送多达 65 个全动态视频类型的视频片段,因此可以跟踪敌人的行动[11]。

"恶妇凝视"传感器是新一代采集设备的典型代表,称为广域运动图像传感器。产生的图像通常是由多个数字相机收集的,这些相机可以在 $10km^2$ 或更大的区域内以 1Hz 或更高的帧率生成高分辨率合成图像。广域运动图像传感器系统也可以称为大容量流数据(LVSD)图像、广域持久监视(WAPS)或广域大格式(WALF)系统[6]。传统的全动态视频相机通常依赖于单个电荷耦合器件(CCD)焦平面阵列,而广域运动图像传感器系统则由多个完整的相机或电荷耦合器件的复合焦平面阵列组成。将摄像机设置为可重叠模式,通过图像融合和处理对重叠部分进行数字去除。这种技术仅用一个较小的照相机来捕捉一个较大区域上的图像,但不需要一个非常大的焦平面阵列和望远镜。

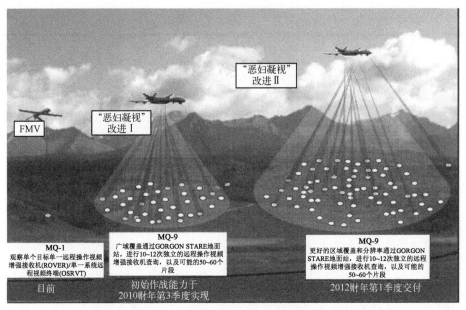

图 11.3 "恶妇凝视"传感器概念概述（资料来源：美国空军[12]）

图 11.3 中描述的类似于全动态视频的"视频窗口"提供了实现 ABI 的独特功能，因为飞越大地域的单个轨道平台可以同时应对多个长时间的活动事务。为了提供任务期间对目标实体的态势感知视图，这些数据通常进行实时处理和传输。类似全动态视频的片段输出只是在一次任务中收集全视野（FFOV）的一小部分。飞机着陆后，可以对完整的帧数据实行下载、处理和评估，以便识别和跟踪任务期间没有被视频窗口锁定的其他实体。图 11.4 显示了一个覆盖整个中型城市的完整广域运动图像架构。

图 11.4 广域运动图像传感器实例（来源：美国空军传感器数据管理系统（SDMS）[13]）

分析人员在任务执行完成后对全帧广域运动图像传感器数据进行下载和事后处理，通过数据的重建合成视频窗口，从感兴趣的事件（时间/位置）中回溯车辆和人员活动[14]。参与这次活动的不法人员事先并不为人所知，所以他们不能被视频窗口锁定。但是他们的活动在全帧数据中被偶然收集记录，所以回溯视频能够揭示他们的来龙去脉。这些信息可用于当前的任务收集和其他行动。对多个收集的取证分析可用于发现人的行为模式。包括弗吉尼亚州雷斯顿的 PIXIA 在内的几家公司，为实时任务监视或行为模式分析提供商业解决方案[15]。

位于戴顿市的持续监控系统是 12 个商用佳能相机组成的一个 1.92 亿像素的商用摄像系统，该系统已证实应用于警察部门、特殊事件安全部门、灾难响应部门和交通研究部门。在 2012 年的一次飞行演示中，戴顿市警方接到报告，称一家书店发生了一起抢劫未遂和枪击事件。警方从这个举报事件开始，使用广域运动图像追踪嫌疑人的汽车到一个居民区（嫌疑人的初始位置），并绘制记录了枪击前后嫌疑人的活动。警方绘制的这幅详细地图成为了犯罪行为的证据，并对其实施了抓捕[16]。

第一代广域运动图像传感器系统集成少量物理相机，最大像素密度约为 2 亿像素。这些摄像机安装在飞机侧面或腹部的机壳内，如图 11.5 所示。

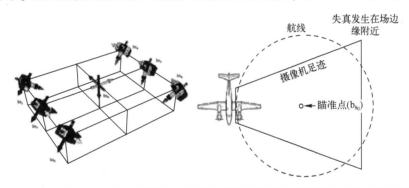

图 11.5　第一代广域运动图像传感器系统多相机阵列相对于瞄准点的典型布局
（来源：运动图像标准委员会 MISB EG 0810.2[17]）

中心瞄准器指向一个圆形飞行轨迹的中心。当飞机围绕瞄准点保持稳定转弯时，摄像机在采集区域投射出梯形的轨迹。距离飞机越近的目标离相机也越近，整个视野的地面分辨率不均匀，导致边缘失真。

2007 年，美国国防高级研究计划局启动了自主实时的"无处不在的地面监视成像系统（ARGUS-IS）"。包含 18 亿像素的 ARGUS-IS 由 368 个彩色 500 万像素手机摄像头组成，能够自动跟踪车辆，同时可以在 36 英里^2 的区域内，达到 15cm 的地面分辨率（GSD）[14,18]。ARGUS 最初的设计考虑到了实时视频窗口模式——其 65 个窗口的基线是图 11.3 中"恶妇凝视"系统的目标状态。地面处理方式的进步使得一种混合模式成为可能。在这种模式下，ARGUS 高分辨率图像可以进行后处理，从而在全视野（FFOV）上进行回溯取证。这种方式下只需要考虑数据下行的限制，ARGUS 视频窗口通常采用 10~15Hz 帧频，就能在分辨率和帧频方面创建一个接近全动态视频质量的图像。机上处理和存储能力的限制将事后溯源数据控制在 3.3Hz 附近[14]。

ARGUS 系统在 2010 年成功地完成了在美国陆军"黑鹰"直升机上的飞行测试[19]。该系统之后计划部署在美国陆军的 A-160 无人直升机以及美国空军的"蓝魔 2 号"飞艇上[20]。与侧装式的广域运动图像传感器系统不同，由于 ARGUS-IS 设计从接近最低点的方向收集图像，因此它在传感器区域边缘的图像失真要小得多。机载处理系统和相关地面站装备齐全，可支持视频窗口的实时利用，以及对整个相关地域附带采集数据的回放取证[14]。

11.3 雷达动态情报

雷达是一种广泛使用的动态情报传感器（MOVINT），利用无线电波探测和跟踪目标，是一种主动感知设备。虽然早在 1886 年就发现了雷达背后的物理原理，但直到第二次世界大战期间英国人将雷达用于跟踪飞机时，这项技术才开始广泛应用[21]。雷达还用于弹道导弹防御、空间监视、天气监测和其他应用。虽然这些应用侧重于寻找空中和天基物体，但雷达也可以安装在飞机和航天器上，提供对地面物体的主动感应。

11.3.1 地面动目标指示雷达（GMTI）的基本原理

地面动目标指示雷达利用目标的速度和其对电磁波反射特性来探测和跟踪目标。与合成孔径雷达（SAR）不同，地面动目标指示雷达可以收集动态活动；而合成孔径雷达通过对移动阵列成像数据的反复处理来生成目标的静态"图像"。地面动目标指示雷达通过测量目标的多普勒频移来检测目标速度矢量的径向分量。为了检测机动目标，目标必须与背景杂波区分开，雷达处理器必须综合连续脉冲的观测数据。最小可检测速度（MDV）的函数由传输波长（λ）、杂波基线（B）、平台的速度 v_p、采集角度（方位角（α）和俯仰角（θ））组成。

通过高功率雷达（短波长）、低速平台和高杂波基线能够提高慢速目标检测性能。这对于在 x 波段运行的雷达是可行的，因为具有低大气衰减和高角度分辨率的小尺寸天线能够安装在飞机或航天器上[22]。

利用地面动目标指示雷达对目标进行长期跟踪是一个难题。基于雷达的地面动目标指示的主要局限性之一，是雷达既可以在地面动目标指示模式下使用，也可以在合成孔径雷达模式下使用，但地面动目标指示模式只能在目标移动时"看到它"。因此，当车辆经常在停车和移动状态之间进行切换时很难被跟踪（尽管这种行为本身可能被检测为异常）。建筑物、树木和地下通道造成的传感器模糊会造成跟踪的中断。被测目标方向的改变可能会改变雷达回波，导致航迹一致性的模糊。间隔很近的物体可能出现唯一性解析的问题，而紧密交叉的物体会导致轨迹模糊。先进的处理技术可以弥补这些缺点，但应用多种传感模式也是获得跟踪高保真度的一种解决方案。

地面动目标指示雷达的数据格式由北约标准 STANAG 4607 定义。该标准包括平台类型、速度、航向、传感器方向和最小探测速度等信息。目标信息包括目标纬度、经度、高度、径向速度、信噪比（SNR）、种类、分类概率、倾斜距离、雷达反射面积[23]。北约标准 STANAG 4607 定义了地面动目标指示"点"，而北约标准 STANAG 4676（仍在制订草案中）规定了地面动目标指示雷达生成航迹的特性。

11.3.2 地面动目标指示雷达采集系统的演变

诺斯罗普·格鲁曼公司于 1985 年研发了 E-8C 联合监视目标攻击雷达系统（JSTARS）。它由一个 24 英尺长的 AN/APY-7 无源电子扫描阵列天线组成，安装在一架波音 707 飞机的底部。AN/APY-7 可在多种模式下运行，包括广域监视、地面动目标指示、目标区分和合成孔径雷达模式。天线覆盖范围为 120°，涵盖近 50000km²，可以在 250km 范围内跟踪 600 个目标。图 11.6 显示了 JSTARS 地面动目标指示的"圆点"叠加在背景图上。

JSTARS 在 1991 年参与了"沙漠风暴"行动，总共执行了 49 次任务。据约翰·杰普将军（John Jumper）说，JSTARS 参与了"伊拉克自由"行动和"持久自由"行动，执行了包括护航监视、作战搜索和救援等任务，以及"对数百英里范围内的叛乱活动进行'模式分析'"[25]。

自 JSTARS 出现以来，基于雷达的地面动目标指示的发展取得了显著突破。最新进展是美国国防高级研究计划局赞助的探测和跟踪行人和地面移动车辆的雷达（VADER）。根据《简氏防务周刊》报道，"VADER 以高速率扫描车辆和行人，对目标进行精确定位。同时提供一套数据开发工具，可用于长时间对地面车辆跟踪、合成孔径雷达相干变化检测、运动模式分析和行人运动特征提取"[26]。2009 年，VADER 系统在亚利桑那州边境 31 英里处进行

图 11.6　来自 JSTARS 的地面动目标指示的轨迹叠加图像示例（来源：国家地理空间情报局（11040）。JSTARS 图像根据国防部指南公开发布[24]）

了测试[27]。VADER 地面开发系统（VEGS）包括来自美国国防高级研究计划局"网络跟踪项目"的算法，用于"持续侦察、监视、跟踪和瞄准在混乱环境中行进的车辆和人员"[28]。

地面动目标指示雷达具备优秀的情报收集能力，可以大范围识别目标机动模式，并识别目标下一步可能出现的区域。因为雷达回波只提供目标的一般尺寸和径向速度的信息，所以地面动目标指示雷达可能有助于将目标区分为卡车、摩托车或拖车，但通常无助于识别地面目标。即使目标可以被归类为"缓慢移动"和"人类般大小"，也很难分辨出观察到的是一群叛乱分子还是一群动物。

11.4　活动和事务的其他来源

本章介绍了一些利用地理信息数据的采集来源，用于支持 ABI 方法，但是数据等价性原则鼓励使用其他天生条件良好的数据集，用以分析活动、事务、实体和网络。财务情报（FININT）在执法中广泛使用事务分析，尤其是在反洗钱方面。金融分析人员追踪账户（实体的代理）、资金流动（事务）

和其他活动。网络情报几乎总是以事务为基础的，分析人员则通过计算机网络对信息包进行例行检查。这些事务可以"地理定位"到物理空间，也可以定位到网络空间的其他物理地址。

2013年的英国，每10人就配备有一个监控摄像头。英国安全工业管理局发现这个岛国有近600万个闭路电视（CCTV）摄像头[29]，数量占全世界总数近20%[30]。尽管有些人认为这是一个令人不安的趋势，但《每日电讯报》的一篇文章[29]也指出："伦敦警察厅破获的95%的谋杀案都使用闭路电视录像作为证据"。商业和民用的地面传感器在执法、事故调查、预防犯罪、行为分析、国土安全、海关和边境保护以及私人家庭安全等领域变得越来越重要。

各式的地面交通传感器，如压力板和交通摄像机，在世界各地的城市收集着活动情报（MOVINT）。纽约市数据分析办公室的尼古拉斯·奥布莱恩（Nicholas O'Brien）说："城市的每个区域始终在流动。我们真的需要知道这种活动的情况，这样我们才能更好地为我们的公民服务。"[31]一家名为Placemeter的新兴公司整合了来自全市各地的视频，每天检测和统计超过1000万人，为民间组织和私营企业提供行人数量。Placemeter公司通过向普通市民付费来增加民用交通摄像头（让他们在自家窗户上安装旧智能手机），从而自动获取行人数量。这是一种革命性的（尽管是侵入性的）方法，可以在大范围内附带收集实时的人群活动数据[32]。

对实体活动和事务的附带收集也越来越多地用于商业应用。苹果公司开发了iBeacon系统，"这是一种新型的低功耗、低成本的发射架，可以感知附近iOS 7设备的存在"[33]。iBeacons通过在iPhone和许多个人电子产品中使用蓝牙低能耗近距离感应协议（iBeacon）来识别"通用的唯一标识符"，从而在办公大楼或商店等室内环境中收集有关代理服务器的附带信息[34]。

随着互联网、带定位功能智能手机的普及，一类新型开源情报出现了，包括脸书的位置信息、Foursquare网站的"打卡"和推特的地理"推文"。这些是预置的地理定位活动的来源，这些活动在空间上是近似精确的，在时间上是极其精确的。Foursquare将"市长"的荣誉授予在特定地点签到次数最多的用户，该公司在美国所有主要情报机构总部的"市长"都面临着行动安全方面的挑战[35]。大多数数码相机和手机都会插入GPS标签，上传到Instagram、Flickr和Panoramio等分享网站的照片上标明有时间和准确位置。

11.5 适合ABI的收集方式

传统的收集是有针对性的，不管目标是人、信号还是地理位置。由于ABI

是关于收集所有数据并使用演绎方法进行分析的,因此第9章中描述的附带收集方法更为合适。以广域运动图像传感器收集为例。如果瞄准镜位于感兴趣的房子(目标)上,周围地区的数百万或数十亿像素也可能被收集。这些像素包含偶然收集的活动,这些活动可能与原始收集请求相关,也可能与原始收集请求无关。

针对边境过境点的一大块区域的雷达情报收集,将附带收集该地区许多实体的行动。通过内容过滤和实体关联,分析大量地理相关的人工情报或重要活动(SIGACT)报告,可以发现未知信息。这为随后的相关和融合以及索引电子信号使序列不确定性分析成为可能。这些技术有时被称为"撒网收集",类似于用网捕鱼。撒网,收线,看看里面是什么,有时是鱼,有时是罐头……但事实上,它是一罐汤,上边写着法文,这在数据库里其他信息的上下文中可能会很有趣。

当集中应用于感兴趣的区域而不是特定目标时,ABI收集是最有效的。弗林、尤尔根斯和坎特雷尔指出:"情报、监视和侦察是应对聚集环境中低对比度敌人最有效的手段"[36]。这是情报收集原则的一个重大突破,最初是违反直觉的——它将情报收集的目的转变为收集最大面积或大量目标。在阿富汗冲突后期,军方从分散分配情报侦察监视的模式转变为混合使用共有资源的模式,以"进行情报侦察监视的交融",进而创造交叉验证的机会"[37-38]。

ABI致力于追踪以人为中心的威胁和基于网络的威胁,这些威胁的特征低于任何单个情报领域的显著检测阈值。此外,社交网络中的个体分散在不同时间的不同空间中,容易出现因采集能力受限而导致难以发现。ABI的持久性体现在收集、分析和知识的持久上。

11.6 坚持不懈:洞察一切的眼睛

两千多年来,军事战术一直鼓励使用"高地"来监视和侦察敌人。从对山丘和树梢的利用到美国内战期间军用气球的出现,再到空中和太空侦察,各国都在争夺终极的侦察高地。美国国防部将"持续监视"定义为"一种情报收集策略,强调某些情报收集系统能够根据需要在某一区域停留,以探测、定位、描述、识别、跟踪目标,并提供近实时的战斗损伤评估和重定位"[2]。负责指挥、控制、通信和情报的国防部前助理部长约翰·斯滕比特(John Stenbit)说,"在我们看来,持久性需要将重访频率与你所看到的对象的时间稳定性匹配起来（与事物变化的速度有关）。"[39]

持续收集情报的场景经常出现在大众文化作品中，比如彼得·杰克逊（Peter Jackson）的《指环王》（Lord of the Rings）三部曲中监视一切的"索伦之眼"，《鹰眼》（Eagle Eye）里无处不在的计算机，或者《十一罗汉》（Ocean's Eleven）里满是摄像机的赌场。这些影片所涉及的持久性情报更多强调了其强大的能力，却很少关注监视本身。

在本书中，持久性是保持足够的频率、持续时间、时间分辨率和频谱分辨率来检测变化、表征活动和观察行为的能力。本章总结了几种类型的持久性情报收集，并介绍了虚拟持久性的概念——通过集成多种传感器和分析模式来持续获取一个或一组目标知识的能力。

11.7 持久性"主方程"

持久性 P 可以用 8 个基本因素来定义：

$$P \propto [(x,y), z, T, f, \lambda, \sigma, \theta, \Pi]$$

式中：(x,y) 是面积覆盖范围，通常用 km^2 表示；

z 是距离地球表面的高度，包含正的或负的；

T 是总时间、持续时间或停留时间；

f（或 Δt）是频率、曝光时间、重访率；

λ 是波长（电磁频谱），$\Delta \lambda$ 也可以用来表示多传感器收集、光谱传感器，或其他方式的频率差值；

σ 是收集或分析的准确性或精度；

θ 是分辨性或分辨率，θ 也可以表示信息的质量；

Π 代表对信息的累积概率、置信度。

这些因素的组合有助于增强持续性。通过增加海拔高度来提高区域覆盖，通常会以牺牲分辨率为代价。停留时间（T）由平台的耐久性（尺寸和燃料的函数）决定。通过实现高级传感器套件和多个相互增强的传感器，可以增强频谱多样性、可靠性和精确度。这些需要增加平台的有效载荷能力，以及支持能力组合的方法。

第三代情报期间，在伊拉克和阿富汗的反叛乱行动加速了先进的、多传感器的、长航时侦察机的开发和部署。图 11.7 总结了其中的一部分。

MQ-1"捕食者"、MQ-9"收割机"和 RQ-4"全球鹰"等中高空无人机为美国空军提供监视能力。陆军操纵小型战术 RQ-5"猎人"和 RQ-7"影子"无人机，为态势感知提供窄视场视频。由于飞机燃料储备有限，这些平

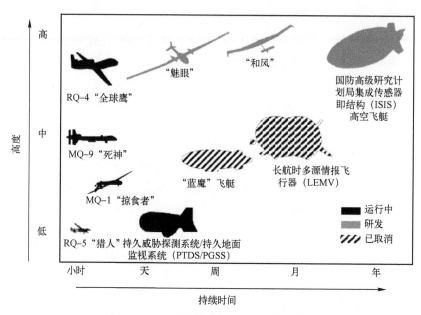

图 11.7 空中持续监视平台概念的比较

台的飞行时间只有数小时,例如重达 3.2 万磅①、价值 2.22 亿美元的"全球鹰"在 6 万英尺高空的极限续航时间刚刚超过 24h[40]。

结构学、空气动力学和动力技术的进步引入了持久或无所不在的持续监视飞机的概念。一架持续飞行的飞机使用一种高效的燃料,如氢,可以保证相当长的持续动力飞行。波音幻影工厂正在准备"魅眼"试验无人机的高空测试,该系统携带 2500 磅的有效载荷,可在 60000 英尺的高空停留 7~10 天[41]。

一种利用可再生能源技术的飞机,可保持对目标区域无限期巡航。根据美国国家航空航天局的"环境研究飞机和传感器技术(ERAST)"计划,航空环境(Aero Vironment)公司生产了两架飞机,分别是"探路者"(Pathfinder)和"太阳神"(Helios)。这些飞机使用太阳能电池、蓄电池和氢燃料电池。"太阳能"电池白天为飞行器提供动力,晚上由蓄电池和氢燃料电池提供动力。这些飞机的典型特征是机翼很长,可以适应高海拔地区。机翼和太阳能电池板通过共用结构来减轻重量。包括脸书和谷歌这样的互联网公司在内的几家公司正在探索持续数据收集和机载互联网服务的概念。

另一种持续收集设备是浮空器:它们比飞机轻,通过空气静力装置(一

---

① 1 磅 ≈ 0.45kg。

种通过向飞行器内注入氢气或氦气等轻量气体而产生的浮力)来实现升空。浮空器可以系上绳索或自由飞行,由于它们很难控制,大多数作战用浮空器都是拴着的。

2009—2013 年,美国海军在阿富汗的前沿作战基地部署了 59 个系留式浮空器。该浮空器包括"光电/红外传感器、无人值守瞬态声学测量和信号智能传感器、广域传感器系统和通信中继系统"[42]。陆军部署了一个类似的系统,搭载了地面动目标指示雷达[42],其他的浮空器计划用于巡航导弹防御[43-44]和边境安全[45]。2007—2012 年,美国军方花费 70 多亿美元启动了 15 个浮空器和飞艇项目[42,46]。

浮空器极易受到大风和天气的影响,这可能导致很大的损失。然而,由于不需要燃料来运行,它们的维持成本比大多数空中平台都要低。因为是被拴住的,它们的活动被限制在一个地方,也使它们容易成为被攻击的目标。浮空器是"大数据"图像收集、雷达和其他传感器的理想平台,因为缆绳可以用于有线数据链,从而减少了对带宽有限的射频通信的需求。

刚性飞艇和半刚性飞艇是一种依靠氦气或氢气等轻量气体悬浮的推进式飞行器。混合飞艇将这种技术与空气动力学原理结合起来,以增加升力。由于飞艇飞行速度较慢且可以通过在目标上空盘旋来保持位置,因此飞艇为持续监视提供了一个理想的平台。通过适当的空气动力和推进控制,飞艇也为雷达和图像系统提供了一个稳定的平台。它们的巨大尺寸为安装通信或获取信号情报所需的大型天线阵列提供了可能。飞艇通常在比浮空器更高的高度飞行。

示例:"蓝魔" II

根据 2010 年在阿富汗增强情报侦察监视能力的紧急作战需求,空军实施了"蓝魔" II 计划,一种基于 TCOM 公司"极地 1000"的半刚性飞艇(对现有"极地 400"模型的扩展)。"'蓝魔' II 飞艇长 335 英尺,体积超过 100 万英尺^3,是世界上最大的飞艇"[47]。图 11.8 展示了"蓝魔" II 的作战概念。

"蓝魔" II 被设计为能够支持 9 天的作战任务,具有 6000 磅的有效载荷能力,可搭载通信设备、地面动目标指示雷达、广域运动图像传感器、合成孔径雷达、多个高清摄像机,以及数据处理设备。由于每个传感器都是独立的,能够在几小时内更换一个新的传感器,而不需要再对载荷进行集成。在 20000 英尺高度,光电红外宽孔径相机在 0.5m 的分辨率下能够覆盖 38000 英里^2,合成孔径雷达/动目标指示雷达能够覆盖 76000 英里^2,而信号情报系统能够覆盖 125000 英里^2 [48]。图 11.8 还显示了来自"无人值守地面传感器"的

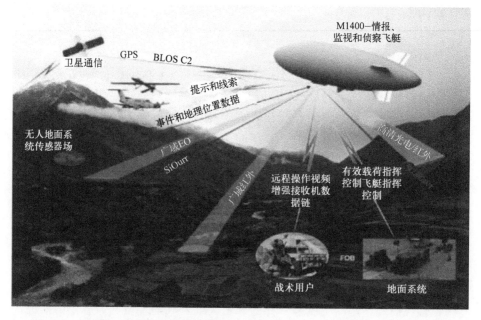

图11.8 "蓝魔"多源情报飞艇作战概念（图片由mav6，LLC提供，经允许转载）

"事件和地理定位数据"。"蓝魔"Ⅱ还包括同时集成广域光电和红外成像（见第11.3节）和一个信号情报传感器。

美国国防高级研究计划局战略技术办公室（STO）和美国空军研究实验室（AFRL）在2003年后期提出了集成传感器架构（ISIS）。这是为了制造一种高度极高、长续航力、完全自主的平流层飞艇，如图11.9所示。在集成传感器架构的设计理念中，如果飞机的结构与传感器阵列共形，而不是设计一架携带传感器阵列的飞机，可以显著地节约重量。集成传感器架构概念设计用于70000英尺以上的高空作战，据称可运行10年[49]。"集成传感器架构的概念包括站内全天24h、全年365天99%的可用性，可同时进行600km的机载机动目标指示（AMTI）和300km的地面动目标指示"[50]。

高空、长航时飞行器提供了从全球多个地点进行操作的灵活性，在开发过程中整合了新的有效载荷，并在大范围内保持持续的监视。像美国国防高级研究计划局采用集成传感器架构的高空飞艇概念，通过实施持续多年的准静态传感平台，有可能彻底改变持续性收集情报的方法。当然，持续监视的覆盖范围随着高度的升高而增大，最终的高地是太空。

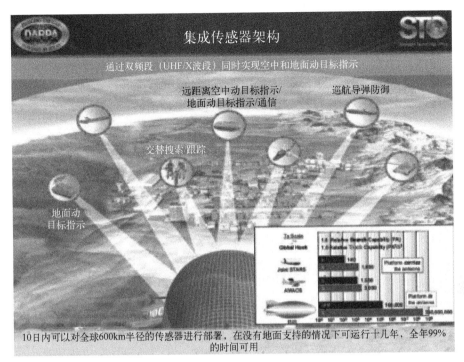

图 11.9　美国国防高级研究计划局集成传感器架构概况
（资料来源：美国国防高级研究计划局[49]）

11.8　基于太空的持续监视

自从 1960 年 8 月美国中央情报局成功发射了第一颗光电侦察卫星"科罗娜"号以来，各国一直在太空中寻求情报优势。图 11.10 总结了不同轨道情况适用于不同类型的任务。这些地区以海拔高度划分。增加轨道高度会增加轨道周期，降低相对于地球的角速度。开普勒力学定义了一个经典的二体系统的运动学性质（如一个绕行星运行的卫星）。

地球低轨道（LEO）卫星环绕地球一周的时间为 90min~2h，根据轨道相对于赤道的倾角，它们每天可能会经过地球上的同一地点不止一次。这被称为低轨道卫星重访率。低轨道的卫星相对于地面上的一个点在不断地运动，因此一次数据传送或观察这个点的时间不会超过 90s。

地球中轨道（MEO）是指那些高度在 2000~35000km 的轨道。高度为 20200km 的圆形轨道的公转周期为 12h。根据它们的观测能力和几何形状，两

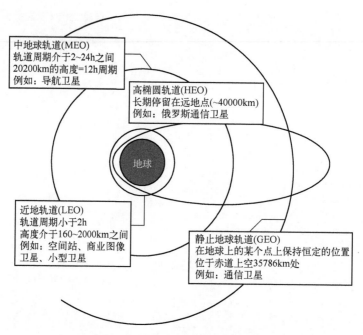

图 11.10 不同轨道状态的持续监视平台的概述

颗卫星（在地球的相对两侧）被放置在具有这些特征的中轨轨道上时，可以保持对特定区域的覆盖。像这样使用中轨道的导航系统有美国 GPS 和俄罗斯 GLONASS。

地球静止轨道（GEO）是周期为 24h 的赤道轨道，这意味着需要一天的时间绕地球一周。但在这段时间里，与地球自转的角度完全相同，这意味着卫星保持恒定的经度位置。通信卫星通常放置在这些轨道上，这样地面天线与发射机就保持了恒定的指向角。

在高纬度地区，地球的曲率阻挡了大部分来自地球同步卫星的信号，一种特殊的轨道，高椭圆轨道（HEO）被用来维持在北纬度的持续性。苏联最初将这一轨道用于名为 Molniya 的通信卫星，后来用于持续覆盖北美上空的间谍卫星。由于轨道速度在远地点附近减小，在近地点附近增加，因此卫星在轨周期大部分时间都是远离地球。虽然这提供了较长的停留时间，但在整个椭圆轨道上与地球的距离是可变的，这导致一些监视系统的设计变得更加复杂。

卫星轨道越高，轨道周期就越长，在地球上某一区域的驻留时间就越长，能够同时访问的地球总表面积也就越大。然而，由于与地球的距离遥远，使得监视任务变得非常复杂。地球静止轨道卫星需要非常大的传感器阵列或成像孔径。电磁波在自由空间中传播遵循平方反比定律。它们的功率损耗与所走距离的平方成正比,使得收集低功率信号的能力变得复杂。此外,由于卫星在距地球 3.5 万 km 的地球轨道上运行,无线电信号到达卫星并返回的总往返时间为 240ms,使双向实时数据传输和控制的工作更加复杂。

11.8.1 基于太空的地面动目标指示雷达

2004 年,美国空军、美国国家侦察局(NRO)和国防部的其他合作伙伴启动了一项雄心勃勃的计划,设计了一个天基雷达(SBR)卫星星座。该研究建议在标称高度为 1000km 的低空轨道发射 21 颗卫星,以提供持续的全球访问[51]。国防科学委员会的一项研究为基于雷达的持续性定义了指标:

持续性的概念并不局限于单一的度量标准,而是取决于感兴趣对象的特征、态势的动态变化以及执行的任务(检测、跟踪、识别、参与)。例如,持续监测导弹基地的建设情况可能需要使用合成孔径雷达成像能力每周进行一次重访。使用动目标指示跟踪能力对处于准备发射状态的导弹发射场进行持续监测,可能需要每隔几秒钟重访一次。跟踪大型移动单元可能需要每隔几分钟进行一次重访,而跟踪单个车辆可能需要每隔几十秒进行一次重访[51]。

该研究还指出,系统必须在雷达成像模式和地面动目标指示模式之间快速切换,因为地面动目标指示模式会在车辆停止时失去跟踪,只有雷达成像模式可以验证经过新的移动后是否是同一辆车。雷达系统不能同时在这两种模式下工作。

轨道高度是空间雷达星座的主要考虑因素之一。更高的轨道提供了对地球表面更大的覆盖范围。由于相对于地球表面而言,轨道越高,卫星的轨道速度越低,高轨道的星载地面动目标指示雷达可以探测到速度较慢的目标。然而,"功率-孔径积"(发射功率乘以孔径大小)与目标距离的平方成反比,因此在天线孔径相同时,相较于低轨,运行在中轨上的一部星载雷达可能需要 100~400 倍的功率。一种被称为空时自适应处理(STAP)的技术,对杂波引起的雷达回波的统计特性进行估计,并通过后处理从回波中去除杂波,提高了分辨高杂波环境下运动目标的多普勒频移的能力。

国会预算办公室(CBO)在 2007 年的一份非机密报告中研究了 4 个备选星座。研究了 5 个、9 个和 21 个卫星星座,它们的孔径从 16m×2.5m($40m^2$)到 24m×4m($100m^2$)不等。国会预算办公室发现,$40m^2$ 的阵列"需要接近其理论最佳水平,才能使天基雷达能够探测到速度低于 20 英里/h 的目标"[52]。他们估计,以 2007 年的美元计算,这项计划的成本可能高达 900 亿美元。国会预算办公室的研究指出,在几乎所有环境中持续跟踪地面目标是不可能的。报告得出的结论是,要想在朝鲜的一个移动导弹发射架移动之前找到它的概率达到95%,天基雷达星座至少需要35颗卫星,甚至多达50颗卫星。国会预算办公室所考虑的最大、最先进的星座(100 米^2、9颗卫星、主动信号处理),追踪朝鲜10m/s机动目标的平均跟踪时间只有6min[52]。基于上述原因,美国国防部在2008年取消了天基雷达项目[53]。

11.8.2 商业空间雷达应用

尽管美国未能通过天基雷达建立联合合成孔径雷达/地面动目标指示雷达项目,但加拿大、德国和意大利的政府和商业实体运营着先进的商业合成孔径雷达卫星。其中一些系统是C波段或X波段成像的多卫星星座,分辨率在1m以下。四种系统的基本性能如表11.1所列。

表11.1 美国以外合成孔径雷达卫星的设计特点

(来源:国会预算办公室[52])

	RADARSAT-2	TerraSAR-X	SAR-Lupe	COSMO-Skymed
国家	加拿大	德国	德国(军用)	意大利
卫星数量	1	2	5	4
天线尺寸/m	15×1.37	48×0.7	3×27	5.7×1.4
质量/kg	2300	约1000	770	1700
高度/km	798	514	500	620
轨道倾角/(°)	98.6	97.4	约90	97.9
中心频率/GHz	5.4(C)	9.65(X)	X-band	9.6(X)
太阳能电池功率/W	3156	1800	未知	3600
图像分辨率/m	约1	约1	0.5	<1
设计寿命/年	7	5	10	5

一个值得注意的例子是由麦克唐纳、德特威勒和联合公司(MDA)为加拿大航天局(CSA)设计的RADARSAT-2,它已经升级了若干与ABI相关的高级能力。

加拿大国防研究与发展委员会(DRDC)认识到加强北极领海区域感知、目标探测和全天候分析的必要性,启动了一个名为"极地Epsilon"的项目。这项耗资6450万美元的计划包括"北极陆地监视、环境感知、近实时舰船检测和基于卫星的海洋侦察"。该方案实现了两种新的合成孔径雷达波束扫描模式[55]:

(1)宽幅远入射角舰船探测模式(DVWF):450km测绘带、单极化、单视方位角、入射角度大、最适合船舶探测。

（2）超宽幅近入射角广域监视模式（OSVN）：530km 测绘带、双极化、单视方位角、入射角度小、提升船舶探测能力。

这些模式用于船舶探测的性能总结如图 11.11 所示。探测性能随入射角和目标距离的变化而变化，但这两种新模式在对低入射角和宽范围内的小型船只的探测及定位上有显著提高。

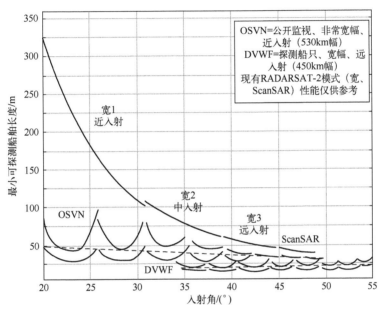

图 11.11 加拿大 RADARSAT-2 舰船探测模式的性能（解释和改编自文献［55］）。

RADARSAT-2 还有一种称为机动目标探测（MODEX）的实验模式，该模式允许使用特殊的降噪算法，从后端处理的合成孔径雷达图像中检测地面机动目标[56-57]。MODEX 能够"在乡郊地区以 90% 的概率探测到一辆以 40km/h 的径向速度行驶的中型汽车"[58]。开发人员认为 RADARSAT 后续星座缩小了合成孔径雷达天线将影响一些功能，但是位于渥太华的加拿大国防研究与发展委员会研究人员最近提出了动目标检测处理技术和天线重构方案，可以为 RADARSAT 后续发展提供一个可行的动目标检测解决方案[59]。

加拿大的"极地 Epsilon 2"是一个耗资 1.846 亿美元的项目，将在 2018 年发射 3 颗卫星 Radarsat 继续执行任务，用于增加全球船舶识别和跟踪能力，全时覆盖北极，具备相干变化检测（CCD）能力，重访周期为 4 天[54]。该项目增加了关联雷达图像和自动识别系统（AIS）探测的能力。AIS 是一种电子信标，用来广播船舶名称、舷号、位置、速度、航向和航行状态。"国际海事组织的《国际海上人身安全公约》规定，所有船只，不论大小，均须在总吨位为 300t 或以上的国际航行船舶上安装 AIS 系统。"[60]海岸线附近的地面接收站监测 AIS 系统对船舶位置、速度、航向和航行状态的广播。

虽然这些信号从未被设计成可以从太空探测，但实验表明，天基传感器可以收集这些信号。航天飞机 STs-129 任务在国际空间站上安装了 AIS 接收天线[61]。Orbcomm 公司与美国海岸警卫队合作，发射了 8 颗专门用于探测 AIS 信号的低轨卫星。2014 年 7 月 14 日，Orbcomm 公司发射了 6 颗第二代低轨卫星，作为其 2.3 亿美元网络扩展计划的一部分[62]。该系统提供全球范围的 AIS 信号，用于海上区域识别、防撞、船舶状态和安全监测。

利用时空分析环境能够可视化和分析船舶航速、航向、位置、状态和类型等 AIS 元数据，如图 11.12 所示。方向形状表示航向，菱形表示静止的船舶或助航设备。时间滑块允许对监视画面进行拖拽。通过对多个船舶位置进行集成和处理形成航迹，用于起点-终点和目标活动模式研究。

图 11.12　AIS 对海事数据的可视化和态势感知

加拿大的"极地 Epsilon"项目演示了将 AIS 检测信号和 RADARSAT-2 雷达回波进行融合的能力。AIS 与合成孔径雷达的融合为每个潜在目标提供了两个数据源，提高了检测概率，并提供了识别的可能性。例如，如果雷达回波表明该船是一艘油轮或军舰的大小，但用户可编程的 AIS 信号表明该船是一艘 12m 的游艇，则该异常将被标记，以进行进一步调查。瓦肯和奎因在 2012 年的谷歌地球 KML 标记语言可视化中展示了这一过程的融合结果[54]。

11.8.3 持续的天基光电（EO）成像

高度和光学的物理限制对基于空间的持续光学成像提出了重大挑战。空间分辨率方程的一种通用形式，用于确定成像孔径 D 的大小，以便在距离为 h 时解算大小为 R 的物体：

$$D = 1.22 \frac{h\lambda}{R}$$

式中：λ 是可见光波长。对于可见光成像（波长约为 500nm），所需的孔径随高度变化，如图 11.13 所示。

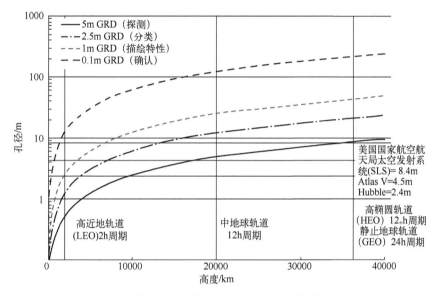

图 11.13　四种成像分辨率下成像孔径大小和轨道高度的比较

这四条曲线分别代表了 5m、2.5m、1m、0.1m 的地面参考距离，基本上足以检测、分类、表征和识别车辆大小的物体。纵坐标表示了三种轨道状态（低轨、中轨和高轨/地球静止轨道）。由于将卫星装入运载火箭的整流罩是一个主要的设计限制，三条水平参考线表示了美国宇航局"哈勃"太空望远镜（2.4m）的主镜尺寸，联合发射联盟"阿特拉斯"5 号最大的有效载荷整流罩的内径（4.5m），以及美国航空航天局未来空间发射系统（SLS）的最大参考内径（8.4m）。

将距离分辨率为 1m 的太空望远镜，发射到 12h 轨道周期的中轨需要 20m 以上的火箭孔径。将如此巨大和沉重的光学仪器封装到运载火箭中是一个重大的挑战。一些替代方案包括"詹姆斯·韦伯"太空望远镜（JWST）的可折叠成像系统[63-64]，格雷（Golay）提出的基于干涉测量理论的光学稀疏成像[65]，美国国防高级研究计划局的 F6 分离卫星[50]，以及充气光学膜[66]。每一项技术都面临不一样的结构、应用和技术挑战。

硅谷初创企业 Skybox 图像公司（现在是谷歌的一部分）提出的另一种架构使用位于低轨的多个分散的微卫星星座。Skybox 部署的微型卫星的大小是 60cm×60cm×95cm，质量小于 200kg，但他们的专利申请中包括了两倍大、重达 500kg 的卫星[67]。2013 年 11 月 21 日发射的"天星"1 号和 2014 年 7 月 8 日发射的"天星"2 号，分别在 607km 和 627km 的圆形轨道上运行，周期为 98min。Skybox 概念的一个示例如图 11.14 所示。

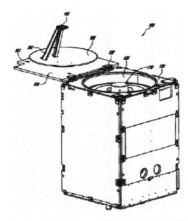

图 11.14　成像微卫星示意图（来源：美国专利和商标局[67]）

卫星以 30 帧/s 的速度，产生长达 90s 的 1.1m 分辨率（最低点）全色 h.264 MPEG-4 编码的 8 位视频[69]。"天星"可截获 4 个波段的多光谱图像（蓝色、绿色、红色和近红外），以及最低点分辨率约 2m 的视频[69]。2014 年，Skybox 与航天系统 Loral 公司签订了制造 13 颗卫星的合同，最终计划发射 24 颗卫星[70]。这一新增的星座允许重访地球上的任何地点，每天最多三次，最大成像时间为 90s。尽管《双面女间谍》（*Alias*）等电视节目和《国家公敌》（*Enemy of the State*）等电影广为流行，但目前从太空中拍摄持久的高分辨率运动图像是不可行的。

实现另一种微卫星成像的方法是由位于旧金山的行星实验室（Planet Labs）实施的，它使用一个由更小的卫星组成的大星座，称为"纳米卫星"。2014 年，他们在国际空间站部署了 28 颗 10cm×10cm×30cm 大小的卫星群。这个"鸽群"星座提供了分辨率为 3~5m 的高频度图像，覆盖范围极广，重点是进行大规模变化探测和环境监测。计划中由 131 颗卫星组成的星座被优化设计，能够为中纬度地区的提供每日重访功能，而美国航空航天局的低分辨率（15m）地球观测卫星 Landsat8 则每 16 天才能重访地球上的某个位置。与专注于高分辨率、长轨道寿命、高精度收集和极致性能不同，行星实验室为低分辨率太空持久光学图像提供了一个非常强大的低成本架构。截至 2014 年，其他能提供低成本太空成像和视频的公司，还包括 Urthecast、BlackSky 和 Nanosatisfi。尽管这些系统为环境监测提供了较高的重访率，但由于图像的单个像素分辨率为 3~5m，其情报价值尚未得到进一步发挥。

图 11.15 显示了 Skybox/谷歌天空卫星、行星实验室的"鸽群"卫星以及标准的 1U 立方体卫星的比较，同时还包括与其他成像卫星的比较。

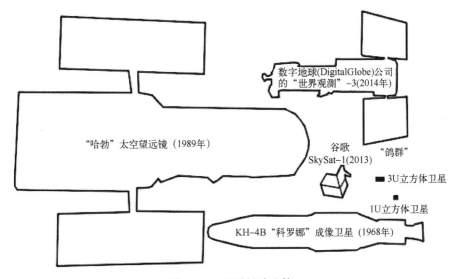

图 11.15 卫星尺寸比较

如果没有独特的分析方法来缩小基于目标活动模式和概率位置估计的搜索空间，事后捕获机动目标将非常困难。正如弗林、尤尔根斯和坎特雷尔在审查特种部队情报侦察监视（ISR）应用实践时指出，"敌人隐藏得如此之好，以至于需要多个来源的情报来相互印证……没有一个强大的、协作的情报网络来引导它，传感器经常被用于被动反应模式，导致其真实能力和整体潜力难以发挥出来。"[36]

11.9 总　　结

每个持久监视的概念都有其独特的优点和缺点，但是大型的、多传感器的持久星座基本不可行。本章介绍和讨论的一些持久监视的概念在表 11.2 中进行了比较。

国家地理空间情报局主任卡迪罗（Cardillo）认为持久性不仅指一种收集情报的系统，而且是"一种鼓励分析人员使用任何组合的方法来解决情报问题的心态"[71]。实现持久 ABI 分析的关键不是一个带有先进焦平面阵列或独特波形的神奇的情报收集系统，我们的战略优势来自于对我们周围数据的创新集成。我们的地面、空中和空间遥感资源不是用来吸走大量信息的"真空吸尘器"，而是当演绎分析缩小了搜索空间后，用来精确获取最后缺失信息的"手术刀"。而更多的持续不断的信息则来自地面摄像机网络和现代生活所需的移动互联设备。

表 11.2 可选的持续监视系统的关键属性

概　　念	停留/重访	区域范围	分辨率	成本	整体效用
地面摄像头	非常高	非常小	非常高	非常低	低/中等
MQ-9"收割者"	非常低	小	高	低	低
RO-4"全球鹰"	低	小	高	低/中等	低/中等
系留浮空器	中等	小	高	低	低/中等
"蓝魔"Ⅱ	中等/高	中等	中等	中等	中等/高
无处不在的飞机	中等/高	大	中等	低/中等	中等/高
近太空飞船	高	大	中等	中等	中等/高
天基合成孔径雷达	高	中等	高	非常高	中等
天基地面动目标显示	中等	大	中等/高	非常高	中等
雷达星载 AIS	高	大	高	中等	低/中等
商业地球观测卫星	低	大	高	中等/高	中等
持续光电成像	非常高	非常大	低	非常高	中等/高
微卫星（EO）	中等/高	小	中等	低/中等	中等
纳米卫星（EO）	高	中等	非常低	低	低

第 12~14 章将描述研究数据的方法及其关键进展，以指导这些先进的监测工具的应用，包括如何应用一个持久的理念体系，以分析日益复杂的多源情报数据集。

参考文献

[1] NATO, "AAP-6 NATO Glossary of Terms and Definitions," 2004.
[2] "Joint Publication 1-02: Department of Defense Dictionary of Military and Associated Terms." U. S. Department of Defense, 16 July 2014.
[3] 10 US Code, §467.
[4] "Frequently Asked Questions Terms and Acronyms," National Security Agency/Central Security Service, web.
[5] Rosenau, W, "Special Operations Forces and Elusive Enemy Ground Targets: Lessons from Vietnam and the Persian Gulf War." RAND, Santa monica, CA. 2001.
[6] "Motion Imagery Standards Profile Version 6.6." Department of Defense/Intelligence Community/National System for Geospatial Intelligence (DoD/IC/NSG) Motion Imagery standards Board, 27 Feb 2014.
[7] "Multi-spectral Targeting System (MTS)," Raytheon, web, http://www.raytheon.com/abilities/products/mts/.
[8] Menthe, L., et al., The Future of Air Force Motion Imagery Exploitation: Lessons from the Commercial World, RAND, Santa Monica, CA, 2012.
[9] "Multi-INT Analysis and Archive System (MAAS) - Operationally Deployed Full Motion Video (FMV) and Imagery Processing, Exploitation and Dissemination (PED)," General Dynamics Information Systems, web, http://www.gd-ais.com/products/ISR-Imagery-Analysis/MAAS.
[10] Schanz, M. V, "The Reaper Harvest," Air Force Magazine, April 2011.
[11] Nakashima, E, and C. Whitlock, "With Air Force's Gorgon Drone 'We Can See Everything,'" The Washington Post January 1, 2011.
[12] Deptula, D., "Air Force ISR in a Changing World," 30 Mar 2010, web Available: http://airpower airforce. gov. au/Uploaded Files/General/Day2_Deptula. Pdf.
[13] United States Air Force Sensor Data Management System, "Wright Patterson Air Force Base (WPAFB) 2009 Dataset," web. Available https://www.sdms.afrlaf.mil/index.php?collection=wpafb2009.
[14] "Rise of the Drones," NOVA, Public Broadcasting System, 2013. Television.
[15] "Home," PIXIA Corporation. Web. www.pixia.com.
[16] Timberg, C, "New Surveillance Technology Can Track Everyone in an Area for Several Hours at a Time." The Washington Post, 5 Feb 2014.
[17] "MISB Engineering Guideline 0810.2, Profile 2: KLV for LVSD Applications." 11 Jun 2010.
[18] "From Video to Knowledge," Lawrence Livermore National Laboratory, May 2011.

[19] "BAE has Success with ARGUS-IS," UPI. com, February 9, 2010.

[20] Beckhusen, R, "Army Dumps All-Seeing Chopper Drone, " Wired: Danger Room, June 25, 2012.

[21] Buderi, R., The Invention That Changed the World: How a Small Group of Radar Pioneers Won the Second World War and launched a Technological Revolution, Simon and Schuster, 1996.

[22] Hacker, T. L., "Performance Analysis of a Space-Based GMTI Radar System Using Separated Spacecraft Interferometry," Master of Science, Massachusetts Institute of Technology, Boston, MA, 2000.

[23] "STANAG 4607 JAS (Edition 3) -NATO Ground Moving Target Indicator (GMTI) Format, "NATO Standardization Agency, 14 Sep 2010.

[24] "Activity-Based Intelligence," Powerpoint Presentation, National Geospatial – IntelligenceAgency. Approved for Public Release. NGA Case#11-040. 2011.

[25] Grant, R, "JSTARS Wars," Air Force Magazine, November 2009.

[26] Jennings, G. , "US Army to Field King Air- based VADER Special Mission Aircraft, "HIS Jane's 360, web.

[27] Iaconangelo, D., "Border Patrol VADER: 4 Things To Know About The New Drone Surveillance Radar System, "Latin Times, June 20, 2013.

[28] "Army Extends Support for UAV Man – Hunting Radar from Northrop Grumman through 2013," UAS News, web, Feb 2013.

[29] Barrett, D., "One Surveillance Camera for Every 11 People in Britain, says CCTV Survey," Telegraph, web, July 10, 2013.

[30] "UK has 1% of World's Population but 20% of its CCTV Cameras," Mail Online, web, March 27, 2007.

[31] "The City of Tomorrow May Already Be Here," CNN, May 2014, web, http://www.cnn.com/interactive/2014/05/specials/city-of-tomorrowl.

[32] "placemeter," web, http://placemeter.com.

[33] "Submit your IOS 7 apps today," Apple Corporation, web, https://developer.apple.com/ios7/.

[34] Addey, D., "ibeacons," web, http://daveaddey.com/?p=1252.

[35] "Meet the Foursquare Champs of Top-Secret Washington," Vocativ, web. [Online] Available: http://www.vocativ.com/usa/nat-sec/mayor-of-the-nsa-meet-the-foursquare-champs-of-top-secret-washington/. 4 Apr 2013.

[36] Flynn, M. T., R. Juergens, and T L. Cantrell, "Employing ISR SOF Best Practices, " Joint Forces Quarterly, No 50, 3rd Quarter 2008.

[37] Odierno, R., "ISR Evolution in the Iraqi Theater, " Joint Force Quarterly, No. 50, 3rd Quarter 2008.

[38] Brown, J., "480th ISRW Airmen Decide on, Direct ISR Operations Across the Globe,"

UsAirForce ISR Agency, 09 Jan 2014, web. http://www. afisr. af. millnews/story. asp? id =123373695.

[39] Ackerman, R. K., "Persistent Surveillance Comes Into View, "AFCEA Signal magazine, May, 2002.

[40] "RQ-4 Global Hawk,"U. S. Air Force. Fact Sheet. Web.

[41] LaBelle, K., and G. Kasper, "Boeing: Status Update: Boeing's Phantom Eye Takes a Huge Step Forward," Boeing Corporation, 12 Feb 2014, web.

[42] "Defense Acquisitions, Future Aerostat and Airship Investment Decisions Drive Oversight and Coordination Needs," Government Accountability Office, GAO–13–81, Oct 2012.

[43] "JLENS–Joint Land Attack Cruise Missile Defense Elevated Netted Sensor System." United States Army. Approved for public release by AMSAM – PA. AMSAM public Release case 246. 2012.

[44] Morton, J. E, "OUR Warfighters Need JLENS," The Hill, web. avAilable: http:/thehill. com/blogs/congress-blog/homeland-security/211459-our-warfighters-need-jlens.

[45] "Tethered Aerostat Radar System, "Wikipedia. Accessed: 03 Aug 2014.

[46] Matthews, W, "Aerostats Lost: Weather, Mishaps Take Heavy Toll on Dirigibles," DefenseNews, May 7, 2013.

[47] "Air Force and Army Corps of Engineers Improperly Managed the Award of Contracts for the Blue Devil Block 2 Persistent Surveillance System,"Inspector General of the US Department of Defense, DODIG 2013–128, Sep 2013.

[48] Mav6, "M1400 Lighter–than–air Aircraft. " web. http://mav6. com/mav6–M1400–overview. pdf.

[49] Defense Advanced Research Projects Agency (DARPA), Integrated Sensor Is the Structure (ISIS) Overview.

[50] Defense Advanced Research Projects Agency (DARPA), "RDT&E Budget Item Justification Sheet (R–2 Exhibit), Space Programs and Technology PE 0603287E, Project SPC–01,"Feb. 2008.

[51] "Defense Science Board Task Force on Contributions of Space Based Radar to Missile Defense, " Office of the Under Secretary of Defense For Acquisition, Technology, and Logistics, Washington, DC 20301–3140, Jun 2004.

[52] "Alternatives for Military Space Radar, "Congressional Budget Office, Jan. 2007.

[53] "Space Radar Program Cancelled, " Satellitetoday, com, 07 March 2008.

[54] Vachon, P. W., and R. Quinn, "Operational Ship Detection in Canada using RADARSAT Present and Future,"Defense Research and Development Canada, June 20, 2012.

[55] Vachon, P. W, "New RADARSAT Capabilities Improve Maritime Surveillance, "Defense Research and Development Canada, October 18, 2010.

[56] Nohara, T. J., et al., SAR-GMTI Processing with Canada's Radarsat 2 Satellite, in Adaptive Systems for Signal Processing, Communications, and Control Symposium, 2000,

pp. 379-384.

[57] Chiu, S, et al., "Computer Simulations of Canada's RADARSAT2 GMTI," RTO SET Symposium on Space-Based Observation Technology Samos, Greece, 2000.

[58] Boucher, M, "The Defence and Security Applications of the RADARSAT Constellation Mission, Space Ref Canada, March 19, 2013.

[59] Gierull, C. H., and S. Ishuwa, "Potential Marine Moving Target Indication (MMTI) Performance of the RADARSAT Constellation Mission (RCM)," in Synthetic Aperture Radar, 2012. EUSAR, 9th European Conference on, Nuremberg, Germany, 2012, PP. 404-407.

[60] "Automatic ldentification System,"Wikipedia. Accessed: 09 Aug 2014.

[61] "Atlantis leaves Columbus with a Radio Eye on Earths Sea Traffic," European Space December 4, 2009.

[62] "OG2: Mission I Launched on July 14, 2014." Orbcomm, web, 2014.

[63] Lightsey, P. A, et al., "James Webb Space Telescope: Large Deployable Cryogenic Telescope in Space," Optical Engineering, Vol. 51, No. 1, PP. 011003-1-011003-19, 2012.

[64] Nella, J, et al., "James Webb Space Telescope WST Observatory Architecture and Performance,"Proc. SPIE 5487, Optical Infrared, and Millimeter Space Telescopes, October 12, 2004. pp. 576-587.

[65] Chung, S.-J., D. W. Miller, and O. L. de Weck, "Design and Implementation of Sparse Aperture Imaging Systems," Astronomical Telescopes and Instrumentation, 2002, pp. 181-192.

[66] Soh, M., J. H. Lee, and S.-K. Youn, "An Inflatable Circular Membrane Mirror for Space Telescopes," Proceedings of SPIE--The International Society for Optical Engineering, No. 5638, 10 February, 2005, pp. 262-271.

[67] Miranda Do Carmo, H, "Integrated Antenna System for Imaging Microsatellites." GooglePatents, 2014.

[68] "Skysat-1." web. http://www.geoim.ge.com.au/satellite/skysat-1.

[69] "Imagery and Video Data Sheet." Skybox Imaging, 08 Oct 2013.

[70] "Skybox Imaging Selects SSL To Build 13 Low Earth Orbit Imaging Satellites," web, February 10, 2014.

[71] Cardillo, R., "Remarks as Prepared for Robert Cardillo, Director, National Geospatial-Intelligence Agency for AFCEA/NGA Industry Day 2015," Approved for Public Release. NGA Case # 15-281. Web. https://wwwl.nga.mil/mediaroom/speechesRemarks/Documents/2015/031615-AFCEA_As_Prepared_FINAL.pdf.

第 12 章
活动的自动化提取

《纽约时报》报道称，数据科学家"把 50%～80%的时间花在收集和准备不规则的数据这种平凡的工作上，然后才能发掘出有用的信息"[1]。这在文章中被轻蔑地称为"看门人的工作"，这些任务也被称为数据整理、数据转换、数据耕耘和数据整合，它们阻碍了分析的进展[2]。传统的观点和对数据分析专家的多次访谈都支持这种观点[3-5]。这些任务中有许多都是常规的、重复性的：例如将数据重新转化为不同的坐标系或数据格式；在图像和视频中手动标记对象；从目的地到起点回溯车辆；以及在文本中提取实体和对象。根据国家地理空间情报局 2020 年分析技术计划，"自动化能够以工具和算法的形式降低数据维度，提供基于数据相关性和对象/变化检测的调查线索，并帮助分析人员从基于取证的方法，过渡到基于模型的方法来进行地理情报分析"[6]。ABI 支持在自动化对象、事件、活动和事务提取等技术中，用算法代替死记硬背的任务，从而节省出更多时间来分析后续的数据。本章介绍了一些用于人机协作和分析过程支持的自动化技术。

12.1 自动化需求

第 10 章介绍了"大数据"的三个"V"，即爆炸增长的容量、速度和多样性；第 11 章描述了新的持久、广域、多源情报传感器。虽然分析人员经常"被数据淹死"，但他们依然渴望知识和洞察力。情报的最终用户要求在日益紧迫的时间限制内，对更广泛的威胁做出高度明确的判断。

美国国防高级研究计划局在 2003 年与几家美国公司合作进行了一项研究发现，情报分析人员将近 60%的时间用于为情报分析搜索和准备数据[7]。所谓的"浴缸曲线"，如图 12.1 所示，显示了分析人员的大量时间是如何花费在查找数据、为分析格式化数据、编写报告和处理其他管理任务上的。美国国防高级研究计划局的研究考虑了先进的信息技术，比如协作和分析工具，是否能够逆转"浴缸曲线"，这样分析人员就可以少花点时间去处理数据，多花点时间去协作和执行分析任务，从而从新的信息技术增强方法中获得显著的好处。

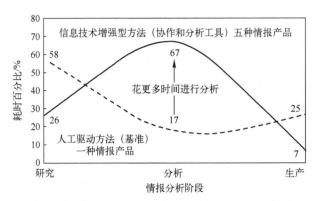

图 12.1　信息系统辅助与人力驱动的情报分析（改编自文献［7］）

随着可供情报分析人员使用的数据源容量、速度和种类的爆炸式增长，"浴缸曲线"的问题越来越严重。本章介绍了数据自动处理和转换的几个概念，以支持 ABI 的大规模分析，从而使分析人员可以花更多的时间进行情报分析。

12.2　数据治理

数据治理是描述为分析准备数据的一个总括性术语，通常与"自动化"相关，因为它涉及为分析准备数据的自动化过程。BAE 系统公司（BAE Systems）指出，ABI 的赋能是通过"采用了先进的软件分析工具，这些工具与商用的现有计算基础设施相集成，可以在接收到 PB 级数据时自动进行提取、存储和处理"[8]。

传统上，短语"提取、转换、加载"（ETL）指的是准备供数据库和数据服务使用的数据的一系列基本步骤。

数据提取、转换、加载技术通常与特定的数据库体系结构相关联。数据治理包括以下内容：

（1）从各种异构数据源中提取或获取源数据，或识别提供连续数据输入的流式数据源（如某个网站的摘要）。

(2) 重新格式化数据，使其具有机器可读性并符合目标数据模型。

(3) 剔除错误的数据记录，并调整日期/时间格式或地理空间坐标系统以确保一致性。

(4) 根据需要翻译数据记录的语言。

(5) 纠正各种数据误差（如地理位置误差）。

(6) 通过添加来自原始源数据的派生元数据字段来丰富数据（如完善空间数据以包含计算出的国家代码）。

(7) 使用安全性、适用性或其他结构化标志标记数据。

(8) 将数据定位到一致的坐标系或已知的物理位置。

(9) 将符合数据模型和存储物理结构的数据加载到目标数据存储中。

(10) 验证条件设置步骤是否正确，查询是否产生符合任务标准的结果。

ABI 强调了对数据进行地理配准的重要性，并强调了根据空间坐标系对数据进行转换的必要性，即使该坐标基准不是源数据中固有的。一个例子是从文本文件中提取地名，然后将数据进行地理标注到这些地名的坐标中——这本质上是一个嵌套的数据治理问题。通过数据治理，将源数据调整到一个时空坐标系中，使得基于地理信息的情报发现得以实现。表 12.1 总结了一些用于数据治理的常见 ABI 示例。

表 12.1　支持 ABI 的常用数据治理技术

来　　源	典型的提取活动
文本报告	实体、事件、坐标、位置
静止图像	建筑物、道路、地理特征、车辆（如坦克）、轮廓之间的变化
运动图像	车辆运动（轨迹）、人类活动
高光谱图像	材料
红外成像	发热的物体（如隐蔽的士兵）、作战设备
金融交易	账号、身份、金额

虽然数据等价性原则促进了来自多个来源的数据治理，但本章重点介绍了自动活动提取技术的一个子集，包括从文本中自动提取和定位实体/事件、从静止图像中提取对象/活动，以及从运动图像中自动提取对象、特征和轨迹。

12.3　利用地理信息进行实体和活动提取

虽然许多应用程序能够自动解析文本，从非结构化文本文件中提取实体，但同时自动提取地理空间坐标是发挥 ABI 利用地理信息技术的关键。

MITRE 公司的系统工程师和软件开发人员马克·乌班迪诺（Marc Ubaldino）介绍了一个名为"视界"（EH）的项目，该项目"起初从地理空间的角度来描述大量数据、大量文档、大量事物，并将它们放在地图上供分析人员浏览、搜索和了解详细信息和趋势"[9]。"视界"是一个定制的工具，它创建了一种用于文本文档的图形格式数据库，这些文本文档在地理上被关联到统一的坐标系中。工作文件存储为 Esri 地理数据库，作为 ArcGIS 软件的公共存储和管理框架。MITRE 公司还为政府开发了一系列名为 Oxygen、Cesium、Boron 的数据治理工具，这些简单的工具被链接在一起来协调数据治理和自动处理步骤。根据 MITRE 公司的说法，这些工具已经"减少了将多源多格式情报关联起来所需要的人力"[10]。这个数百万的数据记录集最初被称为"巨大的情报库"。后来，这个词演变成地理定位情报。

ClearTerra 公司的 LocateXT 软件就是这种方法的一个实现，它是一种"分析非结构化文档并将坐标数据、自定义地名和其他关键信息提取到地理信息系统（GIS）和其他空间观察平台的商业技术"[11]。该工具能扫描非结构化文本文档，并为结构化数据（电子表格、分隔文本）提供灵活的导入工具。该工具支持所有微软 Office 文档（Word、PowerPoint、Excel）、Adobe PDF、XML、HTML、文本等。LocateXT 软件功能包括：

（1）从非结构化数据中提取地理坐标、用户定义的地名、日期和其他关键信息。

（2）识别和提取数千种不同的地理坐标格式。

（3）从提取的位置创建地理空间层。

（4）使用地理空间层或地名词典文件进行地名提取配置。

（5）通过配置关键字实现搜索和提取操作的自定义控制。

LocateXT 软件的提取过程如图 12.2 所示。该技术可以作为桌面工具或网络地理处理服务运行，也可以通过应用程序编程接口（API）作为"引擎"运行，并作为更大工作流的一部分对许多数据文件进行地理标注。

LocateXT 软件将文档提取后存储为 Esri 地理数据库格式，提取过程如图 12.3 所示。特征属性包含提取的坐标、以及"前文"和"后文"字段。这些表示在提取匹配项之前和之后的 255 个字符中（最基本的 Esri 格式，即图形文件中允许的最大字符数），通常包含关于源报告的上下文信息。例如，图 12.3 中的事件包含了前文信息：

除了位于萨马拉的四个十字形掩体和两个冷库外（其中一个是迪瓦尼亚东部的弹药储存设施[13]），所有已知的或可疑的化学武器/生物武器储存地点

第 12 章　活动的自动化提取

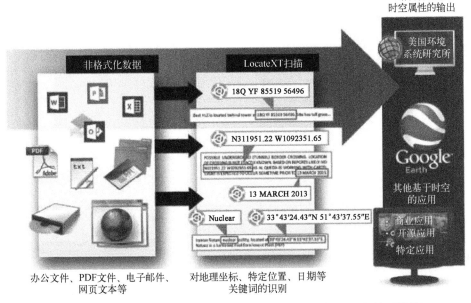

图 12.2　LocateXT 软件扫描和提取过程（ⓒ 2014 ClearTerra，经许可转载）

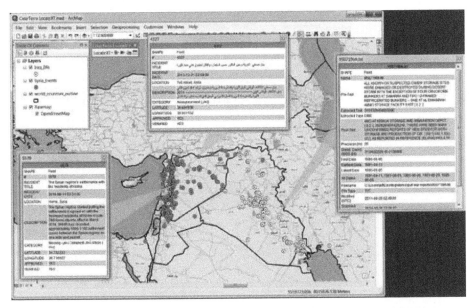

图 12.3　在 ArcMap 中运行的 LocateXT 示例（ⓒ 2014 ClearTerra，经许可重新打印）

都在"沙漠风暴"行动中被损坏或摧毁。

访问此事件标记的图像分析人员立即知道该事件与大规模杀伤性武器有

关。他们也在监视十字形掩体和相关设备。他们可以将此事件与提到的某个弹药储存设施进行相互对照。源数据文件的链接也包括在内，以便在整个分析过程中维护数据出处。

由于 LocateXT 软件集成在广泛使用的 ESRI GIS 工具中，吸引了军事界和情报界客户。LocateXT 软件还通过 ESRI 基于服务器的功能与 ArcGIS 进行在线集成。ClearTerra 公司的杰夫·威尔逊（Jeff Wilson）表示："这种功能不仅解决了耗时的手工查找和标绘地图的过程，而且通过立即与他人共享，将其带入了社交网络时代。"[14] 在向美国地理空间情报基金会 ABI 工作组的演示中，威尔逊展示了如何使用拖放界面对本地目录中的数千个文档进行地理信息标注。

12.4 从静止图像中提取对象和活动

从图像中提取目标、特征和活动是情报技术的核心要素，也是图像分析人员培训的核心环节。人们已经开发了许多工具和算法来帮助手工图像提取、计算机辅助图像提取和完全自动化的图像提取。建筑物、道路、树木、隧道和其他的地质特征提取技术被广泛应用于商业图像，并被土木工程师和城市规划者使用。

有许多方法可以用于自动提取和地理数据处理。低级特征提取是指在没有任何形状信息的情况下对图像进行自动提取[15]。一种常用的技术被称为边缘检测，它产生一个矢量化的线条图与图像的显著特征。漫画艺术家的肖像画是显著特征检测的一个例子，因此在高度欠采样的素描中，个体可以立即被识别。

边缘检测依赖于图像在空间区域上的不连续性或亮度的显著变化。由于许多人造物体都有明确的边缘，并且在自然界中尖锐的线性特征通常不那么普遍，边缘检测被广泛地应用于图像处理和计算机视觉中，从而从周围环境中提取人造特征和物体，如道路和建筑物。这些不连续性也可能是由物体的方向、颜色或材料性质的变化引起的[16]。

边缘检测的应用非常广泛，已经有成千上万的相关技术论文发表。雷声 BBN 公司开发了一个名为 VISER 的系统，该系统"整合了大量底层特征，能够在视频中捕获外观、颜色、动作、音频，实现音视频同步模式"[17]。边缘检测技术被嵌入到许多自动算法中，包括那些执行跟踪和融合的算法。

更高层次的特征提取技术是基于对象的，并且依赖于分类器和机器学习。所谓对象是一个感兴趣的区域，它具有空间、光谱（亮度和颜色）和描述该区域的纹理特征[18]。基于分类的方法通过提供所需对象的一系列训练样本来校准自动算法。多层神经网络是该方法中对训练集进行分类的常用技术[19]。

一种广泛使用的方法是基于尺寸不变特征的变换（SIFT），由戴维·罗威（David Lowe）于 1999 年提出[20-21]。SIFT 在图像中生成一个对象的"特征描述"，识别主要由图像的高对比度区域定义的重要点（边缘检测的变化）。算法的尺寸不变是指图像的特征在一个重要点和另一个重要点（如在多幅图像之间）之间应该是一致的。罗威在表 12.2 中总结了一些用于识别这类问题的关键技术[22]。

表 12.2 SIFT 的重要方面（来源：文献 [23]）

问 题	技 术	优 势
关键定位/尺寸/旋转	差分-高斯/尺度-空间金字塔/方向分配	精度、稳定性、尺寸、转动不变性
几何失真	局部图像方向平面的模糊/重采样	仿射不变性
索引和匹配	最近邻/最佳箱盒优先搜索[24]	效率和速度
集群识别	霍夫变换投票	可靠的构成模型
模型验证/异常值检测	线性最小二乘法	更好的容错性和更少的匹配
验证假设	贝叶斯概率分析	提高可靠性

高阶特征提取也应用于人脸识别[25]。社交网络巨头脸书率先在人脸识别方面取得了进展，一些网站声称其性能接近或超过了人类的水平[26]。大多数人脸识别方法遵循四阶段模型：检测→对齐→表示→分类，很多研究都是针对工作流的分类步骤。脸书的方法通过将三维建模应用于对齐步骤，并使用深度神经网络来获得面部表征来提高性能[27]。虽然脸书的研究适用于通用的人脸检测，但以问题集为背景进行分类则要容易得多。当脸书的算法试图在提交的图片中识别个人时，它会有用户当前链接到的"朋友"的信息（按 ABI 的说法，是背景信息和关系信息的组合）。更有可能的是，用户提供的照片中的个人是通过他或她的社交网络与用户建立联系的。这个属性称为本地分区，对于 ABI 非常有用。如果分析人员能够通过一个或多个链接识别出与目标相关的数据子集（如以前访问过的地理位置留下的历史记录），那么广域搜索和命中目标的问题维数就能指数级地减少。

示例：美国海军空间和海战系统司令部（SPAWAR）

美国海军空间和海战系统司令部研发了快速图像开发资源（RAPIER®）船舶探测系统，这是一项历时 5 年开发的专利技术[28]。RAPIER 使用一套先进的图像处理算法，从高分辨率商业卫星图像和其他来源图像中自动检测船只[29]。算法实现了陆地遮蔽、云层检测及消除，通过去除由微光、波浪和其他环境现象引起的噪声来减少虚警。算法可以对船只进行提取、分类、定位和测量,还可以通过估计船头(通常是弯曲的)和船尾(通常是平坦的)的位置来确定大致的航向。典型的输出是一个 HTML 格式的"提示页",其中包含被检测船只的部分信息,检测算法的元数据如图 12.4 所示。

		船分类算法	船纬度/经度	首舷/船首或尾迹探测算法	罗盘	长度(m)/宽度(m)
船5		油轮:液化气运输船(99%)	1.22060/103.65346	64.58/244.58 (71%)(首舷/船首算法)		202.09/48.77

图 12.4 从 RAPIER® 中提取了船只和相关的元数据
(来源:SPAWAR 系统中心[29],已批准公开发行,发行数量不限)

图 12.4 为置信度为 99% 的液化气运输船。这些船的特点是沿船舷方向安放着巨大的圆柱体。船舶特征是通过模型定义的,这些模型通过系统进行反复训练。图 12.5 展示了应用于集装箱船舶的边缘检测和分类算法。

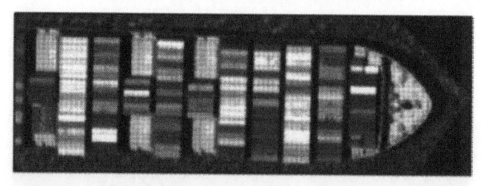

图 12.5 边缘检测和特征提取算法在候选船舶上的应用
(来源:SPAWAR 系统中心[30],美国专利)

为了校准"RAPIER",设计师们从公开可用的船舶登记数据库中导入了数千艘船舶的几何特性。最初的分类步骤是根据长度和长宽比对船舶进行分类,这是一种粗略的估计,也可以用来估计船舶的总吨位。

根据图像的性质和水面引起的背景噪声,应用不同的算法。在全色图像中,平静的水面(低海况)显示为黑色,而波涛汹涌的水面(高海况)在检查图像中的像素强度时显示为灰色纹理。RAPIER 使用傅里叶变换和二进制逻辑,根据被探测的海面状况来应用不同的检测阈值。

使用加权和确定检测置信度:

$$C = W_\mu \mu \times W_\sigma \sigma \times W_A A \times W_I I_{max}$$

式中:μ、σ 分别是像素强度的平均值和标准偏差,A 是检测物体的面积,I_{max} 是检测区域内最大像素强度。W_I 是分配给每个因素的经验加权,通常每个因素权值为 0.25[31]。

除了 HTML 提示表,RAPIER 还输出一个 Google Earth. KMZ 后缀格式的文件,包含船舶的地理位置检测和相关元数据。如图 12.6 所示,可视化工具通过在检测对象周围放置一个方框来突出显示它们。

广域搜索通常是一项单调、耗时的任务,要求分析人员逐行扫描栅格图像以寻找候选对象。RAPIER 的船舶探测方法将分析人员的注意力集中在潜在的目标上。分析人员可以通过诸如置信度、大小和标题等元数据,以进一步筛选对象。在一个相关的应用中,SPAWAR 开发了一种方法,将高空图像与船舶自动报告系统(特别是 AIS)融合起来,将提取出的图像位置或分类数据与每艘船舶的唯一标识符进行融合[32]。这个过程通过代理将时空关联性与实体解析相结合,以识别单个船只的行为模式。

SPAWAR 还在继续研发"RAPIER",并于近期将算法扩展到全动态视频和合成孔径雷达的海上目标检测、跟踪和识别等领域[33-34]。开发人员还将 RAPIER 架构应用于火灾和洪水探查[35-36]。

该领域正在进行的研究试图将目标检测方法扩展到活动检测。物体的相对位置、场景的上下文信息、或者物体的历史位置/行为,都可以用来表征活动。

与 ABI 相关的另一种方法是从感兴趣的同一区域的图像序列中检测变化。光栅图像是在笛卡儿平面上的一系列强度值。如果两幅图像是在同一平面上的两个不同的时间拍摄的,它们可以被"减去"以检测从一幅图像到另一幅图像的变化。在实践中,对图像的采样率必须大于目标活动的变化率。因此,运动图像的自动变化检测和活动提取在 ABI 分析中具有重要的实用价值。

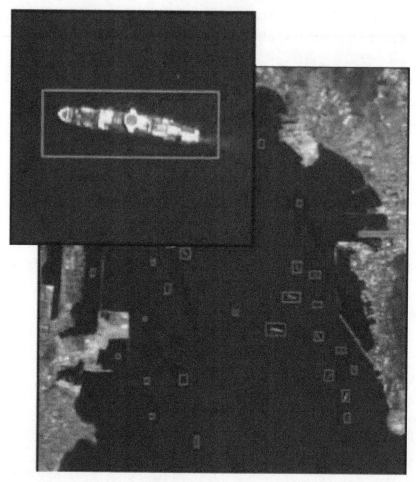

图 12.6　RAPIER® 的船舶探测示例（来源：SPAWAR 系统中心[29]。已批准公开发布。传播不受限制）

12.5　从运动图像中提取目标和活动

随着 21 世纪初运动图像的激增，许多用于计算机视觉和目标提取的基本算法被扩展到运动图像。从地面、机载和星载运动图像中提取目标和活动是整个情报系统和国防部持续关注的研究领域和开发重点。

12.5.1　从视频中提取活动

来自美国情报高级研究计划局（IARPA）敏捷分析办公室的自动化底层

多元情报视频("阿拉丁"(Aladdin))项目,"旨在结合视频提取、音频提取、知识表示等方面的最新技术,以及革命性的搜索技术,以创建一种快速、准确、健壮和可扩展的技术,支持未来的多媒体分析需求"[37]。"阿拉丁"项目开发了一种技术,可以快速搜索大量视频片段,以获取感兴趣的特定事件。在"阿拉丁"项目中,"事件"具有以下属性:

(1)它是发生在特定地点和时间的复杂活动。

(2)它涉及人与人及其他物体的互动。

(3)它由许多松散或紧密组织的人类行为、过程和活动组成,这些行为、过程和活动与总体活动具有重要的时间和语义关系。

(4)它是直接可见的。

技术开发计划定义了内容描述符(关于视频中事件的元数据)和事件的语义关系。作为"阿拉丁"项目的参与者,IBM公司开发了IBM多媒体分析与检索系统(IMARS),这是一个"新颖的基于视觉特征的机器学习框架,用于大规模的图像和视频内容语义建模和分类"[38]。IMARS基于描述符对视频进行划分和分类,他们的研究以紧凑的矩阵格式表示属性,这种格式通过离线处理获得,能够在流式视频上大规模使用[39]。

从美国空军"捕食者"等机载监视平台上发现和利用活动图像是一个耗时的人工过程。美国国防高级研究计划局的视频和图像检索与分析工具(VIRAT)是由米塔·德赛(Mita Desai)博士领导的2008财年的研究项目,开发了快速搜索大量现有视频数据的能力,以监控特定的活动或事件的实时视频数据"[40]。VIRAT开发的工具提醒操作人员特定事件和活动的发生,并支持大型运动图像存储的基于内容的上下文搜索,以帮助实现多源关联。根据美国国防高级研究计划局关于该主题的声明,"美国国防高级研究计划局正在寻找创新的算法,用于活动表示、匹配和识别,从而支持索引和检索",用于动态的基于活动的信息,从而支持活动分析[41]。VIRAT和持续监视开发分析系统(PerSEAS)项目经理米塔·德赛在美国国防高级研究计划局的一份声明中说:"坏人会做坏事,比如埋设简易爆炸装置(IED)所涉及的所有行动——所以活动才是最重要的"[41]。

到2014年,美国军方的无人机编队飞行时间已超过400万h,产生了数百万小时的高分辨率运动图像[42]。分析人员们只利用了这些图像中的一小部分。它保存在PB级的数据存储中,使用有限的元数据进行标记,并且很少在事后进行检查。VIRAT开发的算法提供了对这些数据进行溯源再处理的机会,从而在空间和时间上标记特定的活动,能够实现大规模的基于活动的发现和关联。分析人员将能够查询存储所有过去发生事件的已有运动图像。当定义了感兴趣的新事件或提取算法时，可以对现有的内容进行重新处理，然后在地理位置上引用新的事件，从而丰富 ABI 元数据的内容，去发现和关联调整其他数据。图 12.7 描述了实际的 VIRAT 系统，该系统处理运动图像并根据表示行为、活动、事件和事务的"原语"派生出一系列"内容描述符"[43]。

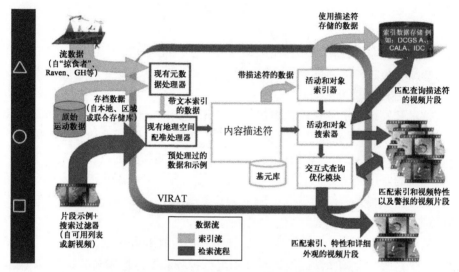

图 12.7　美国国防高级研究计划局 VIRAT 系统说明
（来源文献 [40]，美国国防高级研究计划局）

VIRAT 还开发了活动类型的分类方法，这些活动可自动从视频剪辑中提取出来，如表 12.3 所列，分类主要针对人类活动，通常比特定对象更难识别。VIRAT 展示了大量的技术来应对"不同尺寸和分辨率的真实场景监视视频，每个视频持续 2~15min，包含多达 30 个事件"[44]。

表 12.3　VIRAT 系统提取的活动类型示例（来源：文献 [40]，美国国防高级研究计划局）

活动类别	典型活动
单人	挖掘、闲逛、捡起、投掷、爆炸/燃烧、携带、射击、发射、行走、跛行、跑步、踢、吸烟、打手势
人-人	跟随、见面、聚会、一起移动、分开、握手、亲吻、交换物品、踢、一起携带
人-车	开车、进进出出、上（落）货、开（关）后备箱、爬下车底、破窗、射击/发射、爆炸/燃烧、下车、拾起
人-设施	进（出）站、在检查站等候、避开检查站、登顶、通过大门、下车

续表

活动类别	典型活动
车辆	加速（减速）、转弯、停车、超车/通过、爆炸/燃烧、开火、射击、一起移动、形成车队、保持距离
其他	VIP活动（车队、游行、接待线、列队、向人群演讲）、骑/牵动物、骑自行车等

图 12.8 说明了 VIRAT 的一个可能的作战概念。分析人员希望查询（或接收到警报）所有的在 12h 内以及 4km² 的区域内做"U 形掉头"的车辆内情况。"U 形掉头"行为对应于轨迹数据中的描述包括径向速度、航向，以及加速。跟踪数据从实时运动图像流和索引数据存储中处理，以查找速度为 0 且航向 180°变化的所有车辆。VIRAT 系统将所有与期望的行为相匹配的视频片段排列起来，并用空间和时间坐标在地图上对事件进行定位。

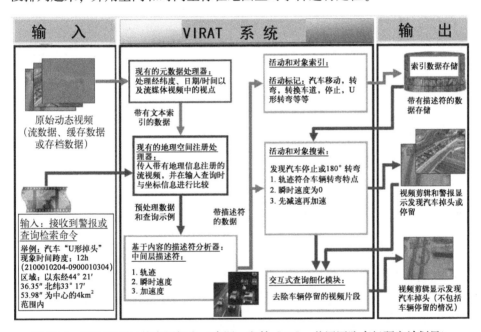

图 12.8 VIRAT 项目的应用概念（来源：文献[40]，美国国防高级研究计划局）

根据里米（Rimey）、霍夫（Hoff）和李（Lee）的说法，"识别活动需要长期的观察，而识别行为是一组观察证据相对于特定活动集结构的辨别能力的函数"[45]。他们强调了不断增加的持续监视传感器的重要性，并将重点放在高度杂乱环境中由关键地理空间、时间或交互模式确定的活动上。方法的关键之处在于整合上下文环境，即其他多种情报信息。这些信息提高了正确关联的概率，并改进基于上下文中可能的活动推理。

军事遥感的应用

2013年,兰德公司制作了一份关于运动图像处理和运用(MIPE)的详细报告,研究了利用军事情报收集系统产生的快速增长的全动态视频和广域运动图像分析技术。兰德公司指出,自动化算法"不能完全取代所有人工分析人员"对于对象和活动的搜索,其又补充说,自动化在使分析人员的注意力集中到"特定的视频帧或子帧"上发挥了重要作用。缩小分析人员的搜索范围,而不是取代人工驱动的工作流程和分析过程,是支持ABI自动化的关键因素,特别是对于广域多源情报集和其他大型数据集。

从2006年开始,分析人员使用麻省理工学院林肯实验室APIX浏览器手工开发了陆军的"永恒之鹰"广域运动图像传感器系统。当一组数据被送到地面的分析人员那里立即进行分析时,另一组数据与图像进行融合、锐化、色彩校正和压缩,用于溯源分析。溯源分析要求分析人员从一个感兴趣的事件(通常是简易爆炸装置爆炸)开始,然后回放视频,将参与人员回溯到他们的起点。分析人员与美国陆军奥丁(ODIN)特遣部队合作生产情报产品,通过一帧一帧地推进视频、点击目标物体,煞费苦心地记录目的地到起源地的轨迹[48]。连接轨迹的时间通常比任务时间长(例如,利用1h的运动图像进行溯源的时间要超过1h)。在封闭的城市环境中,这一细致、费力的过程变得更加复杂,成功的轨迹标准也很高:当军队正准备突袭目标时,虚假警报会造成重大危险和引发负面的公众反应。

随着时间的推移,变化检测算法被用来识别在相同位置上的视频差异,"比如被翻动的土壤……这可能表明有地雷"[49]。变化检测算法使兰德公司确定的"关注焦点"情报技术成为可能,但需要更先进的算法来全面分析跨多个传感器和越来越大的区域的活动和事务。兰德公司的运动图像处理和运用(MIPE)报告还指出,去除背景有利于广域运动图像分析的高回报和低成本,它"自动指示视频前景在帧与帧之间是否发生了显著变化,从而指导分析人员将其注意力放在不断变化的场景上",并指出这种技术在对大片无人居住的区域进行检测时非常有用,尤其是变化特征不明显时[46]。

12.5.2 从广域运动图像中提取活动和事件

像"永恒之鹰""恶妇凝视""蓝魔"这样的广域运动图像收集器引入了一种新的能力,由于其相对较长的驻留时间和合理的帧速率和分辨率,可以在城市大小的区域内探查事件。

1. 启动-停止探查

在广域运动图像传感器平台的全视场(FFOV)中跟踪对象是一项计算量

非常大的任务。当广域运动图像传感器平台首次部署时，前端部署的硬件配置缺乏足够的计算能力，算法也无法支持对对象的全帧自动跟踪。分析人员和技术人员将数据等价性的概念与自动化的运动检测算法集成在一起，通过人机协作来利用广域运动图像。运动检测计算的计算强度要比多目标跟踪低得多，其本质上是在两个或更多帧的运动图像之间进行变化检测。识别帧之间移动的对象相对容易，但是将移动的对象与前一帧中正确的对象关联需要另一种计算方法。

分析人员意识到，仅识别事务的开始和停止，他们的注意力就会集中在广域运动图像数据中开始手动跟踪和回溯的位置上。此外，通过将异常的启停时间与可疑实体的离散位置相关联，分析人员可以快速测试与该实体目标活动模式相关的假设，并使用第5章和第22章中讨论的方法快速绘制该实体的地理空间网络。

尽管许多研发工作将资源集中在开发跟踪算法上，但许多经验丰富的分析人员熟悉这种启停检测和时域分析方法，并将其作为在该位置进行分析的线索。人们还为每个事件记录进一步地细化了元数据类型，并通过集成其他数据源提高了检测的可靠性。

2. 事件检测

VIRAT专注于识别和提取以"捕食者"无人机为代表的高分辨率运动图像中的活动，而低分辨率的广域运动图像传感器也为自动活动提取提供了可能。美国国防高级研究计划局的德赛还管理了持续监视开发分析系统（PerSEAS）项目，该项目通过描述运动行为，重点关注广域运动图像和来自大尺寸、低分辨率系统的活动识别。图12.9显示了PerSEAS的概念。PerSeAS开发了"用于关联轨迹片段以识别本地化事件的算法解决方案"[50]。PerSEAS随着时间的推移会自动观察大片区域以识别行为模式，并提醒分析人员进行进一步的分析。根据德赛的说法，"VIRAT和PerSeAS的目标并不是要取代人类分析人员，而是通过降低他们的认知负荷，使他们能够更快、更轻松地搜索活动和威胁，从而提高他们的效率"[41]。

Kitware公司是PerSEAS项目的参与者，开发了活动和威胁识别的软件，"尽管计算机轨迹存在缺陷，很少能够从其源头到目的地连续保持实体身份，但仍然可以有效地发现长时间、空间分布、多代理的活动和可疑行为"[51]。Kitware公司基于动态贝叶斯网络提出了跨碎片化轨迹的事件识别和关联方法[52]。

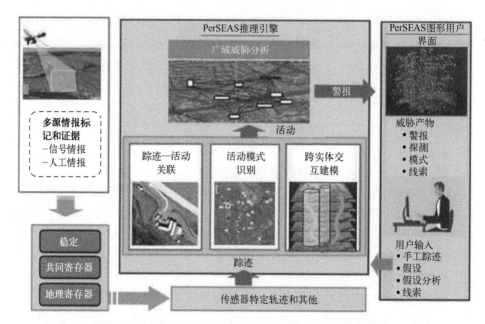

图 12.9　美国国防高级研究计划局的持续监视开发分析系统的概念（PerSEAS）
（来源：文献［50］，美国国防高级研究计划局）

12.6　跟踪和轨迹提取

除了在大范围内探测事件和活动外，机载运动图像和雷达传感器还首次提供了在城市规模区域内记录完整事务的能力。虽然早期的开发工作侧重于手动记录从起点到终点的目标轨迹，但越来越多的视频自动跟踪算法允许对整个场景进行全视角处理，从而形成完整的事务。这些通常被称为"跟踪"。

跟踪涉及数学求解的两个相关问题：运动检测和目标匹配。运动检测即本章前面所述的变化检测，是从一个观测到下一个观测的变化的标注。对于高帧率图像，从几乎完全相同的制高点、入射角、光照条件和高度连续拍摄两帧或多帧图像，这提高了变化检测的一致性。变化是通过比较两个（或多个）连续帧之间的返回值（雷达能量和图像强度）来计算的。

目标匹配需要估计下一个观测中对象的可能位置，并正确地将两个观察结果关联起来。当环境的目标密度增加时，关联步骤的计算复杂度也随之增加——也就是说，当算法必须将新位置与多个可能的对象进行比较时，就会有多个引入误差的风险。

12.6.1 采样率和分辨率的作用

在跟踪中，采样率（运动图像中的采样率也称帧率和分辨率）对跟踪器的性能起着重要的作用。为了使跟踪的对象能够足够接近后续帧中的位置，帧速率必须足够高，才能更可靠地与前一个位置进行关联。然而，在非常高的帧速率下，有时无法在相邻的两帧之间检测到运动，因为在给定的分辨率下，对象移动的距离不足以超过检测阈值。矛盾的是，人类移动的速度非常慢，以至于极高的帧频图像可能反而会降低运动检测和跟踪性能。

分辨率在看清物体细节或基于外观的跟踪，以及从噪声背景中提取运动物体方面也起着重要的作用。在 0.5m 的分辨率下，图像中的每个像素代表 0.5m。一辆典型的轿车大约 2m 宽，5m 长。在 0.5m 的分辨率下，一辆轿车大约由 20 个像素组成。像挡风玻璃或皮卡车底盘这样的特征可能很难辨别。从完全垂直的视角来看，人员的宽度和深度不足以构成一个像素；不过如果随着时间推移，他们的影子也许可以用这种方法跟踪。

成功的跟踪方法通常使用混合的算法和聚合的结果，同时权衡考虑噪声和虚警，以增加检测的概率和正确关联的概率。

12.6.2 术语：轨迹和轨迹片段

轨迹是一个目标随时间运动的连续表示，但在实践中，由于遮挡、传感器错误、假象、噪声、与其他对象的交叉，以及目标的启停等，会影响整个事务过程持续跟踪目标的能力。图 12.10 显示了真实世界的轨迹（顶部）的连续特性。图的中间部分显示了由一个可靠的传感器在 7 个离散点记录的地面轨迹（正方形）。这些是目标沿着轨道的真实位置。在遥感世界里，轨迹从来都不是连续的，因为它们在时间上是离散采样的。

图 12.10 的底部显示了被感知物体 A、B、C 和 D，是如何与地面离散化观测结果相对应的。当每个物体对应的圆形与正方形对齐时，意味着目标检测与目标的真实位置对齐。注意在位置（4），B 和 C 都被检测到。B 物体的三个观测结果与真实轨迹不一致。没有一个观测结果与位置（5）一致。轨迹 C 在第 7 次观测后继续，D 似乎是 C 的延续，但被传感器解析为一个单独的对象。

轨迹片段是多个观察到的与单个物体相关的轨迹。轨迹片段经常出现在闭塞或其他地理/环境遮挡中（如由云层运动引起的）。图 12.11 显示了图 12.10 中的各个传感器观测值是如何关联到轨迹中的。

轨迹片段可以通过拼接形成轨迹。轨迹片段之间的关联是由观测元数据

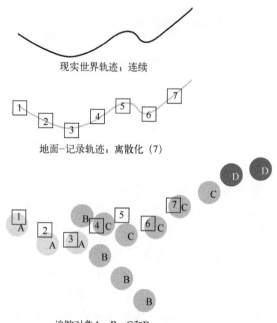

图12.10 基本的轨迹术语（摘自文献［53］）

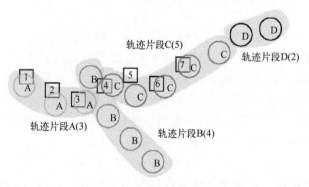

图12.11 由传感器数据形成的轨迹片段（摘自文献［53］）

确定的。运动学元数据——例如物体的速度和方向——被广泛用于预测下一个样本时物体的位置。外观元数据也有可能被使用，包括目标的雷达反射面积、颜色、形状、色调、反射和其他识别特征。许多跟踪算法将运动学和外观特征结合起来提高跟踪性能。

图12.12显示了一个将轨迹片段组合成轨迹的例子。乍一看，在忽略物体B的一个矛盾的观察点时，轨迹片段AB是由片段A和片段B组成的。轨

迹片段 CD 被解析为一个独立的物体，大约从点（4）开始，向一个不同的方向运动。很明显，代表物体真实活动路径的观测数据的组合是不正确的。

图 12.12 的下半部分显示了正确的拼接方式，其中轨迹片段 AC 是由对该对象的 8 个观察结果形成的。点（5）的采样不准确，如果运动学和外观元数据相似，轨迹片段 D 可能是 AC 的延续。

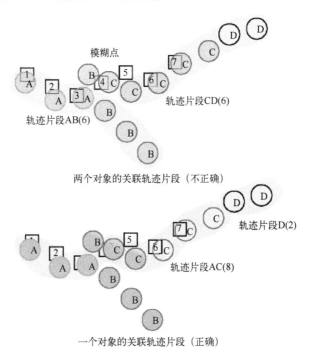

图 12.12　轨迹片段和对象运动分辨率（摘自文献［53］）

12.6.3　卡尔曼滤波

卡尔曼滤波器是一种"处理测量值的计算算法，通过对系统一系列行为的测量，加上描述系统特征和测量误差的统计模型，以及初始条件信息，来推断线性系统过去、现在或未来的最佳状态估计"[54]。卡尔曼滤波的基本概念如图 12.13 所示。"滤波器"这个术语让新手分析人员和工程师感到困惑。该过程用于从包含偏差（或噪声）的测量值中找到对物体未来状态的最佳估计。卡尔曼滤波可以被认为是"滤除噪声"，以产生对物体未来状态的可靠估计。

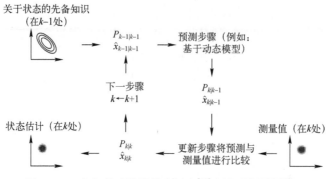

图 12.13　卡尔曼滤波的基本概念[55]（公开领域图像）

卡尔曼滤波是一个两步的过程，如图 12.13 所示，卡尔曼滤波从一个先验的知识状态开始，根据物理模型预测下一个可能的状态（如对象的未来位置）。在跟踪算法中，预测步骤通常基于目标的运动学特性和当前状态信息。以一辆在公路上以 60 英里/h（88 英尺/s）的速度行驶的轿车为例，预测步骤将推算出轿车 1s 后在正前方 88 英尺处。对对象的测量是在下一个时刻（k）中进行的。下一步将对象的检测状态与对象的预测状态进行比较，并使用新观察到的信息更新估计状态。用于估计对象 $x \in R_n$ 状态的卡尔曼滤波器的控制方程如下[56]

$$x_k = Ax_{k-1} + Bu_k + w_{k-1}$$

测量值 $y \in R_m$

$$y_k = Hx_k + v_k$$

式中：A 是一个 $n \times n$ 矩阵，它将上一时刻 $k-1$ 的状态与第 k 时刻的状态相关联（与系统中的任何控制输入或噪声无关）；x_{k-1} 表示系统在前一时刻 $k-1$ 的状态；B 是一个 $n \times 1$ 矩阵，将控制输入 $u \in R_1$ 与状态 x 联系起来；u 是从时刻 $k-1$ 到 k 发生变化的系统输入（不包括与 u 无关的任何预测变化）；w_{k-1} 是与状态估计 x 相关联的高斯过程噪声；y_k 是状态的测量值，伴随着高斯过程噪声 v_k，v_k 和 w_{k-1} 被假定为相互独立的；H 是一个 $m \times n$ 矩阵，它将状态 x_k 与测量值 y_k 联系起来。

上述过程简单来说就是卡尔曼滤波器获取已知信息（x），根据已知的关系(A,B)对未来进行估计，再考虑噪声(w,v)并用测量值(y,H)进行校正。这种方法及其派生类（包括非线性、连续时间、频率加权和混合滤波器）构成了大多数跟踪、轨迹估计、制导和导航，以及信号处理应用的基础。许多用于估计对象状态和位置的自动化算法，以及对未来的行动规划和处理算法，往往都能看到卡尔曼滤波的影子。

12.6.4 概率跟踪框架

总部位于北卡罗来纳州三角研究园区的信号创新集团公司（SIG），开发了一套跟踪分析软件套件（TASS）。这是一款用于运动图像跟踪的企业级软件，可以为广域运动图像和全动态视频数据中的所有运动目标创建"带地理位置和时间戳的跟踪和活动"[57]。这个跟踪分析软件套件作为"TASER ABI"计划的一部分，在 2010 年美国陆军发布意见征集（RFI）中被美国国防部负责情报的副部长评价为一个切实可行的跟踪框架，能够为"美国国家地理空间情报局 ABI 分析提供基础分析能力"[58-59]。

SIG 公司使用基于序贯贝叶斯推理的跟踪框架，其中每个统计模型由一个抽象类表示，跟踪概率由以下公式给出：

$$p(\mu_k \mid Z^k) \propto p_f(z_k \mid \mu_k, F_k) \cdot p_K(z_k \mid \mu_k) \cdot \\ p_D(\mu_k, F_k) \cdot \int p(\mu_k \mid \mu_{k-1}) p(\mu_{k-1} \mid Z^{k-1}) \mathrm{d}\mu_{k-1} \quad (12.1)$$

式中：$P(\mu_k \mid Z^k)$ 是目标在未来 k 时刻的概率位置；$P_f(z_k \mid \mu_k, F_k)$ 是基于特征 F 在某个位置的概率；$P_k(z_k \mid \mu_k)$ 是基于运动学在某个位置的概率；$P_D(\mu_k, F_k)$ 是基于目标可探测性的概率；$P(\mu_k \mid \mu_{k-1})$ 是预测从时刻 $k-1$ 到时刻 k 位置的运动模型；$P(\mu_{k-1} \mid Z^{k-1}) \mathrm{d}\mu_{k-1}$ 是前一个后验，μ 表示状态空间 $[x\ y\ (速度航向)]^T$。

这种方法允许对式（12.1）中的每一项使用不同的模型进行即插即用跟踪。

运动学跟踪可以通过"对目标行为和场景动态的建模和自学习来减少预测的不确定性"得到进一步提升[60]。如图 12.14 所示为基于流量预测的例子——对传统卡尔曼滤波方法的改进——其中对象被视为沿着既定路径运动的粒子。在图 12.14 中，道路约束、车辆的相互作用以及交通信号的状态都是状态估计问题的组成部分。

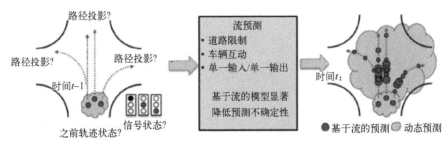

图 12.14　城市跟踪中不确定性的量化（SIG 公司，经许可转载）[60]

SIG 公司的方法还包括一个可变的检测概率（VPD）模型，其中可检测性是关于对象特征和环境属性的一个函数。基于相对于传感器的预测速度/航向，径向速度采样被分配了一个单独的检测概率，这依赖于所观察到的与速度相关的检测概率特性，而不是一个恒定的最小检测速度。检测概率也考虑了遮蔽的因素在内。例如，遮蔽降低了目标的可探测性。该模型允许将地理信息数据和其他地理空间信息综合起来考虑遮挡。在适当的情况下，遮蔽信息可以通过三维场景或地理信息模型进行整合，或者通过对区域周围轨迹的反复观察进行学习。该方法提高了轨迹质量和连续性，减少了同一区域内的轨迹断裂次数，提高了轨迹的全局跟踪性能。

12.6.5　聚类、航迹关联和多假设跟踪（MHT）

在单目标跟踪中，目标匹配问题是由通过后续观测正确关联目标的能力来定义的。在密集的跟踪环境中，这种方法的正确关联概率显著下降。多假设跟踪是一种对所有可能对象的可能状态进行概率估计的方法。当未来的观测结果与假设不符时——例如，随后的观测结果显示可疑对象的外观或大小发生了显著变化——预测模型中的可能性就会被"修剪"掉。然而在密集的环境中跟踪多个假设需要进行大量的计算，因为每一个被检测到的对象都必须在随后的每一帧中，与其他被检测到的对象进行匹配测试。

解决这个问题的一种方法是通过聚类进行轨迹关联。聚类将跟踪问题划分为多个区域，以减少必须考虑的可能匹配的数量。图 12.15 所示为聚类的一个示例，其中观察值 z 被划分为两个聚类。

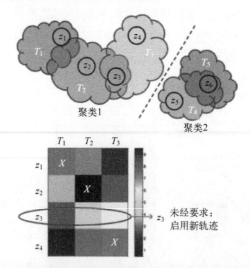

图 12.15　聚类和轨迹关联（© 2014 SIG 公司，经许可转载[60]）

由于 z_5 和 z_6 与其他观测值相差甚远，它们不太可能与轨迹 T_1、T_2 或 T_3 有关。使用芒克雷斯（Munkres）分配算法计算每个观测值与关联轨迹的代价，使得聚类中每个分配的总代价最小[61]。图12.15 显示了观察值 z_1 如何与航迹 T_1 配对，z_2 如何与 T_2 配对，z_4 如何与聚类1内的 T_3 配对。根据分配方案，z_3 与 $[T_1,T_2,T_3]$ 关联时的代价为 $[8,5,6]$，而 $[z_1,z_2,z_3]$ 的代价为 $[3.5,1,3.5]$。由于 z_3 的所有代价都高于已分配的代价，因此为 z_3 开启了一个新轨迹。

图12.16 说明了多假设跟踪 MHT 的概念。在 t 时刻，在基于流量的预测附近接收到两次观测值（图12.16 左边的点）。因为检测值 z_1 比检测值 z_2 更接近大部分预测样本，所以它的"跟踪分数"更高。如图中所示，假设 H_1（10分）得分大于假设 H_2（3.5分）。在单目标跟踪中，轨迹与 H_1 相关联，观测值 z_2 被丢弃；在 $t+1$ 时刻（右侧），观测到第三个观测值 z_3 更靠近 H_2，而不是 H_1。使用带延迟决策的多假设跟踪方法时，会判定 H_2 与原始预测相关联，如果正确关联的概率低于定义的阈值，那么 H_1 会被作为可能性较小的轨迹甚至被丢弃。

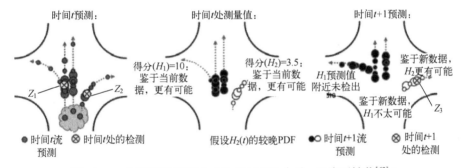

图12.16　多假设跟踪概述（© 2014 SIG 公司，经许可转载[60]）

12.6.6　异常轨迹检测

另一种可以应用于广域数据的自动化技术是异常行为检测，即"与典型行为模型相比，异常的个别轨迹"[62]。同样，这个自动化的过程促成了"关注焦点"，它将操作员集中到一个场景中感兴趣的区域。由于这个场景太大、太复杂，如果没有自动化的帮助就无法进行监控。肯尼迪、王和布兰迪实现了一种技术，他们将场景细分为 9×9 像素块，并识别整个场景中最有可能的轨迹行为（图12.17）。

图12.17 显示了交通模式特征提取的结果，突出显示了数据集中50个最常见的轨迹行为。左上角表示最常见的动作，右下角表示最罕见的动作。最有可能出现的行为是与采集区域内的"正常"交通模式相对应，并不一定扩

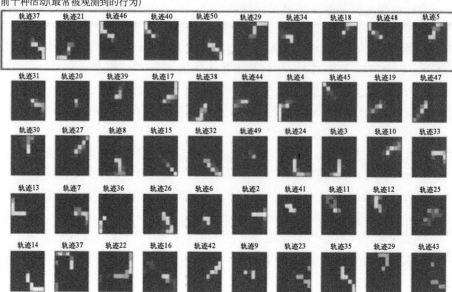

图 12.17 常见交通模式特征矩阵（来源文献 [62]，经许可转载）

展到其他区域（例如，中间 U 型交叉路口是密歇根州许多道路的标准特征，但在美国其他地区却很少见）[63]。如图 12.18 所示，从较大的数据集中分离出异常轨迹并突出显示，以便进一步进行识别。

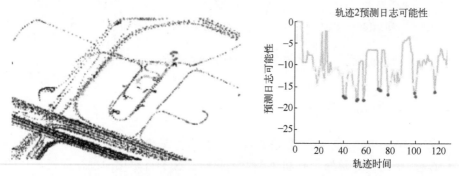

图 12.18 异常轨迹的示例（来源文献 [62]，经许可转载）

在这种情况下，车辆沿着主干道行驶，然后转入停车场——这本身并不是一种反常行为。接下来的 40s 的跟踪时间内，车辆在停车场周围绕了一圈。如果车辆只是在一天繁忙的时间里寻找停车位，那么这种行为可以被归类为正常行为，但是经过学习的常态模型将这种行为标记为与数据集中的其他轨迹不同的异常行为。

使用自动化算法对大型广域运动图像传感器和地面动目标指示雷达的数据集进行分类，可以为分析人员节省出时间用来调查标记的轨迹。首先根据统计学模型获取"正常"行为，然后将异常轨迹与可疑的离散位置关联起来。这些可靠的自动跟踪算法既加快了目标活动模式的发现过程，也节省了人工提取轨迹的时间。他们还处理了多类大型的数据集，以识别目标新的离散位置和异常行为。

这些算法越来越多地被作为分析支持系统的一部分，与大型图形处理单元（GPU）计算系统相连，以便分析人员能够利用日益复杂的硬件和软件来进行更长时间的分析。

12.7 自动化算法的评估指标

自动化活动提取、识别和关联这些创新技术发展面临的主要挑战之一是缺乏性能评估的标准。美国国防高级研究计划局的 PerSEAS 项目引入了几个候选指标，这些指标广泛适用于这类算法，如表 12.4 所列。

表 12.4 用于评估自动活动提取算法的示例指标（来源文献［50］）

指标	描述
P_d	对于给定的威胁活动，正确返回的活动数量除以候选集合中该活动的实例总数。P_d 越高越好。这个指标可以扩展到其他概率，包括正确关联的概率和正确实体来源的概率
每平方千米每小时虚警率（FAR）	对于给定的威胁活动，每平方千米每小时报告的不匹配的威胁活动数量。该指标越低越好
标准化报警时间（TA）	从报警时间到威胁活动结束的剩余时间除以威胁活动总时间的比例，TA 越高越好
加速时间（TE）	在给定一个 nh 的任务和一个指定的感兴趣区域的情况下，减少的任务分析时间。与手动执行分析任务相比，分析人员使用算法辅助系统执行标准分析任务的速度要快多少？降低的百分比越高越好
活动类型数量	它是一个可以通过 PD 和 FAR 识别给定数据源的活动/事件类型的数量
单位时间单位面积所需资源	在给定的空间/时间范围内，使用给定数量的可用 CPU 执行活动提取任务所需的时间。除此以外，这个指标还可以表示为在一定时间内处理一个区域所需的 CPU（核）的数量，或者给定数量的处理器的处理时间与任务时间之比
扩展（数据量）	因时空积增加而改变的处理速度。这包括测量已知容量的处理时间并比较速度与大小。与容量的增长相比，速度的增长应该小于线性增长
扩展（密度）	随着实体、事件密度的增加，处理速度的变化。这包括测量已知密度的处理时间并比较速度与密度。与密度的增加相比，速度的增长应该小于线性增长

12.8 需要多种互补资源

在信号处理和传感器理论中,最常用的描述图是接收机工作特性(ROC)曲线,即灵敏度或检测概率与虚警率(FAR)的关系。一般过程的 ROC 曲线示例如图 12.19 所示。ROC 曲线描述了传感器(或过程)在检测灵敏度变化时的特性。该曲线的主要特性表示,误检率总是随着灵敏度的提高而上升,曲线的形状由传感器或处理的特性决定。

尽管分析人员讨厌虚警(因为需要额外的时间来评估和区分,所以会减慢分析过程),但是如图 12.19 所示,虚警是任何检测过程的必然结果。大多数分析人员希望消除虚警,但是对于给定的传感器或流程,在不牺牲灵敏度的情况下,误报是无法减少的。减少虚警意味着也将错过真实发生的事件。

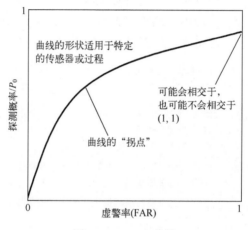

图 12.19　ROC 曲线

凯瑟·冯(Kaiser Fung)以职业运动员的药物测试为例,在《数字统治你的世界》(*Numbers Rule Your World*)书中描述了这一悖论。冯引用了波士顿红袜队三垒手迈克·洛厄尔(Mike Lowell)的话:

(人类生长激素测试)必须是 100% 准确,因为如果它是 99% 准确,那么棒球大联盟中将有 7 个人被误判为阳性。如果这些名字中有一个是主力队员,则将会给他的职业生涯留下了终身的创伤。你不能回过头来说"对不起,我们犯了一个错误",因为你刚刚毁了那个人的职业生涯。

冯指出,在对职业运动员进行药物测试的情况下,测试者可能会倾向于较低的 ROC 曲线,因为错误指控运动员的后果可能会终结他的职业生涯。虚警在情报中也很重要。从极地冰盖中错误地探测到一枚潜射弹道导弹，可能会引发一场毁灭世界的反击。然而，在 ABI 中这样的风险却较低，因为任何一个单一的检测很少决定战争的到来。由于 ABI 分析人员通过许多传感器收集数据来寻找相关性，所以他们宁愿错误检测也不愿漏检。其他信息来源的融合弥补了单个情报收集领域中任何一个数据源的不足，这是数据等价性原则的又一体现。

ROC 曲线是单个传感器或过程所固有的，但是结合多个传感器的结果，将 ROC 曲线向左平移，如图 12.20 所示。单源融合过程沿着某个 ROC 曲线移动，而多源融合过程会沿着不同的 ROC 曲线移动。当传感器/过程具有高质量或互补时，在给定的检测概率下，虚警率会减小，反之亦然。计算合成概率的技术将在第 14 章中描述。

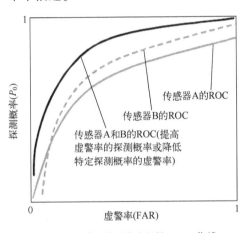

图 12.20 多源探测过程的 ROC 曲线

12.9 总　　结

2014 年 5 月，国家情报总监詹姆斯·克拉珀（James Clapper）在太空基金会国家太空研讨会上说："我们将拥有能够持续监视的系统：长时间凝视一个地方以探测各种活动；掌握目标活动模式；当异常发生时能及时发出警告；甚至使用 ABI 方法来预测未来的行动"[65-66]。随着第 10 章中介绍的"大数据"的数量、速度和种类不断增加，需要实现自动算法来处理数据，从非结构化数据中提取活动/事件、从图像中提取对象/活动，以及从运动图像中自动检测/跟踪。

另一方面，拉丁语"机械降神"（Deus ex machina）指的是用不可思议或神奇的手段解决了看似不可能的复杂情况。越来越复杂的"高级分析"算法提供了一种可能性，只要信任"神奇的黑匣子"，就能让分析人员脱离数据"苦海"，对于没有归档证明出处的数据，如果没有清楚了解这些数据是如何收集或处理的，没有分析人员会相信这样的数据。

自动化还将分析人员从繁重的工作中解放出来。在 ABI 方法实施的早期，分析人员被迫进行"垃圾清理"和"数据清洗工作"，治理自己的数据以供情报分析。在这个过程中，分析人员对每条数据记录都很熟悉，并逐渐熟悉了元数据。数据自动治理算法可能会重新格式化和"清洗"数据，以剔除异常值——但正如所有统计学家所知道的那样，所有有趣的行为都分布在"末端"。

12.10 致 谢

SIG 公司的乔纳森·伍德伍兹（Jonathan Woodworth）、纳威·肯尼迪（Levi Kennedy）、保罗·朗克尔（Paul Runkle）对第 12.6 节关于跟踪和跟踪提取的内容做出了重要贡献。来自 Clear Terra 公司的杰夫·威尔逊（Jeff Wilson）对第 12.3 节关于地理相关的实体和活动提取的内容做出了贡献。来自美国海军空间和海战系统司令部的海蒂·巴克（Heidi buck）为 RAPIER 提供了素材。

参考文献

[1] Lohr, S., "For Big-Data Scientists, 'Janitor Work' Is Key hurdle to Insights," The New York Times, August 17, 2014.

[2] HoLtman, J., "data Munging with R." Powerpoint Presentation. Web. Available：http://datatable. r-forge. r-project. org/JimHoltman pdf.

[3] Romano, D., Data Mining Leading Edge: Insurance Banking, presented at the proceedings of knowledge Discovery and Data Mining, Brunel University, 1997.

[4] Dasu, T., and T. Johnson, Exploratory Data Mining and Data Cleaning, Hoboken, NJ：Wiley-IEEE, 2003.

[5] Steinberg, D., "How Much Time Needs to be Spent Preparing Data for Analysis?," Web. Available：http://1. salford-systems. com/blog/bid/299181/how-much-time-needs-to be-Spent-Preparing- Data-for-Analysis. 9 Jun 2013.

[6] "2020 Analysis Technology Plan," National Geospatial-Intelligence Agency, Approved for

Public Release. NGA Case#14-472. 12 Nov 2014.

[7] Popp, R., et al., "Countering Terrorism Through Information Technology," Communications of the ACM, Vol. 47, No. 3, March 2004, p. 36.

[8] "Threat Prediction." BEA Systems. Web. Available: http://www.baesystems.com/our-company-rzz/our-businesses/intelligence-&-security/capabilities-&-services/geospatial-intelligence.

[9] "Engineer's Early Fascination with Geography and Language Evident in MITRE's Georeferencing Toolkit," MITRE Corporation, Mar2012. web. Available: https://www.youtube.com/watch?v=zr6_HJEPnJg.

[10] "2013 Annual Report." MITRE Corporation. 2013. https://www.youtube.com/watch?v=zr6_HJEPnJg.

[11] LocateXT Overview Clearterra. Web. Available: http://www.clearterra.com/locatext/. Accessed:26 Oct 2014.

[12] "Extract Locations, Unstructured Data, Geoparsing," ClearTerra. – ClearTerra.Web.Available: http://www.clearterra.com/locatext-software. Accessed:26 Oct 2014.

[13] "Report on Questions Regarding CW Production Capabilities, Pathfinder Record Number 9763 (Declassified record as part of the study of Gulf War Illness)." Defense Intelligence Agency (DIA). Aug 1991.

[14] "Esri Announces ArcGIS Online Hosting of Clear Terra Enhanced Documents." Web.

[15] Nixon, M. S., and A. S. Aguado, Feature Extraction Image Processing, 2nd edition, Oxford: Academic Press, 2008.

[16] Lindeberg, T., Edge Detection, in Encyclopedia of Mathematics, Springer, 2002, https://www.encylopediaofmath.org.

[17] Natarajan, P., et. al. "BBNM VISER TREVCID 2011 Multimedia Event Detection System," NIST TRECVID Workshop, Vol. 62, 2011.

[18] "Feature Extraction in ENVI EX USing Digital Globe Multispectral Imagery Digital Globe. Information Sheet. 2013.

[19] Mao, J., and A. K. Jain, "Artificial Neural Networks for Feature Extraction and multivariate Data Projection," IEEE Transactions on Neural Networks, Vol. 6, No. 2, March 1995, pp. 296-317.

[20] Lowe, D. G., "Object Recognition from Local Scale-Invariant Features," in Proceedings of the Seventh IEEE International Conference on Computer Vision, Vol. 2, 1999, Pp. 1150-1157.

[21] Lowe, D. G., "Local Feature View Clustering for 3D Object Recognition," in Proceeding of the IEEE Computer Society Conference on Computer Vision and pattern Recognition, 2001, Vol. 1, pp, I-682-I-688.

[22] Lowe, D. G., "Distinctive Image Features from Scale-Invariant Keypoints", International Journal of computer Vision, Vol. 60, No. 2, PP. 91-110, November 2004.

[23] "Scale-Invariant Feature Transform,"Wikipedia. Accessed 24 Oct 2014.

[24] Beis, J. S., and D. G. Lowe, "Shape Indexing Using Approximate Nearest-Neighbour Search in High-Dimensional Spaces," in Proceedings of the IEEE Computer Society Conference on Computer Vision and pattern Recognition, 1997, pp. 1000–1006.

[25] Zhao, W., et. al., "Face Recognition: A Literature Survey," ACM Computer Surv., Vol. 35, No. 4, December 2003, pp. 399–458.

[26] "Facebook's Facial Recognition Software is Now as accurate as the human Brain But What Now?", ExtremeTech, web. Available: http://www.extremetech.com/extreme/178777-facebooks-facial-recognition-software-is-now-as-accurate-as-the-human-brain-but-what-now. Accessed:01 Nov 2014.

[27] "DeepFace: Closing the Gap to Human-Level Performance in Face Verification," in IEEE Conference on Computer Vision and Pattern Recognition (CVPR), 2014, pp. 1701–1708.

[28] "RAPIER (RAPid Image Exploitation Resource) Ship Detection System." SPAWAR Systems Center Pacific, web.

[29] "RAPIER (RAPiD Image Exploitation Resource) Ship Detection System, Technology Transfer, SD 959." SPAWAR Systems Center Pacific, April 2011.

[30] Joslin, E, et. al., "Method for Classifying Vessels Using Features Extracted from Overhead Imagery." U. S. Patent No. US8170272 2012.

[31] Buck, H, et. al., "Ship Detection System and Method from Overhead Images." U. S. Patent No. US8116522 2012.

[32] Joslin, E, et. al., "Method for Fusing Overhead Imagery with Automatic Vessel Reporting Systems." U. S. Patent No. US8411969, 2013.

[33] "RAPIER Full Motion Video (FMV)." SPAWAR Systems Center Pacific. Web. Available: http://www.public.navy.millspawar/pacific/techtransferlpRoductsservices/Pages/RAPIER-FullMotion Video(FMV). Aspx.

[34] Stastny, J. C., et.al., "Adaptive Automated Synthetic Aperture Radar Vessel Detection Method with False alarm mitigation U. S. Patent No. US8422738, 2013.

[35] RAPIER (Rapid Image Exploitation Resource). SPAWAR Systems Center Pacific. Video Recording. https://www.youtube.com/watch?v=szq2ngxqeak. 2010.

[36] Bagnall, B., E. Sharghi, and H. Buck, "Algorithms for the Detection and mapping of Wildfires in SPOT 4 and 5 imagery," in Proc. SPIE 8515, Imaging Spectrometry XVll, October25, 2012, p. 85150A.

[37] Automated Low-Level Analysis and Description of Diverse Intelligence Video (ALADDIN), Intelligence Advanced Projects Research Agency (IARPA), IARPA-BAA-10-01.

[38] "IBM Multimedia analysis and Retrieval System (IMARS)," IBM, web. Available: http://researcher.watson.ibm.com/researcher/view_group.php?id=877. 22 Mar 2013

[39] Yu, F. X., et al., "Designing Category-Level Attributes for Discriminative Visual Recognition," IEEE Conference on Computer Vision and pattern Recognition (CVPR, 2013,

pp. 771-778.

[40] "Video and Image Retrieval and analysis Tool (VIRAT)," DARPA, BAA – 08 – 20, October 2008.

[41] Kenyon, H., DARPA Develops New Tools to Help Process Video Data, Defense Systems, June29, 2011.

[42] Whitlock, C., "When Drones Fall from the Sky," The Washington Post, June 20, 2014.

[43] Oh, S, et. al. "A Large-Scale Benchmark Dataset for Event Recognition in Surveillance Video," in IEEE Conference on Computer Vision and pattern Recognition (CVPR), 2011.

[44] Zhu, Y., N. M. Nayak, and A K Roy-Chowdhury, "Context-Aware Activity recognition and anomaly Detection in Video," IEEE Journal of selected Topics in Signal processing, Vol. 7, No. 1, Pp. 91-101, February 2013.

[45] Rimey, R. D., W. Hoff, and J. Y. Lee, "Recognizing Wide-Area and Process-Type Activities," 10th International Conference on Information Fusion, 2007.

[46] Cordova, A, et al. " Motion Imagery Processing and Exploitation (MIPE)," RAND Corporation, Santa Monica, CA, 2013.

[47] Ratches, J. A, R Chait, and J. W. Lyons, "Some Recent Sensor-Related Army Critical Technology Events," National Defense University, Defense e Technology 100 Paper, Center for Technology and National security policy, February 2013.

[48] "Night Eyes for the Constant Hawk," Defense Update, 17 Sep 2009.

[49] "Walking Back the Cat: The US Army's Constant Hawk," Defense Industry Daily web, Oct. 2, 2011.

[50] "Persistent Stare Exploitation and Analysis System (PerSEAS)." DARPA, BAA-09-55, Nov 2009.

[51] "Computer Vision." Kitware. Information Sheet. Web. Available: http://www.kitware.eu/products/archive/Computer Vision Flyer. Pdf.

[52] Swears, E., et al., "Complex Activity Recognition using Granger Constrained DBN (GC-DBN) in Sports and Surveillance Video," IEEE Conference on Computer Vision and Pattern Recognition (CVPR), 2014.

[53] Collins, R., "PPAML WAMI EValuation Metrics," web, June 25, 2014.

[54] "Kalman Filter," Institute for Telecommunications Sciences, 23 Aug 1996.

[55] Aimonen, P., "File: Basic concept of Kalman filtering. svg" Wikimedia Commons. Web.

[56] Welch, G., and G. Bishop, "An Introduction to the Kalman Filter, SIGGRAPH2001, webAvailable: http://www.cs.unc.edu/~tracker/media/pdf/siggraph2001_CoursePack_08. Pdf.

[57] "ISR Products," Signal Innovations Group. web. Available: https://siginnovations.com/products/.

[58] "Company," Signal Innovations Web. Available: https://siginnovations.com/company/.

[59] "BAE Systems Selected to Provide Activity-Based Intelligence Support for National

Geospatial-Intelligence Agency," Business Wire, December 20, 2012.
[60] Shargo, P., "Detection-Based Tracker Overview Materials," Powerpoint Presentation.
[61] Kuhn, H. W., "Variants of the Hungarian Method for Assignment Problems," Naval Research Logistics Quarterly Vol. 3, No. 4, December 1956, pp. 253-258.
[62] Kennedy, L., E. Wang, and S. Brandes, "Activity Recognition in Wide Area Motion Imagery," Jul 2010.
[63] "Michigan Highways: In Depth: The Michigan Left." Web. Available: http://www.michiganhighways.org/indepth/michigan_left.Html.
[64] Fung, K., Numbers rule your World: The Hidden Influence of probability and Statistics on Everything You do, New York McGraw-Hill, 2010.
[65] Clapper, J., "Remarks at the National Space Symposium," May 2014.
[66] "DNI Clapper Teases 'Revolutionary' Intel Future; Big Cost Savings From Cutting Contractors," Breaking defense, May 2014.

第 13 章
分析和可视化

对大数据集的分析越来越需要在统计和可视化方面打下坚实的基础。本章介绍数据科学和可视化分析背后的关键概念,展示了用于分析大规模数据集的关键统计、可视化和空间技术。本章提供了许多用于理解和分析大型数据集的可视化交互示例。

13.1 分析和可视化简介

分析的定义是这样的:"对事物进行仔细研究,从而了解其组成部分、功能以及它们之间的相互关系"[1]。情报学科的核心能力是进行分析,解构复杂的谜团,了解正在发生的事情和缘由。图 13.1 列出了用于分析的关键功能术语,以及每个术语的内涵。

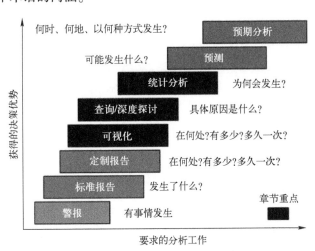

图 13.1 分析功能和输出的层次结构

本章主要关注图 13.1 的中心部分：通过使用可视化、查询/深入挖掘以及统计分析等方法来解决更高价值的问题。与专注于事后已知事件的警报和报告的基本分析技术不同的是，我们的分析方法引入了因果关系识别、行为模式理解和事件发生原因确定的技术。

由于现实世界中的问题大多是高维的，因此多维数据的可视化在数据科学和情报分析中的重要性日益突出。本章介绍了几种用于分析和可视化大型多维数据集的基本和高级技术，并指出对这些技术进行大规模部署和应用所面临的一系列急迫挑战。

13.1.1　21 世纪最吸引人的工作

统计学家、运筹学研究人员和情报分析人员的职业很少被大制作的电影所美化。分析人员们不习惯被称为"时髦"，但在 2012 年《哈佛商业评论》的一篇文章中，托马斯·达文波特（Thomas Davenport）和 D.J. 帕蒂尔（D. J. Patil）称数据科学家是"21 世纪最吸引人的工作"[2]。数据科学家这个词在 2008 年左右首次出现，用来指代与谷歌、脸书和领英等公司中新兴的与大规模数据分析相关的工作岗位。数据科学结合了统计学家、计算机科学家和软件工程师的技能，随着跨商业和政府部门的普及，有竞争力的组织正在从数据分析中获得重大价值。今天，我们看到了数据科学和情报分析的结合，因为情报专业人员正被驱使着在这些庞大的非结构化数据堆中寻找答案。根据罗（Law）、格林班克尔（Greenbacker）和埃贝尔哈特（Eberhardt）的说法，数据科学家急需的工作角色定义为两种类型的技能，如图 13.2 所示。

数据科学家精通所有核心技能，通常擅长一种或多种专业技能，如自然语言处理和机器学习。由于数据集很少处于良好状态，因此大多数数据科学家必须在分析之前编写代码来清洗数据。分析人员可以从使用脚本语言（如 Python）或统计处理语言（如 SAS 或 R）中受益。

里克（Leek）、彭（Peng）和卡福（Caffo）认为，数据科学家的主要任务如下[4]。

(1) 定义问题。

(2) 定义理想的数据集。

(3) 获取和清洗数据。

(4) 进行探索性数据分析。

(5) 执行统计预测/建模。

(6) 解释结果。

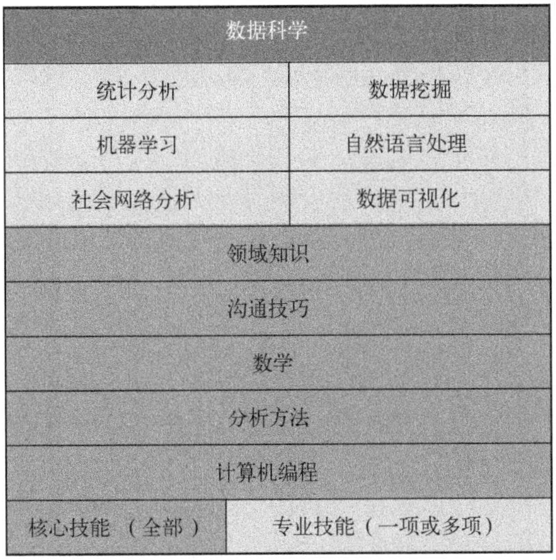

数据科学	
统计分析	数据挖掘
机器学习	自然语言处理
社会网络分析	数据可视化
领域知识	
沟通技巧	
数学	
分析方法	
计算机编程	
核心技能（全部）	专业技能（一项或多项）

图 13.2　数据科学家的技能要求（改编自文献 [3]，罗、格林班克尔和埃贝尔哈特。经许可使用）

（7）质疑结果。

（8）综合、撰写和分发结果。

每一项任务都面临独特的挑战。通常，分析过程中最困难的步骤是定义问题，这反过来又驱动解决问题所需的数据。在数据缺乏的环境中，最耗时的步骤通常是收集数据；然而，在现代"大数据"环境中，分析人员的大部分时间都用于清洗和整合数据以便进行分析。许多数据集（即使是公开可用的数据集）很少具备即时导入和分析的良好条件。通常在第一次查看数据之前，列标题、日期格式甚至单个记录可能都需要重新格式化。混乱数据几乎总是快速分析的推动力，但决策者对一般数据科学家所经历的混乱数据环境却知之甚少。

13.1.2　提出问题并获得答案

情报分析员最重要的任务是决定问什么问题。传统的情报分析观点认为，界定问题的责任在于情报消费者，通常是政策制定者。在军队中，"信息需求"定义了战术情报分析人员的任务。这些方法会限制情报的质量，因为它们会带来传统的偏见，鼓励不自觉的忽视，并狭隘地只分析已知的信息。

从数据驱动和以情报问题为中心的观点提出问题是本书的核心主题，也是 ABI 学科的核心分析焦点。有的时候收集的数据限制了可能提出的问题。无法回答的问题定义了新的数据需求，并需要额外的数据收集过程。在非线性的情报循环中，有时分析的输出又导致另一个问题出现。本章的分析技术演示了如何使用认知辅助软件和高级可视化来快速地提问和回答问题。

分析通常采取以下几种形式：

（1）描述性：用统计方法描述一组数据（如人口普查）。

（2）推论性：利用一组数据得出更大的人口趋势和判断（如出口民调）。

（3）预测性：使用一系列的数据观察值来预测另一种情况（如体育赛事结果）的结果或行为。

（4）因果性：当你改变一个或多个变量时，确定对另一个变量的影响（如医学实验）。

（5）探索性：通过仔细检查大量数据来发现关系和联系，有时不仅仅考虑最初的问题（如情报数据）。

由于 ABI 的主要关注点是发现新情报，所以本书中分析的主要思路是探索性分析。本章使用的主要软件是 SAS 研究所的 JMP® 11。JMP® 是一种用于可视化、交互式统计发现的桌面应用程序。JMP® 于 1989 年首次推出，是最早使用苹果计算机图形用户界面（GUI）的统计工具之一，广泛应用于工程、科学、基因组学、生物学等领域。

13.2 统计的可视化

ABI 分析得益于统计过程和可视化的结合。本节将回顾一些基本的统计功能，这些功能可以快速洞察活动和行为。

直方图以图形化的方式表示数据的分布，将频率表示为相邻的条带[5]。直方图在表示随时间变化的趋势或离散分组时很有用。分组可以根据样本大小或频率进行均匀分布或量化分组。分组也可以由离散的类别定义。

图 13.3 显示了在 JMP 11 中创建的三个不同的直方图。最左边的直方图是骑自行车时的速度分布（4292 个数据点），平均速度约为 4m/s。对于这种行为，速度随着平均值的近似正态分布而变化（有时骑得快一点，有时骑得慢一点）。第二个柱状图显示了 6 个月期间的平均通话时长（通话次数为 725 次）。这个直方图近似于幂次定律，因为用户平均每次通话 8.6min，只有一小部分通话时间超过 1h。最右边的图显示的是对华盛顿特区 3 年内犯罪数据（104070 起）的直方图汇总，对应了 6 种犯罪类型。直方图条带是由离散变量的可选值来定义。这 3 种情况都提供了对数据集的快速洞察。

直方图的另一个特性是所有柱状图的总和等于 100% 的数据。累积直方图将当前条带的值添加到之前的所有条带中，使分析人员能够快速找到"转折点"或"曲线中的拐点"。

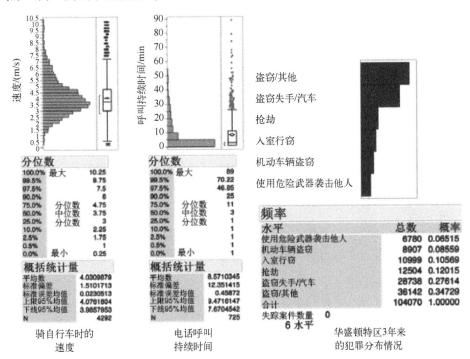

图 13.3　三个不同直方图的例子

13.2.1　散点图

在数据分析和质量工程中使用的最基本的统计工具之一是散射图或散点图，这是两个变量的二维笛卡儿坐标图。自变量通常画在 x 轴上，因变量画在 y 轴上。在许多现代数据应用程序中，分析人员不能控制任何一个参数，只能"发现"数据集。在这种情况下，可以将任何一个变量分配给任意一个轴。

"相关"将在第 14 章中详细讨论，它是指数据集中两个变量之间的统计相关性。散点图有助于直观地检查多个关系的相关性。在情报分析中，相关性之所以有用，是因为它们在一个维度上描述了一种关系，这种关系可以通过另一个维度上的变量的知识来挖掘。当许多行为和特征无法直接观察到时，这一点非常有用。1997 年，冷冻比萨生产商施万希望了解一家新的牛皮纸工厂的生产能力，其正准备推出一款名为 Digiorno 的跨代产品。由于该公司无法直接确定该工厂的产量，所以它通过计算分包商生产的纸箱数量来估算产量[6]。数据集中两个看似随机的变量之间的相关性是分析过程早期最有用的技术之一。二维散点图和几种相关性的示例如图 13.4 所示。

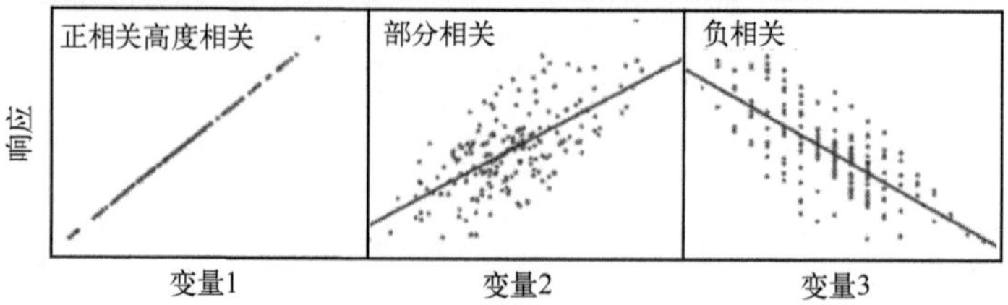

图 13.4 二维散点图和相关性的三个示例

通过散点图中的数据点绘制的拟合线可以计算相关性，它介于-1 和 1 之间，其中零表示无相关性，(-1,1) 在负方向和正方向上分别是完全相关的，正相关意味着一个变量的增加往往导致另一个变量的增加，有时在散点图中会出现图案，这意味着两个变量之间的相关性遵循一种非线性数学关系，这种关系可以通过一个或多个变量的统计回归和相互作用来量化。

13.2.2 帕累托图

质量工程的先驱约瑟夫·朱恩（Joseph Juran）提出了帕累托原理，并以意大利经济学家维尔弗雷多·帕累托（Vilfredo Pareto）命名。帕累托原理也被称为"80/20 法则"，它是一个常见的经验法则，80%的观察结果往往来自 20%的原因。在数学中，这是一个幂律，也称为帕累托分布，其累积分布函数为

$$\overline{F}(x) = Pr(X > x) = \begin{cases} \left(\dfrac{x_m}{x}\right)^{\alpha} & x \geq x_m \\ 1 & x < x_m \end{cases} \quad (13.1)$$

式中：α 为帕累托指数，是一个大于 1 的数字，定义了帕累托分布的斜率。对于"80/20"幂律，$\alpha \approx 1.161$。幂律曲线出现在许多自然过程中，尤其是在信息理论方面，它在克里斯·安德森（Chris Anderson）2006 年出版的《长尾理论——为什么商业的未来是小众市场》（*The Long Tail：Why The Future of Business is Less of More*）一书中得到了推广[7]。

如图 13.5 所示，一个帕累托图表是帕雷托法则的表现形式，它定义了影响过程的主要自变量，包括 JMP 在内的许多统计分析工具在模型分析或方差分析（ANOVA）中都包含了帕累托图。图 13.5 显示了基于布雷格特（Breguet）航程方程的飞机设计工具的结果，布雷格特航程方程是飞机设计中广泛使用的经验法则。帕累托图显示了每个自变量相对于飞机航程因变量的重要性。黑色阴影条突出显示了控制航程响应 80%变化的四个设计变量。

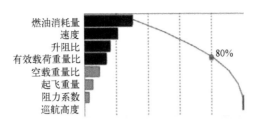

图 13.5　帕累托图显示了喷气式飞机航程计算中的主要设计变量

帕累托图反映了自变量与因变量之间的数学关系和自变量在数据集中的范围。在将此分析工具应用于不知道底层物理关系的现有数据集（如 ABI 数据集分析）时，这是一个重要的区别。一个数据集中最主要的参数不一定可以扩展到不同的数据集、地理区域或情报问题。

图 13.6 显示了帕累托图的一种变化形式，称为"龙卷风图"。与帕累托图一样，柱状图表示了对响应的贡献的重要性，但柱状图是围绕中心轴排列的，以显示自变量和因变量之间的相关性方向。

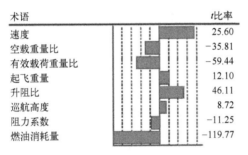

图 13.6　龙卷风图显示了对飞机设计参数影响的相对大小和方向

图 13.6 包括 t 比例，这是一种统计方法，用来衡量变量对响应的显著性，在数学上与龙卷风图中条带的长度和大小有关。t 比例用于统计假设检验，并将第 4 章中的方法应用于大数据集的分析时加以量化。

帕累托图有助于形成两个数据集之间可能的依赖关系的初始假设，或用于确定一个情报收集策略以减少模型中的标准差。使用帕累托图表和帕累托原则统计相关性是通过数据驱动发现真实数据集中重要关系的最简单方法之一。

13.2.3　要素分析

要素分析考察了自变量和因变量之间的关系。图 13.7 中的分析图表显示了当每个自变量发生变化而其他变量保持不变时预测的响应（因变量）。在图

13.7 中以实线表示一系列一维关系，代表在当前要素设置下，每个自变量对所有其他自变量的影响的偏导数。图 13.7 的上下部分描述显示了在 JMP 11 交互式要素分析图表中，当预测轨迹移动时，航程如何从 1303.5 变化到 453.1。

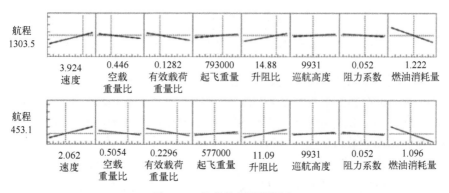

图 13.7 飞机航程预测图表

要素分析是一种有用的技术，用于从现有的数据集中查询简单（或复杂）的回归模型。因为每次更新自变量设置时都要重新计算分析，所以有时对数据集的不同部分进行图形显示时，预测跟踪的形状会发生变化。这种数据集的可视化统计研究可以发现趋势和模式，然后促使分析人员对数据集提出更多的问题。

在 2001 年左右，随着桌面计算能力和图形卡的进步，大型多维、多学科问题的实时要素分析和可视化变得可行。从那时起，大量功能日益强大、用于大型数据集图形分析的方法得到了普及，这些技术现在通常被称为可视化分析。

13.3　可视化分析

2005 年，太平洋西北国家实验室的托马斯（Thomas）和库克（Cook）将可视化分析定义为"由交互式视觉界面推动的分析推理科学"[8]。这门学科将统计分析技术与日益丰富多彩、动态和交互式的数据表示形式相结合。情报分析人员越来越依赖软件工具进行可视化分析，以了解日益庞大和复杂的数据集中的趋势、关系和模式。这些方法有时是快速解析实体、了解发生了什么和接下来可能发生什么合理的、可跟踪事件的唯一方法。

庞大的数据量带来了几个独特的挑战。首先，只是转换和加载数据都是非常麻烦的。大多数桌面工具都受到内存中数据表大小的限制，在进行任何分析之前都需要进行分区。数据集的先验划分需要判断拐点应该放在哪里，而这些判断可能会随机地将分析引向错误的方向。大型数据集也往往表现出"淘汰"效应，平均数据值很难分辨出什么是有用的，什么是没用的。在位置数据中，许多实体执行完全正常的事务。真正感兴趣的实体会利用这种效果有效地隐藏在噪声中。

随着维度的增加，因果关系和多变量相互作用的潜在来源也会增加，这往往会影响每个变量对响应的相对贡献。此外，另一个悖论出现了：随意地限制数据集意味着在进行任何分析之前就抛弃了可能感兴趣的关联性。但把所有可能的变量都考虑时，又会使分析变得繁琐而费时。在最坏的情况下，所有变量的存在都会影响结果，以至于无法观察到可能发生的趋势，也无法解析实体。

分析人员必须注意避免为了可视化而可视化。有时，这张图片并没有任何意义，也没有揭示出一个有趣的观察结果。可视化先驱爱德华·塔夫特（Edward Tufte）在1983年出版的《定量信息的可视化显示》（*The Visual Display of Quantitative Information*）一书中创造了"图表垃圾"（chart junk）一词，用来指代这些不必要的可视化图片，他说：

图形的内部修饰会耗费大量的笔墨，然而却并不能告诉观众任何新的东西。图形修饰的目的各不相同，有的是使图形显得更加科学和精确，有的是使展示更加生动，还有的是使设计者有机会锻炼艺术技巧。不管其原因是什么，用过多的笔墨进行修饰往往是无意义或冗余的，并且通常是图表垃圾[9]。

创建引人注目的和有用的视觉效果与快速有效地传达信息是主要的挑战。哈佛大学工程与应用学院的米歇尔·博尔金（Michelle Borkin）和汉斯派特·费斯特（Hanspeter Pfister）研究了5000多张图表和图形，这些图表和图形来自科学论文、设计博客、报纸和政府报告，目的是找出最令人难忘的特征。费斯特说："如果可视化包含了人类可识别对象的图像，比如照片、人物、卡通、标识等，那么它将立即变得更加令人难忘。""我们了解到，任何时候，只要你有一张含有这些组成部分的图像，那就是影响记忆的最主要因素"[10]。

每件事都发生在某处，每件事都在某处发生。因此，地图是研究活动、事件和事务的自然背景。第13.4节介绍了基于这一前提的日益复杂但有时是直观的统计和空间可视化。

13.4 空间统计和可视化

在一个由手持式地图、自动驾驶汽车和三维旋转高分辨率地球仪主导的世界里，将数据放在地图上以提高态势感知和理解的概念可能看起来有些老生常谈，但第一个现代地理空间计算机系统直到1968年才提出。罗杰·汤姆林森（Roger Tomlinson）在加拿大政府林业和农村发展部工作时，将"地理信息系统"（现在的GIS）定义为"用于存储和处理基于地图的土地数据的计算机系统"[11]。根据全球行业分析公司的一份报告，全球GIS产业到2015年预计将增长到106亿美元[12]。

虽然许多文字详细地回顾了地理信息系统及其各种用途，但ABI的主要兴趣是利用地理空间背景信息，将其作为情报分析、可视化和关联活动与事务的共同背景。地图与可视化分析工具以及丰富的空间数据集的结合使地理信息得以充分利用。

将地图最早用于公共卫生的事件之一起源于对现代流行病学的研究。伦敦医生约翰·斯诺（John Snow）通过与当地居民交谈，绘制了1854年霍乱暴发的地点（图13.8）。

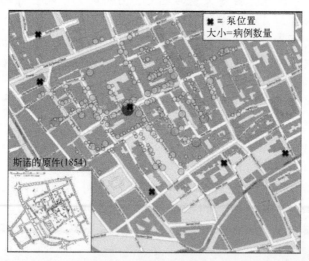

图13.8 数据的空间映射示例。约翰·斯诺（1854年）的原始数据，由罗宾·威尔逊（Robin Wilson）数字化（地图数据源：开放街道地图）

根据疾病的地理分布，斯诺推测位于布罗德街（现在的布罗德威克街）的水泵是疫情的源头[13]，通过拆除井口的把手使其无法使用，得以平息疫情。

在空间数据分析和验证假设的辅助下,这是利用地理信息的一个成功案例。图 13.8 中使用 JMP 气泡图展示了著名的斯诺地图的现代版本,阴影和大小表示某个地址的病例数量。该地图显示疫情与远离布罗德街的水泵站无关。

这个例子还证明了 ABI 分析人员所采用的城市规划的一个关键原则:基于距离的关键空间位置的"引力"或"吸引力"。当地居民不想走很远去取水,所以他们倾向于使用离他们住处最近的泵。斯诺(1854 年)的原始绘图没有使用缩放气泡,而是使用了单个点。聚集和分解数据以提高清晰度和验证假设的能力,是可视化分析中的关键技术。

13.4.1 空间数据聚合

一种常用的使用空间统计的描述性分析形式是使用基于聚合数据的细分地图,典型的应用包括按区域、县、州或其他地理边界可视化普查数据。图 13.9 显示了一个汇总的旅行数据示例——弗吉尼亚州莱斯顿工人的"始发地—目的地(工作/住所)"匹配情况。

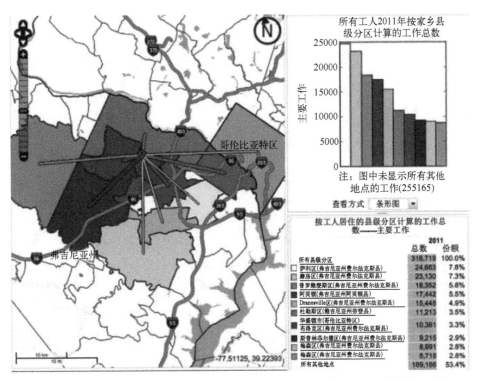

图 13.9 2012 年美国社区调查数据交互式可视化图——在弗吉尼亚州莱斯顿工作的居民的居住地点(数据来源:美国人口普查局)

这些数据聚集了大量市民的始发地—目的地匹配情况（一种事务类型），并按地理区域进行分类。为了辨别趋势和变化，城市规划者和社会学家对这些模式进行了长时间的研究，他们试图将这些趋势与更广泛的社会经济趋势联系起来，或将它们与其他变量联系起来。

尽管美国人口普查提供了丰富的数据，但它表明了 ABI 的一个关键挑战：抽样率。人口普查数据每 10 年才抽样一次。图 13.9 中的数据来自美国社区调查（ACS），这是一项针对较小的人口群体进行的年度调查。根据人口趋势，规划者使用 ACS 数据调整社会提供的服务。使用数据子集对较大的人口群体进行判断称为推断分析。

将统计地图数据聚合到预定义的地理区域可能有助于理解宏观的社会经济趋势或绘制"人口地理图"，但除非数据在空间上精细地区分到邻里、街区或住宅，否则不可能使用这些数据来解析实体、理解社交网络或确定行为模式。

这项技术被应用于暴力和非暴力犯罪的活动数据库，称为"犯罪地图"（见第 17 章）。

空间聚合的数据可用于围绕"感兴趣"行为模式的群体进行分析工作。由于人类倾向于视觉发现模式（如识别人脸和捕食者），"感兴趣"的概念很难量化，但是对聚合和分离的信息的反复可视化可以让分析人员"深入"到感兴趣的区域进行调查。

13.4.2 树形图

图 13.10 显示了与商务旅行者的电话通话记录相关的空间数据树形图①。树形图是一种使用嵌套矩形可视化表达分类层次数据的技术[14]。这项技术是在 20 世纪 90 年代早期被开发出来的，但在 IBM 研究员马丁·瓦滕伯格（Martin Wattenberg）发布了股票市场地图后，这项技术才得到了广泛的普及，该股票市场活动的多维可视化被认为是 1999 年万维网上最早的交互式可视化技术之一[15]。

树形图将分类数据划分为区域，通过一个变量为每个盒子设定大小，并根据另一个变量为盒子上色。在股票市场地图中，方框按行业分类，大小按市值划分，颜色则反映股价变化。金融分析人员可以立即看到，主要消费品价格下跌，而基本原材料价格上涨。在大范围的抛售中，整个地图变成了红色。细分市场地图的变化按时间可视化，以便分析人员可以按照日、周、月

---

① 经许可使用的电话通话记录。

或年查看数据增量。

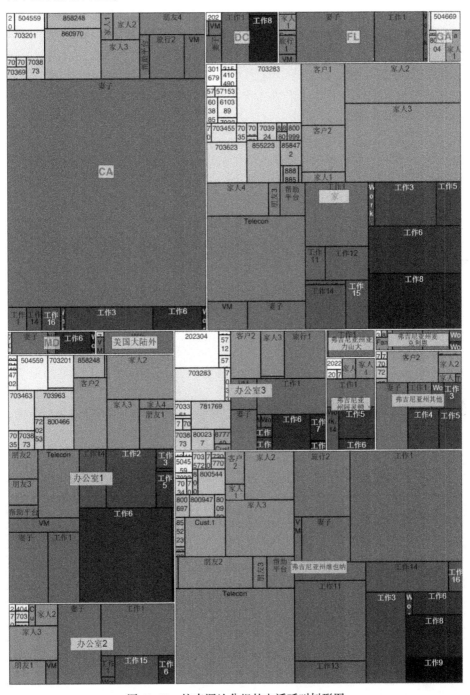

图 13.10　按来源地分组的电话呼叫树形图

图 13.10 中的可视化内容将电话呼叫进行分组，根据威瑞森无线公司（Verizon Wireless）的呼叫记录中报告的呼叫开始时呼叫者的位置，记录 6 个月的采样周期。呼叫发起位置很可能是根据用户在发起呼叫时所连接的蜂窝基站的位置确定的。然后，按照被叫方的身份进行分组——匿名的方式是删除电话号码的最后四位数或使用假名。盒子的大小是这个人在 6 个月的时间里从每个地方被呼叫的分钟数的总和。盒子的颜色根据对方的身份确定。根据划分的盒子大小，我们确定打电话的人在家里、加利福尼亚州、3 个办公地点之一的电话上花费的时间大致相同。其他的电话来自弗吉尼亚州、华盛顿特区和马里兰州。少数电话来自美国大陆以外，表明打电话者在采样期间至少进行了一次国际旅行。

打电话给妻子持续时间最长的情况发生在打电话的人在加利福尼亚州的时候，这使我们相信打电话的人经常是去那里出差或拜访客户。许多与家人的长时间通话都发生在弗吉尼亚州的安嫩代尔镇。长时间使用远程电信会议表明这个人可能在家工作（临时或永久）。由于这些数据预先设定了三个办公地点，分析人员可能倾向于排除这一假设。分析人员可能会基于事务的模式而假设这是用户的家庭位置。呼叫者"1"经常被所有地点呼叫，那么他可能是关系亲密的同事或老板。

树形图对于模式是非常有用的可视化——在本例中，事务模式按呼叫位置和接收者进行了分类。眼睛自然会被颜色、形状和分组上的差异所吸引。这些构成了进一步分析活动和事务、数据元素之间关系的假设，以及关于上述活动和事务性质的假设是如何产生的。虽然树形图本身并不是基于空间的，但是这个应用程序展示了如何纳入空间分析，以及事务数据的空间要素如何产生新的问题并推动进一步的分析。

这种类型的分析揭示了关于实体（以及相关实体）行为模式的许多其他有趣的事情。如果所有呼叫只涉及两个实体，那么当实体 A 呼叫实体 B 时，我们知道两个实体（可能）在此期间不会与其他实体通话。此外，树形图包含几个独特的实体，它们显示了目标信息："旅行 2"是联合航空公司的电话号码。其他有趣的节点，如此人的牙医、汽车修理工和邻居，也会作为较不频繁（且持续时间较短）的事务从通信数据库中弹出。

13.4.3　三维散点矩阵

三维彩色点图具有其复杂和引人注目的特点，在媒体和科学的可视化中得到了广泛应用。尽管将二维可视化扩展到三维似乎是合理的，但这些描述通常在视觉上是压倒性的，并且很少传达额外的信息，而这些信息不能使用更容易被人类合成的二维图的组合来查看。此外，投射到二维监视器上的三维图形通常需要旋转，以便大脑处理第三维信息。飞机的三维模型通常投射到三视图上（每个正交视图上的三个二维视图），帮助提高清晰度。

图 13.11 显示了旅行数据的二维可视化——一次弗吉尼亚州北部的自行车骑行。阴影的深浅表示速度；X 表示停车点。这条路线的下半部分在 A 和 C 之间有很多停车点，包括一个错误的转弯（骑自行车的人不熟悉这条路线）。点 D 表示路口停车点或检查点。靠近 E 的路段显示速度很低，有几个停车点（可能是一个累人的小山），而顺时针回到 A 的线路则以高速度为主，这可能表明这是一条高质量的铺路。

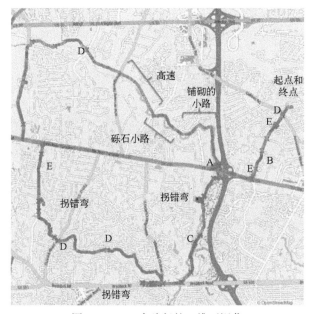

图 13.11　一次骑行的二维可视化

从图 13.11 中，观察者看不出路线的方向。许多空间表示使用三维来表示纬度、经度和高度；然而空间数据的一种独特的表示方式是使用第三维来代替时间可视化。同样的信息在图 13.12 的三维空间中以时间要素进行投影，其中开始时间显示在右上角。

由于使用了 Z 轴表示时间，路线的起点和终点在图表上是不同的，所以可以看到路线的重叠部分。上坡、泥泞和未铺砌的路段分别显示为在 Z 轴方向（时间）上的阴影区、频繁停顿点和拐点。相比之下，图中较浅的部分显示了骑行者下坡或沿着平坦的路面快速行进。

这种类型的可视化是一个名为 GeoTime 的商业分析工具的基础，如图 13.13 所示。GeoTime 是一个时空可视化工具，可以像电影一样回放空间数

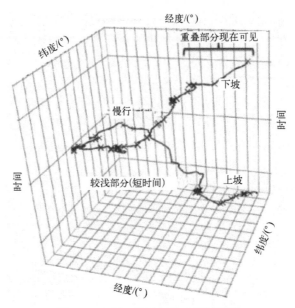

图 13.12　同一次骑行的三维可视化

据。它允许分析人员观察实体从一个位置移动到另一个位置，并通过事件和事务进行交互。行为模式在这种可视化中也很容易被发现。

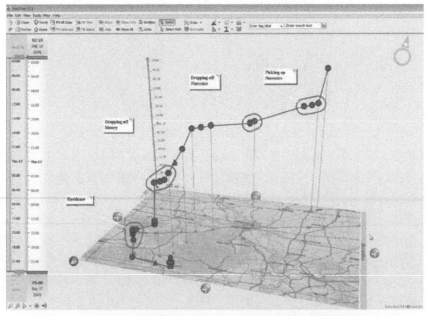

图 13.13　GeoTime 顺着事务进行的时空分析事件示例（截图由 Oculus Info 公司提供，GeoTime® 是 Oculus Info 公司的注册商标）

调查人员和律师在刑事案件中使用 GeoTime 以数据驱动的方式展示实体的运动和活动模式。在图 13.14 中，来自两个不同来源的两条线的交点表示嫌疑人 1 和嫌疑人 2 的相遇。地图显示会面发生在一条河的西岸。时间线让调查人员以动画的方式了解事件的先后顺序。使用交互式图形和图表在地图上讲述故事称为空间叙事。

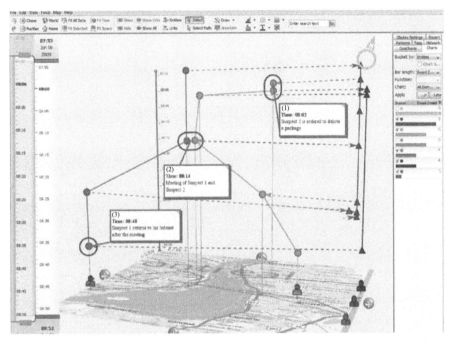

图 13.14　GeoTime 对两名嫌疑人进行的时空地理分析示例[16]
（GeoTime® 是 Oculus Info. 公司的注册商标）

13.4.4　空间叙事

最新的技术整合进了多角度的谍报技术和可视化分析技术，这就是空间叙事方面的技术：利用有关时间和地点的数据，让一系列事件动起来。一些统计分析工具实现了讲故事或排序功能。图 13.15 显示了 1869 年法国土木工程师查尔斯·约瑟夫·米纳德（Charles Joseph Minard）发布的流程图。可视化先驱爱德华·塔夫特（Edward Tufte）说，这张图"很可能是迄今为止绘制得最好的统计图形"[9]。

这张图显示了军队的规模、所走的道路，以及沿途发生的重大事件，可视化地展示了军队是如何通过多次战斗缩小规模的。图 13.15（a）显示温度沿撤退路径不断下降，造成了更大的损失。图 13.15（b）显示了在 JMP 11 中作为流程图重新创建的相同的图。

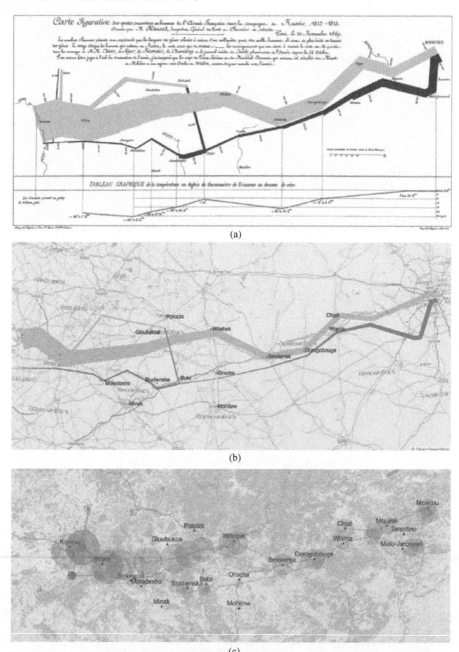

图 13.15 （a）查尔斯·米纳德绘制的《拿破仑的莫斯科》；（b）在 JMP 11 中呈现的《拿破仑的行军》（使用 SAS/JMP 数字化，地图数据源：开放街道地图）；（c）在 JMP 11 中使用时间动画气泡图绘制的《拿破仑的行军》（使用 SAS/JMP 数字化）

米纳德对拿破仑行军的描绘也可以采用 JMP 的气泡图功能进行重新绘制。气泡图使用大小、形状、颜色、横坐标、纵坐标和时间来同时显示多个变量之间的关系。在图 13.15（c）中，气泡的大小表示部队的数量，阴影表示前进或后退的方向。

气泡图对于制作与统计变化相关的空间叙事动画非常有用。2006 年，统计大师汉斯·罗斯林（Hans Rosling）在"技术、娱乐、设计"（TED）演讲中使用联合国数据，用气泡图描述了出生率和收入的变化[17]。他的演讲加速了气泡图在可视化分析中的应用。2012 年被美国环境系统研究所公司（Esri）收购的动态分析平台 GeoIQ（前身是 FortiusOne）的一个主要功能就是绘制动态气泡图。

随着数据科学家和地理空间分析人员的团队协作，将他们的技术和日益增多的空间数据结合起来，在线空间叙事社区得以发展。由社会企业家克里斯·塔克（Chris Tucker）于 2011 年创立的地图故事基金会（MapStory Foundation）是一个非营利性的教育组织，该组织开发了一个开放的在线平台，用于分享世界上发生的故事以及它们是如何随时间发展的。故事展示了技术的传播、邮局的演变、居民的迁移、选举的结果、俄勒冈州自行车道的延伸以及互联网接入的趋势[18]。地图故事在线平台建立在 OpenGeo 软件栈上，OpenGeo 是一个用于管理数据和创建地理空间应用程序的广泛使用的开放地理空间平台。

可视化分析、空间分析和统计发现是研究数据集以了解趋势和模式的强大工具，它还可以讲述关于个体及其行为模式的故事。

13.5　前进的道路

在过去 20 年里，与新的商业硬件和软件技术一样，情报分析和可视化取得了巨大的进步。在 2014 年 4 月的地理空间情报研讨会上，国家地理空间情报局前主任朗（Long）提出了面向未来的观点，将数据和分析进行集成整合，称为"沉浸式情报"。朗说："我所说的沉浸，指的是在以地理信息为核心的多媒体、多种传感数据中生活、互动和体验。"[19] 这些沉浸式体验有时需要专门的可视化环境，如佐治亚理工学院航空航天系统设计实验室（ASDL）的协同可视化环境（CoVE）[20]和宾夕法尼亚州立大学应用研究实验室里的沉浸式可视化环境。

与普通的台式计算机相比，在大型多维数据集中快速进行关系的可视化需要更多的硬件资源。国家地理空间情报局的 24h 运营中心是由 56 个 80 英寸的显示器组成的"知识墙",其灵感来自于电视节目"24h"[21]。

有几个关键的技术领域为分析人员如何处理数据提供了另一种转变形式的可能性。2010年,中央情报局前首席技术官格斯·亨特(Gus Hunt)在当年的大数据分析论坛上强调了这些技术进步的一些益处[22]。

(1) 简洁、强大、易用的工具和可视化。
(2) 机器要做更多繁重的工作。
(3) 向用户学习的智能系统。
(4) 转向关联而非搜索。
(5) 针对用户关注的单独图层。

超大数据集的内存处理、新颖的三维可视化、超高分辨率显示器的广泛采用、平板电脑和可穿戴计算设备的普及等技术进步,这些都将进一步推动实时信息处理、个性化分析和启发式可视化等领域的进一步变革。其中许多先进技术可以被用于情报学科。第17~24章重点介绍了其中一些ABI所采用的技术和方法。

参考文献

[1] "Analysis,"Merriam-Webster Dictionary.

[2] Davenport, T. H., and D. J. Patil, "Data Scientst: The Sexiest Job of the 21st Century," Harvard Bi Review October 2012.

[3] Law, D., and J. Eberhardt, "Do You Know Big Data?," June 9, 2014, web. Available: http://www.ctovision.com/download/know-big-data/.

[4] Leek, J., R. D. Peng, and B. Caffo, " The Data Scientist's Toolbox," Powerpoint presentation, The Johns Hopkins University, 2014.

[5] "Histogram," Wikipedia.

[6] Penenberg, A. L., and M. Barry, "Corporate Spies: The Pizza Plot," The New York times, December 3, 2000.

[7] Anderson, C., The Long Tail: Why the Future of Business Is Selling Less of More, New York: Hyperion, 2006.

[8] Thomas, J. J., and K. A. Cook, "Illuminating the Path: The R&D Agenda for Visual Analytics," National Visualization and Analytics Center, Pacific Northwest National Laboratory, 2004.

[9] Tufte, E., The Visual Display of Quantitative Information, Cheshire, CT: Graphics Press, 1983.

[10] "What Makes a Data Visualization Memorable?" Harvard School of Engineering and Applied

Sciences," web.

[11] Tomlinson, R., " A Geographic Information System for Regional Planning, "Department of Forestry and Rural Development for the Government of Canada, August 1968.

[12] "Geographic Information Systems (GIS)," Global Industry Analysts, Inc, GOS – 146 January 2012.

[13] Johnson, S., The Ghost Map: The Story of London's Most Terrifying Epidemic-and How it Changed Science, Cities, and the Modern World, New York: Riverhead Books, 2006.

[14] "Treemapping," Wikipedia.

[15] Wattenberg, M., "Map of the Market." web. Available: http:/www.bewitched.com/marketman. Html.

[16] "Geotime Overview," Oculus, Inc, Information Sheet. 2013.

[17] Rosling, H., "The Best Stats You've Ever Seen," TED Talks, web, February 2006.

[18] "Mapstory: Search Stories." MapStory Foundation. Web. Available: http:/mapstory.org/mapstories/search.

[19] Karpovich, J., "NGA's Long Touts GEOINT Immersion," Earth Imaging Journal, July 21, 2014.

[20] "Collaborative Visualization Environment." Georgia Institute of Technology. Web. Available: http://www.asdl.gatech.edu_/Collabor_AtiveVisualization_environment.html.

[21] Clark, K., "Seamless Info Stream Key to Success of NGA Operations Centers, Pathfinder, Spring2014.

[22] Hunt, G., "Big Data Operational Excellence: Ahead in the Cloud," Presented at the 2011 Amazon Web services summit, 18 Oct 2011.

第 14 章
相关与融合

在 ABI 投入使用之前，多源数据关联是集成的核心，也是在对抗缺乏特征和规律的对手时，进行情报分析的主要突破点。多传感器数据融合技术增强了在第 12 章中讨论过的自动活动提取能力，并为 ABI 分析技术提供了数学结构。ABI 的主要成果之一是通过多源情报分析进行实体解析。无论是由计算机还是训练有素的分析人员完成，融合处理始终都是这项任务的核心。仅本章的推荐阅读资料就占满了几个书架。相关性是数学、统计学和大众心理学中广泛涉及的话题。数据融合已经发展了 40 多年，现已成为一门独立的完整学科。本章高度概述了 ABI 处理和上下文分析中的几个关键概念，同时指导读者进一步了解这个不断发展的主题。

↘ 14.1 相 关 性

相关性是指两个变量相互关联的趋势。ABI 严重依赖多个信息源之间的相关性来理解行为模式并解析实体。"相关"和"关联"这两个词是密切相关的。在统计学中，关联一词意味着任何两个变量都具有统计相关性。在知识管理中，关联是指"关系"或"联系"。相关性是指由相关系数定义的两个变量之间存在的更精确、可测量的关系。虽然这两个术语在数学上有细微的差别，但我们把它们当作同义词。ABI 的一个核心原则是需要关联来自多个数据源的数据——数据等价性——而无需预先考虑数据的重要性。在 ABI 中，相关性往往导致重大发现。

苏格兰哲学家大卫·休谟（David Hume）在他 1748 年出版的《关于人类理解的探究》（*An Enquiry Concerning Human Understanding*）一书中，将关联定义为"相似"、"接近"（在时间和地点上）和"因果关系"，休谟说，"对任何物体的思考很容易将人的思维转移到相邻的事物上"——这是18世纪对通过地理相关性发现新事物的理解[1]。

14.1.1 相关性与因果关系

数据分析中最常被引用的一句格言是"相关性并不意味着因果关系。"互联网上充斥着各种有趣的关联,例如物理学家鲍比·亨德森(Bobby Henderson)的图表显示了全球平均气温上升与海盗数量之间的相关性。统计学家内特·西尔弗(Nate Silver)对这种相关性/因果关系给出了生动的解释:

两个变量之间存在统计关系,并不意味着其中一个变量跟另一个变量有因果关系。例如,冰淇淋的销售和森林火灾是相关的,因为两者都发生在炎热的夏季,但没有因果关系,当你买一品脱①哈根达斯时,并不会去点燃蒙大拿的一片灌木丛[2]。

数据科学和数学的许多怀疑者都用这句话来否定所有分析结果,把一个统计上有效的事实斥为"胡说八道"。"相关性是可能存在因果关系的有力标识,也是分析人员和研究人员继续提出假设的线索。"

在《思考,快与慢》(*Think, Fast and Slow*)一书中,卡尼曼指出,我们"很容易以联想的方式思考,以隐喻的方式思考,以因果的方式思考,但统计学要求我们同时思考许多事情",如果人们不付出很大努力的话这是很难做到的[3]。我们倾向于在没有因果关系的地方建立因果联系,我们将概念联系起来,并根据可用性和熟悉程度做出判断。《黑天鹅》(*The Black Swan*)的作者、哲学家纳西姆·塔勒布(Nassim Taleb)将人类形成因果关系的倾向归因于一种进化欲望,即希望发现行为模式并实时识别出威胁,因为如果史前人类做不到这一点,就意味着自己将被吃掉[4]。

不幸的是,我们在现代把这种进化延伸到了选股、科学实验和政治预测领域——尽管数十年的研究表明这是错误的[5]。证明因果关系的唯一方法是通过控制实验,即仔细控制所有的外部影响并测量它们的反应。对因果关系进行受控评估的最佳例子是通过药物试验,其中广泛使用了对照组、盲法试验和安慰剂。

在情报学科中,证明因果关系的能力实际上是零。由于分析的对象很少是能够配合的,因此获取的信息通常是样本不足的、不完整的、断续的、错误的、杂乱的。知识缺乏持续性,传感器存在误差。分析中最重要的问题是

---

① 品脱是容积单位,主要于英国、美国及爱尔兰使用。——译者

辨别对象是不是在进行有意欺骗。在欺骗发生的情况下进行因果关系追踪是很难实现的。

需要强调的是，相关性是需要更深入挖掘的线索和指标。就像起点和终点都是在某个位置进行事务分析的线索一样，两个要素之间存在统计相关性或一般联系是开始演绎或外延分析的线索。因此，数据相关性的统计分析是一个强大的工具，可以通过有效的、合理的数学关系整合来自多个来源的信息，避免人类根据已知的、想当然的、非理性的偏见做出主观决定。

14.2 融　　合

术语"融合"指的是"将两个或多个事物合并起形成一个实体的过程或结果"[6]。瓦尔兹（Waltz）和利纳斯（llinas）引入了人类感官的类比，人类很容易自动地将来自多个感官（每个感官具有不同的测量特征）的数据组合起来以理解周围的环境。他们将通用术语"融合"定义为"组合或混合成一个整体的过程"[7]。融合是消除两个或多个对象、变量、度量或实体之间的模糊的过程，这些对象、变量、度量或实体使用一个定义的置信度来判断这两个要素是相同的。简单地说，关联和融合的区别在于关联意味着"这两个要素是相关的"，融合意味着"这两个对象是相同的"。

数据融合"将来自多个传感器的数据和相关信息组合在一起，以实现比使用单个独立传感器更确定的推断"[8]。融合技术来自信号处理、电气工程、统计学、控制理论、人工智能、决策理论和心理学。自20世纪80年代以来，数据融合方法的发展使人们认识到，通过信息融合来提升决策能力是许多人类活动的核心过程，尤其是情报工作。数据融合被认为是一门独立的数学学科，许多会议和教科书都致力于这一领域。

多传感器数据融合（ABI的关键使能器）包括将多个单一现象的传感器的结果结合起来，如多部雷达跟踪来袭导弹以及多平台、多源情报传感器数据（如图像和电子信号信息的融合）[9]。

斯坦伯格（Steinberg）和鲍曼（Bowman）指出，数据融合的相关性通常仅限于跟踪和状态估计问题，如多目标跟踪[10]；然而数据融合的数学方法可以应用于信息论中的许多问题，如情报分析和ABI。它们强调了多个领域经常使用的令人困惑的术语（图14.1），这些术语依赖于与关联目标相似的数学方法技巧。例如，目标跟踪是ABI的关键推动因素，但它只是数据融合和信息融合技术的一小部分。

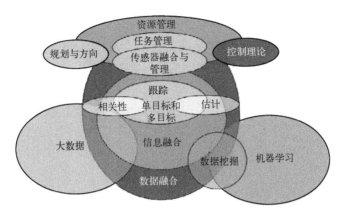

图 14.1 与数据融合相关的术语（摘自文献 [10]）

14.2.1 融合技术的分类

认识到"开发成本效益高的多源信息系统需要一种标准方法来规定数据融合处理和控制功能、接口及相关数据库"，联合实验室主任（JDL）在 20 世纪 80 年代提出了数据融合系统的通用分类法，称为 JDL 融合模型（图 14.2），广泛用于对数据融合相关功能和技术进行分类。

该模型从 20 世纪 80 年代开始演变，最初包含三个层次。JDL 数据融合子面板（DFS）及其前身已经进行了调整。有些讨论倾向于将模型分为"低级融合"和"高级融合"，分别代表基本处理和高级处理，JDL 定义的融合级别如下：

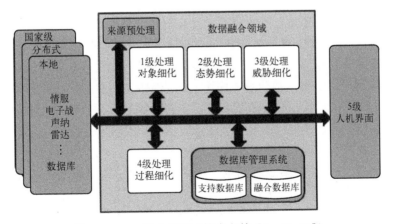

图 14.2 JDL 融合模型（摘自文献 [8, 10-11]）

(1) 预处理，有时被称为零级处理，是在目标层以下的数据关联和估计。这一步被添加到 3 级模型中，以反映需要结合基本数据（像素级、信号级、特征级）来确定对象的特征。检测通常被归为零级。

(2) 1 级处理，即目标估计，结合传感器数据来估计目标的属性或特征，以确定位置、速度、轨迹或身份。这些数据也可用于估计目标的未来状态。霍尔（Hall）和利纳斯（Llinas）在 1 级处理中包括传感器对齐、关联、相关、相关/跟踪和分类。[11]

(3) 2 级处理，即态势估计，"试图在实体和事件的环境中描述它们之间当前的关系"[8]。关于对象（如对象类别和运动特性）的背景信息，环境（如物体在水面）或其他相关对象（如从驱逐舰上观察到的对象）优化了对象的状态估计。2 级融合处理包括行为、模式和正常状态。

(4) 3 级处理，即威胁估计或重要性估计，这是一种基于模型、场景、状态信息和约束条件对目标进行特征描述并在未来进行推理的高级融合过程。最先进的融合技术研究集中在第 3 级处理上，这一级包括对未来事件和状态的预测。

(5) 4 级处理，过程优化，认识到持续的观测结果可以反馈到融合和估计过程中来改进原始模型，从而提高整个系统的性能。这可以包括多目标优化或当传感器在完全不同的时间基准上工作时融合数据的新技术[12]。

(6) 第 5 级处理，优化认知或人机界面，认知用户在融合过程中的角色。第 5 级包括融合可视化、认知计算、场景分析、信息共享和协作决策制定的方法。5 级是分析人员实施 ABI 关联和融合的环节。

"层级"的定义可能会让该领域的初学者感到困惑，因为这与知识管理相关的"知识层级"没有直接的联系。JDL 融合层级可以更准确地称为类别；一条信息不必遍历所有 5 个"层级"才能被认为是融合的。

根据霍尔（Hall）和利纳斯（Llinas）的说法，"数据融合过程最成熟的领域是 1 级处理"，大多数应用程序都属于或包括这一类。1 级处理依赖于估计技术，如卡尔曼滤波、多假设跟踪（MHT）或联合概率数据关联（JPDA，见第 12 章）[12]。用于检测、识别、表征、提取、定位和跟踪单个对象的数据融合应用属于第 1 级。其他更高层次的技术，考虑对象在其周边环境中的行为和可能的行动过程是第 2 级和第 3 级的融合技术。这些更高层次的处理方法更类似于由人类执行的分析"直觉"，然而执行算法融合的计算架构则可能会大幅减少决策时间。当然，因此带来的一个主要问题是将决策权交给了芯片和数学算法，尤其是当这些算法难以调整的时候。另一个问题是，当多传感器融合系统出错时，该如何追究责任——这是无人驾驶汽车发展过程中一直存在的争论。尽管如此，我们已经学会了在诸如商业航空旅行某些制度等至关重要的情况下接受一定程度的自动化（一个经过充分研究的多传感器状态估计问题）。

目前 ABI 正在探索 0~4 级融合技术。美国国防高级研究计划局的许多项目（请参阅第 14.5 节）都开发了用于多源跟踪和融合的引擎。美国国家侦察局的感知型企业寻求"自动处理系统中的认知处理、自动数据分析中的认知处理"——他们称为"直觉"[13]。虽然传统计算机系统有发展的希望，但是 ABI 的信息融合"艺术"仍然严重依赖于第 5 级融合：一个高度训练的人工智能神经融合系统。

14.2.2 数据融合架构

关于数据融合的大量文献包括遵循相同模式的几种数据融合架构。霍尔（Hall）和利纳斯（Llinas）提出了三种备选方案：

（1）传感器数据直接融合。
（2）通过特征向量表示传感器数据，然后再融合特征向量。
（3）先对每个传感器进行处理，以实现高级推理或决策，再将其组合起来[8]。

这三种架构如图 14.3 所示。架构 1 代表上游融合，其中单个传感器的结

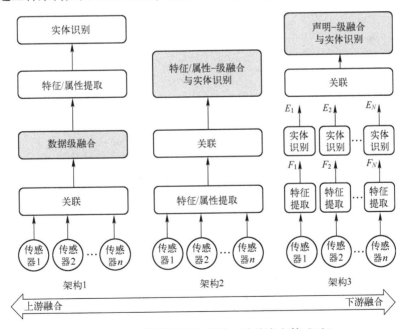

图 14.3 上下游数据融合架构（改编自文献 [8]）

果在数学上是相关的,结果在过程的早期被融合。对融合后的结果进行特征提取和实体解析。架构 3 代表一种下游融合方法,其中在单个传感器上基于输入进行特定处理并解析实体。实体的位置和状态信息将在稍后的过程中融合生成。架构 2 是一种混合算法,在关联之前从多个传感器中提取特征和属性,然后将融合和实体解析结合起来作为最后一步。有关上下游融合的优缺点将在第 14.2.3 节中进行讨论。

14.2.3 上游与下游融合

波特利(Bottomley)等人进行了一项多源情报融合实验,使用图 14.3 中基于架构 1 和架构 3 的架构来量化上游融合的好处。上游融合实验中,原始数据流被一并处理,然后使用最大似然(ML)法进行融合。在下游融合实验中,各数据流被单独处理以产生参数估计(例如,位置估计,然后使用优化的最大似然法融合)。波特利(Bottomley)等人提倡上游方法,因为它可以防止融合之前的信息丢失,并且可以用更少的传感器获得更好的位置估计。比较过程如图 14.4 所示。该实验由两个具有独特的图像特征和信号特征的车辆组成,这些特征被两个或三个地面信号情报传感器和一个机载广域运动图像传感器收集。从广域运动图像传感器数据中提取轨迹,并采集两辆车的真实

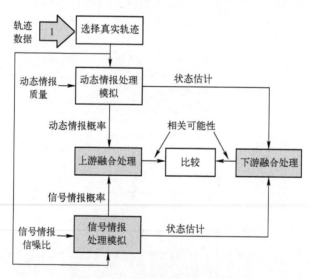

图 14.4 上下游融合对比实验设置
(改编自文献 [14],经许可转载)

位置，计算每个对象的"动态情报"概率和（位置、速度）状态估计。模拟信号情报处理的过程来获得每个信号情报发射架的概率和状态估计。图14.4中的关联估计步骤尝试将对象A与发射架1关联，而不是将对象A与发射架2关联。在上游处理实验中，可能性被融合了。在下游的案例中，状态估计被融合了。

两个信号情报传感器和一个基于图像的动态情报传感器的多传感器融合实验结果如图14.5所示。灰色实线显示了4个信噪比（SNR）下的下游融合结果。下游融合案例并不适用这个问题，因为正确关联的概率变化很大，即使在8次测量之后，它也不总是比实验开始时低。相比之下，在0信噪比的情况下，通过第七次测量，上游融合结果的错误关联概率为0%。随着信噪比的增加，上游融合案例可以快速地解析出正确的关联。当使用上游处理时，动态情报传感器和信号情报传感器表现得相当，这意味着它们的测量结果可以直接融合。图14.6添加了第三个信号情报传感器，显著提高了性能，并允许融合引擎在下游融合案例中解析实体。对上游融合情况的影响不太明显，尽管上游处理情况仍然显著优于下游处理情况。

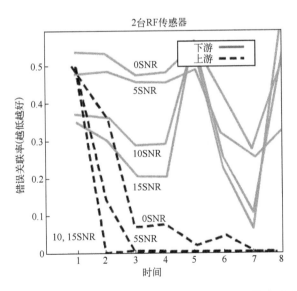

图14.5 使用两个信号情报传感器和一个动态情报传感器进行
上下游融合的比较（摘自文献[14]，经许可转载）

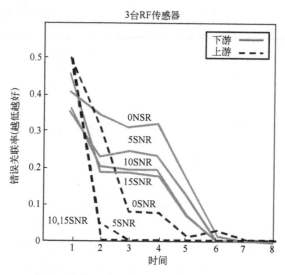

图 14.6 使用三个信号情报传感器和一个动态情报传感器进行上下游融合的比较（摘自文献［14］，经许可转载）

14.3 数学相关与融合技术

大多数多源情报融合的架构和应用，其核心都是依赖于各种数学方法来进行条件概率评估、假设管理和不确定性的量化/传播。本节将讨论这些技术中最基本和最广泛使用的贝叶斯定理、德普斯特-沙弗（DS）证据理论和置信网络。

14.3.1 贝叶斯概率与贝叶斯定理的应用

贝叶斯定理是信息论和数据融合中应用最广泛的技术之一。该定理以英国牧师托马斯·贝叶斯的名字命名，他在 1763 年首次对条件概率及其依赖的先验信息的关系进行了记载。贝叶斯定理计算事件 A 的概率，已知事件 B 的信息以及从一个事件到另一个事件的可能性。贝叶斯定理的标准形式为

$$P(A|B) = \frac{P(B|A)P(A)}{P(B)} \qquad (14.1)$$

式中：$P(A)$ 为先验概率，即事件 A 的初始置信程度；$P(A|B)$ 是给定事件 B 发生的情况下事件 A 发生的条件概率（在贝叶斯定理中也称为后验概率）；$P(B|A)$ 是给定事件 A 发生的情况下事件 B 发生的条件概率，也称可能性；$P(B)$ 是事件 B 发生的概率。

这个方程有时可以概括为

$$\text{后验概率} = \frac{\text{概率} \times \text{先验值}}{\text{边缘相似度}} \tag{14.2}$$

或者说"后验概率与前验概率成正比":

$$P(A|B) \propto P(B|A)P(A) \tag{14.3}$$

有时,贝叶斯定理被用来比较两个相互矛盾的陈述或假设,其形式如下:

$$P(A|B) = \frac{P(B|A)P(A)}{P(B|A)P(A) + P(B|\neg A)P(\neg A)} \tag{14.4}$$

式中:$P(\neg A)$ 为初始置信度对事件 A 的概率,或 $1-P(A)$;$P(B|\neg A)$ 是在事件 A 为假的情况下 B 的条件概率或可能性。

贝叶斯定理是一种简洁、实用、简单和纯粹的数学比较概率技术。塔勒布解释说,由于进化的原因,这种统计思维和推理思维对大多数人来说并不直观:"请考虑一下,在原始环境中,大多数杀手是野生动物和大多数野生动物是杀手这两种说法之间并没有必然的区别"[4]。在史前人类的世界里,那些平等对待这些说法的人可能会增加他们存活的可能性。在统计学中,这是两种不同的语句,可以用概率表示。贝叶斯定理在利用其他事件观测结果来计算事件的定量概率时很有用,它利用传递性和先验性从已知知识来推算未知知识。在 ABI 中,它被用来为可观察到的情报事件构建一个基于概率的推理树。

1. 贝叶斯定理在目标识别中的应用

考虑一下对罕见的军事装备(如移动导弹发射架)进行定位的情报问题。许多国家/地区都采用诱饵来欺骗摄影设备。我们虚构一个中亚国家"扎齐基斯坦",它拥有 10 个移动导弹发射架 L。为了迷惑西方情报分析人员,该国为每个真正的发射架配备 99 个诱饵 D。然而,经过多年对"扎齐基斯坦"的分析,图像分析员已经非常擅长识别发射架是真实的还是诱饵;下面是对他们自认为知道的事情的总结:

(1)如果目标是一个诱饵 D,他们有 90% 的机会将其识别为诱饵,10% 的机会将其错误地识别为一个真正的发射架 L,也就是说,$P(D|D) = 90\%$,$P(L|D) = 10\%$。

(2)如果物体是一个发射架 L,他们有 90% 的机会将其识别为发射架,10% 的机会将其错误地识别为诱饵 D,也就是说,$P(L|L) = 90\%$,$P(D|L) = 10\%$。

如果你是一名分析"扎齐基斯坦"移动导弹的情报分析员,你正确识别一个发射架的概率是多少?决策树有助于我们找到答案。步骤 1 显示了在

"扎齐基斯坦"突然出现了 1000 个目标：10 个真正的发射架和 990 个诱饵。图像分析人员在步骤 2 中开始工作，在目标是发射架的前提下，应用条件概率来识别发射架。根据条件概率，他成功识别出 9 个发射架，并错误地将一个真正的发射架识别为诱饵。将条件概率应用到决策树的右侧，分析人员正确识别出 891 个诱饵，错误地将 99 个诱饵识别为发射架。

基于这个例子，如果一个分析人员识别了一个发射架，他正确的概率是多少？总共识别了 108 个发射架（99+9），其中 9 个被正确识别。正确识别发射架的概率是 9/108 或 8.3%。

我们建议你把答案写下来，然后继续练习。

这是一个令人震惊且不直观的结果。鉴于正确识别发射架的概率极高（90%），大多数情报分析人员估计他们正确识别发射架的概率接近 90%。然而，由于真正的目标罕见（仅占全部样本的 1%），如果一个分析人员观察到一个发射架，那么他错误识别为更普遍存在的诱饵的可能性是 11 倍。

图 14.7 步骤 1 中对象的频度或稀有性称为基本比例。关于概率论和制定决策的大量研究表明，人们倾向于高估小概率事件的可能性（这往往可以解释为什么人们会赌博）。心理学家阿莫斯·特沃斯基（Amos Tversky）和丹尼尔·卡尼曼（Daniel Kahneman）将以忽略相互矛盾的统计信息为代价而高估显著的、描述性的和生动的信息的倾向称为"代表性启发法"[15]。

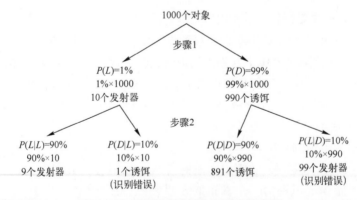

图 14.7 机动导弹和诱饵区分的决策树

美国中央情报局在《情报研究》（Studies in intelligence）的一系列文章中，将 20 世纪 60 年代和 70 年代的贝叶斯统计数据作为一种估计技术进行了研究。美国中央情报局研究员杰克·兹洛特尼克（Jack Zlotnick）指出，这种方法的一个优点是，分析人员对证据的"离散单元进行顺序的明确判断"，而不是

"从证据整体进行推理、洞察和推断"[16]。他指出,"一些贝叶斯心理学家的研究发现似乎表明,人们通常更善于评估单个证据,而不是从整体考虑的证据中得出推论。"[17]

2. 贝叶斯定理在多传感器融合中的应用

在数据融合中,贝叶斯定理的数学公式被广泛应用于目标识别和实体解析的概率融合[8]。假设有 n 个传感器,这些传感器分别检测 m 个对象的不同特征。具有多传感器信息的各实体的联合解析概率为

$$P(O_j/D_1 \cap D_2 \cap \cdots \cap D_n), j=1,\cdots,M \quad (14.5)$$

式中:D_n 是来自传感器 n 的证据/特性结果;M 是对象的总集合;$P(O_j|D_1\cdots D_n)$,j 为目标的最大后验概率(MAP),为目标的最大联合概率。

多传感器的贝叶斯概率分布的组合对实体的融合、识别过程如图14.8所示。每个单独的传感器产生一个声明矩阵,这是传感器基于其属性(感知特征、行为或运动属性)的状态视图。利用贝叶斯公式将个体概率联合起来,运用决策逻辑选择出代表正确身份的最大后验概率。决策规则还可用于根据约束设置最大后验概率的阈值,或者从其他融合过程中运用额外的演绎逻辑。使用关联概率来声明已解析的实体。该声明与设计恰当的多传感器数据管理系统一起使用时,将能够保持原始传感器数据的来源。

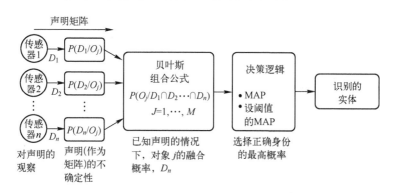

图 14.8 贝叶斯规则在融合中的应用
(贝叶斯融合,摘自文献[7])

贝叶斯公式为多个信息源的概率组合提供了一个简单、易于编程的数学公式;但是,当信息缺失时,它无法进行直接表示。贝叶斯概率的一种修正被称为德普斯特-沙弗(Dempster-Shafer)理论,它通过引入额外的因素来解决这个问题。

14.3.2 德普斯特-沙弗理论

德普斯特-沙弗理论是基于贝叶斯概率的推广，它是两个原理的整合。第一个是置信度函数，它允许根据一个问题相对于另一个问题的主观概率来确定置信度。置信度的可传递程度取决于这两个问题的关联程度和来源的可靠性[18]。第二个原则是德普斯特的组合规则，它允许独立的置信度被组合成关于每个假设的整体置信度[19]。沙弗说，"该理论在20世纪80年代早期引起了人工智能研究人员的注意，当时他们试图将概率论应用于专家系统"[20]。德普斯特-沙弗理论与贝叶斯方法的不同之处在于，对一个事实的置信度和与该事实相反的置信度并不需要总和为1；也就是说，该方法解释了"我不知道"的可能性。"这是多源融合的一个有用特性，特别是在情报领域。

一个问题对应一个输出结果 Θ，输出集合为 Θ_n，表示为

$$\Theta = \{\theta_1, \theta_1, \cdots, \theta_n\} \quad (14.6)$$

对 Θ 有一个的"辨别帧"，由 Θ 的幂集表示，即所有可能的子集。对于 $n=3$，Θ 的辨别帧为

$$(\phi, \theta_1, \theta_2, \theta_2, \{\theta_1, \theta_2\}, \{\theta_1, \dot{e}_3\}, \{\theta_1, \theta_2, \theta_3\}) \quad (14.7)$$

德普斯特-沙弗理论定义了"堆函数" $m(A)$ 的概念，$m(A)$ 表示在幂集中支持给定结果 Θ_n 的所有证据所占的比例（想象一下"一堆"证据支持的输出结果）。堆函数表示对一个结果的置信程度，它表示为一组概率。幂集中每个元素的概率或置信度在 0 到 1 之间。而且，$m(\phi)=0$（无结果时的概率为零），且堆函数结果之和必须为 1。

德普斯特的组合规则将两个堆函数 m_1 和 m_2 组合起来，如下所示[21]：

$$m_{1,2}(A) = (m_1 \oplus m_2)(A) = \frac{1}{1-K} \sum_{B \cap C = A \neq \phi} m_1(B) m_2(C) \quad (14.8)$$

式中：K 表示两个堆函数之间的冲突，即 B 和 C 为结果提供冲突证据的概率：

$$K = \sum_{B \cap C = A \neq \phi} m_1(B) m_2(C) \quad (14.9)$$

规范化 $1/(1-K)$ 可以确保在证据组合之后，生成的置信度函数值的总和为 1.0。

多传感器融合方法利用德普斯特-沙弗理论，将来自多个传感器的观测结果作为基于目标和传感器属性的置信度函数来识别目标。与图 14.8 所示的利用组合条件概率进行目标识别不同，瓦尔兹和利纳斯提出的融合过程被修改为图 14.9 所示的德普斯特-沙弗方法。堆函数代替了条件概率，并且德普斯特的组合规则考虑了传感器无法分辨目标时带来的不确定性。零假设归一化的特性也很重要，因为它消除了与不同传感器相关的不一致性。

虽然这一公式增加了更多的复杂性,但它仍然很容易被编程到一个多传感器融合系统中。德普斯特-沙弗技术也可以很容易地应用于量化多源情报分析的置信度和不确定性,包括综合分析工作组成员的置信度。

实例:应用德普斯特-沙弗理论进行多源融合

德普斯特-沙弗理论在多传感器融合中不仅广泛应用于目标跟踪与识别,而且广泛适用于多源证据合并问题,请看图14.9所示的例子。

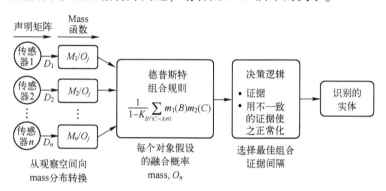

图14.9 德普斯特-沙弗理论在融合中的应用(引自文献 [7])

在"扎齐基斯坦"经历了一段时间的动荡之后,分析家们形成了一个假设 H,即最高领导人不再控制这个国家,政变正在进行中。与最高领袖仍然掌握大权这一假设相反的是 H_c,结果中的不确定性表示为 u。4个传感器产生证据 E_1 到 E_4 来确认或否定判断结论,但每个传感器并不完全可靠。表14.1 总结了4个传感器的置信度值, H、H_c 和 u 总和必须是1.0。例如,来自地理情报传感器的证据 E_1 针对 H 的置信度为0.8——表示"扎齐基斯坦"正在发动政变,而对 H_c 的置信度为0.1,即没有发生政变。不确定性(无法区分 H 和 H_c)u 是0.1。注意,信号情报传感器和人工情报源的 u 值很高。人工情报信息源似乎不太可能确认政变状态,较高的不确定性使分析人员认为他或她不是特别可靠的信息源。

表14.1 采样问题的证据及置信度

传感器类型	证据	H	H_c	u
地理空间情报	E_1	0.8	0.1	0.1
信号情报	E_2	0.5	0.15	0.35
测量情报	E_3	0.7	0.2	0.1
人工情报	E_4	0.2	0.5	0.3

德普斯特规则适用于多个独立置信度的组合，以收集地理情报和信号情报的情况为例，两者之间的复合置信度 E_1E_2 由以下公式给出：

$$(H|E_1 \cdot E_2) = (H|E_1)(H|E_2) + (H|E_1)(u|E_2) + (H|E_2)(u|E_1) \tag{14.10}$$

用通俗易懂的话来说，式（14.10）表达了："基于证据 E_1 和 E_2 的假设 H 的联合置信度是以下三个部分之和：①对假设 H，来自两个传感器的证据均已被证实；②对假设 H，来自传感器1（地理情报）的证据已被证实，但传感器2的结果不确定；③对假设 H，来自传感器2（信号情报）的证据已被证实，但传感器1的结果不确定"。代入结果为

$$(H|E_1 \cdot E_2) = 0.8 \times 0.5 + 0.8 \times 0.35 + 0.5 \times 0.1 = 0.73 \tag{14.11}$$

类似地，这个过程可以在下一列重复，计算相反假设的置信度：

$$(H_c|E_1 \cdot E_2) = (H_c|E_1)(H_c|E_2) + (H_c|E_1)(\dot{u}|E_2) + (H_c|E_2)(u|E_1) \tag{14.12}$$

$$(H_c|E_1 \cdot E_2) = 0.1 \times 0.15 + 0.1 \times 0.35 + 0.15 \times 0.1 = 0.065 \tag{14.13}$$

对于不确定性 u：

$$(u|E_1 \cdot E_2) = (u|E_1)(u|E_2) = 0.35 \times 0.1 = 0.035 \tag{14.14}$$

值 0.73、0.065 和 0.035 的总和为 0.83，但系统中的总置信度必须总和为 1.0。因此方程中存在第四项 d，表示置信度系统中的矛盾。这是当你相信 H 来自 E_1，不相信 H 来自 E_2 时，即

$$(d|E_1 \cdot E_2) = (H|E_1)(H_c|E_2) + (H_c|E_1)(H|E_2) = 0.8 \times 0.15 + 0.1 \times 0.5 = 0.17 \tag{14.15}$$

通过将每个置信度除以 $(1-d)$，可以对最终答案进行归一化，以消除矛盾的值。最后的置信度如下：

(1) "扎齐基斯坦" 政变的概率 = 87.9%；
(2) "扎齐基斯坦" 没有政变的概率 = 7.8%；
(3) 不确定 = 4.2%；
(4) 总计 = 100%。

接下来，表14.2展示了包含第三个传感器的情况。

表14.2 多传感器数据融合

传感器类型	证据	H	H_c	u
地理空间情报和信号情报	$E_1 \times E_2$	0.879	0.078	0.042
测量情报	E_3	0.7	0.2	0.1

重复上述步骤，用 $E_1 \cdot E_2$ 代替第一个置信度，用 E_3 代替第二个置信度，德普斯特法则可以再次用于组合三个传感器的置信度：

（1）"扎齐基斯坦"政变的概率＝95.3%；
（2）"扎齐基斯坦"没有政变的概率＝4.2%；
（3）不确定＝0.5%；
（4）总计＝100%。

值得注意的是，总体上对政变假设的置信度略有增加，但通过集成来自测量情报传感器的信息（其不确定性只有0.1），不确定性显著下降。最后，将 $E_1 \cdot E_2 \cdot E_3$ 看作第一置信度，E_4（人工情报传感器）为第二置信度。请注意，在德普斯特法则中，组合的顺序并不重要，由此得出的置信度是：

（1）"扎齐基斯坦"政变的概率＝92.7%；
（2）"扎齐基斯坦"没有政变的概率＝7.0%；
（3）不确定＝0.3%；
（4）总计＝100%。

在这种情况下，由于人工情报来源对 H 的置信度只贡献了0.2，"扎齐基斯坦"政变的概率实际上略有下降。同时，由于该信息源的 u 值较低，进一步降低了不确定性。

虽然政变假设的可信度为92.7%，但由于分析人员必须考虑假设 H 的可信度以及结果的不确定性，因此政变假设的可信度略高，为93%。同样，H_c 的可信性也需要增加不确定性：7.3%。这些值加起来大于100%，因为 H 和 H_c 之间的不确定性使得两种结果都具有罕见的可能性，即所有4个传感器都产生了错误的证据。

反证的力量

前面的例子说明了德普斯特-沙弗理论在融合来自多个传感器的证据时的效用，当然传感器提供的信息大多证实了假设 H。表14.3显示了对人工情报来源进行修改后的证据表。在这种情况下，人工情报信息源对政变正在进行的假设毫无贡献，但可以提供完美的证据证明政变并非只有1%的不确定性。

将德普斯特法则应用于这一新案例，会产生如表14.3所列的置信度。

表14.3　采样问题的证据及置信度

传感器类型	证据	H	H_c	u
地理空间情报	E_1	0.8	0.1	0.1

续表

传感器类型	证据	H	H_c	u
信号情报	E_2	0.5	0.15	0.35
测量情报	E_3	0.7	0.2	0.1
人工情报	E_4	0	1.0	0.01

(1) "扎齐基斯坦"政变的概率=16.87%；

(2) "扎齐基斯坦"没有政变的概率=83%；

(3) 不确定=0.1%。

对于贡献置信度的三个传感器，来自新的人工情报来源的有力反证显著影响了整体置信度（注意边界条件，$u_4=0$，$H_c=1$）。随着 u_4 的增加，即使是轻微的增加，对 H_c 的置信度也会迅速下降。因此，多传感器融合技术的应用应该依赖高质量（低不确定性）的信息来源，并应寻求传感器之间的平衡，以提供关于不同假设的信息。

14.3.3　置信网络

置信网络①是一种"概率图形模型（一种统计模型），它通过定向非循环图（DAG）表示一组随机变量及其条件依赖性"[22]。这种技术允许对一系列可能事件的条件概率使用贝叶斯理论或德普斯特-沙弗理论计算进行链接。在一个项目中，人力资源研究组织（HumRRO）的保罗·斯第卡（Paul Sticha）和丹尼斯·布埃德（Dennis Buede）以及中央情报局的理查德·瑞斯（Richard Rees）开发了名为阿波罗的计算工具，通过评估贝叶斯网络中的概率来进行决策过程推理[23-24]。贝叶斯规则用于在图的每条边乘以条件概率，从而得出特定结果的总体概率，并明确量化每个结果的不确定性。图 14.10 显示了针对关键情报问题"（叙利亚总统巴希尔·阿萨德）将做什么？"。分析人士使用定向图来定义关系，并为可能的结果分配概率，这些问题是可以回答的，比如"领导人是否支持军队"和"美国总统奥巴马对阿萨德和'伊斯兰国'的态度是什么？"

---

① 又称贝叶斯判证网、贝叶斯网络、贝叶斯置信网络（BBN）。

第14章 相关与融合

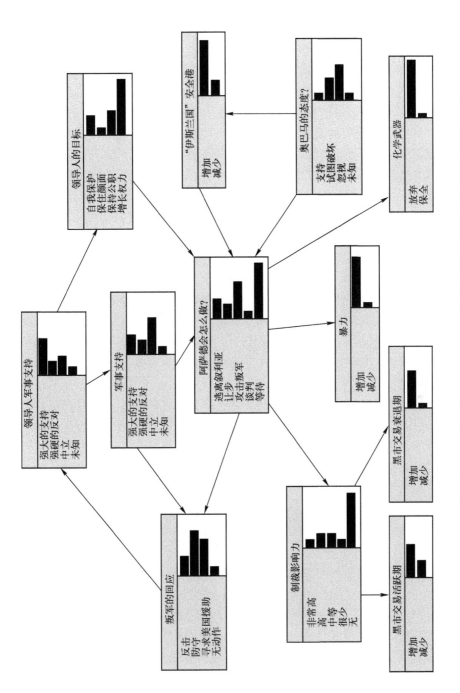

图 14.10 情报评估的置信网络（贝叶斯网络）示例。作为概念演示示例的解密示例（摘自文献 [24]）

14.4 ABI 的多源情报融合

关联和融合是 ABI 分析技术的核心，多源情报关联的一个应用是利用一个数据源的优点来弥补另一个数据源的缺点。例如，信号情报在通过特征识别身份方面非常准确，因为许多信号都有唯一的标识符，这些标识符在信号中广播，比如船舶导航系统 AIS 中的海事移动服务标识（MMSI）。信号也可能包含时间信息，而信号情报在时间域中是准确的，因为无线电波以光速传播——如果传感器具有精确的定时能力，那么信号发射的准确时间就很容易计算出来。不幸的是，由于定位发射点通常需要测向和三角测量，因此信号情报是可以定位的，但却有明显的误差（取决于收集系统的特性）。另一方面，地理情报在空间和时间上都是非常精确的。当被动地收集来自目标的光线时，地理情报收集平台知道它在何时何地。利用传感器模型，这种误差可以很容易地传播到地面。WorldView-3 成像平台的精度为 3.5m（CE90）[25]。当图像与已知的地面控制点对标时，这种精度可以进一步提高。即使通过地理情报进行实体解析和身份确定不是不可能，但也是非常困难的，因为很少能够通过高空摄影或其他收集手段确定个人的身份。地理情报中的代理很容易被欺骗和混淆。信号情报和地理情报的相关和融合允许一个情报来源弥补另一个的缺点。

ABI 的另一种关联和融合方法是将低分辨率广域传感器和高分辨率收集平台的集成在一起。如第 11 章所述，为了获得更大的持久性和更大的覆盖范围，这就需要更高的高度。由于成像分辨率和信号强度都与目标的距离成反比，高的区域覆盖通常与目标的分辨率成反比。另一方面，低空平台，如低轨成像卫星或中高空无人机，针对相同的地域和现象提供了相对于高空平台的非常精确的分辨率。将广域收集的结果与精确的、面向实体解析的、窄视域收集系统相关联的能力是 ABI 融合的一个重要用途，也是一个正在进行的研究领域。

最后，最复杂但最有前途的领域之一是"硬/软"融合领域。"硬"数据基于事实，包括高度验证的遥感收集和处理能力的结果。"软"数据基于经验模型、分析人员知识、模糊逻辑、假设和基于人类的观察[26-27]。硬/软融合是一个很有前途的研究领域，它可以使结构化遥感资源的信息与以人为中心的数据源（包括情报分析人员的隐性知识）之间的相关性得到验证。格罗斯（Gross）等人在一个大学研究项目下开发了一个融合硬数据和软数据的框架，该项目包括地面传感器、执法提示和当地新闻报道[28]。布法罗大学多源信息融合中心（CMIF）是多所大学中倡导该研究计划的领导单位，该计划开发了"一个通用框架、数学方法、测试和评价方法来解决软硬信息的摄入和协调融合在一个分布式（网络）的1级和2级数据融合环境"[29]。团队成员包括宾夕法尼亚州立大学（PSU）、爱欧纳学院（Iona College）和田纳西州立大学（TSU）。

14.5 多源情报融合程序示例

除了开发融合技术和框架的众多大学项目外，多源自动融合是一个正在进行的研究和技术开发领域，特别是在美国国防高级研究计划局、联邦资助的研究和发展公司（FFRDC）和国家实验室。

14.5.1 示例：多源情报融合架构

多传感器融合的通用架构，突出强调了JDL融合级别，如图14.11所示。0级和1级融合从广域运动图像传感器和地面摄像机提取轨迹。电子信号测向和人工情报报告使用像LocateXT或事件视图这样的工具进行地理定位，生成感兴趣的事件的地理位置。轨迹关联发生在2级。

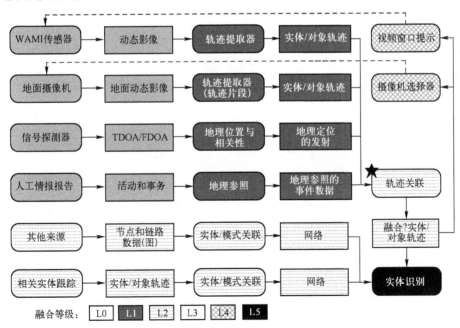

图14.11 ABI的多传感器、多级信息融合示例

同时,将其他来源的现有知识(以节点和链接数据的形式)和相关实体的跟踪通过关联分析相结合,产生网络信息。网络为融合后的多源情报实体/对象轨迹提供背景信息以增强实体解析能力。虽然实体解析可以在第2级执行,但是本例着重强调了人机交互(第5级融合)在集成中的作用——在利用它来解析实体之前。最后,来自融合后的实体/对象轨迹的反馈被用来重新请求地理信息资源,以便继续在感兴趣的区域进行情报收集和目标跟踪①。

14.5.2 示例:美国国防高级研究计划局的"洞察"计划

2010年,美国国防高级研究计划局启动了"洞察"(Insight)计划,以解决情报监视侦察系统的一个关键缺陷:"缺乏自动利用和交叉使用多源情报的能力。"[30] 该项目包括虚拟传感器环境中的模拟和位于加州欧文堡的国家培训中心的物理测试台,在那里多个传感器平台共同收集多源情报信息,分析人员应用先进的融合工具来厘清网络和理解行为模式。

"洞察"计划的总体概念如图14.12所示。该流程演示了多个源如何融合信息,包括威胁网络信息、轨迹和报告。该项目的一个关键方面是能够被动地和主动地更新有关对象状态的不确定性。

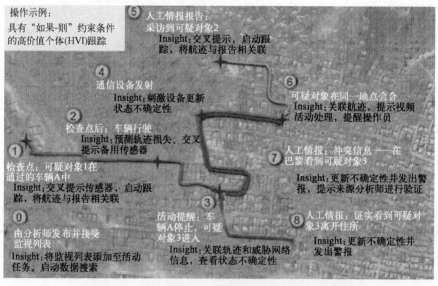

图14.12 美国国防高级研究计划局"洞察"计划的
多源情报融合和关联概念(来源:"洞察"工作日简报,
2010年9月21—22日,批准公开发行,发行无限制[31])

---

① 本模型未显示第3级融合(威胁预测),但可以增加概率预测或基于模型的行为预测,以预测未来可能的位置和描述可能的威胁。第16章会提供更多相关信息。

使用贝叶斯融合和德普斯特-沙弗理论等方法结合来自步骤 3、4、7 和 8 的新信息输入。步骤 2 和 6 基于相关性和分析结论引入反馈到情报收集系统，以获得额外的传感器产生的信息来更新对象状态和不确定性。这一雄心勃勃的计划旨在"自动开发和交叉使用多种情报来源"，以提升决策时效，并自动收集下一个最重要的信息，用于改善目标跟踪，减少不确定性，或形成基于威胁和网络模型的预期行动路线。

根据美国国防高级研究计划局 2013 年授予的 7900 万美元合同，BAE 系统公司和科学应用国际公司（SAIC）"开发了融合来自成像传感器、众源和其他社交网络或基于文本的传感器的情报信息的技术，以及其他用于进一步分析的来源，以及自动交叉使用不同情报来源"[32]。集成这些工具的人机界面示例（5 级融合的示例）如图 14.13 所示。

图 14.13　美国国防高级研究计划局"洞察"计划人机多源
情报融合环境示例（图片来源：美国国防高级研究计划局[33]）

"洞察"计划还"通过使用行为发现和预测算法来检测和识别威胁"，包括基于模型的关联和网络分析工具，这些工具可以自动融合信息并将其呈现给用户。该程序开发了一个原型图形用户界面，并从经验丰富的 AB 多源情报分析人员那里寻求反馈。他们还在位于加利福尼亚州欧文堡的国家培训中心（NTC）进行了独特的多传感器测量数据收集演习。"洞察"是一个正在进行的开发项目，旨在将先进的多情报关联和开发能力转换到现有的项目中，包括陆军的分布式通用地面系统（DCGS-A）。

14.6 总　　结

分析人员在他们的工作流中实践了相关和融合——多源情报处理艺术。当然，有许多数学方法可以将信息与量化精度结合起来。不确定性可以通过多次计算传递，这使得分析人员可以对多源数据进行严格的数学测量。关联的艺术和科学不能很好地结合在一起，而且艺术常常胜过科学。大多数分析人员更喜欢将他们"感觉"相关的信息关联起来。必须努力将结构化的数学方法与以人为中心的判断结合起来。用科学来量化结果，但留有阐释空间的混合技术可能会推动情报技术的发展，只是目前在 ABI 还没有得到广泛应用。

参考文献

[1] Hume, D., An Enquiry Concerning Human Understanding, 1748.

[2] Silver, N., The Signal and the Noise: Why So Many Predictions Fail-But Some Don't, New York: Penguin, 2012.

[3] Kahneman, D., Thinking, Fast and Slow, London: Farrar, Straus, and Giroux, 2011.

[4] Taleb, N. N., The black Swan: The Impact of the Highly Improbable (2nd ed.) New York Random house, 2010.

[5] Tetlock, P. E., Expert Political Judgment: How Good Is It How Can We Know? Princeton, New Jersey: Princeton University Press, 2006.

[6] "Definition: Fusion." Google.com.

[7] Waltz, E., and J. Llinas, Multisensor Data Fusion, Norwood, MA: Artech House, 1990.

[8] Hall, D. L., and J. Llinas, "Multisensor Data Fusion," in Handbook of multisensor data Fusion, Theory and Practice (eds. M. E. Liggins, D. L. Hall, and J. Llinas), Boca Raton, FL: CRC Press. 2008.

[9] Engle, M., S. Sarkani, and T. Mazzuchi, "Developing a Model for Simplified Higher Level Sensor Fusion," Crosstalk, February 2013, pp. 20–24.

[10] Steinberg, A N, and C L. Bowman, Revisions to the JDL Data Fusion Model," in Handbook of Multisensor Data Fusion, Theory and Practice, Boca Raton, FL: CRC Press, 2008.

[11] Hall, D. L, and J. Llinas, "An Introduction to Multisensor Data Fusion," Proceedings of the IEEE, Vol. 85, No. 1, January 1997, Pp 6–23.

[12] Hall, D. L, and A. N. Steinberg, "Dirty Secrets in Multisensor Data Fusion," DTIC ADA392879.

[13] "Sentient Enterprise Request for Information," National Reconnaissance Office, October 20, 2010, web Available: https://www.fbo.gov/

[14] Bottomley, G. E, et al., "The potential Gains of Upstream Fusion for SIGINT and MOVINT Data (Unclassified)," presented at the Science of Multi-Intelligence (SOMI) Workshop, Chantilly, VA, September 10, 2014.

[15] Kahneman, D., and A. Tversky, Subjective Probability: "A Judgment of representativeness," in Judgment Under Uncertainty: Heuristics and Biases, Cambridge, U.K. Cambridge University Press, 1972.

[16] Zlotnick, J., "A Theorem for Prediction," Studies in Intelligence, Vol. 11, No 4, 1967.

[17] Zlotnick, J,: "Bayes' Theorem for Intelligence Analysis," Studies in Intelligence, Vol. 16, No.2, 1972.

[18] Shafer, G., A Mathematical Theory of Evidence, Princeton, NJ: Princeton University Press, 1976.

[19] Dempster, A. P., "A Generalization of Bayesian Inference," Journal of the royal Statistical Society Series B, Vol 30, 1968, Pp. 205-247.

[20] Shafer G., "Dempster-shaferTheory," web. Available: http://www.corpsriskanalysisgateway.us/data/docs/dempster.Pdf.

[21] "Dempster-Shafer Theory," Wikipedia.

[22] "Bayesian Network," Wikipedia.

[23] Pool, R, ed, Field Evaluation in the intelligence and Counterintelligence Context: Workshop Summary, Washington, DC: National Academies Press, 2010.

[24] Sticha, P., D. Buede, and R. L. Rees, "APOLLO: An Analytical Tool for Predicting a Subject's Decision Making," presented at the International Conference on Intelligence Analysis Methods and Tools, McLean, VA, May 2, 2005.

[25] Satellite Imaging Corporation, "Worldview-3" web. Available: http://www.satimagingcorp.com/satellite-sensors/worldview-3/.

[26] "Unified Research on Network-Based Hard/Soft Information Fusion," Multidisciplinary University Research Initiative (MURI) Grant (Number W911NF-09-1-0392) by the US Army Research Office (ARO) to University at Buffalo (SUNY) and partner institutions.

[27] Llinas, J., R. Nagi, and J. Lavery, "A Multi-Disciplinary University Research Initiative in Hard and Soft Information Fusion: Overview, Research Strategies and Initial Results," presented at the Proc. of 13th Conference on Information Fusion (FUSION), Edinburgh, July 2010.

[28] Gross, G. A., et al., "Towards Hard+Soft Data Fusion: Processing Architecture and Implementation for the Joint Fusion and Analysis of Hard and Soft Intelligence Data," in 15th International Conference on Information Fusion, FUSION 2012, Singapore, July 9-12, 2012, pp. 955-962.

[29] "MURI: Unified Research in Network-Based Hard/Soft Information Fusion," SUNY

Buffalo, web.

[30] "Insight Broad Agency Announcement for Information Innovation Office," DARPA. BAA-10-94," September 20, 2010.

[31] Pagels, M., "Insight Industry Day." DARPA Information Innovation Office, September 22, 2010.

[32] "BAE Systems to Help DARPA Unify Imaging and Other Battlefield Intelligence Sensors," Military Aerospace Electronics, web. Available: http://www.militaryaerospace.com/articles/2013/08/darpa-insight-bae html.

[33] "Insight Program," DARPA, news release, web. Available: http://www.darpa.mill/uploadedImages/Content/News Events/Releases/2013/InsightlIlustrationv2. Jpg.

[34] "DARPA Expanding Insight Program for Real-Time Analysis of ISR data," Defense Systems, December 3, 2012.

第 15 章
知识管理

知识是一种增值信息，它被人们整合、集成、情景化后，用于进行比较、评估结果、建立关联以及做出决策。虽然有些论文对数据、信息、知识、智慧和情报进行了区分，但在我看来，知识的定义是：通过对多种信息反复分析和整合，从而得到认知的总和。知识是情报专业的本质，情报人员依靠知识来解决核心的情报问题。本章介绍在 ABI 技术背景下知识管理的原理和分析方法，还介绍一些关于隐性知识挖掘、使用动态图建立数据关系以及知识共享的概念。

15.1 知识管理的必要性

知识管理这个术语诞生于 20 世纪 90 年代初期，人们意识到：情报资产为组织提供了竞争优势，因此必须加以管理和保护。知识管理是一个通盘战略，目的是在正确的时间将正确的信息提供给正确的人，使得他们能够有所作为。所谓的情报失察，很少是因为无法收集情报而造成的，而是因为决策者无法准确地运用收集到的情报来做出重要的决定。

根据达尔基尔（Dalkir）的说法："45 年前，工业化国家有将近 50% 的工作者在从事或者辅助从事制造行业。"而到 2000 年，这一比例已降低至 20%[1]。情报界拥有 17 个价值达 5270 亿美元的成员单位[2]、超过 10000 个据点、854000 余人[3]，他们专注于情报的获取、处理和管理。

高德纳公司（Gartner）的杜洪（Duhon）将知识管理（KM）定义为：

一门学科，它建立了一套完整的方法，用于识别、获取、评估、检索以及共享企业所有的信息资产。这些资产可能包括数据库、文档、政策、流程，以及员工的专业知识和经验[4]。

这个定义构成了本章的讨论架构。ABI方法将数据和知识视为一种资产，数据等价性原则认为，所有上述这些资产在分析和探索过程中都应被同等重视。一些知识管理的方法注重收集，即保留已退休员工在以往工作中留下的有价值的知识。另一些知识管理方法则注重传承，即通过观察、了解、培训或老带新的方式，将知识从老员工传递给新员工。大量知识管理领域的资料都侧重于讲述通过访问某个领域的专家或从交谈中获取知识的方法。这些都是情报领域重要的方法。"知识的传播越来越多地涉及人类认知和基于机器的情报之间的伙伴关系。"[5]本章重点讨论知识管理中的一部分，包括机器可读的知识构造、分析假设的公式模型、知识来源的维护，以及致力于合作提升大型分布式组织的共有知识。

15.1.1 知识的类型

知识通常分为显性知识和隐性知识（表15.1）。显性知识是形式化和书面化的。这在有些时候也被称为"知道是什么东西"，并且显性知识更容易记录、存储、查询和管理。只用于存储显性知识的知识管理系统准确来讲应该称为信息管理系统。因为大多数显性知识都存储在数据库、备忘录、文档、报告、笔记和数据文件中。

表15.1 显性知识与隐性知识性质的比较

显性知识的特点	隐性知识的特点
"知道是什么东西"	专业知识，"知道怎么做"和"知道为什么"
格式化、文档化、组织化、系统化	抽象，难以描述，但你可以在需要的时候无意识地使用
只有在需要知道的时候才知道	在日常工作流程中的本征表现
通过记忆、报告、查询、搜索、口头交流、演讲和讲座来传达	通过经验传递或一对一指导、观察、模仿或实践来传达

隐性知识是基于经验的只可意会的知识，有时也被称为"知道怎么做"或"知道为什么"。隐性知识难以记录、量化，也难以与他人交流。这类知识通常是组织里最有价值的。雷哈尼（Lehaney）指出，"在新经济中，唯一可持续的竞争优势和成功的关键不在于技术，而在于人的思维和有组织的记忆"[6]。隐性知识具有很强的语境化和个性化特点。大多数人没有意识到他们天生拥有的隐性知识，并且很难量化他们在显性事实以外"知道"的东西。

在情报行业，显性知识很容易被记录在数据库中，但令人担忧的是那些有经验的情报人员所掌握的定位、整合和传播信息的能力。ABI不仅需要分析人员掌握对手（及其活动和事务）的显性知识，还需要分析人员具备隐性知识分析能力，以便理解某些活动和事务发生的原因。

虽然本书中的许多方法都涉及对显性知识的操作，但更重要的是要将重点放在多源情报时空分析的"艺术"上。接触过人类活动模式的分析人员会产生出一种自然的直觉，来识别异常现象，并了解应该把分析工作的重点放在哪里。有时，这些知识是特定于某些问题、区域或群体的。通常情况下，分析人员在理解特定类型实体的活动和事务方面具有特殊的技巧或天赋。通常，隐性知识会为一个特别困难的调查带来转折，或解开一个特别困难的情报谜题，但根据梅耶（Meyer）和哈奇森（Hutchinson）的观点，人们更重视具体和生动的信息，而不是那些无形和模糊的信息[7]。有效地将情感、直觉等模糊的隐性知识转化为显性信息是确定情报的关键；它通常具有最大的价值，但也是最难以实现的。

积累显性知识很少会带来革新和创造性的突破。卓越的组织在传播、记录、修改、查询和应用过程中能够均衡地运用显性和隐性知识。

15.2 探索已知情况

第10章介绍了"大数据"的概念，每天的新闻报道提醒我们，比美国国会图书馆信息量还要庞大的数字化碎片的产生速度比你读这句话的速度还快。整合和发现情报并不是一个新鲜的问题，乔治·莱特（George Wright）在1958年出版的《情报研究》（*Studies in Intelligence*）中写道：

> 在整个情报领域中，最令人困惑的问题之一是如何存储不断增长的原始情报信息，以及如何随时都能够获取各种各样的信息。这在中情局尤为困难，它要将收集到的所有情报向整个情报圈提供查询服务。这个问题已经受到强力诟病，目前已得到部分解决；但是这些解决方案并没有跟上不断增长的文件和情报分析人员的苛刻要求。中情局的分析人员仍然为无法保存足够的情报以供查询服务感到沮丧[8]。

随着可用信息的数量持续增长，情报工作者花费在信息传递、标记、创建文档、搜索信息以及查询和其他以信息为中心的活动上的时间越来越多[9]。亟须一种新的理念来增加知识的发现并且降低知识管理的无序性。

15.2.1 推荐引擎

亚马逊是一家拥有数十亿美元资产的集图书、电影、电子产品、服装和数字内容的网络零售商，它推出了用于线上购物的喜爱度推荐引擎算法。尽管亚马逊公司算法的具体内容是一个商业机密,但一份 2001 年的名为"数据库中隐藏的商品喜爱度推荐"的专利资料揭示了亚马逊公司算法的技巧:基于内容的过滤和协同过滤[10]。

基于内容的过滤是根据元数据或描述字段中特定的内容进行分析。算法给每个特定的内容(在我们的示例中,为每个元素或知识对象)赋予公共的关键字。这种过滤方式通常不评估内容的质量、流行程度或功效。"基于内容的过滤方式往往不适合推荐电影、音乐、作者、餐馆等不具备太多可分析信息的内容"[10]。这种方式也许适用于地理空间数据集或其他有隐藏价值的实体情报数据库。基于内容的过滤是一种可识别具有相似内容的技术。

在协同过滤方式中,"内容是根据用户们的兴趣来推荐的,而不需要分析这些内容包含了什么"[10]。这种方式将用户对某条内容的兴趣与已经对这条内容进行评价的用户进行了关联。此技术用来识别具有相似喜好的用户群体。在情报方面,就是对相似数据感兴趣的分析人员。

亚马逊公司的算法系统结合了基于内容的过滤方式和协同过滤方式,提高了预测的准确性,降低了预测失误率。这个过程类似于使用多个 ISR 传感器来提高检测概率,同时降低虚警率。亚马逊公司算法的一个关键技术是能够离线计算相关的项目表并存储该图形化的数据结构,然后根据现有的浏览记录实时有效地将这些表应用在用户喜好推荐上。图 15.1 描述了这个过程。比起那些曾经一翻而过或者从购物车中清除过的商品,客户会更喜欢他们曾经购买过的、给过好评的商品或当前购物车中的商品。

在 ABI 知识管理体系中,有关实体、位置和对象的知识可以通过对象元数据获得。基于内容的过滤用于根据位置、距离、速度或空间和时间中的活动来识别相似的事物。协同过滤可用于根据相关内容的查询、下载和交换发现处理类似问题的分析人员。这是一个提供给分析人员的一项实用技术,它结合"是谁?在哪里?",以及"是什么?为什么?"为一体。

15.2.2 通过数据来发现数据

一个被称为"通过数据来发现数据"的新兴概念由杰夫·乔纳斯(Jeff Jonas)和丽莎·索科(Lisa Sokol)提出,它将推荐引擎概念扩展到下一代知识管理。"与传统的基于查询的信息系统相比,乔纳斯和索科认为,如果通过找到相关的数据和感兴趣的用户这个过程,来让系统自身知道数据的含义,它将改变数据发现的本质。他们解释道:

一名用户对一本即将出版的书很感兴趣,在亚马逊网站上搜索书名,但毫无结果。于是他决定每月查看一次,直到这本书出版。不幸的是,对于用户来说,下一次查看时,他发现这本书不仅已经售完,而且现在还延期交货,等待第二次印刷。如果使用数据发现数据技术,当这本书可被购买时,这个数据点将发现用户的原始查询并自动向用户发送关于这本书可以被购买的电子邮件[11]。

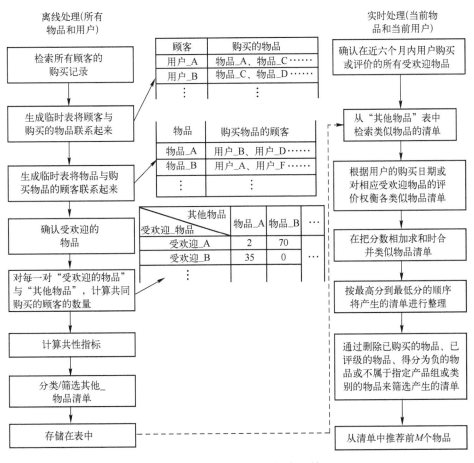

图 15.1　推荐引擎的流程图（摘自文献 [10]）

乔纳斯现在已经是 IBM 实体分析集团的首席科学家。2005 年,IBM 收购了他的公司 SRD。SRD 为拉斯维加斯赌场开发了数据采集和告警系统,包括非显著关系分析（NORA）,它因打破了畅销书《博得满堂喝彩》（*Bringing Down the House*）[12]中臭名昭著的麻省理工学院（MIT）环式计算装置而闻名。他假设,知识丰富但探索能力不足的组织通过使用实时分析[13]将之前不相连的信息孤岛中的信息关联起来,从而获得越来越多的财富。与使用大批量算法来处理数据不同的是,该算法在对每一块数据分析时都要进行检查和关联,以确定其与系统中所有其他内容和知识的关系。这套数据采集系统产生的数据是先集成后挖掘的体现,因为每一个新的数据片段都是相关联的,也是按顺序的,利用已知信息跨域整编形成。乔纳斯说,"如果一套系统没有在事前建立持续收集的环境……那么在事后要想重建的计算成本太高了"[14]。

乔纳斯在2011年的一次采访中详细阐述了这些概念的含义:"地球上没有足够多的人每天思考每一个复杂的问题……数据的每一个部分都是一个问题。当一段数据到来时,你想要获取这段数据,就要看看它与其他数据之间的关系,就像拼图一样。"[15-16]把每一块数据当作问题来处理意味着把数据当作查询来处理,同时也是把查询当作数据来处理。

15.2.3 把查询当做数据

信息请求和查询本身就是一个强大的数据来源,可以用来优化知识管理系统或帮助用户发现某些内容。谷歌前首席信息官(CIO)和工程副总裁道格·梅里尔(Doug Merrill)解释了谷歌如何使用查询来产生一个可大规模扩展的、自校正的搜索引擎,下面的例子改编自2007年的一次演讲[17]:

(1)一个匿名用户在谷歌的搜索引擎中输入"情报",然后按下"回车键"。

(2)用户查看返回的结果,并且不单击任何链接。

(3)然后用户(在5s内)在搜索框中输入"情报"并按下"回车键"。

(4)用户查看返回的结果并单击页面上的第五条结果。

使用这种方法,谷歌不需要知道关于语言或内容的任何信息,它只是挖掘请求者的活动和事务,并将这些结果存储在一个相关的数据表中,这个数据表不断地挖掘相关性。通过这种数据相关性,知识管理系统可以代表查询者,并使用"不正确"的查询操作持续改进查询结果。有了足够的用户和多样化的查询基础,一个能够感知语境的查询系统就自然产生了。随着人机交互界面对于理解用户交互行为的本质和语境越来越可行,类似的技术变得越来越普遍。

15.3 语 义 网

语义网是万维网的进化,是从一个供人类阅读的基于文档的结构化设计到一个超链接的网络,是一个可用计算机处理的网页,它包含了关于内容和多个网页如何相互关联的元数据。语义网是关于关系的。

尽管最初的概念是在20世纪60年代提出的,但"语义网"这个术语及其在互联网演变中的应用是由蒂姆·柏拉·李(Tim Berners-Lee)在2001年发表于《科学美国人》(*Scientific American*)的一篇文章中普及的。他认为,"语义网将带来重大的新功能,因为机器处理和理解数据的能力将大大提高"[18]。

语义网基于多种底层技术,但最基本和最强大的两种技术是可扩展标记语言(XML)和资源描述框架(RDF)。

15.3.1 XML

XML是一个万维网联盟(W3C)标准,用于人类可读和机器可读的编码语言[19]。互联网网页使用超文本标记语言HTML,描述页面样式和布局以及如何处理指向其他文档的超链接。HTML很简单,但标记集无法扩展。此外,它只描述如何为用户呈现页面,而不提供有关<keyword>标记所需内容的元数据。

XML的语法是:

<tag attribute-name="attribute-value"></tag>

它将文档描述为一系列成对的关键词。标记区分大小写。属性值(在上述例子中为"attribute-value")必须始终出现在引号内。与每个标记关联的内容出现在括号之间。本书的XML描述如下:

<book category="engineering">
<title lang="en">Activity-Based Intelligence: Principles and Applications</title>
<author>Patrick Biltgen</author>
<author>Stephen Ryan</author>
<year>2015</year>
<publisher>Artech House</publisher>
</book>

XML也可用于创建关系结构。例如下面的示例中有两个数据集,由位置(locationDetails)和实体(entityDetails)组成(改编自文献[20]):

<locationDetails>
<location ID="L1">
<cityName>Annandale</cityName>
<stateName>Virginia</stateName>

</location ID>
<location ID = "L2" >
<cityName>Los Angeles</cityName>
<stateName>California</stateName>
</location ID>
</locationDetails>
<entityDetails>
<entity locationRef = "L1" >
<entityName>Patrick Biltgen</entityName>
</entity>
<entity locationRef = "L2" >
<entityName>Stephen Ryan</entityName>
</entity>
</entityDetails>

与将每个实体的位置作为属性包含在 entityDetails 中不同，上面的结构使用属性 locationRef 将每个实体链接到一个位置。这类似于关系数据库中的外键的工作方式。使用这种结构的一个优点是两个实体可以链接到多个位置，特别是当它们的位置是时间和活动的函数时。

XML 是一种灵活的、自适应的标准，用于创建关联性强的文档，并且可以被机器使用解析算法进行解析。

15.3.2 资源描述框架（RDF）

RDF 是 W3C 开发的一个标准，它在语义网中表达某种含义并定义资源间的关系。RDF 使用 XML 作为底层表示，尽管它不一定依赖于 XML 语法。RDF 通常被描述为主语-谓语-宾语的图形，如图 15.2 所示。

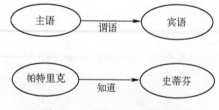

图 15.2 语义三要素的示例

除此之外，图 15.2 底部所示的三要素"帕特里克|知道|斯蒂芬"还可以用机器可处理的方式写成：

_:a<http://xmlns.com/foaf/0.1/name>"patrick"
:a<http://xmlns.com/foaf/0.1/knows>:b
_:b<http://xmlns.com/foaf/0.1/name>"stephen"

或使用以下的万维互联网联盟（W3C）的 Turtle 语法：

@prefixfoaf<http://xmlns.com/foaf/0.1/>

[foaf：name "Patrick"]foaf：knows [

foaf：name "Stephen"]；

foaf：mbox<steve@activitybasedintelligence.com>

"RDF 的 FOAF（Friend-of-a-Friend，朋友的朋友）词汇表始于'RDF-Web'项目，通过 RDF 文档发布简单的数据实例建立了一个广泛使用的模型"[21]。RDF 为基于计算机处理的知识体系结构提供了一个实用的、标准的结构。这是一种人机辅助推理软件工具，可以帮助人们更快速地发现和关联相关信息，从而提高决策的价值。

15.4　知识图及探索

"图"是一个数据结构，由节点（顶点）和连接各点的边组成。许多实际问题可以用图来表示，并使用图论的原理来分析。在信息系统中，使用图来表示通信、信息流、程序库、数据模型或语义网中的关系。在情报领域，图形模型用于表示流程、信息流、交易、通信网络、作战命令、恐怖组织、金融交易、地理空间网络和实体的运动模式。由于其广泛的适用性和数学简单性，"图"为 ABI 分析提供了一个强大的结构。

图由表示每个节点的点或圆，以及节点之间表示边缘的弧或线绘制而成，如图 15.3 所示。方向图使用箭头来描述从一个节点到另一个节点的信息流。当图用于表示语义三要素时，箭头的方向表示关系的方向。图 5.8 介绍了一个三列的架构，用于记录事实、推论和未知因素。此信息在图 15.3 中被描述为一个知识图。黑色节点表示已知信息，灰色节点表示未知因素。箭头阴影将事实和未知因素区分开。阴影线显示的信息具有时间依赖性，就像吉姆曾经住在其他地方一样（未知因素，因为我们不知道在哪里）。隐式关系也可以使用知识图来记录；图 5.8 包含了这样一个事实："咖啡馆离吉姆的办公室有两个街区远。"语义三要素"吉姆|工作在|吉姆的办公室"是从一个叫做"吉姆的办公室"的实体中得到的隐含信息。

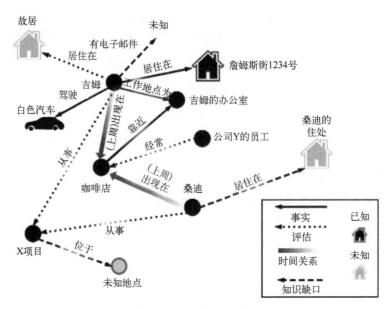

图 15.3 知识图示例

知识图很容易描述已知和未知。因为这个结构也可以使用 XML 标记或 RDF 三要素来描述，所以它也可以作为一个机器可读的结构，传递给算法进行处理。当用户不一定知道查询的起始点时，图作为信息发现的形式非常有用。通过从任何节点（提示）开始，分析人员可以遍历图来查找相关信息。这个工作流程称为"从知道什么到发现什么"。大量基于图的搜索有助于导航和探索大型、多维图形，这些图很难可视化和手动导航。

演绎推理技术通过人工和算法筛选与图形分析相结合，能够快速回答问题，并将知识从图形传递给人工分析人员。分析人员根据关系类型、时间或关于边和节点之间交叉的复杂查询进行筛选，以快速识别已知信息并强调未知的知识。图形分析能力已经越来越多地被集成到商业网络分析包中，如 BAE 系统公司的 NetReveal、Palantir、IBM analyst Notebook、Semantica professional 等和许多其他工具。

15.4.1　图表和链接数据

第 10 章介绍了 NoSQL 架构的图形数据库，用于存储灵活的、自适应的数据模型。图以及图形数据库，通常对于索引跨多个数据库保存的情报数据是一个有用的结构、不需要复杂的表连接和紧密耦合的数据库。例如两个图形存储，G 表示地理情报数据，S 表示信号情报数据，它们包含的情报"对象"

形成图 γ_1 和 γ_2，如图 15.4 所示。

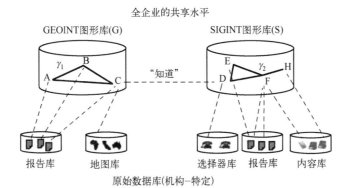

图 15.4　使用图表进行信息共享

γ_1 表示地理情报信息，它是正在处理中的关于对象 C 的情报问题。地理情报图形库中的信息被链接到多个不同层次的原始数据库，包括一个报告库和一个地图库。对象 C 同时链接到报告库和地图库。仔细观察四节点图 γ_2，这是一个信号情报分析人员的图形库，是由对象 D、E、F、H 组成的相关情报问题视图。这些对象同样使用图形间的关系（边）链接到代理级别的数据库。在对象 C 和 D 之间创建了一个三要素关系，反映了"C 知道 D"。"这种关系存储在企业级的共享关系库中，它在代理级别记录了图形库中的两个对象之间的关系，也将从图到原始数据源的链接记录到五个特定的代理数据库中。

使用关联数据，分析人员在分析问题"C"时可以快速发现直接连接到对象 C 的地图和报告，以及其他链接到相关对象的报告。C 也可以被打包成一个"超级对象"，它包含了一个所有关联数据的实例，某些关联数据在一定程度上与起始对象是分离的（由图的边数计算）。超级对象本质上是与每个相关对象的统一资源标识符（URI）的关系的堆栈，使用 RDF 三要素或 XML 标记记录。

15.4.2　溯源

"溯源"是指数据的创建、使用、保管、变更、定位和状态的时间表，该术语最初用于艺术作品，目的是"为艺术品从最开始的生产，到被发现，到后来的历史，特别是这件艺术品属于谁以及存储地点的先后顺序提供了关联和旁证"[22]。在法律上，"溯源"的概念是指官方的"拥有链"，这一概念在逻辑上扩展到知识系统中数据变化历史的记录。

W3C 在 2013 年推行了一项溯源的标准，将其定义为"有关实体、活动和参与产生数据或事物的人员信息，这些信息可用于对数据质量、可靠性或可信度进行评估"[23]。PROV-O 标准是网络本体论语言 2.0（OWL2），它将 PROV 逻辑数据模型映射到 RDF[24]。该本体论描述了数百个类、对象和属性。

通过知识图保持数据追溯对于收集反证假设的证据至关重要。每一个分析结论都必须追溯到得出这条结论的数据。虽然 ABI 方法可以通过自动化分析工具进行强化，但是处于决策链末端的分析人员需要了解数据是如何通过分析和综合而相关、组合和操纵的。情报界正试图制定数据交换和溯源跟踪的标准。

15.4.3 使用"图"进行多分析人员协作

传统的线性 TCPED 模型中，如果当两家机构的分析人员对同一对象编写了相互冲突的报告，两份报告都会传递至全源情报分析人员。他们会根据以往的经验来判断两份报告的差异。不幸的是，除非错误报告被撤销，它会一直存在到将来，直到被其他人引用。使用图形结构来对对象进行建模，可以更容易地发现差异，从而使这些差异可以更快、更有效地得到解决。在从空间上分析数据时，这些差异对全源情报分析人员来说是显而易见的，因为可以明显看到同一对象同时出现在两个地方或状态中。所有事情都会发生在某个地方，而且只能发生在一个地方。

15.5 信息和知识共享

2009 年 1 月 21 日，情报界正式发布了由国家情报局签署的第 501 号文件《在情报界内发现、传播或检索信息》("Discovery and Dissemination or Retrieval of Information Within the intelligence Community")。该文件的目的是"在整个情报界中建立一种责任、共享的长久文化，文件引入了"提供情报的责任"一词，并与"需要知道"这一传统口头禅建立了复杂的关系[25]。它要求"通过自动化手段"提供和发现所有授权信息，并鼓励对特定任务的信息进行数据标记。在 501 号文件中，定义情报收集和分析的"管家"为：

一名经过特定审核的情报界中的员工，一名由情报界负责人指定的高级官员，依据法律或行政命令授权领导情报界的一切情报收集、分析活动，并就有关活动所收集、分析的情报发放和检索事宜做出决定[25]。

情报管家的重点是改进信息的探索和传递，而不是保护或存储来自授权用户的信息，因此在这个新结构中，情报管家逐渐取代了情报所有者。这些情报不属于个人或机构，而是属于情报界。在应用时，这种视角上的变化会对如何看待信息产生巨大的影响。

根据"9·11"委员会的说法，"全源情报分析的最大障碍，是人类或系统对共享信息的抵制"[26]。由于情报界是一个专家联盟，许多情报分析人员将他们的知识视为一种权力或工作保障，自然不愿与人分享。基拉瓦达（Kilawada）和霍尔茨豪斯（Holtshouse）认为知识共享需要形成一种文化："公司需要创建一个环境，有利于共享，然后用雄厚的技术支持和持续改进工作流程作为保障"[27]。普鲁萨克（Prusak）指出，知识在共享中"汇聚"，个人与群体、社会的连通比独自获取知识更强[28]。促进社会发展和沟通交流的组织都离不开知识共享机制的建立。巴赫拉（Bahra）认为：有三个主要条件可以促使人们共享知识[29]：

（1）互惠：一个人帮助他的同事，他的同事也会将有价值的知识作为回报（甚至在未来）。

（2）声誉：声誉或者在工作和专业领域获得的尊重，是一种力量，尤其是在情报界。

（3）利他主义：自我满足或对某个话题的热情或兴趣。

这三个因素促成了情报界中最简单、但最有力的共享文化。

15.6　维基百科、博客、社交软件和共享

情报界在历史上相互隔离的特点及其"求知"的方针经常被认为是推动其信息共享的动力。2005年，中央情报局科学家 D. 卡尔文·安德鲁斯（D. Calvin Andrus）发表了《维基百科和博客：迈向复杂的自适应情报界》（*The Wiki and Blog: Toward a Complex Adaptive Intelligence Community*），其中假设道："情报界必须能够通过不断学习，适应国家安全环境的变化，动态地改造自己"[30]。安德鲁斯提出信息共享和独立自组织的行动机制，促使这一转变得以实现，例如将维基百科、博客等"全新的互联网工具"引入情报界。

安德鲁斯的文章获得了情报界的伽利略奖，并负责一个基于维基百科平台和结构的机密工具，称为"情报百科"[31]的部分建设工作。该工具发布后不久，就被用于撰写一份关于尼日利亚的高级情报评估报告。美国国家情报分析局前副局长托马斯·芬格（Thomas Fingar）曾引用情报百科在快速曝出伊拉克叛乱分子在简易爆炸装置中使用氯气的成功经验，凸显了在这种自组织模式下克服了固有的官僚主义[32]。国家情报局前局长 J. M. 麦康奈尔

（J. M. McConnell）在2007年的国会听证会上介绍了该工具："越来越多的分析人员正在使用交互式的、保密博客和维基百科，就像精通技术、富有合作精神的用户一样……这些工具使来自不同领域的专家们能够共用他们的知识，形成虚拟团队，并迅速做出完整的情报评估"[33]。截至2014年1月，美国政府绝密级的情报百科有113379个页面，255402个用户，290355786次浏览量，以及6216642次编辑[34]。

虽然情报百科是长期情报和紧急情报共享的主要的半官方渠道，但大多数分析人员则通过聊天室、微软SharePoint网站以及点对点聊天等非正式渠道进行情报共享。2007年，总部位于丹佛的Jabber公司赢得了一份价值2200万美元的合同，为美国国防部部署一个商用即时消息（IM）服务器平台。当时，Jabber（现在的思科）表示，"可扩展的通信平台已经广泛部署到整个联邦政府，包括国防和国土安全部以及美国情报部门"[35]。到2009年，情报机构雇员每天大约交换500万条即时信息[36]。许多分析人员更喜欢聊天而不是更正式的交流方式，因为它快速、简单，而且是点对点的。知识传递是基本的社会和人类发展过程，通过人与人之间对等的关系取得了巨大的成功[29]。

因为ABI谍报技术减少了对生产静态情报的关注，所以ABI分析人员倾向于在工作中进行协作和情报共享。其中包括关于敌方行为模式的知识图、模型文件数据库和其他没有形成最终产品的情报。事实上，"ABI产品"一直让人感到有些困惑，因为标准机构无法定义ABI产品的新特性和不同之处，以及如何在通常是静态的演示图表上描绘动态的人类活动。

管理者喜欢将报告和图表作为情报分析的标准输出，因为报告的总数很容易计量；然而，管理层开始质疑仅仅为了记录一个"产品"而在一个未完成的行为模式分析上"画一条结束线"的作用。"越来越多使用动态图表的交互产品被用于基于地理空间的故事讲述。尽管所有的资源都分配给了令人炫目的多媒体产品和动画电影，但它们很少被用于情报产品，因为它们既耗时又昂贵，而且通常需要很长时间。

15.7 众　　包

众包是指"从一个广泛群体，尤其是在线社区，而不是传统的员工或供应商来获得所需服务、想法或内容的实践"[37]。亚马逊推出了一个名为"机械突厥"（Mechanical Turk）的在线众包市场，并戏称其为"人工智能背后的劳工"。亚马逊公司的"机械突厥"根据一款18世纪的下棋游戏机命名，它向人们发包人工智能任务，当人们完成任务时就被付给相应的报酬。"机械突厌"为"企业和开发人员提供按需的,灵活的劳动力。工人们则可以从成千上万的任务中进行选择,并在任何方便的时候工作"[38]。每完成一项任务,参与者都会得到一小笔打赏,但大多数众包平台都不向参与者支付报酬。工人们可以选择的 20.8 万个人工智能任务中的一些例子如下所示:

(1) "请为这些词选择正确的拼写。"
(2) "这个网站适合普通读者吗?"
(3) "在此图像中查找产品的项目号。"
(4) "这两种产品是一样的吗?"
(5) "把一段话从英语翻译成法语。"

将那些难以用自动化算法解决的分类和识别任务众包为大规模的、简单的、琐碎的工作给一批工人以支持 ABI。2012 年,欧洲航天局(ESA)安装了"夜航器",这是一部装有电动三脚架的相机,可以自动补偿在拍摄地球照片时空间站的运动。目前,国家航空航天局的约翰逊航天中心有超过 120 万张从国际空间站拍摄的照片。虽然运动补偿的"夜航器"能产生清晰的图像,但图像的地理定位很差,限制了它们在科学上的用处[39]。一个名为"图像检测"的项目基于特征相关性对白天的图像进行自动分类和地理特征提取,但这项技术不适用于夜间图像(约占照片总数的 30%),因为该算法很容易混淆城市、恒星和其他物体(如月球)[40]。"任何人都可以帮忙"马德里康普顿斯大学(UCM)的博士生亚历杭德罗·桑切斯(Alejandro Sanchez)说,"人类对于复杂的图像分析更有效率"[39]。截至 2014 年 9 月,"城市夜景"众包项目共完成 85651 项任务(80%),志愿者人数达 14387 人[41]。相比之下,约翰逊航天中心雇用了大约 15000 名公务员和承包商[42]。

由于众包任务通常依赖于缺乏经验的工作人员,因此虚警率可能很高。在实践中,将相同的任务分配给多个工作人员并进行结果比较,则很容易就能解决这个问题。如果多个工作人员都同意一项判断,那么结果就会以高置信度保存下来。相互矛盾的结果会被识别出来,并通过更有经验的专家来做最后的决定。

除了地理情报开发任务(如识别图像中的目标和对太空照片进行地理识别)之外,众包也是数据治理的一个有用概念。例如,可以使用众包平台清理事务数据、轨迹拼接或地理编码文本文件。因为像实体提取这样的自动算法会产生不确定的结果,所以众包可以用来消除实体和位置的模糊。由于许多低级任务在某些情况下只需要获得信息的片段,而不需要获得完整的来源和方法,因此情报数据的一部分可以向公众公开,然后在一个机密信息系统中汇总成完整情报。

2013年,总部位于科罗拉多州朗蒙特的数字地球公司收购了众包图像分析平台Tomnod。Tomnod在搜索2014年马来西亚航空(Malaysian Airlines)失联的370航班的众包卫星图像中获得了大量曝光。本案例研究将在第20章进行讨论。众包还可以用来收集不同用户的想法和意见,从而形成对一系列主题的看法和判断。这种应用将在第16章中讨论。

15.8 总　　结

知识管理是ABI的一个关键因素,因为关于活动、模式和实体的隐性和显性知识必须在多个不同的对象中找到并关联,以实现数据等价性原则。越来越多的新技术,如图形数据存储、推荐引擎、源头追踪、维基百科和博客,对ABI的发展做出了贡献,因为它们推动了知识发现和理解。第16章描述了利用这些类型的知识来构建模型,用于验证假设和探索未来可能发生的事情。

参考文献

[1] Dalkir, K., Knowledge Management in Theory and Practice, Amsterdam: Butterworth Heinemann/Elsevier, 2005.

[2] "DNI Releases budget Figure for the 2013 National Intelligence Program," Office of the Director of National Intelligence, October 30, 2013.

[3] Priest, D., and W. M. Arken, "A Hidden World, Growing Beyond Control," The Washington Post, July 19, 2010.

[4] Duhon, B., "It's All in Our Heads," Inform, Vol. 12, No. 8, September 1998, pp. 8-13.

[5] Housel, T., and A. H. Bell, Measuring and Managing Knowledge, Boston, MA: McGraw-Hill/Irwin, 2001.

[6] Lehaney, B., S. Clark, E Coakes, and J. Gillian, Beyond knowledge management, Hershey, PA: Idea Group Publishing, 2004.

[7] Meyer, R. J., and J. W. Hutchinson, "Wharton on Making Decisions," in Bumbling Geniuses: The Power of Everyday Reasoning in Multistage Decision Making (eds. Hoch, S. J., H. C. Kunreuther, and R. E. Gunther, Robert E.) New York: Wiley, 2001, p. 350.

[8] Wright, G. W., "Toward a Federal Intelligence Memory," Studies in intelligence, Vol. 2, No. 3, 1958.

[9] Davenport, T. H., Thinking for a Living: How to Get Better Performance and Results from Knowledge Workers, Boston, MA: Harvard Business School Press, 2005.

[10] Jacobi, J. A., E. A. Benson, and G. D. Linden, "Personalized Recommendations of Items Represented Within a Database," U. S. Patent No. 7113917, 26 Sep 2006.

[11] Segaran, T, and J. Hammerbacher, Beautiful Data: the Stories Behind elegant Data Solutions, Sebastapol, CA: O'Reilly Media, Inc. , 2009.

[12] Malik, Om, "Jeff Jonas Video on How Data Makes Corporations Dumb," GigaOM. Web.

[13] Jonas, J., "What Do You Know? Introducing Perpetual Analytics," February 1, 2006, http/ffjonas. typepad. com/jeff_jonas/2006/02/ what_do_you_kno. hHtml.

[14] Jonas, J., "Accumulating Context: Now or Never," August 20, 2006.

[15] Jonas, J., "JefF Jonas Interview Part 2: Data Finds Data," https://www. youtubecom/watch? v=W3-JrG--gcE, December 2011.

[16] Pacelli, M. "Jeff Jonas Talks Big Data," Business Insider, December 2011.

[17] Merrill, D, "Search 101," presentation at Technical University, Prague, Czech Republic, October25, 2007, https://www. youtube. com/watch? v+syky8crhkck#4 = 22033.

[18] Berners-Lee, T., J. Hendler, and O. Lassila, The Semantic Web, Scientific American, May 17, 2001.

[19] "XML," Wikipedia.

[20] Foley R, "XML," Managing Data Exchange, wikibooks. Org.

[21] "FOAF Vocabulary Specification" Web, Available: http://xmins. com/foaf/spec/.

[22] "Provenance," Wikipedia.

[23] "PROV-Overview." Web. Available: http://www. w3. org/TR/prov-overview/.

[24] "PROV-O: the PROV Ontology." Web. Available: http://www. w3. org/TR/2013/REC_prov-o-20130430.

[25] "Intelligence Community Directive (ICD) 501, Discovery and Dissemination or Retrieval of Information Within the intelligence Community." Office of the Director of National Intelligence, 21 Jan 2009.

[26] "The 9/11 Commission report: Final Report of the National Commission on Terrorist Attacks upon the United States," Washington, D. C. U. S. Government Printing Office, 2004.

[27] Kilawada, K., and D. Holtshouse, "The Knowledge Perspective in the Xerox group," in Managing Industrial Knowledge: Creation, Transfer, and Utilization (eds. Nonaka, I, and D. J. Teece), London: Sage Publications, 2001.

[28] Prusak, L., "Practice and Knowledge Management," in Knowledge management in the Innovation Process (eds. de la Mothe, J., and D. Foray), Boston, MA: Kluwer Academic Publishers, 2001, P. 272.

[29] Bahra, N, Competitive Knowledge management, New York: Palgrave, 2001.

[30] Andrus, D. C., "The Wiki and the Blog: Toward a Complex Adaptive Intelligence Community," Studies in Intelligence, Vol. 49, No. 3, September 2005.

[31] Shrader, K., "Over 3, 600 intelligence professionals tapping into Intellipedia, USATODAY. com," USA Today november 2, 2006.

[32] Losey, S, "U.S. Intel Agencies Modernize Info Sharing," Defense News, May 7, 2007.

[33] McConnell, J. M., Director of National Intelligence, Confronting the Terrorist Threat to the Homeland: Six Years after 9/11, 2007.

[34] Smathers, J.," Intellipedia Usage Statistics, FOIA Request. Approved for release by NSA on0205-2014. FOIA Case#76167.

[35] "Jabber Gets DOD IM Win I Techrockies.com." [Online]. Available: http://www.techrockies.com/jabber-gets-dod-im-win/s-0009850 html. [Accessed: 03-Sep-2014].

[36] Hoover, J. N.," CIA, NSA Adopting Web 2.0 Strategies, InformationWeek, March 10, 2009.

[37] "Crowdsourcing—Definition and More from the Free Merriam-Webster Dictionary." [Online]. Available: http://www.merriam-webster.com/dictionary/crowdsourcing. [Accessed 07-Sep-2014].

[38] Amazon.Com, "Amazon Mechanical Turk-welcome." [Online]. Available: https://www.mturk.com/mturk/welcome. [Accessed 07-Sep-2014].

[39] National Aeronautics and Space Administration, "Space Station Sharper Images of Earth at Night Crowdsourced For Science," 14-Aug-2014. [Online]. Available: http://www.nasa.gov/mission-pages/station/research/news/crowdsourciNg_night_imagesas/#.VAxkVWRdX9N. [Accessed 07-Sep-2014].

[40] "crowdcrafting. Project: Dark Skies ISS. [Online]. Available: http://crowdcrafting.org/app/darkskies/. [Accessed 07-Sep-2014].

[41] Alejandro Sanchez de Miguel, J. G. C., et al., "Atlas of Astronaut Photos, of Earth at Night," News and Reviews in astronomy Geophysics, Vol. 55, No. 4, August 2014.

[42] National Aeronautics and Space Administration, "About Johnson Space Center: People." [Online]. Available: http://www.nasa.gov/centers/johnson/about/people/index.html. [Accessed 06-Sep-2014].

第 16 章
预测情报

在阅读了关于持续监视、大数据处理、活动自动提取分析和知识管理的章节后,您可能会认为,如果我们能够将这些工作流程和步骤加以自动化,情报问题就会自行解决,然而事实远非如此。在某些圈子里,ABI 技术与预言分析和自动感知混为一谈,但 ABI 技术的真正能力在于产生预测情报。预测是考虑未来可能会发生的事情,而不是将来一定会发生的事情。本章描述了准确获取便于建模的知识的技术、"假设"模型以及对不确定事项的评估。

16.1 预测情报简介

预测情报是一种对未来进行系统化的情报推理演绎方式,它将视野聚焦在新出现的情况、趋势和对国家安全的威胁上。预测不是预言或远见。预测是去考虑那些潜在的可供选择的方案,并告知决策者他们的可能性和后果。建模和仿真方法将相关主题、指标、趋势、驱动因素和结果的知识集成到一个理论上合理、分析上有效的框架中,用于探索替代方案和形成决策优势。本章介绍了将数据和知识进行建模和仿真,同时在一个数据驱动的环境中运行这些模型的各种方法,从而基于关系分析、模型校验和真实数据生成可追溯的、有效的推测结论。

图 16.1 高亮显示了分析功能的层次结构和它们各自对应的结果层次。第 13 章[①]介绍了这个图,着重于可视化、查询/深入研究,以及统计分析。本章描述了预测分析的技术,聚焦于可能发生的事情。

---

① 原著误为第 14 章。——译者

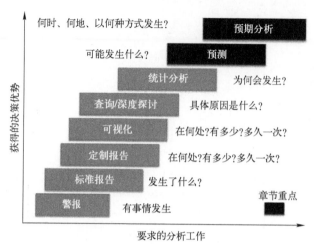

图 16.1　分析功能和输出的层次结构

16.1.1　预言、预报和预测

物理学家尼尔斯·玻尔（Neils Bohr）、棒球运动员约吉·贝拉（Yoi Berra）经常提到："要预言未来很难。"预言、预报和预测这三个词通常可以互换使用，但它们表达了截然不同的观点，尤其当它们被用于情报分析领域时。

预言是对未来将要发生或可能发生的事情的陈述。通常而言，预言是对事实的陈述："在未来，我们都将拥有会飞的汽车。"这种说法缺乏任何对于可能性、时间、置信度或其他因素的估计来证明它的正确性。

预报，通常与预言同义，但经常伴随着量化和理由。例如气象学家生成的天气预报："明天你所在的地区有80%的概率会降雨。"

对遥远未来的预报通常是不准确的，因为其对应的模型难以适应颠覆性和非线性效应。在1989年的电影《回到未来2》（*Back to the Future：Part Ⅱ*）中，主人公马蒂·麦克弗莱（Marty McFly）穿越30年来到2015年，在那里他看到了会飞的汽车、悬浮滑板和三维电话亭。然而在真实的2015年，"任何物体都能飞"的预言没有实现，作者也并没有预言到20世纪80年代那些行李箱大小的通信装置如今会变得无处不在，而当时流行的电话亭如今会变得过时。

预言，是从权威人士或者那些捧着水晶球的算命先生口中说出来的，而预报是根据模型、假设、观察和其他数据分析得出的。

预测是一种期望或预知某事的行为，通常带有预感或提前知道的意思。

预言通过陈述或暗示假设某种确定的结果,预报是对结果的数学估计,而预测则是指权衡多个可能结果的更为广泛的能力。预测分析结合预报、沉淀的知识(见第 15 章)和其他建模方法来生成一系列"假设"场景。预言/预报和预测之间的重要区别是,预测能判断可能发生的事情。预测分析有时允许对可能的原因进行分析和量化,本章第 16.2~16.6 节将描述预测情报分析的建模方法及其优缺点。

16.2 预测情报建模

预测情报是以模型为基础的。模型,有时被称为"分析模型",为现实世界的某些运行方式提供一个简化的解释。模型可以是隐性的,也可以是显性的。隐性的模型是基于知识和经验的,它们存在于分析人员的头脑中,无论分析人员是否意识到,它都会在决策过程中执行。显性的模型则是使用建模语言、图表、描述或其他关系进行描述。

16.2.1 模型和建模

华尔兹(Waltz)在图 16.2 中描述了几种预测建模方法。

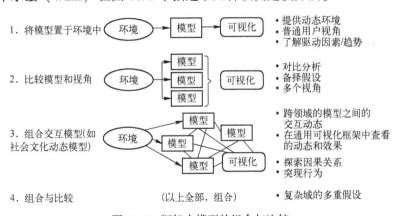

图 16.2 框架内模型的组合与比较

最基本的方法是基于相关背景构建一个模型,并使用该模型来理解或将结果可视化。另一种方法是比较建模(2),使用基于相同输入的多种模型,提供公共的输出。这种方法对于探索多种可能的假设或从多个角度验证预测可能发生的事情和原因是非常有用的。第三种方法称为模型聚合,它将多个模型组合在一起以支持复杂的交互。第三种方法在过去 20 年中被应用于人类社会文化行为建模和人类领域分析的多个项目，产生了不同的结果（见第16.6节）。人类活动和行为及其随之而来的复杂性、非线性和不可预测性是当今社会面临的最重要的建模挑战。

16.2.2 描述性模型与预测/预言模型对比

描述性模型展示了数据、关系或过程的显著特征，它们可能像白板上的图表一样简单，也可能像分布式计算机网络拓扑结构一样复杂。分析人员经常使用描述性模型来识别过程（或一系列活动）的关键属性。图16.3是一个著名的描述性模型，即美国国家航空航天局所描述的航天飞机的发射和处理过程。

图16.3　航天飞机任务剖面（资料来源：美国国家航空航天局）

图16.3描述了航天飞机发射、在轨运行、重入大气层、着陆以及后续任务的作业过程，其中每一个步骤都与可观察的物体和设施相关。这种类型的过程是传统地理情报分析的标准，它描述了大型固定设施，如翻新的机库、发射台和装配大楼。航天飞机、助推器回收船和部署的有效载荷等物体也可以用它进行研究。运用诱因推理的方法使得分析人员可以研究这些过程中的任一步骤，并推断出过程中必然出现的先兆，以及未来可能发生的事件。

预言模型描述了将要发生的事件，预测模型允许分析人员主观地构想并探索可能发生的事情。航天飞机可能在肯尼迪航天中心的跑道上着陆，但它能在其他地方着陆吗？如果助推器回收船已经离开，能确定飞船已经发射了吗？描述性模型是分析人员对可能发生的事情的明确理解，是整个情报分析界对复杂过程的基础理解。

描述性模型不能被"执行"或"模拟",尽管描述性模型可以用作此类模型构建的基础。当"建模"这个术语在情报分析界中使用时,它通常意味着"将隐性或显性的描述性模型转换为适合于计算机模拟的分析模型"。执行这些机器可读的代码提供了对情报的洞察能力。

16.3 机器学习、数据挖掘以及统计模型

机器学习的起源可以追溯到 17 世纪,当时德国数学家莱布尼茨(Leibnitz)开始假设某种数学关系来代表人类逻辑。在 19 世纪,乔治·布尔(George Boole)发展了一系列演绎过程(现在称为布尔逻辑)。到了 20 世纪中期,英国数学家艾伦·图灵(Alan Turing)和麻省理工学院的约翰·麦卡锡(John McCarthy)开始对"智能机器"进行实验,"人工智能"一词由此诞生。机器学习是人工智能的一个分支,它涉及到算法、模型和技术的发展,使机器能够"学习"。

自然智能,通常被认为是推理的能力,是逻辑、规则和模型的表现。人类是熟练的模式匹配者,记忆是一种对历史的认知。虽然人类大脑中"学习"的确切机制还没有被完全理解,但在许多情况下,可以开发出模仿人类思维和推理过程的算法。许多机器学习技术,包括基于规则的学习、基于案例的学习和无监督学习,都是基于我们对这些认知过程的理解。

16.3.1 基于规则的学习

在基于规则的学习中,一系列已知的逻辑规则被直接编码为一个算法。这种技术最适合直接将描述性模型转换为可执行代码。例如,分析人员将航天飞机的作业过程周期从图 16.3 编码为基于规则的模型,并且指定航天飞机只能在某些预定的跑道上着陆。如果随后分析人员询问该模型,以确定航天飞机可以降落在什么地方,那么这个"已掌握"的模型只会在已确定的地点寻找,而不会考虑在紧急情况下可能使用的其他具有类似性质的跑道。

基于规则的学习是将知识编码到可执行模型中最直接的方法,但由于它显而易见,因此该方法也是最脆弱的方法。该模型仅能表示规则已被编码,该方法是传统的基于归纳的分析方法的延伸,极易受到意外事件的影响。

16.3.2 基于案例的学习

另一种流行的学习方法是基于案例的学习,这种方法是给模型提供正面和负面的案例进行学习。学习的过程称为"训练",案例和使用的数据称为"训练集"。在图像分类中,一个模型可能会被灌输很多对猫的描述。而在该模型训练过程中,操作员会预选一只猫(正面例子)的实例,给模型进行训练。学习过程将识别其关键特征。同时,操作员也会选择猫咪实例的反例。例如椅子、狗、航天飞机、大象等,因此该模型可以识别出在正例和反例中相同和不同的关键属性。

当案例(以及它们相应的可观察性、特征和代理)可以被先验地识别时,这种学习方法是非常有用的。在航天飞机的例子中,广域搜索算法可能会显示包含发射塔和大型设施的图像。关键特性如燃料箱、铁轨、发射台可以是训练模型的样本。当训练集中的正、负样本之间的区别特征较弱时,基于案例的学习存在较高的误报率。而对于像航天飞机这样的罕见物体,地理空间特征非常明显,很容易将航天飞机独有的装配大楼与其他大型建筑区分开来。

就反恐而言,许多恐怖分子的活动很平常,他们看起来就像普通人一样。描述"恐怖分子"的特征非常少,这使得训练自动检测和分类算法非常困难。此外,当对手采用欺骗手段时,一种常见的技术是模仿反例的显著特征,从而隐藏在噪声中[1]。因此,这种方法也很脆弱,因为模型只能在有先验的正面和负面例子的情况下得到学习。

16.3.3 无监督学习

另一种广受欢迎和广泛采用的方法是无监督学习(unsupervised learning),这种方法根据数据集生成模型,只需要很少或不需要过多的人为干涉。这种技术有时也被称为数据挖掘,因为该算法从字面上可以理解为:从一堆不太合适的矿渣中识别出"金块"。

无监督学习技术常用于数据挖掘,但最广泛使用的技术之一是人工神经网络(ANN)。人工神经网络是"一组相互连接的人工神经元,使用数学或计算模型进行信息处理,其基础是一种连接机制的计算方法"[2]。这种方法可以追溯到1943年神经生理学家沃伦·麦卡洛克(Warren McCulloch)和数学家沃尔特·皮茨(Walter Pitts)的一篇文章[3]。这种方法的前提是,计算元素本身非常简单,就像人类大脑中的神经元一样。复杂的行为产生于神经元之间的连接,神经元之间的连接被建模为一个表示信号和模式的相互缠绕的关系网络。

虽然有许多类型的神经网络,最常见的技术是前馈神经网络,也称为多级感知器。它们通常由三层相互连接的神经元组成:输入层、隐含层和输出层。单一响应 R_k 的方程定义如下:

$$R_k = c_k + d_k \left[e_k + \sum_{j=1}^{N_H} \left(f_{jk} \left(\frac{1}{1 + e^{-(a_j + \sum_{i=1}^{N}(b_{ij}X_i))}} \right) \right) \right] \quad (16.1)$$

式中:X_i 为第 i 个输入的变量;a_j 为第 j 个隐藏节点的截距;b_{ij} 为第 i 个设计变量的系数;c_k 为第 k 个响应的响应缩放截距;d_k 为第 k 个响应的响应缩放系数;e_k 为第 k 个响应的截距;f_{jk} 为第 j 个隐藏节点和第 k 个响应的系数;N_H 为隐藏节点的数量。

训练神经网络的过程,即确定神经网络方程的未知系数,如图 16.4 所示。系数值是在某些初始条件下假定的。对于具有用户指定数量的隐藏节点(H)的模型,将对响应(R_k)进行评估,并将其与训练集的每个值的实际响应进行比较,以计算模型拟合误差。在训练过程中(通常受制于用户指定的尝试次数),模型系数会进行更改,以最小化整个训练集的误差。有时,如图 16.4,训练过程在一个通过改变隐藏节点的数量 N_H 优化的过程中闭环,以测试不同的模型拓扑。通过拓扑结构和系数的优化,得到与训练数据匹配最精确的神经网络。最近,随着计算能力和数据集规模的同时增加,多层神经网络变得越来越流行,这种方法被称为"深度学习"。

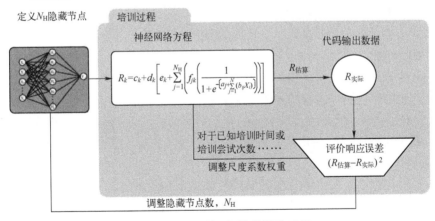

图 16.4 人工神经网络的训练过程

由于模型训练和优化的复杂性,它们在许多领域的应用在 2000 年之前受到了限制,但随着自动化建模工具、分布式训练和超高速计算机面世,大大提高了该技术在数百个学科中的渗透能力。许多机器学习和分类方法在它们的逻辑处理中都嵌入了人工神经网络（ANN）的变体。

无监督学习是一种使用多种机器学习算法自动增量开发模型的流行方法。这些技术中有许多是基于人工神经网络或相关技术的。学习模式被存储为可执行的模型，与实时数据进行比较，从而对活动进行分类，将观察到的模式与感兴趣的活动相关联，生成对未来活动的预测，并检测异常。

16.3.4 感知

第3章介绍了感知这个术语，它是在20世纪90年代派罗丽（Pirolli）和卡尔德（Card）提出的一个假设模型中普及的[4]。莫尔（Moore）将感知定义为"一套哲学假设、真实命题、方法论框架和方法的集合"[5]。它是一个整体的思考过程，它整合信息来识别不确定的因素。这种整体观与分析、工程和科学领域的分解观形成了鲜明的对比，后者试图将复杂的现象分解成最小的离散元素。本章的所有建模技术使用的都是原子方法，其算法可以分解为单个的机器指令，方程可以分解为单个的术语和关系。

虽然人类是如何感知的这个过程并不容易被记录下来，但感知始终贯穿着人类评估证据、匹配模式、假设结果和推断缺失信息的持久过程。虽然"分析"一词被广泛用来指情报分析员的工作，但更多的是一种综合性的感知工作，即将信息整合在一起来增进理解的过程。

一些研究人员认为，感知是一个认知过程，除了假设、逻辑和规则外，什么也没有。因此，"自动感知"可以用一些计算或算法的形式，用足够强大的计算机来实现。从本质上说，"自动感知"指的是情报分析人员自己做出判断的能力模型。

自然而然地，情报分析界对自动感知表示了强烈反对。分析人员讨厌由机器产生的情报影响决策的想法。一个著名的模型出错的例子发生在2010年5月6日，当时一家大型基金公司的一次错误交易打乱了自动交易模式，导致道琼斯工业平均指数在几分钟内暴跌1000多点，这一事件被称为"闪电崩盘"[6]。

另一方面，人工生成的模型局限于我们所知道的和我们所能想象的。先进的知识处理、模型生成和机器学习方法（如IBM的"沃森"）可能会提出违背人类推理的抽象建议。2014年，在展示"认知烹饪"技术的同时，一个经过特殊训练的"沃森"版本创造了"孟加拉白胡桃烧烤酱"，这是白胡桃南瓜、白葡萄酒、枣子、泰国辣椒、罗望子等的美味组合[7]。

英国统计学家乔治·博克斯（George Box）有句名言："所有模型都是错的，但有些模型是有用的。"人工智能、数据挖掘和统计创建的模型通常适合描述已知的现象和预报训练集内的结果，但不适合在训练集外进行推算。人们必须在适当的地方使用模型，虽然自动感知算法已经提出，但当前很多方法仅限于处理、评估、应对日益复杂的规则集合。

16.4 规则集合和事件驱动架构

事件驱动架构是一种新兴的软件设计形式，它是"一种用于设计和实现应用程序和系统的方法，在这些应用程序和系统中，事件在松散耦合的软件组件和服务之间进行传输"[8]。这些软件架构产生、检测和响应事件。事件被定义为状态的变化，它可以表示对象、数据元素或整个系统状态的变化。事件驱动的体系结构适用于需要异步处理的分布式、松散耦合的系统（数据到达的时间不同，需要的时间也不同）。事件处理通常有三种类型：

（1）简单事件处理（SEP）：系统对条件变化作出响应，并启动后续操作（如当新数据到达数据库时，对其进行处理以提取坐标）。

（2）事件流处理（ESP）：对事件流进行筛选，以识别满足筛选条件的值得注意的事件，并发起下一步操作（如当检测到某种类型的特征时，通知指挥官）。

（3）复杂事件处理（CEP）：预定义规则集合用于识别简单事件的组合，这些简单事件以不同的方式发生在不同的时间，从而导致后续操作的发生（例如，如果美联储主席发表了负面评论，而油价高于每桶150美元，且中东地区存在冲突，那么就清空我的股票投资组合）。

这三种类型的事件处理引擎作为信息监控系统中的组件越来越受欢迎，特别是用于金融交易处理（如自动股票交易）。

16.4.1 事件处理引擎

事件处理引擎接收从其他事件源产生成的事件，将它们与规则进行比较，并为其他后续流程生成事件[9]。一个流行的事件驱动架构是苹果（iPhone）和安卓（Android）的应用程序"如果这样，那么那样（IFTTT）"，它允许用户创建事件处理和响应的"菜单"。IFTTT 的"如果"部分包括输入通道和事件生成器，如 Facebook、Evernote 和电子邮件。"这样"部分是输入通道上的触发器。

IFTTT 引擎已经在多个领域迅速发展，包括自动化的基于规则的情报工作流程。一个例子是企业建模和分析（JEMA）工具。企业建模和分析工具允许用户将工作流（如用于访问、准备、治理和操作数据的"按键"）记录和保存为可重复使用的可执行文件[10]。据 KEYW 控股公司称，企业建模和分析工具作为"一种可视化分析模型创建技术，为在线协作空间提供多智能、多学科分析的拖放式模型创建"，在整个情报界被广泛认可[11]。因为企业建模和分析工具数据的自动化收集、过滤和处理，分析人员才能将他们的时间重心从搜索转移到分析。

许多公司使用简单的规则处理进行异常检测，尤其是信用卡公司，其欺诈检测将简单的事件处理和检测报警结合起来，并在发现异常行为时触发警报。尽管信用卡公司经常被引用为实施"ABI"公司的例子，但这种引用并不完全恰当。因为尽管目标和准确的策略是未知的，但渠道（利用信用卡进行金融交易）和意图（欺诈性购买）总是相同的。

16.4.2 简单的事件处理：地理围栏、监视框和空间边界

另一种与时空分析高度相关的"简单"事件处理是一种称为"地理围栏"的技术。"地理围栏"是投射到地球表面的几何区域。当一个事件在该区域（一个观察框）内发生时，将触发一个警报。技术上的一个变化将事件限制在那些跨越空间边界的事件上。美国国防高级研究计划局开发的 ARGUS-IS 是一种持续监视传感器，其特征是当车辆离开特定区域时，会生成自动跟踪事件的空间边界。

有效的监视框通常局限于较小的地理区域和特定的特征；为"所有活动"创建一个国家大小的监视框会导致发生许多虚警。在分析人员使用 ABI 技术来识别和界定地点的私密性之后，将该技术应用于监视某个已知区域是最有效的。

16.4.3 复杂事件处理

Esper 和 Esper 查询语言（EQL）是复杂事件处理的一种广泛使用的、基于 Java 的开源解决方案。这些工具"为历史数据、中高速数据、多样化数据提供了一个高度可扩展、存储高效、内存计算、SQL 标准、最小延迟、实时流式处理的大数据引擎"[12]，由于 Esper 是用 Java 编写的（NEsper 是用 Microsoft .NET 编写的姊妹应用程序），因此事件处理引擎可以很容易地与其他 Java 或 C#进程集成。Esper 已经部署用于业务流程自动化、网络与应用监控、金融欺诈检测、传感器网络监控等诸多应用[12]。

Illumina 咨询集团（ICG）开发的另一个产品 LUX，是一个可配置的实时分析解决方案，用于处理高容量、高速率的场景。根据 ICG 的说法，LUX 用户界面"允许分析员直接查询所有可用的信息流，并随时调整他们的问题：

当多个不同事件或现象必须跨时间和地理位置关联时，可以观察到某些感兴趣的事物，如某个人"[13]。LUX 的特点是基于 web 的交互式规则集生成功能。可以从头定义规则，但是 LUX 提供了一些模板，其中预先验证过的规则可以根据不同的目的进行修改。可以将简单的规则组合并关联到代表日益复杂的现实行为的规则集中。

2014 年 10 月，西非国家可能爆发的埃博拉疫情引发的恐慌情绪加剧，LUX 展示了实时事件流监控和复杂事件处理的能力。用户创建的规则集基于 AIS 信息（见第 11 章）和 GDELT 项目，这"监控世界广播、出版物和网络新闻……使用超过 100 种语言来识别人物、地点、组织、数量、主题、来源和事件"[14]。LUX 浏览器用户界面和规则的一个例子如图 16.5 所示。

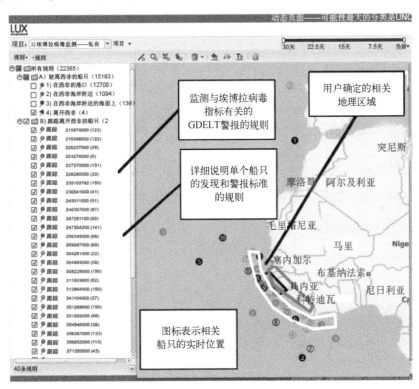

图 16.5　用于埃博拉事件监测的 LUX 用户界面示例

在这个案例中，LUX 用户定义了多个监视框。图 16.5 显示了三个监视框。内部监视框监视港口区域周围的活动。中间监视框在船只离开非洲港口附近海岸时触发。外部监视框在西非海岸船只出海时提供到达和离开的警报，规则集会对任何越过监视框边界的进出港船舶发出警报。每个监视框中的船只使用 AIS 元数据（来自开放来源）标识和标记船舶名称、唯一标识符、航向、速度、旗号、申报港口和货物。LUX 监控每个监视框里的船只，以备监视它们将来的活动，包括跟踪目标到下一个港口。

一个感兴趣的动态区域是随对象移动的观察框。在埃博拉病毒跟踪示例中，感兴趣的动态区域以每艘标记船只为中心，以用户定义的距离为半径。这允许用户识别当两艘船靠近或当船经过类似海岸线或港口的地理特征时，提供可能停靠港口的警告。

为了便于监视数以千计的对象，规则可视化可以通过看板的颜色、形状和其他指示器来突出显示规则的激活情况。LUX 的一个独特功能是时间轴视图，它提供了一个交互的可视化模式，可以显示单个规则或一组规则，以及规则和触发器如何随时间变化，如图 16.6 所示。

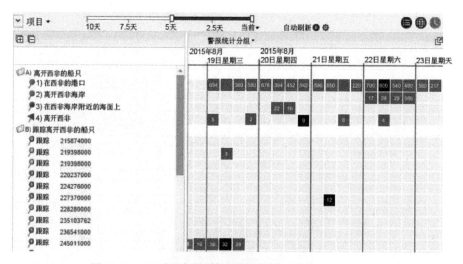

图 16.6　LUX 规则时间轴查看器示例（© 2014 Illumina 咨询公司，已获得许可转载）

第一行提供了当前在西非港口的所有船只的数量。接下来的两行提供了在其他两个感兴趣的区域（近海和海上）的船只数量。第四行包含关键事件触发器显示船只离开西非。这是一个复杂的事件，它跟踪船只在规定的时间范围内从"港口内"状态移动到"离岸"状态再移动到"海上"状态。通过融合来自 GDELT 的信息，分析人员将船只活动与该地区的埃博拉病例、隔离、船员患病或其他因素的报告联系起来。LUX 还可以生成警报，可以发送给用户，另一个软件进程，或者封装成 KML 文件进行地理空间分析和可视化。

规则集和警报还可以标记异常行为（如当船只偏离其指定的航向，或向 AIS 信息声明的目的地以外的港口移动时）。当 AIS 报告停止时，表示该船只不希望被监视，我们也可以使用规则集来进行通告。这种类型的事件可以触发搜索任务来重新定位丢失的对象。当警报链接到后续的情报收集时，通常被称为"提示"和"指示"。

16.4.4 提示和指示

国防部对 ABI 最初的定义提到了"分析与后续的情报收集"，ABI 的许多模型描述了对"非线性 TCPED"的需求，其中情报闭环是动态的，以响应不断变化的情报需求。这种需求经常被强调为针对检测到的活动进行自动情报收集的需要（或"自动提示和指示"）。

虽然两个术语通常是同义的，但提示是生成可操作的报告或感兴趣事件的通知。当提示被发送给人工操作员/分析人员时，它们通常被称为警报。指示是作为提示的结果发送到情报收集系统的更相关、更具体的消息。自动提示和指示系统依赖于提示/指示规则，这些规则将生成的提示映射到需要指示的后续情报收集过程中。

许多情报界领导人强调了提示和指示的重要性，以减少操作时间和优化多源情报收集。2008 年联合防御/情报科学委员会的一份报告建议情报界"开发闭环动态任务规划技术，通过提示和指示来集成传感器使用"[15]。克拉珀（Clapper）在 2012 年地理情报研讨会上发言时，提到了信号情报和地理情报在同一时间域内的整合，可以对一个区域进行基于活动的变化检测，从而更好地预测事件，并迅速向分析人员发出警报，告诉他们行动的位置。克拉珀说，跨情报系统的自动变化检测将导致"一旦发现我们感兴趣的东西或活动，就会有跨机构的提示和指示"[16]。

一些现有的或计划中的情报收集和任务管理系统实现了这一功能。国防部官员指出，空军多传感器"蓝魔"1 号飞机"允许操作员实时使用一个传感器时提示另一个传感器进行目标验证"[17]。刘易斯（Lewis）、梅辛杰（Messinger）和加特利（Gartley）提出使用偏光计识别场景中的异常物体，并提示全动态视频传感器随后跟踪该物体[18]。在 2014 年地理情报研讨会上一次罕见的公开露面中，国家侦察办公室（NRO）局长贝蒂·萨普强调了感知计划在操作中的成功之处，他说："我们已经证明，我们不仅能够做出反应，而且在使用我们的空间资源时具有预测性[19]。"萨普提到，感知发展了"机器速度的任务规划、情报收集和处理"[20]。

尽管许多情报界的项目将"ABI"与提示和指示混为一谈，但后者是一种归纳过程，在 ABI 方法被用于从一组原本无害的数据中识别出新行为之后，对已知的特征进行监视和告警更为恰当。在建模的情况下，请记住，模型只对它们所编程的规则作出响应；因此，提示和指示的解决方案可能提高效率，但加强对已知位置的监视从而获得已知特征，反而可能减少对未知信息的发现。

16.5 探索性模型

数据挖掘和统计学习方法创建了行为和现象的模型，但是如何执行这些模型来获得洞察力。探索性建模是一种建模技术，用于在研究细节之前获得对问题域、关键引擎和不确定性的清楚认识[21]。第16.5.1节重点介绍了应用于探索性建模的跨多个学科的一些关键技术。

16.5.1 基础探索性建模技术

探索性建模有很多技术，其中最流行的有贝叶斯网络、马尔可夫链、皮特里网络和离散事件仿真。

贝叶斯网络是一种简单的基于贝叶斯概率概念（第14章中介绍）的建模技术。贝叶斯网络表示为一个离散的开环图，图的边缘表示变量、属性、事件或结果之间的条件依赖关系。通过将描述中的每个过程事件转换为图中的一个节点，并建立事件之间的条件转移概率，可以将图16.3中所示的描述模型转换为基于概率的模拟模型。

马尔可夫链是一种相关的技术，是一种随机状态转移模型，其中$x^{(i+1)}$的状态有条件地独立于给定$x^{(i)}$状态的所有其他点：

$$P(x^{i+1} \mid x^{(i)}, x^{(i-1)}, \cdots, x^{(1)}) = P(x^{i+1} \mid x^{(i)}) \tag{16.2}$$

换句话说，下一个状态的概率分布只取决于前一个状态[22]。马尔可夫链通常被描述为一个有向图，如图16.7所示，但是计算是使用状态跃迁矩阵 T 来完成的，如图16.7所示。

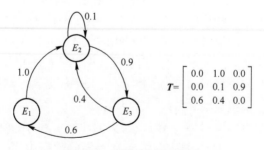

图 16.7 马尔可夫链示例

由于跃迁概率不依赖于一个过程是如何达到某种状态的（称为马尔可夫特性或"无记忆性"），所以它只适用于某些特定情报问题。工业生产和政治选举周期等具有可定义的跃迁概率，可以在跃迁矩阵中明确说明。许多更复杂的问题可能依赖于系统的其他状态，因此需要不同的建模技术。

皮特里网络是一种用于分布式系统状态转换和并行建模的技术。皮特里网络是一组位置、转换和弧线。弧线在位置和转换之间移动（反之亦然），但是没有两个位置或转换可以直接连接。这个特性将皮特里网络与马尔可夫链区分开来（后者可以定义为仅包含位置和弧线的集合）。转换属性充当启用或禁止状态间转换的门。标记或记号用于描述系统中一个或多个单元的状态。在图 16.3 的航天飞机作业周期中，转换充当步骤之间的门，并定义必须达到某些条件。例如，"在航天飞机组装开始之前需要两个助推器和一个外部燃料箱"的隐性知识可以被编码为被禁止的转换，直到组件（物体）或它们的运动（事务）被观察到。这种技术在情报应用的预测分析中是有用的，因为不同的收集和分析方法可能关注位置、转换（及其属性）或它们之间的路径——用 ABI 的话说，这个过程会被认为是一个事务。

离散事件仿真（DES）是另一种状态转换和过程建模技术，它在时间上将系统建模为一系列离散事件。与连续执行的仿真不同（见第 16.5.3 节和第 16.5.4 节基于代理的建模和系统动态分析），系统状态由在用户定义的时间片上发生的活动确定。因为事件可以跨越多个时间片，所以不必模拟每个时间片。这一特性意味着许多离散事件模拟可以比连续时间模拟运行得快得多。离散事件仿真广泛应用于工业设计和其他流程建模，特别是针对设施（如机场和医院）设计中的序列分析。制造工程师使用离散事件仿真进行流程建模，其中事件表示工厂中的制造和组装操作。

贝叶斯网络、马尔可夫链、皮特里网络和离散事件仿真在建模界广泛使用，它们简单明了，易于验证，并且有许多商业的和开源的软件包，可以使用其中一种或多种技术来构建模型。虽然这些方法可以用于探索性的分析和预测，但是它们对于未知事物的建模能力非常有限，因为每条规则、转换概率、事件时间或其他因素必须由模型构建者明确说明。它们对于识别相关流程中的关键步骤非常有用，并且可能会将分析人员的注意力集中在这些方面，但它们通常不适合发现未知的行为和关系。

16.5.2　先进探索性建模技术

由于其他建模技术的不足，出现了一类用于研究突发行为和以发现新情报为重点的复杂系统建模的建模技术。其中的两个，基于代理的建模（ABM）

和系统动态分析,在模型构建、验证、执行和集成方面要复杂得多;然而,它们提供了强大的能力来发现未知的行为和关系,这些行为和关系是由原本简单的规则和目标有目的的复杂交互所导致的不可预见的动态行为。

16.5.3 基于代理的建模

基于代理的建模是一种通过聚合相对简单的"代理"的动作和交互来开发复杂行为的方法。根据基于代理的建模先驱安德鲁·伊拉钦斯基(Andrew Ilachinski)的说法,"对复杂自适应系统的基于代理的建模是建立在这样一种思想上,即复杂系统的所有行为完全源自其组成代理之间的底层交互"[23]。操作人员定义了代理的目标。在模拟过程中,代理根据对环境的感知做出优化目标的决策。多个相互作用的代理的动态变化常常导致有趣而复杂的应激反应,如图16.8所示。

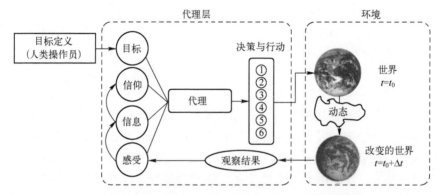

图 16.8　基于代理的建模流程 (© 2007 Patrick Biltgen[2],经许可转载)

基于代理的建模是一种有效的技术,分析人员可以制定一些简单的规则和目标,他们相信对手会使用这些规则。仿真揭示了基于多个代理如何相互作用和影响不断变化的环境的可能决策路径。

该方法的主要缺点之一是几乎不可能进行验证。当仿真产生与直觉相反的结果时,很难确定这是有效的发现还是计算错误。因此,基于代理的建模对于预测精确的结果并无用处,但对于预测复杂情况下可能采取的行动是有效的。

16.5.4 系统动态分析模型

系统动态分析是另一种流行的复杂系统建模方法,它定义了存量和流量方面的变量之间的关系。系统动态分析是由麻省理工学院教授杰·弗雷斯特

(Jay Forrester)在20世纪50年代开发的,主要研究工业和商业过程的复杂性[24]。20世纪70年代,面对全球人口爆炸,罗马俱乐部(意大利著名工业家佩西创建的学术性组织)采用了这项技术来研究地球的自然资源。在"发展极限"的研究中,弗雷斯特的系统动态分析模型错误地预测了21世纪初期社会的灭亡,因为它没有考虑许多因素,尤其是农业和交通运输的技术发展[25]。

到21世纪初,系统动态分析成为一种流行的技术,用于模拟人类领域及其相关的复杂性。2007—2009年,麻省理工学院和其他公司的研究人员与美国情报高级研究计划局(IARPA)合作开展了"主动情报"(PAINT)项目,"开发计算社会科学模型,以研究和理解针对恐怖活动的复杂情报目标的动态活动"[26]。研究人员使用系统动态分析来研究邪恶技术发展(如大规模杀伤性武器)的可能驱动因素,以及包括自然资源、前驱过程和智力人才在内的关键途径和流动。为"主动情报"开发的系统动态分析模型的一个示例如图16.9所示,其中节点之间的线表示方向和影响(正或负)。例如,经济的增长会增加民众的支持(经过一段时间的延迟)。这反过来又增加了政府的影响力。

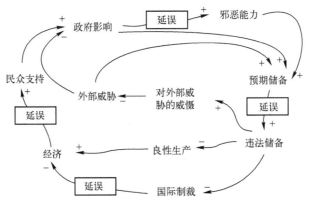

图16.9 美国情报高级研究计划局的"主动情报"
系统动态分析模型实例(摘自文献[26])

"主动情报"项目的另一个方面是探头的设计。由于许多复杂过程的指标是不能直接观察到的,"主动情报"检查过的输入活动,可能促使对手做一些可观察的事情。系统动态分析建模技术的这种应用适合于预测分析,因为它允许分析人员在代理环境中快速测试多个假设。在麻省理工学院研究人员引用的一个例子中,分析人员展开了一个针对人力资源的调查,其中模拟检验了通过特殊手段挖走具有专业技能的关键人才资源而可能带来的影响。这种交互式、预测式分析可以让分析人员团队发现不同行动过程的潜在影响。

系统动态分析模型的另一个特点是，在表示中加入时间常数和影响因素时，系统的描述模型也可以作为可执行模型。该技术存在几个缺点，包括难以建立过渡系数，无法进行模型验证，无法可靠地解释每个因素的已知和未知的外部影响。

16.6 模型聚合

2015年1月，巨大的"朱诺"风暴即将席卷纽约市，并带来超过2英尺的积雪，但事实并非如此。这一事件发生在一个名为"北美尺度"（NAM）的模型内。事件发生前三天，美国国家气象局预测，纽约市至少有80%的概率会有12英寸的降雪，至少有62%的概率会有18英寸的降雪[27]。"北美尺度"模型与欧洲中期天气预报中心（ECMWF）的第二个模型达成一致，后者在几年前准确预测了2012年的超级风暴"桑迪"，成为媒体的宠儿。然而，另一种模型，全球预报系统（GFS）预测的是6~12英寸降雪[28]。气象学家们忽略了一个可能的结果，并对最严重的预测结果表示支持。他们犯了太过谨慎的错误，"特大暴风雪"的预测被公众指责为反应过度，浪费纳税人的钱，在学校关闭、7700次航班取消的情况下造成经济和生产力的损失，纽约地铁有史以来第一次关闭。事后气象预报员也承认他们搞错了。

统计学家、政治博主内特·西尔弗（Nate Silver）在2012年总统大选期间声名狼藉。虽然大多数媒体预测竞选者当选的概率是一半对一半，但西尔弗在大选前几周预测奥巴马获胜的可能性越来越大，这招致了右翼权威人士的尖刻回应。西尔弗的概率预测模型是基于来自全国民意调查的多个模型的集合。西尔弗解释了传统上每个民意调查固有的统计偏差，校准了每个模型观察到的或感知到的误差。预测分析的作用应该是使这些可能的现实在分析人员的头脑中变得合理。

通过结合多个模型的结果，利用华尔兹在图16.2中所提倡的第二种和第三种技术，分析人员可以提高预测建模的保真度。组合多个模型的一个框架是由信息创新者开发的多源信息模型合成体系结构（MIMOSA）。多源信息模型合成体系结构"帮助一个情报中心仅使用了以前用于探测任务的30%的资源，将其目标探测率提高了500%，从而解放了人员，使他们能够更专注于分析"[29]。多源信息模型合成体系结构使用目标集（目标地理空间区域的正面例子）校准地理空间搜索标准的模型，如地理特征的邻近性、基础地理点和其他空间关系。通过合并多个模型,软件将每个模型的显著特征聚合起来,降低误报率,提高组合模型的预测能力。

模型聚合的概念也称为多分辨率建模(MRM),其中使用多个模型来描述不同分辨率下的同一现象。在多源情报分析的多分辨率建模中,利用一类模型的确信特征来弥补其他模型的不足。虽然"高分辨率"模型通常是首选的,但分辨率等级的选择必须考虑经济性;低分辨率模型通常更容易开发、校准和执行。由于情报学科被紧迫的时间表和高度的不确定性所主导,高保真度模型的创建往往是不切实际的。根据戴维斯(Davis)和毕格罗(Bigelow)的说法,"分析敏捷性需要低分辨率模型"[30]。

2007年,美国国防高级研究计划局为COMPOEX项目开发了一种社会文化学的多分辨率建模方法。COMPOEX在一个可变分辨率框架中提供了多种类型的模型,如基于代理、系统动态分析和其他模型,允许军事规划者交换不同的模型,以测试涉及一系列问题的多个行动方案。复杂建模环境的摘要如图16.10所示。COMPOEX包括建模范例,如概念图、社交网络、影响图、微分方程、因果模型、贝叶斯网络、皮特里网络、动态系统模型、基于事件的仿真和基于代理的模型[31]。COMPOEX的另一个特性是图形化的场景规划工具,它允许分析人员假设可能的操作过程,如图16.11所示。

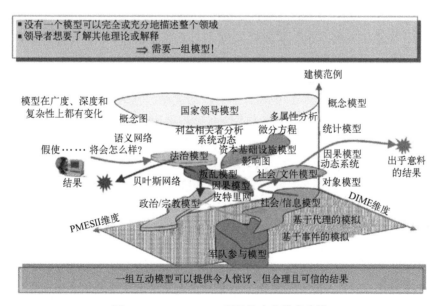

图16.10　COMPOEX项目的多分辨率建模
(已批准公开发行,发行不受限制[32])

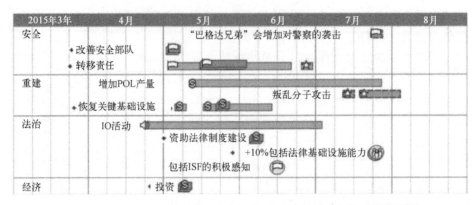

图 16.11　COMPOEX 活动计划工具（已批准公开发行，发行不受限制[32]）

图 16.11 中的每个行动过程都与跨社会文化行为分析层次的一个或多个模型相关联，将模型及其交互的复杂性从分析人员、规划人员和决策人员中剥离出来。该工具促使不同分辨率的模型相互作用（图 16.10），来诱发紧急动态，以便规划者能够探索可行的替代方案和相应的行动过程。

多分辨率建模方法允许集成不同的模型，以分析不同级别的行为、事件和事务。例如，一些建模方法关注对象的类别或对象的实例（设备），因为这是可以感知的。对象通常可以使用基于物理或流程的模型进行建模。然而，ABI 的一个重要原则是这些对象由人操作。了解一些关于"操作者"的信息可以为了解这些对象的预测行为提供重要的见解。

在汤姆·克兰西（Tom Clancy）创作的《猎杀"红色十月"号》（The Hunt for Red October）这部电影中，一艘新型先进的苏联潜艇失踪，据推测正在穿越北大西洋向美国航行。物体的类型：潜艇。物体的类别：一艘新型"台风"级潜艇，装备了一种几乎无声的磁流体动力。特殊实例："红色十月"号潜艇。在 ABI 分析中，单个潜艇"在哪里干什么"提供了一些信息，但是"谁"以及"为什么"将能够预测可能发生的情况。这艘潜艇由雷米斯（Ramius）艇长（谁）驾驶，他打算叛变（为什么）。克兰西笔下的杰克·瑞恩（Jack Ryan）是中央情报局的情报分析员，他对雷米斯的生平、关系和其他信息进行了深入的历史分析，并建立了雷米斯的心理模型。在与美国海军上尉曼库索（Mancuso）的对峙中，瑞恩预测，雷米斯将在接下来向右舷实施"疯狂伊万"（即急剧转向）动作，因为"他总是在对抗进入后半段时转向右舷。"虽然瑞恩其实是虚张声势，但前提是他通过了解一个人，改善了对象行为的预测模型。

16.7 群体智慧

本章中的大多数预测分析技术指的是作为计算过程而存在的分析、算法或基于模拟的模型；但是，重要的是要提到基于人工输入和主观判断的最终和日益流行的建模方法。

《群体智慧》(*The Wisdom of Crowds*) 一书的作者詹姆斯·苏洛维基 (James Surowiecki) 推广了信息聚合的概念，这种信息聚合会出人意料地带来比群体中任何一个成员做出的决策更好的决策。书中提供了一些趣闻轶事来说明这一观点，这一观点本质上是对"群体思维"这一饱受诟病的概念的反驳。苏洛维基将群体智慧与群体思维区分开来，他提出了"智慧群体"的四个标准[33]。

（1）观点的多样性：每个人都应该有私人信息，即使它只是对已知事实的古怪解释。

（2）独立性：人们的观点不是由周围人的观点决定的。

（3）分散化：人们能够具体化并利用自身的知识。

（4）聚合性：存在某种机制，用于将个人判断转换为集体决策。

美国情报高级研究计划局发起了"聚合可能的评估"（ACE）项目，开发了一个"强大的预测引擎，结合许多专家的意见，对世界事件做出卓越的预测"[34]。"很长时间以来，我们都知道，简单地对大量的独立判断求平均，得出的估计值通常比群体中每个人的判断更准确"，美国情报高级研究计划局的"聚合可能的评估"项目经理杰森·马西尼（Jason Matheny）如是说[35]。2003年，美国国防高级研究计划局的一项名为"未来地图"的相关计划因国会对"恐怖主义投注站"的批评而被取消；然而，2006年，叶（Yeh）在《情报研究》杂志上对这一创新想法进行了深入的研究[36]。叶发现预测市场可以用来量化不确定性，消除某些类型判断的模糊性。乔治·梅森大学推出了由美国情报高级研究计划局资助的预测科技进步的"去中心化预测市场"[37]。这个综合市场"将不同的答案和其他信息实时地组合在一起，从而提供一个更准确、更动态的画面，展示所有这些答案和领域是如何相互作用的"[38]。这种类型的建模方法对于产生对未来事件的预测是有用的，它由许多人决定，这些人从不同的来源默默地聚集信息，权衡证据，并做出判断。虽然技术含量很低，但预测市场为提高长期预测的质量和预测未来的可能性提供了强大的工具。

16.8 基于模型的预测分析的缺点

到目前为止,您可能会感到沮丧,因为本章中的建模技术都不是解决所有预测分析问题的灵丹妙药。预测建模面临的挑战和缺点很多。

所有模型的主要缺点是它们不能做别人不告诉它们的事情,基于规则的模型仅限于用户定义的规则,统计生成的模型仅限于提供的数据。正如我们多次指出的,情报数据采样不足、不完整、断断续续、容易出错、杂乱并有欺骗性,所有这些都不适合"拿来即用"的建模。

需要多种建模方法的组合来执行准确、合理、广泛的基于预测的分析。这些都需要验证,但是模型验证,尤其是在情报领域,是一项严峻的挑战。我们很少有"真相"的数据。情报问题和它的基本假设是不断发展的,一旦试图解决它,那么一个主要的标准是里特尔和韦伯所谓的"邪恶的问题"[39]。

手工建模很慢,使用许多建模工具则需要很高的技能。此外,这些工具中大多数不支持工具间或建模方法间的轻松共享,从而使共享和比较模型的能力变得复杂。情报部门知识的分散性加剧了这一挑战。

当模型存在时,分析人员严重依赖于"模型"。"有时它在过去是正确的。也许它是由一个传奇的同行创造的。"也许没有合适的选择。过度依赖模型并将模型外推到未被验证的领域会导致不恰当的结论。尽管模型承诺提供一种基于客观的对世界的表征,但西尔弗指出,"我们永远无法做出完全客观的预测。它们总是会受到我们主观观点的影响"[40]。这种主观的观点影响了模型的构建、验证、执行和对结果的解释。

最后一点:天气预报依赖于基于客观的模型,这些模型有成千上万的实时数据、数十年的证据数据、基于地面真实性验证的物理模型、独一无二的超级计算机,以及一支训练有素的科学家队伍,他们通过网络共享信息和协作。这也许是世界上最典型的问题,然而天气"预测"常常是错误的,或者至少是不精确的。那么,根据一些虚假的观察来预测人类行为,还有什么希望呢?

16.9 ABI 建模

在 ABI 的早期,伊拉克和阿富汗的分析人员缺乏对活动进行建模的工具。分析人员在某个区域内收集到数据,把它建立成一个模型,这种方式建起来的数据库构成了一种已知的事物模型。这些数据库中的空白代表着未知。如何将这些数据进行关联的内在规则将可能相关的部分与确定不相关的部分分开，使用的方法则是数据治理和参考地理信息。

然而，完全依靠人类分析人员来理解日益复杂的问题集也带来了挑战。研究表明，由于感知、评估、遗漏、可用性、思维固化、群体思维等诸多因素，专家（包括情报分析人员）很容易产生偏见。20 世纪 70 年代，卡尼曼和特维斯基合作撰写了一系列关于决策过程中认知谬误的文章，最终以他们在前景理论方面的研究获得了 2002 年的诺贝尔经济学奖[41]。霍伊尔研究了认知偏见对情报分析的影响[42]。处理事实和关系的分析模型为决策过程中的固有偏见提供了一种平衡。该模型还可以快速处理大量数据和多个场景，而不会忽略信息[43]。这些因素通过提供一些分析人员可能不会考虑的替代方法，以提升 ABI 的分析质量。

本章主要关注可执行的、基于算法的模型，但也描述了获取知识的方法，包括许多分析人员的众包知识。将模型与直觉相结合可以提高决策能力。美国国家气象局的统计数据发现，"人类对天气预报的准确率比单独使用计算机提高了约 25%"[40]。人与计算机之间的协同作用，即所谓的"人机合作"，正在整个情报界形成势头，成为一种两全其美的解决方案。

目前在社区范围内扩展 ABI 的努力主要集中在活动、流程和对象建模上，因为这种标准化被认为可以增强信息共享和协作。像"企业建模和分析工具""多源信息模型合成体系结构""主动情报"这样的计算方法已经被介绍给全世界的用户。国家地理空间情报局最近发布的一份资料描述了一种"从分析模型驱动预测性情报收集"的方法[44]。这些工作试图集成自动化处理、规则引擎、事件驱动的体系结构和其他技术，以支持预测分析并提高后续情报收集的效率。

16.10 总　　结

模型提供了一种集成信息和探索替代方案的机制，提高了分析人员发现未知情况的能力。然而，如果模型不能被验证，不能在稀疏数据上执行，或者不能被用来解决情报问题，那么我们能相信它们吗？如果在情报分析这个高风险行业中，"所有模型都是错的"，那么这些模型还有什么可用之处吗？

模型创建需要多学科、多方面、多源情报的方法来进行数据管理、分析、可视化、统计、关联和知识管理。最优秀的模型构建者和分析人员发现，并不是模型本身使预测成为可能。在数据收集、假设测试、关系构建、代码生成、假设定义和探索方面的练习训练了分析人员。为了建立一个好的模型，分析人员必须考虑事情发生的多种方式——考虑不同结果的可能性和后果。在开发有效的模型的过程中，可以发现数据环境、对手的行动过程、复杂的关系和可能的原因。令人惊讶的是，当许多分析人员开始创建一个模型时，他们最终意识到自己已经成为了一个模型。

参考文献

[1] Bennett, M., and E. Waltz, Counterdeception Principles and Applications for National Security, Norwood, MA: Artech House, 2007.

[2] Biltgen, P., "A Methodology for Capability-Based Technology Evaluation for Systems-of-Systems," Georgia Institute of Technology, Atlanta, GA, 2007.

[3] McCulloch, W. S., and W. H. Pitts, "A Logical Calculus of the Ideas Immanent in Nervous Activity," Bulletin of mathematical Biophysics, Vol. 5, 1943, pp. 115-133.

[4] Pirolli, P., and S. Card, "Information Foraging," Psychological Review Vol. 106, No. 4, 1999, pp. 643-675.

[5] Moore, D. T., Sensemaking: A Structure for an Intelligence Revolution, Washington, D. C.: National defense intelligence College Press, 2011.

[6] "Findings Regarding the Market Events of May 6, 2010." U. S. Securities and Exchange Commission (SEC) and the Commodity Futures Trading Commission (CFTC), 30 Sep 2010.

[7] Fingas, J., "IMB's Watson computer makes a delicious BBQ sauce," Engadget, May 27, 2015. http://www.engadget.com/2014/05/27/watson-bbq-sauce.

[8] "Event-Driven Services in SOA," Java Worla, web.

[9] Michaelson, B. M., "Event-Driven Architecture Overview," Object Management Group, February 2, 2006.

[10] Porche, L. R., et al., "Data Flood: Helping the Navy Address the Rising Tide of Sensor Information, Santa monica, CA: RAND, 2014.

[11] "KEYW at GEOINT 2013 *" web. Available: http://www.keywcorp.com/geoint.

[12] "Esper--complex Event Processing." Web. Available: http://esper.codehaus.org.

[13] "LUX: Finding Connections in a World of Data," Illumina Consulting Group, 2014.

[14] "The GDELT Project." web. Available: http://gdeltproject.org.

[15] "Report of the Joint Defense Science Board and Intelligence Science Board Task Force on Integrating Sensor-Collected Intelligence, Office of the Undersecretary of Defense for Acquisition, Technology, and Logistics, November 2008.

[16] "Opening Keynote Address by James R. Clapper Jr, Director of National Intelligence," presented at the USGIF GEOINT Symposium 2012, Orlando, FL, October 9, 2012.

[17] Butler, A., "Air Force Mulls Continued Blue Devil 1 Ops," Aviation Week and space Technology, March 18, 2013.

[18] Lewis, C. M., D. Messinger, and M. G. Gartley, "Activity-Based Intelligence Tipping and cueing Using Polarimetric Sensors," Proc. SPIE 9099, Polarization: Measurement, Analysis, and Remote Sensing XI, 2014, p. 90990C.

[19] Sapp, B., "Keynote Presentation at the 2013 * GEOINT Symposium," Tampa, FL, April 2014.

[20] Alderton, M., "From Airborne to Spaceborne, NRO Director Shares Recipe for the Next Generation in Space Innovation," Trajectory, 2014.

[21] Davis, P. K., "Exploratory Analysis Enabled by Multiresolution, Multiperspective Modeling," in Proceedings of the Winter Simulation Conference, 2000, Vol. 1, pp 293-302.

[22] Acar, A. C., "BIN504-Lecture XI, Bayesian Inference and Markov Chains."

[23] Ilachinski, A., "Irreducible Semi-Autonomous Adaptive Combat (ISAAC): An Artificial-Life Approach to Land Warfare (U)," Technical report for the Center for Naval analyses, August 1997.

[24] Forrester, J., "Counterintuitive Behavior of Social Systems," Technology review, Vol. 73, No. 3, PP. 52-68, 1971.

[25] Medows, D. H., D. L. Medows, R. Randers, and W. W. Behrens III, Club of Rome, The Limits to Growth: a Report for the Club of Rome's Project on the Predicament of mankind, New York: Universe Books, 1972.

[26] Anderson, E., et al., "System Dynamics Modeling for Pro-Active Intelligence (PAINT)," MIT Sloan School of Management, Working Paper CISL #2009-17, November 2009.

[27] "Winter Storm Juno: A Pummeling for the History Books," The Daily Beast, web, January 26, 2015.

[28] "Snowmageddon or Snowperbole? Juno was both." SciTech Now.

[29] "Information Innovators Inc.-Providing IT Services and Solutions," Information Innovators. Web. Available: http://www.iinfo.com/services.

[30] Davis, P. K., "Experiments in Mult ion Modeling (MRM)," Santa Monica, CA: RAND, 1998.

[31] Kott, A., and P. S. Corpac, "COMPOEX Technology to Assist Leaders in Planning and Executing Campaigns in Complex Operational Environments," in 12th International Command and Control Research and Technology Symposium, "Adapting C2 to the 21st, Century," 2007.

[32] Kott, A., and P. S. Corpac, "Technology to assist Leaders in Planning and Executing Campaigns in Complex operational Environments, Conflict Modeling, planning, and

Outcomes Experimentation Program (COMPOEX)," DARPA, June 19, 2007.

[33] Surowiecki, J, The Wisdom of Crowds: Why the Many Are Smarter Than the Few and How Collective Wisdom Shapes Business, Economies, Societies and Nations, London: Little Brown, 2004.

[34] "Forecasting Ace." web. Available: http://www.crowdsourcing.org/site/forecasting-ace/wwwforecastingacecom/9916.

[35] "ARA Boosts Forecasting Methods to Improve Predictions, Intelligence Gathering, November2011, http://www.ara.com/newsroom_whatsnews/press_releases/forecasting-methods.Htm.

[36] Yeh, P. F, "Using Prediction Markets to Enhance U. S. Intelligence Capabilities," Studies in intelligence, Vol. 50, No. 4, 2006.

[37] "Main-Scicast Predict," web. Available: https://scicast.org/

[38] Tucker, P., "This Is How Americas Spies Could Find the Next National Security Threat," Defense One, web, February 20, 2014.

[39] Rittel H. W. J., and M. M. Webber, "Dilemmas in a General Theory of Planning," Policy Sciences, Vol. 4, No. 2, June 1973, pp. 155-169.

[40] Silver, N, The Signal and the Noise: Why So Many Predictions Fail-But Some Don't, New York: Penguin, 2012.

[41] Tversky, A., and D. Kahneman," Judgment Under Uncertainty: Heuristics and Biases, Science, Vol. 185, September 1974, pp. 1124-1131.

[42] Heuer, R J, The Psychology of intelligence Analysis, Center for the Study of Intelligence, 1999.

[43] Hoch, S. J., "Wharton on Making Decisions," in Combining Models with Intuition to Improve Decisions (eds. Hoch, S. J., H. C. Kunreuther, andR. E. Gunther), New York: Wiley, 2001, p. 350.

[44] "ext-Generation Collection Portfolio Overview," National Geospatial-Intelligence Agency, Handout at the 2013 * GEOINT Symposium. approved for public release, April 2014.

第 17 章
ABI 技术在警界中的应用

帕特里克·比尔特让，莎拉·汉克

执法和警务与情报分析有许多共同的技术。自"9·11"事件以来，警察部门从情报学的角度开发了许多工具和方法，以提高分析的深度和广度。本章展示了执法条件下持续监视、通过地理信息发现情报、数据集成、预测分析等概念。

17.1 警务的未来

2002 年的电影《少数派报告》（*Minority Report*）描绘了一个乌托邦社会，在不久的将来，所有的罪行都在发生之前被阻止。汤姆·克鲁斯饰演的约翰·安德顿依靠分析预测视频的片段，定位未来的犯罪受害者，并迅速部署一支直升机索降警察突击队，在事件发生之前逮捕罪犯[1]。这种虚构的场景经常被称为预期分析的"圣杯"。

尽管对未来事件的准确预测是不可能的，但世界各地的警察部门正在不断发展，利用时空分析和持续监视的力量来解决犯罪现象，了解模式和趋势，适应不断变化的犯罪策略，更好地将资源分配到最需要的领域。这一章描述了情报和警务的结合——通常称为"情报主导的警务"——及其在过去 35 年中的演变。

17.2 情报主导的警务：简介

"情报主导的警务"（ILP）一词可以追溯到 20 世纪 80 年代的英国肯特郡

警察局。面对涉财产罪案及车辆盗窃案大幅上升，警务处在预算下降的情况下，如何分配人手一直是个难题[2]。为应对这方面的限制，警务处采取了双管齐下的方法。首先，它释放了资源，警探有更多的时间进行分析，优先处理最严重的犯罪，并将较低优先级的事务转给其他机构。其次，通过数据分析，它发现"少数惯犯的犯罪模式中包括重复的受害者和目标地点"[3]。聚焦情报分析和情报收集，识别这些特定的犯罪人员和了解他们的行为模式，警官可以缩小巡逻区域到最有可能包含可疑对象的地理区域。在过去的三年中，肯特郡的警务模式使这类犯罪下降了24%[4]。

图17.1是为以情报为主导的警务工作的通用模型。分析和解决问题的重点是使用统计分析、犯罪地图和网络分析等技术分析和理解犯罪的影响因素。优化了警力部署，以震慑和控制这些罪犯，同时收集更多信息，以加强分析和解决问题。优化警力部署的技术将在第17.5节中描述。

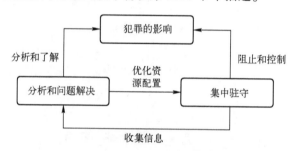

图17.1 以情报为主导的通用警务模式

以情报为主导的警务工作采用分析和解决问题的技术，以集中部署和巡逻的形式优化资源配置。准确的情报传播、持续的改进和针对犯罪的集中同步部署是该方法的关键要素。一般认为警察的存在会影响目标地理区域的环境，从而阻止犯罪活动。因此，通过分析犯罪的地理时间分布，可以更有效地进行定向巡逻。在可能发生犯罪的地点附近部署警察还会减少反应时间，这可能会降低犯罪的严重程度，或由于靠近犯罪区域而导致逮捕率上升。

17.2.1 统计分析和条件比较

"情报主导的警务"的概念是在20世纪80年代由警察局长威廉·布拉顿（William Bratton）和杰克·梅普尔（Jack Maple）在纽约市警察局实施的。利用一种叫做CompStat的计算统计学方法，"犯罪数据被迅速收集统计、计算机化、绘图和传播"[5]。墙壁大小的"未来地图"描绘了纽约交通系统的每一个元素。根据空间节点绘制犯罪地图，并检查犯罪趋势。梅普尔说："在犯罪发生的每一天，你必须把它们都查出来。你必须在每个辖区，每个小队房间里都画上地图，然后每个人都必须知道它的存在"。

尽管 CompStat 的方法存在争议，但人们普遍认为它大大降低了纽约的犯罪率。该方法后来在美国其他主要城市取到了类似的结果，犯罪统计分析的方法和技术成为犯罪学课程的标准。

17.2.2 日常活动理论

"情报主导的警务"的一个核心原则是基于科恩（Cohen）和费尔森（Felson）的日常活动理论，即人类活动在时间和空间上趋向于遵循可预测的模式。犯罪位置是由罪犯的时空因素决定的（图17.2）。科佩尔（Koper）对这些影响因素进行了阐述："犯罪不是随机发生的，而是由有动机的罪犯、合适的目标和缺乏有能力的监护人处在同一时间和空间而产生的。"

图 17.2　日常活动理论影响因素总结

由于这三种力量必须在时间和空间上汇合，犯罪才会发生，因此犯罪的地点往往落在同一地方。这些高度集中的犯罪地区通常被称为"热点"。了解热点地区的普遍情况，有助警方制定策略，集中资源在一个地理区域来打击犯罪。

17.3　犯罪地图标注法

犯罪地图标注法是一种地理空间分析技术，它对犯罪进行地理定位和分类，以发现热点，了解潜在的趋势和模式，并制定行动方案。犯罪热点是一种空间异常类型，其特征可能表现在所在地、街区、街区群、区、县、地理区域或州一级——地理定位和聚集的精度取决于所关注的区域和所提出的问题。

17.3.1　标准化报告使犯罪地图标注成为可能

1930 年，美国国会颁布了《美国法典》第 28 章第 534 节，授权司法部长和联邦调查局对犯罪信息进行标准化和收集[6]。联邦调查局实施了《统一犯罪报告手册》（*the Uniform Crime Reporting Handbook*），对记录犯罪活动的方法、程序进行了标准化和规范化，以及采用记录犯罪活动的数据格式。

这种数据治理类型通过确保跨司法管辖区的统一报告标准实现了信息共享和模式分析。

哥伦比亚特区警察局提供了哥伦比亚特区部分犯罪的网络可访问数据库[7]。此数据如图 17.3 所示。深色区域报告的高犯罪率集群是根据犯罪热点计算的。这些与华盛顿的地铁站的位置相对应。左上角最暗的地方是友谊高地地铁站和购物区。康涅狄格大道和威斯康辛大道的犯罪模式在犯罪地图上则趋于分散。人们倾向于报告最近的主要街道附近的犯罪活动，这造成了一种错觉，即康涅狄格大道上犯罪活动猖獗，而相邻的街道几乎完全平安无事。在实践中，由于空间报告偏差导致的这种地理定位错误使得构建精细的活动模型非常困难。

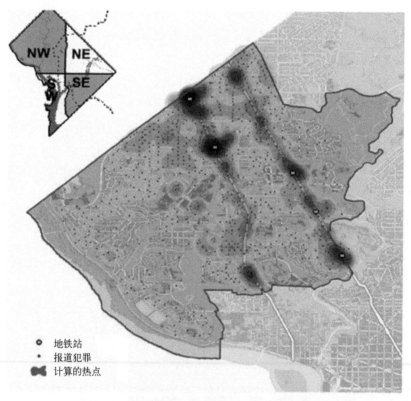

图 17.3　华盛顿特区第三区热点地图（数据来源：首都华盛顿特区，警察局[7]. 背景地图来源：开放街道地图）

17.3.2　时空模式分析

将每一个观察结果可视化为城市或区域级别上的一个点所能提供的信息

是很少的。例如，在图17.3中，识别有意义的趋势需要根据时间、犯罪类型和其他标准进行大量的数据过滤。了解趋势和模式的一项有用的技术是将特定犯罪集中到空间区域。华盛顿都市犯罪数据是根据人口普查报告区域报告的。如图17.4和图17.5所示，将特定的犯罪统计数字与代表这些地区的多边形结合起来，就可以直观地了解犯罪是如何随时间变化的。

20世纪90年代，华盛顿特区不幸被誉为美国的"谋杀之都"[8]。从那以后，它把这一"殊荣"传递给了其他城市，并经历了一次重大的复兴，尽管一些邻近的州其实从中受益更多。心理上的地理边界是感知城市中哪些区域是安全的，哪些区域是不安全的，它在感知犯罪率中扮演着重要的角色。城市的西北（NW）象限通常被认为是最安全的，而东南（SE）象限则是出了名的坏名声[9]。地铁的绿线（在图17.3的参考地图上以虚线表示）在最近的一段时间内，一直是市区危险地区的共同参考点[10]。将警察局公开的犯罪报告数据集使用绘图技术进行可视化时，许多人希望看到与他们自己的心理地图相一致的趋势。明智地使用犯罪数据可以帮助重新调整不正确的预期，并将预防犯罪的工作重点放在真正需要的地方。

对公众和执法官员来说，衡量社区安全的主要关注点通常是暴力犯罪，包括杀人、性虐待、抢劫和使用致命武器的袭击。像盗窃这样的非暴力犯罪是重要的，但对居民和警察来说通常是次要的。

盗窃是哥伦比亚特区警察局数据集中最常见的犯罪行为，因此从可视化图上看起来其商业区非常危险（图17.3）。从数据集中消除非暴力犯罪和控制人口密度可以更准确地反映指定区域的个人安全级别。在图17.4的地图中，每百人的暴力犯罪总数是2013年每个人口普查区域的总和。

从地图上可以明显看出几个趋势，有些符合大众的期望，有些则不符合。自然地理边界是高犯罪率地区和低犯罪率地区之间的强大分界线。例如，该市唯一没有暴力犯罪的地区是石溪以西（更准确地说，是石溪公园）。这很好地符合了西北象限更安全的预期，然而西北部许多人口普查区的暴力犯罪率与华盛顿东南部的一些地区相当（不大于每100名居民发生2起暴力犯罪）。虽然这些更危险的地带被归类为在西北象限，但它们与公园的边界接壤，却不越过公园的边界。

在地图的另一端，阿纳卡斯蒂亚河以南和以东地区，暴力犯罪活动的范围不断加大。"河东地区"是用来描述华盛顿特区的一个独特地区，这个地区在历史上相对于城市的其他地区被忽视了，因此贫困率很高，正如这幅地图所示，犯罪率也很高。不太熟悉华盛顿特区的居民将整个城市的这部分称为"阿纳卡斯蒂亚"，并将较高的犯罪率与整个东南象限混为一谈。通过人口普查局绘制的汇总犯罪数据显示，暴力犯罪率不一定与象限有关，而是与自然地理屏障有关，如公园和河流；其他地理标记，如地标、街道和历史地点，也可以成为公民看待犯罪的传统成见。

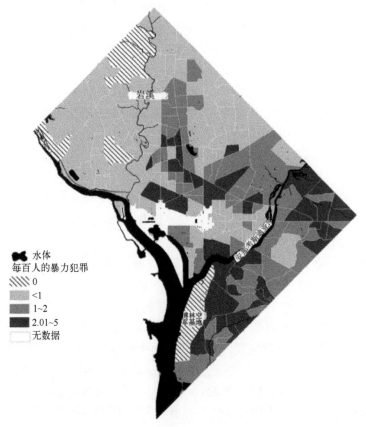

图17.4　2013年人口普查区每百人暴力犯罪总数
（资料来源：华盛顿特区警察总局[7]）

使用地理信息系统按地区汇总数据的另一个优势是能够直观地看到随时间的变化。图17.5显示了2007—2013年期间每百人平均暴力犯罪变化情况。

犯罪呈上升趋势和下降趋势的地区分散在整个城市，几乎没有地理格局。犯罪率参差不齐的现象在洛克·克里克公园（Rock Creek Park）以西较为富裕的社区，以及第14街走廊（14th street corridor）和国会山（Capitol Hill）等中产地区都有所体现。唯一显示出一致性的地方还是"河东地区"。这一区域的大部分地区在这段时间内犯罪略有增加，这些地区的连续性使这一趋势具有地理意义。然而，值得注意的是，增长率最高的是西北象限的孤立区域。

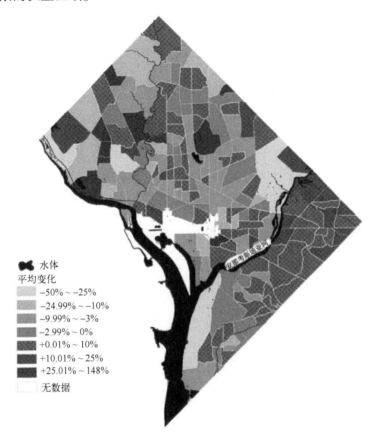

图 17.5　2007—2013 年，美国人口普查区每百人平均暴力犯罪变化情况
（数据来源：首都华盛顿特区警察局[8]）

伦敦警察厅公开的在线犯罪记录只在 2007 年以后才有。虽然哥伦比亚特区自 20 世纪 90 年代初暴力活动达到顶峰以来已经发生了巨大变化，但通常很难确定仅 6 年期间的总体趋势数据的内在因果关系。这种短期性趋势有时被称为微观趋势。分析人员应该注意到，变化图可以作为分析的起点，但不应该用来概括或推断没有基础数据的更广泛的人口或社会经济发展的趋势。

有必要对其他地理因素进行更深入的调查，包括基础设施、人口结构变化和投资，以澄清城市大部分地区的趋势，并确定集中警力是否能有效降低暴力犯罪率。

以情报为主导的警务工作和罪案绘制地图是两种确定罪案在空间上的分布情况，以及试图找出某一地区活动模式的方法。然而谁是罪犯？为什么会发生犯罪？犯罪人员遵循什么行为模式？对涉案人员的甄别需要依赖 ABI 方法的其他要素。

17.4 拆解犯罪网络

了解犯罪热点和定位犯罪多发地区只是故事的一部分，减少犯罪热点只是治标不治本。罪案地图和以情报为主导的警务工作，以搜集、界定和确定活动及事务的 ABI 原则为重点。不幸的是，仅这些技术还不足以提供实体解析、识别和定位执行活动和事务的参与者和实体，以及识别和定位参与者网络。这些技术通常是反应式的、持续性的犯罪管理方法。进一步的分析是找到犯罪的根本原因，从而深入犯罪网络的核心，解析犯罪实体，了解它们之间的关系，并主动攻击犯罪网络的缝隙。

洛杉矶警察局的实时分析和应急响应（RACR）部门是一个先进的网络分析单元，它使用大数据来解决犯罪问题。配备车顶车牌读取器的警车在街道上巡逻，通过抽取带有地理标记的车辆位置数据，提供大范围的持续监视。

分析人员在实时分析和应急响应部门中使用的工具之一是帕洛阿尔托的帕兰蒂尔（Palantir）科技公司，以托尔金的《指环王》（Lord of the Rings）中的"万众瞩目之石"命名，帕兰蒂尔是一个数据融合平台，提供了一种基于不同类型数据的干净、一致的数据抽象，这些数据都描述了同一个现实世界界的问题[11]。帕兰蒂尔支持"跨各种数据源的数据集成、搜索和发现、知识管理、安全协作和算法分析"[12]。帕兰蒂尔使用先进的人工智能算法，加上易于使用的图形界面，帮助训练有素的调查人员识别不同数据库之间的连接，从而快速发现人与人之间的联系。

在帕兰蒂尔公司实现这一算法之前，分析人员难以发现这些数据间的关系，因为地域调查数据、机动车辆数据和自动车牌识别数据都保存在单独的数据库中。该部门还缺乏对巡逻车在何处以及如何响应求助请求的态势感知。帕兰蒂尔的综合分析能力，如"地理空间搜索、趋势分析、链接图表、时间轴和直方图"，帮助警官近实时地查找、可视化和共享数据[13]。

图 17.6 显示了一个社会网络分析图的示例，用于从多个数据源中寻找关联性。

第 17 章　ABI 技术在警界中的应用

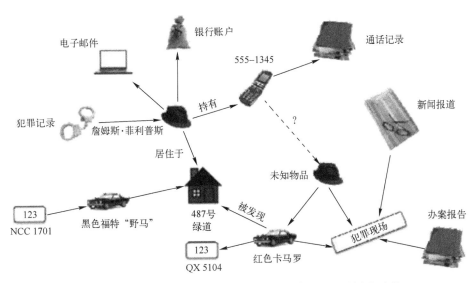

图 17.6　社交网络分析示例，用于关联网络信息以识别未知实体

调查的重点从右下角开始。警方报告了一个犯罪现场（已知的空间位置）。据报道，现场有一辆红色卡马罗汽车，车牌号为 QX 5104。一个未知人员开着红色的卡马罗，可能参与了犯罪活动，也可能目击了犯罪过程。车牌读取器数据显示，在过去的某个时候，在 487 号绿道上也看到了红色的卡马罗（QX 5104）（序列不确定性）。詹姆斯·菲利普斯之前有过被捕记录，且住在这个地址，根据车管局记录，这个地址登记的不是这辆红色的雪佛兰卡马罗，而是一辆黑色的福特"野马"（NCC 1701）。詹姆斯·菲利普斯的电话号码是 555-1345。

以上网络地图综合了来自警察报告、逮捕记录、财务记录、电话记录、车管所记录、房地产和公共新闻的信息。调查人员现在有几个行动步骤。首先，他们几乎肯定会对红色卡马罗发出警告。他们可能会选择询问菲利普斯先生在其住所看到的那辆红色卡马罗。他是否认识车主？他/她现在可能在哪里？他们可能还会申请搜查令以查看菲利普斯先生的通话记录。当红色的卡马罗出现在他家的时候，他和谁说话了？谁拥有那部手机？警方亦可能在 487 号绿道进行监视。如果他们有合理的理由怀疑菲利普斯与此事有关——也许是基于他以前的逮捕记录或是非法的金融活动——他们可能会申请搜查令窃听他的手机。

网络分析将跨多个数据库的数据关联起来，因此以前未发现的关系更容易被分析人员发现。随着对手利用分布式网络的优势特性，这种技术变得越来越重要。美国国防部负责反毒品和全球威胁事务的副助理部长威廉·韦奇斯勒指出,"需要用一个网络来击败一个敌对网络"[14]。数据集成、信息共享和情报方法的应用成为应对这些不同的、基于网络的威胁的重要工具。

17.5 预测警务

如果将犯罪地图、情报主导的警务和网络分析等技术结合使用,就可以实现 ABI 的所有 5 项原则,并朝着本章开头描述的《少数派报告》的理想方向发展。这种方法被推广为"预测警务"。

加州大学洛杉矶分校的人类学教授杰夫·布兰提翰(Jeff Brantingham)开发了一系列商业化的预测算法,称为 PredPol。该软件基于"人类的行为,特别是在寻找资源时,遵循非常靠谱的预测模式"[15]。一旦小偷(或强盗)在一个地方成功了,他们往往会回到那个地方,犯下同样的罪行。与《少数派报告》不同的是,PredPol 并不预测谁会犯罪,而是整合时空信息来预测"犯罪最有可能在何时何地发生"[16]。该软件在地图上生成 500 英尺×500 英尺的彩色方框,根据巡逻数据、数据时间和其他犯罪的活跃程度动态移动。这些信息被反馈给巡逻车,以提高态势感知的质量,从而将巡逻队重定向到高威胁区域。尽管一些评论家质疑 Predpol 预测的有效性,"在肯特(英国)的四个月试验中,8.5%的街头犯罪发生在 PredPol 的粉色方框里……而警方分析人员的预测得分只有 5%"[17]。图 17.7 显示了 PredPol 界面的一个示例。颜色较深的方框表示犯罪率较高。

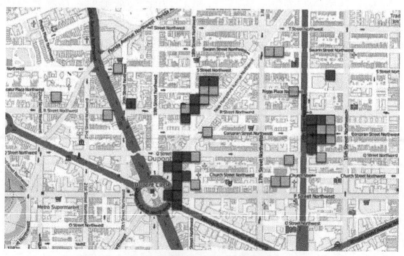

图 17.7　PredPol 预测框示例(摘自文献 [18],地图数据源:开放街道地图)

PredPol 计算犯罪率的预测变化 $\lambda(x,y,t)$，如下所示：

$$\lambda(x,y,t) = \mu(x,y) + \sum_{\{k:t_k<t\}} g(x-x_k, y-y_k, t-t_k; M_k) \quad (17.1)$$

式中：$\mu(x,y)$ 是与时间无关的犯罪类型的背景率；g 是基于标记点过程的核密度函数。这是犯罪倾向于发生在相似地点这一概念的数学表示，并按照预先定义的速率衰减。布兰廷厄姆断言，这种衰减与地震中的余震模拟相似：影响的风险随着事件的震级增加而增加，在远离每个事件的空间和时间上减少。PredPol 使用各向同性核[19]。

$$g(x,y,t;M) = \frac{K_0}{(t+c)^p} \cdot \frac{e^{\alpha(M-M_0)}}{(x^2+y^2+d)^q} \quad (17.2)$$

式中：K_0、M_0 和 α 控制余震次数；(c, d) 控制核分布函数，(p, q) 定义指数衰减率[20]，这些方程的系数被调整以校准地理区域和犯罪类型的模型。

这种方法的变体也被用于其他预测性警务项目，包括国家司法研究所发布的"犯罪统计"项目。格伯演示了如何使用核密度估计技术从推特数据预测犯罪[21]。该技术也被用于人类行为的空间建模，包括定居模式和住房券分配[22]以及食品零售的时空变化[23]。

在第 17.2.2 节中，我们介绍了日常活动理论，该理论认为犯罪往往发生在同一地点和同一时间，因为人类是习惯性的生物。一旦我们找到了有效的方法，我们就会一直这么做。计算统计方法和犯罪地图技术引入了对犯罪的空间分布进行建模以寻找趋势和模式的能力——但是警务策略不仅基于这些技术的实施，还依赖于对空间数据可视化的"直观感觉"。PredPol 实施的预测式警务增加了一个封闭形式的分析解决方案，根据空间和时间信息的聚合来"预测"犯罪地点，本质上是对日常活动理论的算法实现。

17.6 总　　结

执法和情报分析有许多相似的技术。这两个学科都需要对趋势和模式的理解。它们着重于解决特定的高优先级实体的身份识别问题。我们希望预测可能发生的事情并运用行动来影响结果。执法和情报分析越来越多地应用时空分析技术来描述活动和事务，了解行为模式，并解决未知的问题。

17.7 进一步阅读

大量关于以情报为导向的警务的文献可供查阅。一些联邦和州司法部在网上提供免费的手册。我们鼓励有兴趣的读者阅读《预测性警务：犯罪预测在执法行动中的作用》(*Predictive police*：*The role of crime Forecasting in Law Enforcement Operations*) 一书。该书由兰德公司于2013年为美国国家司法研究所出版。

17.8 本章作者简介

莎拉·汉克是华盛顿特区能源咨询行业的一名地理信息系（GIS）分析人员，她从2005年起就一直住在那里。她使用ArcGIS、QGIS、MapBox 和 TileMill 开发工作和娱乐地图项目。2011年，她为一家非政府组织的志愿者提供地理信息培训，该组织致力于通过人群调查来提高人们对埃及性骚扰问题的认识。她的兴趣和专长包括绘制犯罪地图、中产阶级化、水安全以及中东的政治地理。汉克女士持有文学士学位，主修地理与国际事务，辅修乔治·华盛顿大学的地理信息。她在这个领域的工作总结可以在 www.sarahkhank.com 上找到。

参考文献

[1] Minority Report. Dir. Ronald Shusett, Dream Works Pictures, 2002. Film.
[2] McGarrell, E. E., J. D. Freilich, and S. Chermak, "Intelligence–Led Policing As a Framework for Responding to Terrorism, Journal of contemporary Criminal Justice, Vol. 23, No. 2, May2007, Pp. 142-158.
[3] Treverton, G., et al., "Moving Toward the Future of Policing," RAND Corporation RAND MG1102, 2011.
[4] Anderson, R., Intelligence Led Policing: International Perspectives on Policing in the 21st Century, produced by the International Association of Law Enforcement Intelligence Analysts, Inc., 1997, https://members.ialeia.org/files/other/kp%20intl%/20perspectIves.Pdf.
[5] Dussault, R., "Jack Maple: Betting on Intelligence," March 31, 1999.
[6] "About the Uniform Crime reporting (UCR) Program," FBI, 2011.
[7] "Metropolitan Police Department Statistics and Data." Web. Available：http://mpdc.dc.gov/page/statistics-and-data.
[8] Vulliamy, E., "Drugs: Redemption in Crack, The Observer, October 23, 1994.
[9] Layton, L., "Metrobuses Face Rock Attacks on Streets of Southeast D. C." The Washington Post, august 3, 2003.

[10] Larimer, S, "Is the Green Line Dangerous? Or Just Misunderstood?" TBD. com, April 28, 2011.
[11] "Palantir Technologies: Our Platforms," web. Available: http://www.palantir.com/latforms/.
[12] "Palantir: An Open Source Development Success Story," Directions Magazine, February 12, 2013.
[13] "Palantir Impact Study: Responding to Crime in Real Time at the LAND," Palantir Technologies, web, March 2014.
[14] Miles, D., "Drug Trafficking Threatens National Security, Official Says," American Forces Press Service, May 17, 2012.
[15] Kahn, C., "At LAPD, Predicting Crimes Before They Happen," NPR, November 26, 2001.
[16] Berg, N., "Predicting crime, LAPD-style," The Guardian, June 25, 2014.
[17] "Predictive Policing: Don't Even Think About It," The Economist, July 20, 2013.
[18] "PredPol Predicts Gun Violence with Open Government Data," Pred Pol, web.
[19] Mohler, G. O., et al., "Self-Exciting Point Process Modeling of Crime," Journal of the American Statistical Association, Vol. 106, No. 493, March 2011, Pp. 100–108.
[20] Ogata, Y., "Space-Time Point Process Models for Earthquake Occurrences," Annals of the Institute of Statistical Mathematics, Vol. 50, No. 2, 1998, Pp 379–402.
[21] Gerber, M. S., "Predicting Crime Using Twitter and Kernel Density Estimation," Decision Support Systems, Vol. 61, May 2014, Pp. 115–125.
[22] Wilson, R., "Using dual Kernel density estimation to Examine Changes in Voucher Density Over Time," Cityscape: A Journal of policy development and Research, Vol. 13, No. 3, 2012, pp. 225–234.
[23] Jansenberger, E. M. and P. Staufer-Steinnocher, "Dual Kernel Density Estimation as a Method for Describing Spatio-Temporal Changes in the Upper Austrian Food Retailing Market," presented at the 7th AGILE Conference on Geographic Information Science, Heraklion, Greece, 2004.

第 18 章
ABI 和华盛顿环城公路狙击手

马克·菲利普斯

2002 年 10 月 2 日上午,在美国国会大厦郊区马里兰州银泉市的一家杂货店外,詹姆斯·马丁(James Maryland)被一名狙击手开枪打死。就这样,长达 23 天的恐怖统治开始了,其间还伴随着不时发生在两个州和哥伦比亚特区的随机杀戮。在数百名执法人员的不懈努力下,凶手被成功逮捕。本章将从 ABI 的四大原则(适用于执法和国土安全背景下的实体解析)的角度,对发生的事件进行更深入的研究。

18.1 简　　介

2002 年 10 月 2—10 月 24 日,李·博伊德·马尔沃(Lee Boyd Malvo)和约翰·穆罕默德(John Muhammad)在华盛顿特区周围随机杀害 10 人,重伤 3 人(表 18.1)。此外,使用基于收集到的证据的溯源技术发现,马尔沃和穆罕默德与另外七起谋杀案以及其他七起非致命性枪击事件有关,从华盛顿州到路易斯安那州,再到佛罗里达州,如图 18.1 中的网络图所示[1-2]。对"特区狙击手"枪击事件的调查由蒙哥马利县警察局牵头,并得到了联邦调查局、烟酒枪械管理局以及其他州和地方执法机构的协助。仅联邦调查局就有 400 多名特工被派去调查此事[3]。

表 18.1　华盛顿环城公路狙击手受害者及相关事件清单[4]

受害者序号	地　　点	日　　期	时　　间
1	惠顿,马里兰州	2002 年 10 月 2 日	上午 6∶04
2	罗克维尔,马里兰州	2002 年 10 月 3 日	上午 7∶41

续表

受害者序号	地　点	日　期	时　间
3	阿斯彭山，马里兰州	2002年10月3日	上午8：12
4	银泉，马里兰州	2002年10月3日	上午8：37
5	肯辛顿，马里兰州	2002年10月3日	上午9：58
6	华盛顿特区	2002年10月3日	下午9：20
7	弗雷德里克斯堡，弗吉尼亚州	2002年10月4日	下午2：30
8	鲍伊，马里兰州	2002年10月7日	上午8：09
9	马纳萨斯，弗吉尼亚州	2002年10月9日	下午8：18
10	弗雷德里克斯堡，弗吉尼亚州	2002年10月11日	上午9：40
11	福尔斯彻奇，弗吉尼亚州	2002年10月14日	下午9：19
12	亚什兰，弗吉尼亚州	2002年10月19日	下午8：00
13	阿斯彭山，马里兰州	2002年10月22日	上午5：55

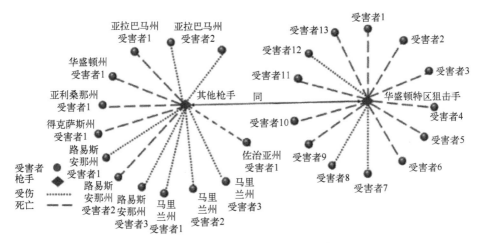

图18.1　马尔沃和穆罕默德的枪击案，由对多种罪行的证据进行调查来确定
（数据来源：文献［1，4］）

执法人员处理了数千条线索，希望能将凶手缉拿归案。"在调查期间，举报电话线共接获超过10万个电话，并产生约16000条调查线索[5]。"调查人员指出，"虽然每个参与调查的机构可能会使潜在有价值的信息数量大幅增加，但对有效性分析的需求也会相应增加。大量的材料足以让调查人员应接不暇"[5]。

虽然ABI方法在事件发生时还没有正式确定，但本章回顾说明了如何将ABI应用于这类问题。我们从四个原则的角度来研究这个问题：时空关联性、开发利用前的数据整合、序列不确定性、数据等价。考虑到历史回顾的好处，这些原则如何支持调查？在什么情况下应用原则会改变结果？如果这些原则能够产生更高的分析效率，那么执法部门是否拥有应用这些技术的工具呢？

18.2 时空关联性

随着2002年10月事件的发展，公众敏锐地意识到恐怖分子的威胁和恐惧笼罩着这个地区。有关部门主动请求公众提供线索，因此向执法部门提供的信息数量呈指数级增长。其中一些是有用的，但很多都是"噪声"（信息要么是错误的，要么与案件无关）。正如本章开头几段所述，向警方提供的线索中有16000条是调查线索。再加上执法部门在调查过程中收集的大量信息。在这个特殊的案件中，调查人员掌握了大量的"稀疏信息"；仅在犯罪现场，或仅凭线索，很少有足够的证据来了解罪犯的情况。图18.2显示了发生在弗吉尼亚、马里兰和哥伦比亚特区的枪击事件的地理位置。尽管人们努力去识别一个可预测的模式，但由于事件的稀疏性和随机分布性，对单个枪击事件进行地理定位只能得到很少的信息。

在调查初期，穆罕默德和马尔沃的身份不明，因此至少到10月18日才确定了他们或其亲属在该地区的位置。文献检索并不能表明，蒙哥马利县联合行动中心警方接到的举报，或者犯罪现场目击者提供的证词是否有地理信息。与各种犯罪现场有关的汽车目击事件似乎没有被记录在案，也没有进行地理定位。在10月8日的一个诡异的"附带收集"事件中，巴尔的摩警方以驾驶不当为由，拦下了一辆深色雪佛兰汽车，这辆车可能是5天前华盛顿特区枪击事件的同一辆车。穆罕默德是司机，但由于目前在马里兰州还没有给他下逮捕令，这辆车被放走了[6]。

为了应用地理信息来发现可用的数据，需要一个通用的、结构化的数据库，该数据库易于搜索，并且可以与一些地理空间情报系统绑定。2002年还没有这样的系统。此外，华盛顿、路易斯安那、马里兰和弗吉尼亚的犯罪数据库并没有以一种常见的可搜索的方式联系在一起，需要联邦执法机构来帮助协调各州之间的关系。如今，人们可以利用技术来创建一个系统，该系统允许对多个犯罪现场和数据库中的数据进行地理定位和整合。这种类型的系统可以帮助警方调查人员以一种新的和更有效的方式分析数据。

第 18 章 ABI 和华盛顿环城公路狙击手

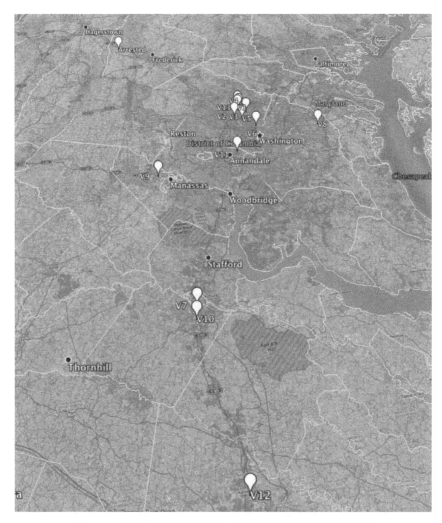

图 18.2 穆罕默德和马尔沃枪击事件受害者的地理参考数据
（地图数据来源：开放式街道地图）

18.3 开发利用前的数据整合

开发利用前的数据整合是与地理信息密切相关的必然结果，它的价值在对调查的回顾中是非常明显的。在调查初期，警方首先对一辆白色货运卡车或面包车产生了兴趣[7]。为了使数据具备可靠性和关联性，警方并没有地理定位所有可用信息（包括在 10 月 3 日晚间枪击事件中看到的灰色雪佛兰），而是优先关注"白色货车"这一条数据。接下来的几天里,到处都是追踪和拦截白色货运卡车的行动,但没有一辆被证实与枪击事件有关[8]。

警方追踪热门线索是毫无疑问的。然而,用 ABI 术语来说,实体(货车)并没有被解析到可以被识别的程度,例如,福特 e 系列(也被称为"伊克莱")通用货车是美国销量前 20 的汽车之一[9]。它的默认颜色是白色。然而仅在华盛顿地铁区就有成千上万辆白色货车。在这个案件中,执法官员们承受着巨大的压力,要在案件中抓住线索,他们利用了一条线索,并追踪这条线索,尤其是因为它符合他们对枪击如何发生的一些先入为主的观念[8]。

有一个更好的方法,但由于当时的信息或整合信息的手段不足而无法实现,那就是收集所有犯罪现场和周围区域的地理信息数据。然后,使用这些数据点将背景添加到犯罪现场信息中。事实上,联邦调查局被要求制作犯罪现场的数字地图;这些地图,如果与提示和其他信息结合在一起,可能是调查人员进行地理定位的良好基础。这样做可以让警方注意到,虽然犯罪现场有一辆白色货车,但也有一辆深色轿车(曾被描述为一辆旧警车),这可能会导致另一个调查方向。虽然两者都不是确定的,也不是一个确定的实体,但是一旦有了额外的信息和地理信息,可能会有更多识别这些汽车和它们的主人的标识,特别是在后来的调查中确定了穆罕默德和马尔沃可能的隐藏位置。

18.4　时序不确定性

联邦调查局对该案的历史回顾指出,此案的一大突破来自狙击手本身。10 月 17 日,警方接到一名狙击手的电话。在这次谈话中,打电话的人吹嘘说:"他要为一个月前在阿拉巴马州蒙哥马利市一家酒行抢劫案中杀害两名妇女负责(实际上,只有一名妇女被杀)[10]。"有了这种联系,阿拉巴马州的警察就能把打电话的人与蒙哥马利的一桩特殊案件联系起来。对执法部门来说幸运的是,枪手在枪击现场的一个武器弹夹上留下了指纹。警方还掌握了这次枪击中使用的武器的弹道信息。联邦当局通过将弹夹上的指纹与华盛顿州的公开逮捕令进行比对,我们能够确定枪手是李·博伊德·马尔沃。

接下来,联邦探员发现了一个与马尔沃有关的人:约翰·穆罕默德。关于马尔沃和穆罕默德之间的联系,是通过之前在华盛顿塔科马发生的枪击事件中得到的线索之一提供的。这种联系提供了获得另外两条重要线索的机会:①穆罕默德拥有一把"巨蝮"步枪(枪击事件中涉嫌使用的武器);②穆罕默德拥有一辆蓝色雪佛兰,车牌已知——这是实体代理。这些信息直接决定了 2002 年 10 月 24 日对枪手的逮捕。

图 18.3 说明了枪击者、受害者和涉及案件的其他实体之间的联系。这种类型的图被称为"图分析"或"关系分析"图表，它允许分析人员或调查人员离开地理空间，查看数据海洋中包含的所有关系。很多时候，这是一个对位置信息有益的补充，对未知关系的发现有重要意义。在这种情况下，分析人员仅从图形图表就可以理解打电话的人连接两个犯罪现场的重要性；打电话的人成为了图形语言中调查的"关键节点"。

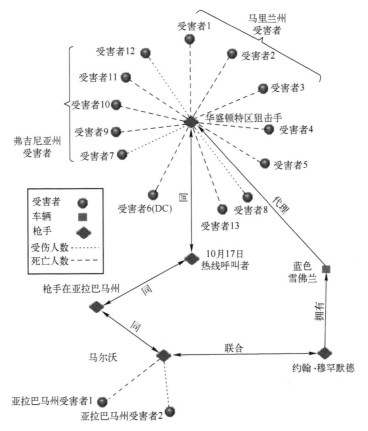

图 18.3　使用时序不确定性的相关证据

由枪击者引发的分析是时序不确定性的一个经典例子。回想一下，时序不确定性考虑到这样一个事实，即过去收集的数据可能在今天回答一个问题，或者今天收集的数据可能对过去收集的数据有意义。在这起案件中，马尔沃给警方的电话提供了过去收集到的信息的重要联系，也就是把华盛顿特区的狙击手与阿拉巴马州的一起无关的枪击事件联系起来。分析人员和调查人员往往会寻找新的数据，而不是搜索过去收集的信息。在这里，过去的罪行不仅提供了枪手的身份，而且还提供了一名已知的同伙和他驾驶的车辆。然而，这种联系也将过去到现在的信息联系起来，提供了来自阿拉巴马州蒙哥马利市和华盛顿州塔科马市两个案件中枪手的下落。

18.5 数据等价性

任何证据都可能破案。这是刑事案件中众所周知的格言，也是说明数据等价性这一 ABI 原则的另一种方式。调查人员很少判断一个证据比另一个具有相同来源的证据更重要。证据就是证据。犯罪现场处理与数据等价的概念相结合，本质上是一个附带收集的过程。在处理犯罪现场时，调查人员可能知道他们要找的是什么（来复枪上用过的弹壳），但可能会发现他们没有找的东西（杀手的勒索便条）。犯罪现场专家以开放的心态进入犯罪现场，收集所有可用的信息。他们通常不会在收集过程中对调查结果做出有价值的判断，也不会放弃任何证据，因为谁知道哪块碎片可能是立案的基础。

以华盛顿狙击手为例，调查人员收集了全国 27 个犯罪现场的数千条个人信息，这些信息被记录在各州和当地的执法系统中，无论这些信息有多少，当局都能查到，特别是在联邦政府能够接触到这些信息，从而使跨部门调查的信息共享成为可能之后。以下是收集到的一些数据点，这些数据点导致对狙击手在华盛顿特区的罪行以及全国各地的罪行定罪（它们的性质都不同，如果有任何定罪被放弃，调查都可能会以不同的方式结束）。

(1) 华盛顿特区枪击事件中使用过的步枪子弹。
(2) 在阿拉巴马州蒙哥马利的一家酒行里有指纹的杂志。
(3) 有消息说马尔沃有个叫约翰·穆罕默德的同伙。
(4) 穆罕默德的汽车和车牌。
(5) 受害者的一台笔记本电脑被偷（2002 年 9 月 5 日，保罗·拉鲁法（幸存者），克林顿·马里兰）。

这里学到的教训与 ABI 情报界学到的教训是一样的，就是收集和保存所有东西；人们永远不知道它是否重要，何时重要。

18.6 总 结

构成华盛顿狙击手连环杀人狂潮的恐怖事件为 ABI 原则的应用做了一个

说明性的案例研究，通过检查事件的顺序和所进行的分析，可以得出以下结论。首先，对所有数据进行地理分析可以提高对数据的理解并提供背景。不幸的是，当时还不存在这样做的方法。其次，在开发利用之前进行整合可能可以防止执法部门错误地跟踪和拦截白色货车。同样，进行整合的工具在 2002 年似乎并不存在。

有趣的是，时序不确定性和数据等价性的应用效果显著。一旦打电话的人将两起独立的犯罪联系在一起，执法部门就能够利用过去收集的所有信息来解决当前的犯罪问题。此外，附带收集到的信息没有被丢弃，而是为逮捕马尔沃和穆罕默德提供了关键信息。

2002 年 10 月的事件发生在 ABI 原则被编入情报分析之前很久。今天，情报、执法和国土安全部门之间在间谍技术和方法方面的正式交流使好的实践方法规范化，并共享分析工具——特别是空间索引数据库、地理信息系统和可视化分析技术。

18.7 本章作者简介

马克·菲利普斯是一名高级系统工程师，拥有 30 多年的领导经验，曾为国防部技术开发和采购项目做出贡献。菲利普斯是美国国防部主管情报的副部长办公室发表的一系列关于 ABI 的定义性战略文件的主要作者。他还担任国防部 ABI 的主题专家。菲利普斯在美国海军服役 20 年后退休。此后，他一直支持美国政府履行各种职责，包括担任导弹防御局（Missile Defense Agency）的高级管理人员、几项监视项目的总工程师，作为支持情报界的项目管理者，菲利普斯拥有美国天主教大学物理学学士学位和中佛罗里达大学电气工程硕士学位。

参考文献

[1] Kovaelski, S. F., and M. E. Ruane, "Before Area Sniper Attaks, Another Deadly Bullet Trail," The Washington Post, December 15, 2002, p. A01.

[2] Roberts, J, "Antigua Sniper Connection?," CBS News, November 4, 2002.

[3] Federal Bureau of Investigation, "A Byte out of History, The Beltway Snipers, Pt. 1," FBI, October 22, 2007.

[4] "Beltway sniper attacks," Wikipedia.

[5] Murphy, G. R., and C. Wexler, "Managing a Multijurisdictional Case: Identifying the Lessons Learned from the Sniper Investigation, Police executive research Forum, U. S. Department of Justice, October 2004.

[6] "Sniper Investigation Timeline," ABC News, January 7, 2006.

[7] "Timeline: Tracking the Snipers Trail," Foxnews.com, October 29, 2002.

[8] Clines, F. X., "Widening Fears, Few Clues As 6th Death Is Tied to Sniper," The New York Times, October 5. 2002.

[9] "Ford E-series," Wikipedia.

[10] Federal Bureau of Investigation, "A Byte out of History: The Beltway Snipers, Pt. 2," FBI, Oct 2007.

第19章
基于网络的事务分析

威廉·雷茨

从基于目标的情报转换到基于活动的情报技术（ABI）的关键区别之一，是感兴趣的目标变成了活动和事务的地理空间演绎和关系分析的结果。正如兰德公司的格雷戈里·特雷弗顿（Gregory Treverton）在2011年指出的那样，图像分析人员"过去常常寻找东西，我们知道在寻找什么。如果我们看到一辆苏联的T-72坦克，我们知道会在附近找到其他坦克。而现在……我们在寻找一些活动或事务，但我们不知道在寻找什么？"[1]。本章使用模拟的活动和事务数据演示演绎推理和关系分析，为实体解析和未知情报发现提供了一个真实的应用案例。

19.1 用图表分析法分析事务

图表分析法——源于图论的离散数学学科——是一种使用成对关系来检查数据之间关系的技术。在过去的15年中，用于图表分析的大量算法和可视化工具不断涌现。这个例子演示了如何使用简单的地理空间和关系分析工具来理解复杂的活动模式：通过在一个城市大小的区域内进行实体活动和事务分析，一名ABI的情报分析员试图寻找出隐藏在普通民众中的小型"红色网络"恐怖分子。

本案例使用的数据来自美国国防分析研究所（IDA）创建的由多种来源数据合成的数据集。该数据集跨越三天时间，覆盖了5445个独立位置、4623个实体和116720条车辆轨迹，覆盖巴格达市区的一部分（见图19.1，地图数据来源：OpenStreetMap，轨迹数据由IDA提供[2]）。这些轨迹位置被认为是

"真实位置"——没有传感器误差和真实环境中典型的噪声数据,其元数据和典型值逼真模拟了现实场景。在4623个实体的正常活动模式中隐藏着一个恶意网络。这个图表分析练习的目的是使用ABI原理分析数据,以解析这个网络,发现隐藏在日常生活噪声中的信号。

图 19.1　巴格达地图上的合成轨迹数据样本

"信号"和"噪声"的概念起源于信号处理和电气工程,将作为分析不法分子的核心:他们在开放环境中活动,但融入隐藏在背景之中。信号是包含在数据中的可供分析人员利用目标的相关信息;而噪声是其余的一切。例如,一个"红色网络"或目标的信号可能由目标的特定活动组成,以达成其目的,如:不寻常的购买行为,日常事务的中断,或在一天中不寻常的时间聚会等,都可能是信号的例子。

犯罪分子和恐怖分子网络非常狡猾,善于利用普通民众活动的噪声来掩盖他们的信号——实现其目标所必需的"异常"活动。为了提高信噪比(SNR),情报分析员必须以归纳或演绎方法来确定构成信号的活动类型。在动态变化、有噪声、人口稠密的背景环境中,这种分析往往是非常困难的,除非情报分析员能够通过选择相关的感兴趣区域来缩小搜索空间，选择时间段来缩小范围，或者从已知的实体列表中选择某些目标作为种子然后开始地理链条或地理空间网络分析。

19.2 辨别异常

从背景噪声中分离出信号既是一门科学，也是一门艺术。当情报分析员对目标群体或区域、"正常"或背景变得越来越熟悉时，分析行为就自然地变成了模型规则的构建和假设的验证。例如，在亚特兰大，一周内从郊区到市区的通勤可能是正常的活动；而在纽约，从市区开始到结束的通勤可能是正常的活动。在 ABI 分析中，理解普通民众的正常行为是很重要的，识别背景将有助于引起对异常的注意。

目标群体的活动目的和组织结构决定了"异常"活动。例如，在示例数据集中，制造和部署简易爆炸装置（IED）所需的活动就与洗钱活动非常不同。一个以制造和部署简易爆炸装置为目的的恐怖分子网络，可能由在一个小范围内活动的炸弹制造者、采购人员、保安人员和领导等组成。了解目标群体的总体目的和结构，将有助于确定构成信号的活动种类。

在这个示例场景中，恐怖分子网络已经建立，并且在最近的一段时间里进行过简易爆炸装置的袭击。情报分析员假设他们需要专门的安全地点来存放材料和制造设备，还假设这些独立的位置不用于任何其他目的。为了最大限度地提高信噪比，情报分析员将分析的重点放在位置而不是实体上，对这些位置周围的活动进行地点和建筑物匹配，以发现特定的实体及其活动模式。很多人见面的公共位置与私密位置相比，会有显著不同的活动特征。情报分析员还必须考虑目标实体会在公共位置和私密位置之间移动，另外，私密位置的信号虽然较弱（数量少），但有助于提高解析感兴趣的目标实体的概率。这些私密位置的异常活动模式就是情报分析员需要寻找的初始信号。

情报分析员在开始分析工作之前，需要基于恐怖分子网络关键活动类型的知识，制定一个总体工作计划。首先，他将根据恐怖分子网络和目标实体的活动事件和事务特点，搜寻出类似安全房和仓库的位置。然后，当该地域范围缩小到一个合理可能的私密位置集时，他将开始对活动事务进行证据追溯，以确定其他相关的位置，并最终编制一个粗略的红色网络成员实体清单。这是第 5 章"谁在哪里"概念的实现。

19.3 熟悉数据集

在收到数据和明确情报分析目的之后，情报分析员的第一步是熟悉数据，这将有助于了解哪些处理和分析任务是可能完成的。稀疏数据集可能需要更复杂的处理，而非常大的数据集则需要额外的处理能力，情报分析员在开发环境中打开文件之前，往往需要进行大量的数据预处理（第 12 章）。情报分析员通常会收到来自不同来源的多个数据文件，或者在不同时间收集/创建的多个数据文件。本案例的数据是由多种数据合成的数据集，采用逗号分隔值（.csv）的方式进行数据字段分隔，数据表和内容见表 19.1。

在这个数据集中，感兴趣的区域（Area of Interest，AOI）是巴格达的市中心，如图 19.1 所示。这个数据集综合了多个来源数据，每个建筑物都有一个唯一的 ID，用于在轨迹文件①中标记车辆轨迹的起点和终点。这意味着情报分析员可以很容易地观察位置之间的交通路线，否则，他将不得不编写一个算法，根据城市建筑的基础数据和车辆轨迹的坐标，推断轨迹起点和终点位置所匹配的建筑物。

ABI 分析本质上是空间和时间相关的，所以熟悉数据的第一步是将数据放到地图上进行直观显示。为了直观看到这些车辆轨迹，情报分析员从轨迹文件中提取每个轨迹点坐标数据，并使用 Python 和 Basemap 在巴格达的街道地图上绘制出这些坐标，如图 19.1 所示。Python 是一种易于使用的开源编程语言，越来越多地用于简单的脚本编制和大规模的分析[3]。Basemap 是一个用于在 Python 中绘制二维地图数据并将这些地图与处理脚本集成的工具包。杰弗瑞·惠特克（Jeffrey Whitaker）开发的开源框架提供了与 MATLAB mapping 工具箱类似的功能[4]。

表 19.1 数据集的数据表和内容

表	属　性
建筑	建筑 ID，位置 ID
轨迹	轨迹 ID，位置 ID
实体	实体 ID，位置 ID

---

① 本例中使用的数据集是理想化的，它包含了位置之间的完整、明确的轨迹。在实践中，数据集通常更加稀疏和有噪声。

19.4 分析活动模式

情报分析员在熟悉数据集之后，为了更好发现可疑位置，下一步是查看一些与位置相关的活动模式，从而对这个感兴趣区域（AOI）中的行为模式有大致的了解。情报分析员需要绘制一段时间内给定位置的轨迹活动量，换句话说，绘制一个位置在一天中的每个时间段有多忙，进而分析其是否可能作为一个私密位置。图 19.2 显示了一个公寓楼一天的活动图示例。由于 Python 脚本是可派生的，并且很灵活，只需几下按键，就可以很容易地生成类似于图 19.2 的图形，从而可以快速地对数据中的位置进行可视化分类和描述。

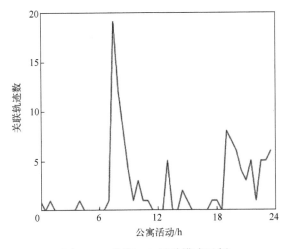

图 19.2　公寓 24h 活动模式示例

为了获得位置的活动量数据，情报分析员编写脚本来确定与每个位置关联的轨迹数量，然后分时段对它们进行求和。这个脚本按 0.5h 时段间隔进行活动数量统计，因此一天中就有 48 个表达活动量的"斜线"。从 19.2 的图形中可以清楚地看到，在大约早上 8 点的时候，有一个急剧的上升，在晚上 8 点的时候又有一个持续的上升。这似乎表明，这个公寓的居民上班的时间差不多，有些人在外面待的时间比其他人长。这里还可以看到午餐时间的一个小尖峰，表明有些人回家吃午饭。

为了了解工作场所和住宅的区别，情报分析员为繁忙的工作场所创建类似的活动图，如图 19.3 所示。很明显，工作场所的活动图有相同的活动数量的双峰，第一次出现在早上 6 点到 9 点之间（当人们到达的时候），下午 6 点左右（当人们离开的时候）。当人们出去吃午饭的时候，可以看到一个小突起。情报分析员据此可以基本认定这是一个活跃的工作场所，而不是恐怖分子网络选择用作仓库或安全房的地方。

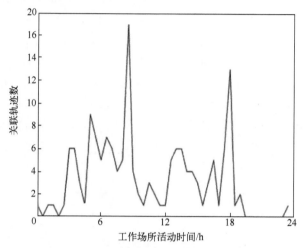

图 19.3　工作场所 24h 活动模式示例

餐厅的活动图（图 19.4）则展示了不同于住宅和工作场所的活动模式，每天只有在特定的用餐时间才会有高水平的活动。在这个图中存在非传统用餐时间的活动模式，可能是这家餐厅有被用作另外目的的线索——但这不是本书讨论的重点。图 19.4 中的餐厅在上午、午餐时显示了一个清晰的峰值，在晚餐时则显示了一个小得多的峰值。从公寓、工作场所和餐厅的活动模式分析可以非常清楚地看出，不同类型的地点具有明显不同的活动模式，当然，同类型地点的活动模式也不尽相同。

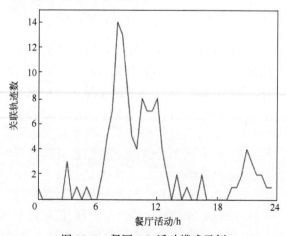

图 19.4　餐厅 24h 活动模式示例

需要注意的是，位置的活动模式包含了该位置中的实体和相关实体的行为模式要素①，实际上代表了城市的某些行为规范的具体表现。因此，它可以让情报分析员根据活动和事务的时间和类型对位置进行分类（第 19.4.1 节），并识别出不符合这些社会规范的位置。进一步推断出为什么活动量偏离常值，以及这些偏差是否显著，并最终将信号从背景噪声中分离出来，这显然也是情报分析艺术的一部分。

19.4.1 方法：位置分类

技术上最复杂的发现可疑位置的方法之一，是通过一系列规则来解释这些活动模式，以确定某个位置属于哪种"典型"位置类型。例如，如果一个位置显示出非常典型的工作场所模式，正如其独特的双峰现象所证明的那样，则可以将其排除在恐怖分子活动地点的考虑之外，这是基于恐怖分子网络总是避免在最繁忙的时间和地点进行活动的假设。

为了解释带噪声的活动模式，情报分析员采用了来自北卡罗来纳大学教堂山分校的一种最初为地震分析开发的算法[5]。首先，对这个信号代表的活动模式，通过一维高斯核在几个尺度上进行平滑得到几个不同的强度。图 19.5 说明了原始模式虚线和经过平滑处理的输出短划线。以这种平滑方式对活动模式进行处理后，可以提供更显著的波峰和波谷——请注意，下午 1 点到 6 点之间的一系列小峰被平滑，而重要的早峰仍然可以识别。这个算法先利用最粗糙的原始波形，求出局部极小值和极大值，然后通过降低平滑函数的强度来进行平滑和插值，最终得到的结果是波形峰值的一个很好的近似值。

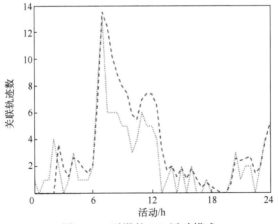

图 19.5　平滑的 24h 活动模式

---

① 包含活动时间、数量、相对大小等。——译者

这些波形中的"峰值"作为非常好的工具，可以快速、方便地比较许多位置活动特点的不同，从而发现时间模式异常。例如，情报分析员可以假设一个典型的工作场所将有两个高峰，大约相隔 8h；同样，一个公寓或之前所示类似的餐厅可能只有早上一个高峰。在前面的工作场所活动图分析例子中，可以利用工作场所活动峰值所处的时间特点对所有位置进行初步筛选，从而快速剔除那些明显属于工作场所的位置。毕竟，恐怖分子的仓库在上午 9 点和下午 6 点挤满人的可能性非常小。

根据工作场所的典型活动特征，情报分析员可以开发一个滤波器，用于删除两个峰值之间有 5~9h 间隔的那些位置。为了保证情报分析的准确性和可信度，只能在具有足够活动数量的情况下，才能使用这个滤波器。在本案例数据集中，由于一些工作场所的位置含有 3 或 4 个误报轨迹，所以活动数量的阈值设置为不少于 50 个。这是一个相对安全的假设，对数据的回溯分析表明，大多数典型的工作场所至少有 100 个活动。这个滤波器的位置筛选结果如表 19.2 所列，可以看出，这个简单的滤波器筛选效果非常精确，几乎没有误报。

表 19.2 筛选结果

位置类型	数 量
位置总数	5445
位置删除	105
误报	5

在本案例中，情报分析员只能访问位置数据和它们之间的轨迹数据（地理空间情报），通过将这种基于位置的分析与其他形式的活动（如通信）相结合，可以显著改进滤波器。

19.4.2 方法：平均时间距离

第 19.4.1 节中描述的位置分类方法，使用活动模式对位置进行分类，这是一种准确并且谨慎的方法。在活动模式的峰值分析基础上，为了获得对这些位置的更多视图，情报分析员接下来将分析活动之间的平均时间。

为了开发基于活动之间时间间隔的滤波器，情报分析员做了一些假设：工作场所会被频繁使用，因此活动之间的平均时间很短，其代表的含义是工作场所上班的人多并且在工作日几乎总是很忙。相对而言，家庭住宅的平均使用时间间隔会更长，因为只有少数人使用。他还进一步假设，可疑地点不像家庭住宅那样经常被使用,也不像工作场所、咖啡馆或足球场那样有很多活动。基于以上假设,进行位置的活动时间间隔分析,就可以将公共位置和私密位置区分开来。图19.6显示了50个家庭住宅的平均活动间隔时间柱状图。

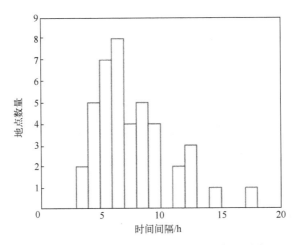

图19.6 家庭住宅样本活动的平均时间间隔

在案例样本中,大多数家庭住宅的平均活动间隔在5~10h,所有的活动间隔都不少于3h。而公寓楼、足球场和其他社区等公共位置的活动间隔将大大增加,相应地,活动之间的平均时间间隔则要低得多。在案例数据中,也存在一小部分平均活动时间低于1h的公寓。

使用平均时间距离分析技术,私密位置和公共位置之间的活动时间间隔存在显著统计差异,因此情报分析员可以使用活动之间的平均时间间隔来确定可能是家庭住宅的位置。他计算了每一个未分类位置的平均活动间隔时间,并将所有平均大于3个的位置视为家庭住宅位置。

在案例样本5445个位置中,4800个被归为家庭住宅,有45个误报。然后,情报分析员考虑进一步细化筛选的其他问题:家庭住宅是目前最大的单一位置类型。还有什么其他的数据可以使这种类型的筛选更精确呢?有没有一种方法可以把独户家庭的房子分成不同的子类别呢?添加单元格数据将如何更改此筛选器?什么可以解释图19.6中13h的第二个高峰?

回顾一下,由于情报分析员最初将安全房和可能的仓库确定为感兴趣的目标,所以在这一步分析中过滤掉了4800套的家庭住宅——尽管它们可能会在未来的其他分析的证据追溯事务中被再次使用。

19.4.3 方法:活动量

情报分析过程的第一步是过滤掉繁忙的工作场所和家庭住宅,留给情报分析员一个位置子集，代表非传统的工作场所和其他可能作为安全房或仓库的位置。为了精确区分各种不同类型的非传统工作场所，需要开发一系列19.4.1节中描述的滤波器，这意味着巨大的工作量。但情报分析员最终利用了一个更简单的假设来进行滤波器开发，因为与繁忙的理发店或宗教场所相比，任何仓库或安全房的活动水平都要低得多。情报分析员使用活动量滤波器，在剩余的位置子集中进一步剔除活动量明显偏大的位置，因为这些位置具有比预期目标（安全房或仓库）更多的活动。另外，他还剔除了所有没有活动的位置，因为他假设红色网络在攻击前不久使用了某个位置进行爆炸装置制作。

基于以上分析和假设，情报分析员开发了一个活动量的滤波器，采用20个活动/天作为阈值，从剩余的位置子集中进一步剔除活动量大的位置，除109个位置外，其余的位置都被剔除了。在剩下的109个位置中，混合了一些家庭住宅和一些同时具有非典型和异常低活动量的套房、市场、理发店和工作场所。情报分析员还在思考额外的问题：有没有可能更加缩小位置列表？一个什么样的额外数据收集可能更加有用？其他基础数据如何提升滤波器的精确性？

19.4.4　活动跟踪

情报分析员的下一步工作是选择几个最可能的候选目标对象进行额外数据收集。如果109个位置太多，导致无法在客户要求的时间内完成有关情况调查和数据补充收集，那么他可以对红色网络的行为做出最后的假设来对位置进行粗略优先级排序，即假设红色网络的活动轨迹至少在两个位置之间直接经过。当然，如果一条活动轨迹中有两个位置都在情报分析员编制的109个感兴趣位置的列表中，那么在这两个位置之间可能还有一个或多个中转点。

这种分析方法有风险但相对容易实施，通过关注最有可能与红色网络有关的私密位置，来为进一步的调查创建一个带粗略优先级排序的候选位置清单。

通过将位置列表筛选到仅由至少一个轨迹连接的那些剩余的私密位置，位置子集进一步缩小到42个位置。这些位置将被优先用于额外的调查分析和数据收集。

↘ 19.5　用图表分析高优先级位置

对42个位置进行三天内的活动数量统计分析，其中的3个位置（由它们的建筑id -93844、id -93838和id 10532标识）脱颖而出。为了更好地理解这些位置是如何关联的，以及谁可能参与其中，情报分析员绘制了位置网络图，使用活动轨迹数量来推断位置之间的关系，位置网络图如图19.7所示。

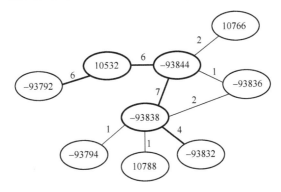

图 19.7　可疑位置之间的网络连接图

从图中可以清楚地看出，被进一步标记为可疑位置的3个位置是密切相关的，另外两个位置-93832和-93792也可能是相关的。情报分析员查阅了有关的基础数据，揭示了这两个位置都是家庭住宅。进一步查询"实体"表数据，发现与id -93832和id -93792位置都相关的有一个人，与其中一个可疑位置相关的有两个人。

19.6　验　证

在基于网络的事务分析过程中，情报分析员首先建立了一个空白名单，然后通过几个假设条件来进行位置剔除与筛选，逐步收敛到可疑位置清单，最后通过基础数据匹配，构建了一个包含简短名字和位置的可疑地点列表。在不丢失重要信息的情况下，位置数量从5445个减少到42个，意味着减少了99.2%。根据普通公众和目标对象活动特点做出一些基本假设，可以让情报分析员更容易排除噪声数据，从而更加聚焦于主题相关行为分析。这些剩下的目标实体和位置为进一步数据收集提供了一个良好的起点，将一个困难的问题逐步转化为真正的答案。

虽然现实世界有可能没有足够真实数据来验证所有假设，但在这个案例中，"真实位置"数据证实了这些确实是红色网络的成员。位置10532、-93844和-93838由红色网络使用，经过筛选的42个位置列表包含了红色网络位置总数的四分之三。当然，通过这种位置类型的分析不只是能够显示可疑位置，更重要的是要记住，通常分析意味着更多数据收集任务，作为一名情报分析员,向一个情报收集者提供一份包含 42 个感兴趣地点的列表,比其在整个社区进行数据收集要高效得多。

19.7 总　　结

这个例子演示了基于活动和事务分析的演绎分析方法,该方法使用脚本、假设、分析派生的规则和图表分析等工具,将可能的位置减少到一个更小的数据子集。为了能够开始分析工作,情报分析员必须与数据集搏斗,从而熟悉感兴趣区域的数据特点和实体的行为模式。首先,情报分析员对公众的日常活动行为建立了一系列的假设,并通过几种典型的活动图来验证这些假设。然后,情报分析员开发了一系列滤波器,来剔除公共场所和家庭位置等位置,逐步减少可疑位置池的数量。最后,聚焦于可疑位置,通过查阅相关基础数据,解析出了参与活动和事务的目标实体。在这个分析过程中,面对具有数百万轨迹点的庞大数据集,通过地理位置来切入分析过程并发现目标,被认为是唯一可行且有效的方法。由于位置在数据集中具有比实体更丰富的活动特征,因此更容易开发出恰当的滤波器来实现并验证关于位置的活动和事务的假设,然后基于筛选出的位置进行以实体为中心的图表分析,最终实现目标实体的解析。

通过这些滤波器的组合使用,情报分析员剔除了 5445 个位置中的 5403 个背景或噪声数据(公共场所、家庭住宅等),在剩余的 42 个可疑位置中,进行针对性的目标实体分析(包括在现实中的基础数据查阅分析,以及后续的数据收集等),最后将感兴趣的两个可疑目标实体识别提取出来(基于他们与可疑位置的活动关系)。当然,为了进一步分析和验证,除了继续监视这些位置有关的活动外,还可以针对这两个目标实体,开展后续有关其他活动表象和特征数据的收集和分析,不断完善证据链,提升情报准确性。

19.8 本章作者简介

威廉·雷茨目前是 MITRE 公司的系统工程师。他是诺斯罗普·格鲁曼公司研究 ABI 和分析工具的研发团队的首席研究员,并在 2011 年和 2012 年参与开发 ABI 分析工具原型。他利用这段经历写了一篇关于 ABI 分析方法的论文,后来发表在 IEEE Explore 上[6]。他拥有约翰霍普金斯大学的工程学士学位。

参考文献

[1] Moore, D. T., Sensemaking: a Structure for an intelligence revolution, Washington, D. C. National Defense Intelligence College Press, 2011.
[2] "Baghdad Synthetic Activity-Based Intelligence Data Set," Institute for Defense analyses, 2010.
[3] "About PythonTM," Python. Org.
[4] "Introduction——Basemap Matplotlib Toolkit 1.0.8 documentation," web. Available: http://matplotlib.org/basemap/users/intro.html.
[5] "Edge Detector ID Tutorial," CISMM, web. Available: http://cismm.cs.unc.edu resources/tutorials/edge-detector-Id-tutorial/.
[6] Raetz, W., "A New Approach to Graph Analysis for Activity Based Intelligence." Presented at the 2012 IEEE Applied Imagery Pattern Recognition Workshop (AIPR, Washington, D. C., October 9-11, 2012.

第20章
ABI 与马来西亚航空公司 370 航班的搜寻

亚历克斯·谢尔诺夫

马来西亚航空公司 370（MH370）航班原定于 2014 年 3 月 7 日世界标准时间（UTC）22 时 30 分在中国北京降落。然而当这架载有 239 名机组人员和乘客的波音 777-200ER 飞机再未降落时，一场针对飞机下落的跨国调查开始了。在当今这个科技发达的世界里，即使只靠智能手机也能找到自己的位置，那么一个如此巨大、似乎不难追踪的物体消失在空气中，看起来几乎是不可能的。在搜寻失踪客机的过程中，ABI 的几项原则得到了体现。本章按照事件发生的时间顺序对事件进行了分析，以说明 ABI 情报分析员如何在以时间为主导的分析场景中实现 ABI 的四个原则。

20.1 简　　介

MH370 当时正以 542 英里/h 的速度巡航，从吉隆坡向东北方向飞往胡志明市。世界标准时间 17 时 19 分，MH370 最后的语音信息广播给空中交通管制员："晚安，马来西亚 370。"3min 后，应答器和自动相关监视广播（ADS-B）系统停止发送信号[1]。

第一个麻烦的迹象是，MH370 在跨境进入越南领空时，未能进入胡志明市的空中交通管制中心。越南空管人员指示另一架飞机的机长尝试使用国际遇险频率联系 MH370。机长报告联络成功，但得到的只是含糊不清的回答和静电干扰[2]。接下来试图联系 MH370 驾驶舱的是一条信息，指示飞行员与越南空管联系，但无人接听[3]。后来，至少有两次尝试通过飞机的卫星链路联系 MH370 的驾驶舱：一次在世界标准时间 18 时 25 分，一次在世界标准时间

23 时 13 分[4]。在那之后，目前还不清楚空中交通管制员和官员到底知道飞机失踪当晚发生了什么，但据报道，在飞机失踪当晚，没有人试图联系飞机。失踪当晚记录的主要事件汇总于表 20.1。

表 20.1 MH370 调查早期事件表

事件	事件类型	地点	UTC	可信度
从吉隆坡起飞	物理	吉隆坡	16：41	确认
机组值机	通信空中交通管制	到北京首都机场途中	17：01	确认
最后一次空中交通管制联系	通信空中交通管制	到北京首都机场途中	17：19	确认
最后转发器联系	无线电通信	北纬 6°55′15″N 东经 103°34′43″E	17：21	高
转发器和 ADS-B 关闭	无线电通信	未知	17：22	高
尝试联系	无线电通信	未知	17：30	高
给飞机的信息	通信管理分系统	未知	18：03	高
卫星电话尝试 1	通信管理分系统	未知	18：25	高
错过预定抵达北京时间	物理	北京首都机场	22：30	确认
卫星电话尝试 2	通信管理分系统	未知	23：13	高

20.2 数据稀疏性、假设和误导

2014 年 3 月 7 日 23 时 24 分，马来西亚航空公司正式宣布 MH370 失联，此时距飞机错过预定抵达北京的时间已近 1h[4]。接下来的几天和几周暴露出这样的问题，由于缺乏可供调查人员使用的数据和信息，导致了调查的意外延误和混乱。调查人员还必须将"谁和为什么"与"在哪里和何时"分开。媒体、阴谋论者和国际政府官员在缺乏相关信息的情况下，编造了他们自己版本的"谁和为什么"，这分散了调查人员定位飞机这一主要任务的注意力。

在 MH370 搜索过程中，调查人员获得的信息十分有限。随着时间一分一秒地过去，几乎没有额外的信息，压力、困惑和恐慌也在增加。公众对失踪事件后缺乏相关信息感到惊讶，与普遍看法相反的是，商用和军用飞机在整个飞行过程中并没有受到持续的跟踪。有很长一段时间，特别是在海外飞行期间，飞机与地面控制和监测站的联系非常有限。由于手机处于"飞行模式"，因此大多数甚至所有位置跟踪服务都无法使用，除了飞机应答器和 ADS-B 之类的空中交通控制系统外，几乎没有什么电子信号可以被用于飞机位置跟踪。

飞机失踪后不久，阴谋论四起。一篇广为流传的报道指出，飞机上的应答器被机组人员"关闭"了，但仅有的数据表明，它只是停止了数据传输（这是人类编造故事以匹配数据的一个例子）。一些新闻媒体推测，这架飞机遭劫持后被带到阿富汗的一条秘密跑道上，这种情节似乎更适合汤姆·克兰西（Tom Clancy）的惊悚小说或詹姆斯·邦德（James Bond）的电影[5]。在这个事件快速发展过程中，人们期望看到近乎实时的情况和数据，然而可惜的是，连可靠的"历史"数据也没有，更别提当前实时的数据。由于缺少真实可靠的数据，导致没有证据的假设也显得可信，这使它们在未来更难被揭穿，并可能破坏对真实数据的有效分析。

随着事件的发展，在这个神秘的事件中，能被利用的数据类型从有明确来源的数据转变为不明来源的数据，这强调了数据等价性的重要性。全球定位系统跟踪、雷达回波、飞机状态或位置的语音报告——这些原始数据可能很有价值——但却都无法获得。随着案件的进展，调查员转而处理和导出不明来源的数据。通常，开发以特有方式处理稀疏数据的工具，需要几周或几个月的时间。如果乘客和机组人员还活着，他们的时间也耗光了。

20.3　接下来的几天：盯着错误的目标

MH370 失联后的几个小时和几天里，人们主要关注的是飞机上的飞行员和乘客是否参与了这起事件。考虑到此前围绕大型客机的恐怖事件，归纳推理导致许多人把注意力集中在飞行员或乘客身上，认为他们是飞机失踪的原因，并基于此推测飞机是被"劫持"了。于是，调查人员集中精力尽其所能地确定飞行员和乘客身份，确定"谁"是飞机失踪相关者的任何细节，而背后的"什么"和"哪里"却受到了冷落。

飞行员扎哈里·沙阿（Zaharie Shah）机长有一个自制的飞行模拟器，被马来西亚当局查获后迅速送往位于弗吉尼亚州匡提科的美国联邦调查局犯罪实验室，沙阿也因此被称为飞机失踪案的"主要嫌疑人"[6]。"9·11"事件让世界知道，劫机者是在商业飞行模拟器上练习飞机驾驶的，然而，经过三周的调查和其他证据搜索，结果沙阿被宣布"没有任何可疑之处"[7]：归纳推理失败。

MH370 航班上的两名伊朗男子持偷来的意大利和奥地利护照搭乘飞机，他们的机票是由一名伊朗中间人从一家泰国旅行社购买的[8-9]。调查人员通过努力查明了他们的真实身份，发现这些人很可能是移民到欧洲去的，而过境马来西亚是非法移民的一种常见做法。经过调查,马来西亚警察局长哈立德·阿布·巴卡尔(Khalid Abu Bakar)宣布这两人与恐怖组织没有联系[9]:又一次归纳推理失败。

媒体早前假设的劫机/恐怖主义阴谋,把调查的重点放在解析实体和意图上,实际上是一个迂回的过程,耗费了调查人员宝贵的时间、精力和努力。在这个案件中,应该被调查的最重要的实体不是涉案人员,而是飞机!

在试图解决飞机位置的调查中,调查人员将虚假的多源数据与失踪客机联系起来,以尽可能多地获取数据,并对这些数据进行地理信息关联分析,以发现任何可能的关系。事件发生后几天甚至几周内,调查人员可能都无法获得他们想要的数据种类。随着搜索的开始以及国际媒体的介入,他们将不得不对数据进行分析,以确定每种类型和数据来源的有效性。这对调查人员来说是一个非常艰巨的挑战,可能会有几次开始和停止,因为有希望的线索可能又变成了死线索。

ABI原则告诫情报分析员:必须避免实体固定。对过去发生事情的先入为主的概念,导致人们更容易将归纳推理推广到不同的情况中去。ABI方法指导情报分析员从数据开始,使用演绎推理来消除答案中的不正确的部分。一个更明智的定位实体(飞机)的方法,是绘制已知信息地图,消除飞机不可能在的区域,从而将调查聚焦到相关的多维正交数据源中进行搜索。

ABI原则表明:缺乏数据将人们引入到MH370调查中最大的错误中去。失踪当晚以及之后的几天里,官方几乎没有或根本没有数据可以帮助定位飞机。泰国军方的雷达本可以跟踪飞机,但却产生了模棱两可的数据,甚至可能已经被关闭。与中国南海接壤的其他国家拒绝承认它们的雷达是否追踪到了这架飞机,或是否有能力追踪到这架飞机。以集中的方式整合所有MH370航班的可用数据的努力失败了。数据通常是稀疏的、隐藏的、残缺的、肮脏的,我们后来会知道,还有一个没有被用于确定飞机位置的数据就隐藏某个信号中。

20.4 广域搜索和商业卫星图像

从飞机失联当晚开始,以及随后的几天,国际社会开始搜寻MH370。最初的搜索区域(3月7—9日)是在泰国湾。3月9日,搜索区域扩大到包括马六甲海峡。有消息称,一部军用雷达显示,MH370向西飞行,可能偏离了最初的飞行计划和原航线。第二天,3月10日,中国拍摄了南海的卫星图像。这些图像引发了一股新闻报道热潮,遗憾的是,媒体的乐观并没有使飞机被发现[10]。

乍一看，利用 MH370 航班的图像似乎是一项相对容易的任务。毕竟，要找到一个 209 英尺长、65.6 万磅重的金属物体，一架配备了数十种航空电子设备、无线电和定位系统的现代客机，能有多难呢？尽管其拥有庞大的体积、对比度、材料和其他明显特征，但是调查人员很快发现，即使是一架大型喷气式飞机，在印度洋数十万平方英里，浮油、船只和残骸在很常见的海域这样的背景下，也会成为一个微弱的信号。据美国中央情报局（CIA）的图像情报分析员斯蒂芬·伍德（Stephen Wood）说，在中等分辨率的全色图像中，海浪形成的白浪看起来就像飞机残骸[11]。

20.4.1 情报技术的突破：众包图像开发利用

随着搜索区域迅速扩大逼近地球表面的四分之一，调查人员被大量可用图像所淹没，他们根本没有足够的网络带宽和人力来完成如此庞大的广域搜索任务。

为了应对这一挑战，一家名为 Tomnod 的商业公司帮助调查人员建立了一个大规模的"众包"平台，并从一个大型在线社区征集捐款。Tomnod 诞生于圣地亚哥大学的一个研究项目，2013 年被商业卫星制造商数字地球公司（DigitalGlobe）收购。他们利用数字地球的四颗商用光电卫星的数据，在危急情况下为官员提供支持[12]。

Tomnod 的技术依靠数百万普通人来剔除那些明显缺乏目标特征的图像，从而使训练有素的图像分析员的注意力更加聚集。图 20.1 显示了 Tomnod 用来向专家传递有意义图像的过程。

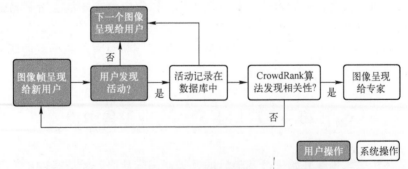

图 20.1　Tomnod 的众包图像开发利用流程（摘自文献 [13-14]）

首先，系统是向普通用户提供感兴趣的搜索区域内的某个数字地球图像。然后，用户浏览图像，有机会发现图像中是否有期待的目标对象，并用图标来标记，标记的对象包括四类：残骸、木筏、浮油或其他。接下来，如果用户标记了一个图像，该标记将记录在数据库中，并向用户提供一个新的可利用图像。图 20.2 显示了一个类似于 Tomnod 应用程序的众包图像标记平台示例。因为是面向普通大众用户而非专业情报分析员，该方法的一个关键特性是保持标记的简单性。在 MH370 的搜索中，允许的标签仅限于浮油、残骸、木筏或其他等四类。

图 20.2　海洋搜索众包图像标记平台示例
（摘自文献 [14]，图像来源：NASA/NOAA[15]）

一旦某个用户标记了一帧图像，该图像就会多次呈现给不同的用户。Tomnod 运行一种名为 CrowdRank 的算法来确定数据库中所有标记的最大一致性位置。CrowdRank 算法在确定是否达到相关性时，会提供两条信息。第一条信息是用户通常的正确程度。任何时候，只要其他用户同意他们所做的标记，用户就会在 Tomnod 中得到"点赞"。"点赞"次数越高，该用户在 CrowdRank 算法中的标记就越可信。

第二条信息是图像块被标记次数。CrowdRank 算法还注意到最常标记的图像块。这些区域被标记为需要由专业图像情报分析员进行评估的高优先级区域。据 Tomnod 联合创始人兼首席技术官卢克·巴林顿称："我们从卫星图像公司了解到，他们每天收集的数据中只有 2% 被人类查看。我们在 Tomnod 的目标是充分利用图像，从中找到价值和有趣的东西[12]。"

对高标记次数区域的图像，则排队等待训练有素的专业图像情报分析员使用 ArcGIS、Remote View 或 SOCET GXP 等软件包进行精细分析判读。用未经训练的普通人群进行图像播放、浏览筛选，然后用专业的图像分析人员进行验证，类似于第 14 章中的自动数据整合概念。在这个过程中，普通人群的初步筛选标记相当于低可信度"自动化"处理，通过他们缩小了后续搜索的范围,让专业情报分析员能够将注意力集中在目标最有可能所在的区域(类似于 ABI 的私密位置)开展工作。

20.4.2 众包图像搜索的经验教训

3 月 10 日,Tomnod 开始在泰国湾和中国南海交界处搜寻 MH370 航班。仅仅 5 天,就增加了 1.9 亿的地图浏览量,原始搜索区域所有可用图像的每一个像素都被人类肉眼看到了至少 30 次。尽管 Tomnod 提供了一些可能的线索,但在 5 月 5 日决定结束基于海面的搜寻之后,基于图像的搜寻工作也结束了。这个众包项目拥有超过 800 万用户,搜索了 1007750km^2 的高分辨率图像——面积相当于美国陆地面积的八分之一。在此期间,业余分析员在商业图像上放置了近 1300 万个标记,如表 20.2 所列。

表 20.2 来自 Tomnod 的标记计数 MH370 搜索行动[16]

标签名称	标签数量
木筏	520052
残骸	2853507
浮油	876268
其他	855061
合计	12804888①

虽然 Tomnod 平台用于图像搜索已经有好几年了,但 MH370 搜索是迄今为止该技术最广泛的应用,让世界见识了这一创新的情报分析技术。它还展示了 ABI 数据等价性原则。商业卫星图像是一个标准的来源,但是来自未经训练的"图像分析员"的标签的准确性在地理空间情报(GEOINT)社区被嘲笑为不可靠和无用。当然,使用未经训练的图像分析员来确认来自图像的结论是不明智的,但是将这些数据作为地理信息的来源进行进一步分析是数据等价性的一个例子。

这个例子也展示了用大量地理信息数据进行演绎推理的能力。没有标签的图像块可能会从进一步的分析中被丢弃(即如果 30 双眼睛什么也没发现,那就把这个图像块放在分析队列的最下面)。数据预先分类:消除实体不在的地方,是演绎分析的一个作用。

在 MH370 调查中,尽管有 800 多万业余图像分析员参与了 Tomnod 图像搜索,但在确定 MH370 的位置方面进展甚微,在孟加拉湾、泰国湾和中国南

---

① 表中标签数量合计为 510488,疑为数据有误。——译者

海进行的基于图像的搜索无功而返[10]。

几乎每一次 ABI 调查都有一个关键时刻会遇到障碍，这通常是由于只关注单一来源情报造成的。当情报分析员再次利用数据等价性原则，并考虑集成最初被忽略的数据源时，该过程将得以继续。

20.5 突破：附带数据收集和数据等价性分析

搜寻工作进行了几周后，数十艘船只在数千平方千米的公海上搜寻失踪客机的踪迹，但这只是剩下的数十万平方千米中的一小部分。于是人们开始想到飞机上所有的卫星电话和无线电通信设备中，一定有一些数据，可以引导调查人员更好地完成他们目前关注的大规模区域的搜索任务。

国际海事卫星组织（Inmarsat）通过便携式终端提供电话和数据服务，这些终端通过地球同步通信卫星网络与地面站通信。在这架客机首次失踪 15 天后，国际海事卫星组织的工程师们向英国航空事故调查局（AAIB）提出了一项创新性的建议。他们开发了一种新的处理技术，从 MH370 机载系统的日常通信报告信息中提取额外的元数据。

MH370 波音 777 飞机上的航空电子通信数据链是由国际海事卫星组织提供的基础航空服务。虽然机载通信寻址和报告系统（ACARS）被禁用，但从机载卫星数据单元（SDU）到 Inmarsat-3 F1 卫星的 Inmarsat 中继仍在运行[10]。这些附带收集到的少量数据被重新利用和分析，能否揭开失踪飞机的神秘面纱呢？

国际海事卫星组织提供了一种新颖的技术，基于对飞机和卫星之间的差分多普勒信号进行再处理，以获得目标的大致区域。与 ABI 一样，情报分析员在更好地理解问题是什么以及需要什么样的信息来解决问题之前，并不知道什么样的数据再处理能够帮助他们。如果 ping① 的相关元数据被当做垃圾一样遗弃在了"剪辑室的地板"上，那么进行专门处理和利用的能力就可能丧失了——这是为将来的证据追溯分析建立附带数据收集能力的重要原因。这使得利用那些从未被考虑用于跟踪和定位商用飞机的数据，依据数据等价性和序列不确定性原则，进行颠覆性情报分析成为可能。

国际海事卫星组织的数据能够在没有传统手段的情况下提供一些关键的信息。调查人员知道，MH370 航班的最后一次雷达接触来自马来西亚西北部安达曼海某处的一个军用雷达[17]。速度和方向可以用于调查人员使用航迹推

---

① 一种网络测试命令。——译者

算来预测飞机未来的位置。他们知道飞机可以飞行的最大距离是基于燃料装载量、风力条件和可能的高度等条件,但它真正飞行了多长时间?

国际海事卫星组织的数据告诉调查人员,飞机在最后一次雷达联系后飞行了几个小时,因为卫星记录到 Inmarsat SDU 和地面站之间大约 1h 的距离内发生了几次"握手"。这些握手信息包含每个电话和通话时间的元数据,这些基本的事件记录代表了一个活动事务[18]。

每一次握手所包含的元数据是帮助调查人员缩小搜索范围并确定可能的飞行路线的关键。握手元数据包含了信息收发的时间,即信息离开地面站的时间和飞机收到信息的时间。根据这一时差和 Inmarsat-3 F1 卫星的已知位置,工程师们能够在被称为"北方"和"南方"走廊的大弧线上绘制出两条可能的路径——因为基于三角函数定位解算有可能得到两个不同的结果。调查人员经过分析认为,南部走廊是最有可能的,并成为搜索的主要焦点,如图 20.3 所示。

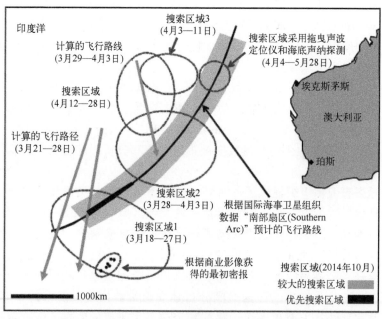

图 20.3　预计飞行路径和历史/当前搜索区域(摘自文献 [10, 19-21])

在 ABI 调查中经常会出现这种"多答案"的情况。当试图对不确定的数据进行条件设置以解析一个实体时,结果通常也是不确定的。ABI 情报分析员将不得不考虑应对这种多个可能结果的情况,直到他们能够使用演绎推理来排除那些不可能的结果。

在从雷达上消失之前,MH370 最后一个已知可靠位置的元数据速度和方向表明它正朝着偏南方向移动。为了确定飞机可能的终止位置，工程师们推断出 Inmarsat 最后一次握手的速度和可能的位置，以缩小印度洋 $100km^2$ 内的搜索范围。随着搜索范围的缩小，调查人员可以专注于飞机"黑匣子"的独特特征，或者使用先进的水下成像技术寻找飞机残骸。

20.6 总结：搜索仍在继续

MH370 事件本来不是情报分析的问题，但与许多情报分析问题一样，它是一项以稀疏数据、无法解析实体、误导性假设、大范围搜索为主的调查，以及要求尽快得出结果的领导压力为主导。这个例子强调了时空关联性、数据等价性、序列不确定性和开发利用前进行数据整合的 ABI 原则。它还表明，对旧假设的归纳推理是如何引导调查者走上歧途的。演绎分析将一个大而复杂的搜索问题转化为一个可管理的问题。附带收集、数据等价性和序列不确定性在 MH370 事件的主要突破中发挥了重要作用，使搜索区域减少了 90% 以上。

对 MH370 的搜索表明，多学科团队合作和非常规分析技术是解决未知信息的必要手段。在 MH370 航班的案例中，国际海事卫星组织的工程师和数学专家必须用一种独特的方法重新处理数据，以提供调查人员完成搜救工作所需的信息。同样，面对 ABI 相关的难题，情报分析员、工程师和项目经理必须肩并肩地协同工作，将数据处理技术和情报分析艺术有效结合，提升情报分析成功的可能性。

MH370 失踪背后的真相可能永远是一个谜，但搜索工作开发了新的技术。民航局考虑了跟踪飞机的新方法，并根据飞机的飞行轨迹将数据编入索引目录。航空公司和飞机设计者考虑了更多可能导致飞机失踪的新假设情况，进行系统完善。即使未来分析仍然可能会陷入僵局，但我们吸取的教训可以更大程度上降低未来发生灾难的可能性。

截至本章撰写之时，在印度洋留尼旺岛发现了一架波音 777 客机的机翼部件，经证实属于失踪的 MH370 客机。澳大利亚政府宣布，如果没有发现可信的线索，搜寻工作可能会在 2016 年结束。

20.7 本章作者简介

亚历克斯·谢尔诺夫是 BAE 系统公司的一名任务工程师，专门研究 ABI 情报分析的信息技术系统。他拥有马利蒙特大学的工商管理硕士和信息技术硕士学位，以及俄亥俄州立大学电气工程专业理学士学位。

参考文献

［1］ "Malaysia MH370 Preliminary Report." Office of the Chief Inspector of Air Accidents Ministry of Transport, March 2014.

［2］ "MISSING MH370: Pilot: I Established Contact With Plane," New Straits Times, March 9, 2014.

［3］ Watson, I, "MH370: Plane Audio Recording Played in Public for First Time to Chinese Families," CNN, April 29, 2014.

［4］ "Signalling Unit Log for (9M-MRO) Flight MH-370," Inmarsat/Malaysia Department of Civil aviation.

［5］ Payne, S, "Malaysia Airlines Plane MH370: Russia FSB Claim Jet Hijacked and Flown to Afghanistan," International Business Times, April 14, 2014.

［6］ Nelson, D., "MH370 captain plotted route to southern Indian Ocean on home simulator" The Telegraph, June22, 2014. http:/www. telegraph. co. uk/news/worldnews/asia/malasia/ 10917868/MH370-captain-plotted-route-to-Southern-Indian-Ocean-on-homesimulator. Html.

［7］ Thomas, P., and J. Margolin, "FBI Finishes Probe into Malaysia Airlines Captains Flight Simulator," ABC News, April 2, 2014.

［8］ "INTERPOL Confirms at Least Two Stolen Passports Used by Passengers on Missing Malaysian Airlines Flight 370 Were Registered in its Databases," Interpol, March 9, 2014.

［9］ "Malaysia Airlines MH370: Stolen passports 'No Terror Link,'" BBC News, March 11, 2014.

［10］ "MH370—Definition of Underwater Search Areas," Australian Transport Safety Bureau, June26, 2014.

［11］ Shoichet, C. E., M. Pearson, and J. Mullen, "Flight 370 Search Area Shifts After 'Credible Lead,'" CNN, March 28, 2014.

［12］ "Crowdrank Algorithm Used for Searching," web. Available: http://ainibot. com/osgoh/ crowdrank-algorithm-used-for-search-flight-mh370.

［13］ Barrington, L., N. Ricklin, and S Har-Noy, Crowdsourced Search and Locate Platform U. S. patent application, US20140233863, 2014.

［14］ Barrington, L, N. Ricklin, and S. Har-Noy, Crowdsourced Image Analysis Platform, U. S. patent application US20140237586, 2014.

［15］ Imagery of the barents Sea by the MODis Instrument, NASA/NOAA, 2010.

［16］ Merelli, A., "Using Crowdsourcing to Search for Flight MH370 Has Both Pluses and Minuses" web. Available：http://qz.com/188270/using-crowdsourcing-to-search-for-flight-mh-370-has-both-pluses-and-minuses/.

[17] Forsythe, M, and M. Schmidt, "Radar Suggests Jet Shifted Path More Than Once," The New York times, March 14. 2014.

[18] "MH370 Flight Path Analysis Update," Australian Transport Safety Bureau, 2014.

[19] "MH370 Search Australian Maritime Safety Authority (AMSA), 2014.

[20] "Differential Doppler study from Inmarsat Concerning MH370," Inmarsat, March 23.

[21] "Search Continues for Malaysian Flight Mh370," web Available：http://www.jacc.gov.au/media/releases/2014/april/mr040.aspx.

第 21 章
行为模式可视化分析

本章将可视化分析的概念与地理信息利用的基本原理结合起来，以发现和分析基于社交网络打卡记录的实体的行为模式。本章提供了几个复杂的可视化的例子，用于通过图形化理解实体在华盛顿特区和周围地铁区域中的运动和关系。这个练习的目的是发现具有相似行为模式的实体，以及他们可能相同的运动模式。本章还研究了使用 R 统计语言识别行动路线交叉实体的脚本。

21.1 将可视化分析应用于行为模式分析

可视化分析技术提供了一种关联数据和发现行为模式的机制。当使用地理信息数据时，它们对于时空分析尤其重要。第 21.1 节和第 21.2 节描述了从大型数据集中理解和提取价值信息所采取的一些步骤，并提供了对 ABI 情报分析的"艺术"以及 ABI 情报分析员通常所遵循的迂回的、探索性的路径的深入见解。

21.1.1 数据集概述

以 2009 年 2 月至 2010 年 10 月由莱斯科韦茨（Leskovec）[1-2]存档的社交网络 Gowalla 的 6442890 个全球基于位置的"打卡"数据集为例，该数据集中的记录采用以下形式：

| 用户 ID | 经度 | 纬度 | 日期/时间 | 打卡记录 |

莱斯科韦茨这位数据科学家首先提出了一个问题："大约在相同的日期/时间，有多少用户（唯一用户 ID）在相同的地点进行了打卡？"通过编写脚

本（编码）来回答这个问题比较简单，但文字性和交互性较差。可视化需要多个步骤来筛选感兴趣的信息。由于很难在实体级理解全世界的数据，因此情报分析员先将数据筛选到美国（3675742 点），然后进一步筛选到华盛顿特区的市区（102114 点）。当工具被用来深入到特定用户及其行为时，可视化分析提供了关于用户行为模式的信息。

21.1.2　探索两个随机选择用户的活动和事务

随机选择了两个用户。用户 3243 经常在马里兰州的华尔道夫地区打卡。用户 39005 经常在弗吉尼亚州的伍德布里奇打卡。图 21.1 说明了使用气泡图的打卡模式，其中气泡的大小表示该地点所有用户的打卡总数。用户 3243 在华盛顿特区一个非常受欢迎的地点和马里兰州沃尔多夫附近许多不太受欢迎的地点打卡。用户 39005 在伍德布里奇地区的许多不太受欢迎地方以及水晶城、亚历山大、弗吉尼亚和华盛顿特区周围的许多受欢迎的地点打卡。

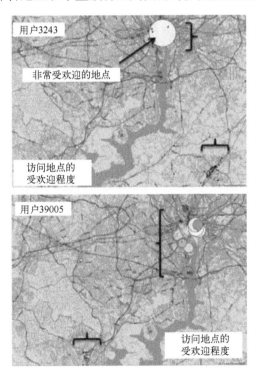

图 21.1　两个社交网络用户的行为模式

在打卡记录与日期时间的二维散点图上，可以检测出不同用户在相同的位置和时间是否存在同时打卡的交叉点，如图 21.2 所示。图 21.2 中的水平条带显示了每个用户在大多数时间打卡的位置（它们没有对齐）。从图表上很难看出重叠的地方。

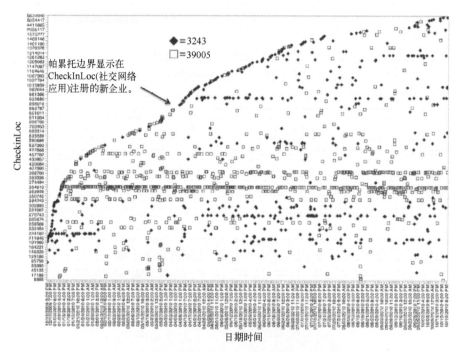

图 21.2　两个随机选择的用户活动模式的双变量图

采用统计脚本进行数据处理，可以统计出每个用户在同一个位置的打卡数量。如果两个用户在同一个位置的打卡数量都不是零，则表示两个用户经常到访相同的地点，如表 21.1 所列，只有两个这样的位置（17173，347463）。

表 21.1　两个社交网络用户打卡数据交集

打卡记录	3543	39005	交　集
9305	0	1	0
16206	0	1	0
17173	1	2	2
17186	1	0	0
19180	0	1	0
21622	0	3	0
347463	2	4	8

马赛克图显示了同时打卡的重叠（或者在本例中没有重叠），如图21.3所示。图的上半部分显示了位置17173，用户39005打卡了两次，用户3243打卡了一次（不是同时打卡）。类似的行为在347463号位置也很明显。

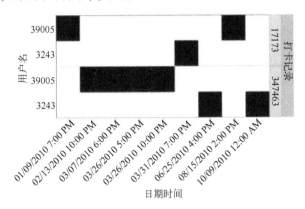

图21.3　两个社交网络用户基于位置-时间打卡的马赛克图

在本例中，数据科学家发现，尽管随机选择的两个用户到访了相同的位置，但他们从未在同一天或同一时间到访该位置。这个数据集展示了稀疏数据的原则：它仅限于在社交网络上注册的位置，以及选择手动打卡这些位置的智能手机用户。

21.1.3　社交网络数据中同行者/配对的识别

可视化分析可以用来识别同行者，尽管有很大的困难。首先，102114个华盛顿特区的数据点会被筛选到最受欢迎的地点（超过200个打卡点）。结果是，在华盛顿地区前14个位置的总打卡数为3876次。类似于图21.3的马赛克图是为这14个位置创建的，而对所有位置的打卡的整个图形就很难清晰显示并难以解释。图21.4显示了一个热点打卡位置的马赛克图，其中Y轴表示由于单个用户ID而导致的打卡百分比。当某个竖条被一分为二时，表示有两个用户ID同时打卡；当分成三份时，则表示三个用户ID同时打卡。

进一步的深入研究（图21.5）显示了21个用户同时打卡情况，包括在一个受欢迎的位置上的有三人同时打卡的情况出现。

下一个合乎逻辑的问题——第5章中讨论的"where-who-where"概念的应用——是"这三个人有规律地一起行动吗？"有了这三个用户ID，情报分析员从完整的102114个案例数据进行筛选，筛选出包含这三个用户ID的数据，生成359条记录，如图21.6中的气泡图所示。

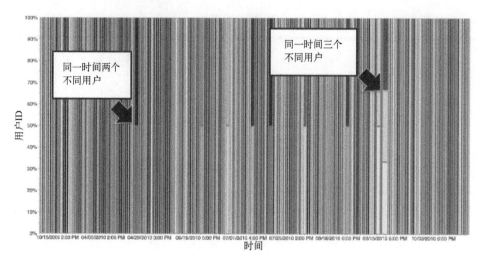

图 21.4　受欢迎地点的打卡马赛克图

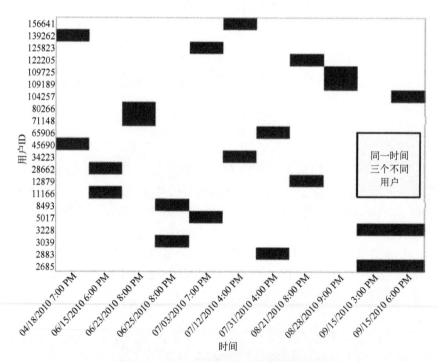

图 21.5　21 个用户同时打卡的马赛克图

2010 年 9 月 15 日下午 6 点这三名用户当时都在华盛顿市中心的一个位置。整个下午，用户 2685 和用户 3228 沿着黑线从东向西移动。午夜过后，他们到达了地图左上角的一簇点。第二天，两人一起旅行，在康涅狄格大道沿线的许多位置同时打卡。

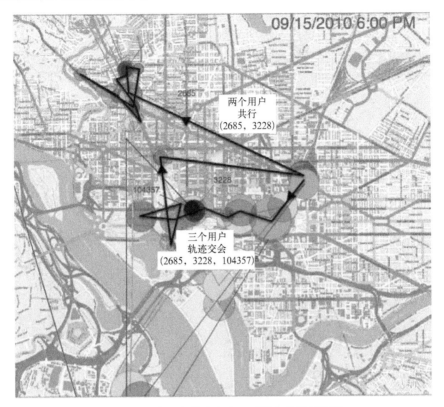

图 21.6　多用户轨迹交会、两用户共行气泡图

第三个旅行者从未与前两人产生行动交集，也许这个人是久违的朋友，约他出来喝一杯？一个当地运动队的球迷在周三晚上参加社交活动？或者只是一个经常去热门景点的旅行者？虽然我们通常可以得出这样的结论：用户 2685 和用户 3228 是有关系的（他们经常在一起过夜），但是我们不能对用户 104357 做出准确判断——理由是基于单一的地理时间交集不太可能形成持久的关系——当只使用一个数据来源时尤其如此。

21.2　在大数据集中发现成对实体

可视化分析是一种强大的探索数据集方法，但需要费力进行数据找寻，发现有用信息存在一定的偶然性。另一种探索数据集方法是编写在数据中寻找数学关系的代码。当然，最好的方法是将这些技术结合起来。

如果情报分析员/数据科学家不知道他们在寻找什么，那么用统计编程语言分析数据是非常困难的。对数据的可视化分析探索是建立良好假设、规则和关系的第一步，以及可以对整个数据集进行批量编码和处理。

在华盛顿特区，通过对 100000 个打卡的案例子集进行脚本编写，发现了 696 个实例，其中两个用户在两分钟内相继打卡（这说明了从大型数据集中对数据进行分类的难度：单个查询的主题只返回了不到数据集中总案例的 1%）。

图 21.7 显示了前 10 位用户及其相互间的同时打卡情况。据推测，这个矩阵中的 10 个对象中有一些是相互联系的，因为它们都是 Gowalla 的用户，自愿在公共的位置进行打卡，并且与其他用户同时处于多个位置。

用户名	打卡总次数	链接总数	124863	129395	37398	39005	124862	3228	36259	576	2685	129399
124862	43	6	36	0	0	0	3	0	0	0	0	0
39005	34	16	0	9	10	0	0	1	1	0	0	2
129399	30	9	0	16	1	7	0	0	0	0	0	1
2685	21	8	0	0	1	0	0	14	0	1	0	0
124863	21	5	5	0	0	0	12	0	0	0	0	0
576	17	5	0	0	0	0	0	0	13	1	0	0
36259	16	10	0	0	0	0	0	0	2	6	0	0
37398	16	6	0	0	0	4	8	0	0	0	0	0
3228	14	7	0	0	0	0	0	0	0	0	8	0
129395	10	6	0	0	0	1	0	0	0	0	0	5

图 21.7　同时打卡的前 10 名用户

打卡次数第 1 的用户 124862 与 6 个不同用户（总链接）存在同时打卡情况，在他/她的 43 个总打卡数中有 36 个是与用户 124863 同时打卡的（注意，他们的用户 ID 是连续的）。

打卡次数第 2 的是用户 39005——巧合的是我们在 21.1 节中随机选择的用户。他/她在弗吉尼亚州斯塔福德的各种购物中心和华盛顿特区的相同地点进行打卡，与其他 16 个用户一起进行打卡，如图 21.8 所示。该用户与用户 137427 有 1 次同时到访教堂，与用户 1893 有一次在同一时间去看电影，还与用户 37398 和用户 129395 多次一起旅行，图 21.9 显示了用户 39005 和用户 129395 的行为配对情况，他们在 2010 年 3 月 27 日一起旅行了多个地点。

通过整合开源数据，地理位置可以与国家动物园和威瑞森中心等指定地点相关联。开源数据还告诉我们，在威瑞森中心的比赛是一场犹他爵士队和华盛顿奇才队的篮球赛。这对组合旅行在整个数据集上只有一天。我们可以断定这对实体是外地来客。这一假设可以通过返回到全球 640 万点的全球数据集来进行验证。

第 21 章 行为模式可视化分析

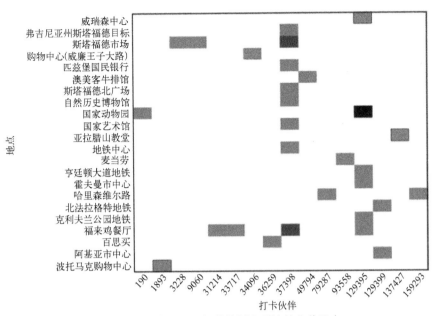

图 21.8 用户 39005 与其他用户到访的公共地点

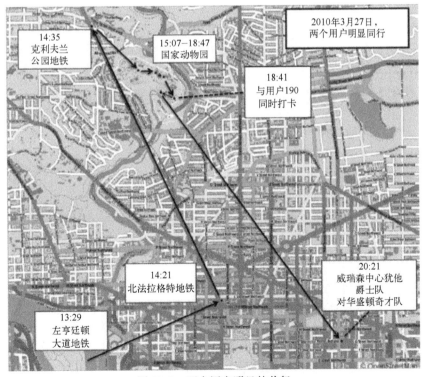

图 21.9 两个用户明显的共行

排在第10的用户129395只在弗吉尼亚州的斯塔福德和亚历山大市以及哥伦比亚特区共打卡122次。白天，他或她出现在亚历山大市，靠近公爵街和电报路（工作）。晚上，你可以在斯塔福德（家）找到他或她。这是一个基于在这个自我报告的数据集中的时间和行为模式元素来确定地理空间位置的例子。

值得注意的是，另一位用户190也与这对同行的游客同时在国家动物园打卡。我们不知道这个实体是否一直在一起旅行，却只在一个地方打卡，或者这是一个不相关的实体碰巧一起在附近旅行打卡，恰好他们三个都站在狮子和老虎展区附近。完整的数据集可以在全世界范围内找到用户190，但他或她最常出现的行为模式是出现在科罗拉多州的丹佛市。

那另一个经常一起旅行的用户37398呢？巧合的是，这对夫妇在四个月的时间里，在14点到18点、21点到23点之间，在自然历史博物馆、地铁中心、国家美术馆、弗吉尼亚斯塔福德周围的各种购物中心和餐馆，一共出现过10次。我们可以得出结论，这是一个家庭成员，孩子、朋友，或重要的其他人。

21.3 总　　结

这个例子演示了如何结合空间分析、可视化分析、统计筛选和脚本等工具来理解真实的"大数据"集合中的行为模式。进行条件设计、读取和筛选数据，完成一个单独的可视化分析案例，所需时间往往超过12h。当然，大多数软件工具都很难加载和操作全部640万记录数据集，并且未经筛选的数据集的可视化图形也是人类难以理解的。

在分析-合成过程中需要多种技术的结合。首先，我们从空间上筛选数据以形成一个假设：相关实体可能经常在相同的地点和时间出现，因为它们越是频繁地出现在一起，就越有可能存在相互关联性。然后，编写一个脚本，对数据进行统计处理，以找到活动的交叉点。在深入研究了一些实体行为之后，再次针对这些实体引入可视化分析，以便在时空背景下更准确理解数据集（图21.9）。最后，为了测试"外地访客"的假设，情报分析员必须返回去处理完整的640万点数据集，以绘制用户190（丹佛居民）和用户129395（弗吉尼亚州斯塔福德居民）的所有打卡位置。

深入分析感兴趣的实体的关键，是首先假设两个用户的活动交叉点可能发生在具有大量打卡次数的相同位置。随后的筛选和分析步骤本质上是基于此假设，使用可视化分析技术进行快速验证。在分析大型数据集时，情报分析员必须学会进行简单的数据探索：从某个地方开始，尝试某个东西，然后看看它会把你带去哪里。

这个数据集还说明了对地理信息数据处理面临的一个主要挑战,打卡的时间非常精确(到秒),但是打卡位置的纬度和经度可能对应附近的多个地点——特别是考虑到购物中心等公共场所时①。数据集中最受欢迎的地点是那些总打卡次数最多的地点——通常是公共场所和主要的旅游景点,如美国艺术博物馆、美国国会大厦或国家动物园等。在这些情况下,将编号的(但未命名的)位置 ID 转换为标识的地点是很容易的。需要注意的是,一些打卡的位置坐标可关联映射到很多附近的地点。

由于这些位置数据来自自愿打卡,因此它是典型的稀疏数据情报问题的一个例子。如果数据由启用 GPS 定位的智能手机的位置数据组成,那么就有可能获得多个连续的位置。另一方面,这组数据中的 640 万个点是以小时或天为间隔的。如果换成每秒钟报告的 GPS 位置数据,将会创建巨大规模的数据集,可以想象一下实时计算所有移动用户之间距离,这需要何等的计算能力②!能够实施这种大规模分析计算来整合数据以了解人们行为模式的企业,将会在"大数据"的世界中超越其他竞争对手。

21.4 致 谢

高级情报分析员和系统工程师本建明·西(Benjamin West)开发了第 21.2 节中数据处理的 R 语言脚本。

参考文献

[1] Leskovec, J., and A. Krevl, "SNAP Datasets: Stanford Large Network Dataset Collection," 2014.
[2] Cho, E., S. A. Myers, and J. Leskovec, "Friendship and Mobility: User Movement in Location-Based Social Networks," presented at the ACM SIGKDD International Conference on Knowledge Discovery and Data Mining (KDD), 2011.

---

① 这些地点有唯一的标识符,但它们不记录在数据集中。可以对数据进行地理编码以获取地址,这些地址可以与已知的机构关联,但并不总是明确的。

② 像脸书、Foursquare、Gowalla 和推特这样的社交网站有一个创新的方法来将这个问题缩小到一个更容易处理的范围。它们通常将面部识别、推荐和基于位置的信息限制在一个孤立的图(如一个朋友列表)中连接的小得多的用户网络中。根据已知的关系划分信息,并在此基础上进行处理,大大提高了大数据空间分析的实用性。

第 22 章
多源情报时空分析

2010 年，美国国防部副部长办公室[1]的一项研究确定了"将持续监视数据与其他情报和普遍存在的地理情报层相结合的信息域"，作为 ABI 和社会域分析的 16 个技术差距之一[1]。本章描述了一种通用的多源情报空间、时间和关系分析框架，该框架得到商业工具供应商广泛采用，以提供交互式的、动态的数据集成和分析来支持 ABI 技术。

22.1 概述

ABI 分析工具越来越多地使用基于 web 的瘦客户机接口进行实例化。开源网络地图和高级分析代码库的数量激增。像 Adobe Flash 和 HTML5 这样的软件允许在火狐和谷歌浏览器这样的现代浏览器中进行增强的可视化甚至复杂的分析。瘦客户机工具已经超越了胖客户机桌面工具，因为在政府环境中，授权和更新桌面工具变得非常复杂。情报分析员缺乏更改其桌面系统所需的管理权限。此外，随着军事和情报部门转向成本更低的信息技术资源，低功耗终端正在迅速取代昂贵而笨重的台式计算机。基于 web 的工具还允许所有用户共享相同的数据库，软件补丁程序和更新可以发布到同一服务器上的所有用户。

22.2 人机界面基础

时空关系分析工具的一个关键特性是多个视图的相互连接，这使情报分析员能够快速了解数据元素在时间和空间中的位置以及与其他数据的关系。

22.2.1 地图视图

"将持续监视数据与其他情报和普遍存在的地理情报层相结合的信息域"

将分析环境的中心特征放到地图上（图22.1）[1]。主要特征包括：

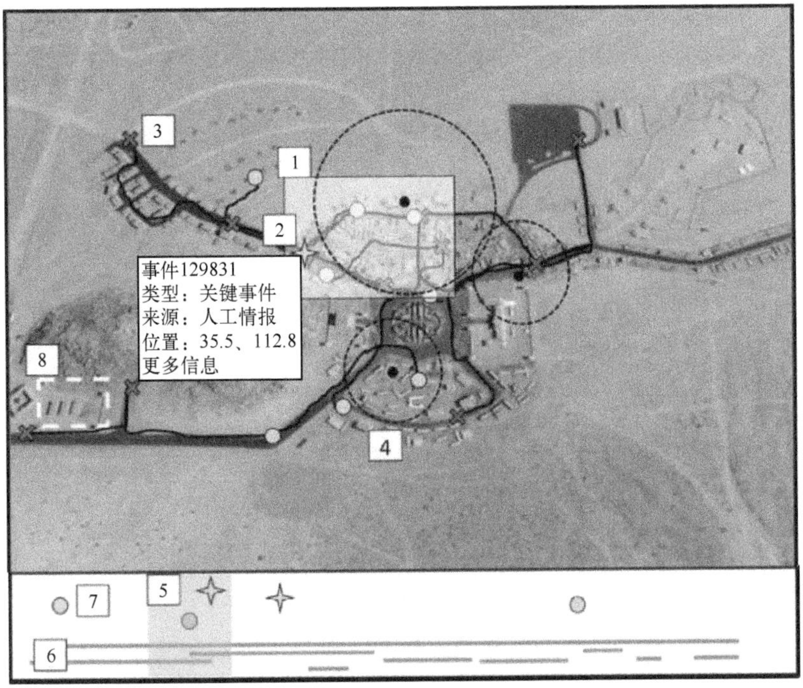

图 22.1 地图和时间轴视图

（1）空间搜索使用边界框 1 来执行。
（2）事件用地理点或符号 2 来表示。
（3）简短的文本用来描述注释事件。
（4）轨迹（一种典型事务）用带有绿色圆点表示开始、带有红色圆点或 X 表示停止见 3。
（5）根据关键情报问题（KiQ）或信息请求（RFI）的性质，情报分析员可以选择发现和显示完整的路径，或者只显示路径的开始和停止。
（6）单击地图中的任何事件或轨迹点将显示描述数据元素的元数据。
（7）速度和航向等信息伴随着轨迹点。
（8）与收集数据或传感器相关的其他元数据可以附加到从单一传感器收集的其他事件和事务中。
（9）事件位置的不确定性可以用95%置信椭圆表示，见 4。

地图层使用开放图层标准———一种基于 web 的地图应用程序的高性能 Javascript 库。图层可以由光栅/平铺或矢量组成，可以是基础地图，也可以是参考图像。栅格数据服务通常采用开放地理空间联盟（OGC）网络地图服务

(WMS)格式。这对于背景图像、上下文数据、基础地理信息和在小时间片上没有显著变化的引用数据非常有用。开放街道地图（OpenStreetMaps）和谷歌地图是地图服务数据被广泛用于基础地理信息的两个例子。开放地理空间联盟的网络要素服务（WFS）用于服务单个事件和事务。WFS数据将每个活动表示为点、线或多边形，而不是生成整个静态栅格层。矢量数据使用GeoJSON、TopoJSON、KML、GML和其他格式。

22.2.2 时间轴视图

时间分析需要一个时间轴用来描述发生在时间上的空间事件和事务。许多地理空间工具——最初设计用于在某个时间点集成分层数据的静态地图——已经添加了时间轴，以允许播放动画数据或基本地理点上的分层时间数据。大多数工具在空间视图的下面实例化时间轴（谷歌地球使用窗口左上角的时间轴滑块）。主要特征如下：

（1）时间轴筛选器（序号5）——图22.1中的阴影区域——允许情报分析员及时选择一个时间段来激活数据集。对时间轴进行筛选将从地图中删除所有未跨越时间窗口的数据。

（2）将带有持续时间的轨迹和事件在时间线上显示为线条（序号6）。

（3）点事件（如地理位置信号或具有单个时间值的事件标记）作为点（序号7）出现。穿过窗口的轨迹将完整地保留在地图上，但是以白色小圆圈的位置表示经过时间段筛选的对象轨迹平均值。

22.2.3 关系视图

关系视图在反欺诈和社会网络分析工具（如Detica NetReveal和Palantir）中很普遍。将关系视图或图形与时空分析环境集成，可通过关系属性链接不同的空间位置、事件和事务。

多源事件和事务的分组是一个活动集（图22.2），活动集在序列关系分析中起到"容器"作用。在分析时间和空间数据的过程中，情报分析员识别出看似相关但不知道关系性质的数据。在数据元素周围画一个方框，他或她可以对它们进行分组并创建一个活动集来保存，以供以后分析、共享或与其他活动集链接。

通过链接活动集，情报分析员可以将经过筛选的空间和时间事件集描述为一系列相关活动。通常，链接的活动集形成画布，以便在处理相同问题集的多个情报分析员之间共享信息。关系视图利用图表和类似实例化语义技术（RDF）来为关系提供背景。

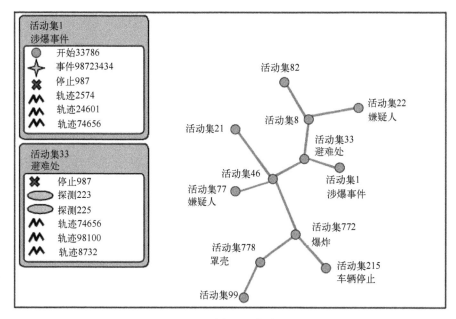

图 22.2 活动集和网络关系视图

22.3 分析操作概念

本节描述时空分析工具中一些广泛使用的基本分析原则。情报分析员通常在其主要显示和关注焦点上使用图 22.1 的变体。二级和三级监视器用于详细分析单个事件、源报告或关系视图，如图 22.2 所示。

22.3.1 发现和筛选

在传统的基于目标的情报周期中，情报分析员将输入一个目标标识符，以提取关于目标的所有信息，利用这些信息，生成目标报告，然后继续下一个目标。在 ABI 分析中，目标在分析开始时是未知的，必须通过演绎分析、推理、模式分析和信息关联来发现。

情报分析员这样开始情报发现过程：首先在地图上突出显示一个区域，选择一个时间段，然后使用面板或下拉菜单确定感兴趣的数据源。搜索数据可能导致查询许多分布式数据库，结果以地图/时间轴呈现给用户。情报分析员通常选择更小的时间段激活数据来处理事务或尝试识别模式，这个过程称为数据分类。与通过精确查询语句获取信息不同，ABI 分析更喜欢将所有可用数据带到情报分析员的桌面上,这样他们就可以确定这些信息是否有价值。这个过程同时实现了数据等价性和开发前数据整合的 ABI 原则。当然,它也给查询和可视化系统带来了很大的负担——查询返回的大部分数据都将作为无关数据被丢弃。然而,预先过滤掉数据可能会丢失感兴趣区域中有价值的相关信息。

分析工具适应这种操作概念的一种方式是在高缩放比上将矢量/特征信息作为栅格层进行预处理。如果一名分析员请求所有与叙利亚动乱有关的事件,查询可能会返回数千或数百万条记录[2]。将每个矢量都独立呈现,对情报分析员在国家级别查看数据是没有帮助的。当分析焦点集中在一个感兴趣的领域时,软件框架将从网络地图服务图像切换到网络要素服务,以便在相关性和元数据分析时能精确地选择单个活动。

如第 4 章所述,ABI 情报分析员练习一种在非常短的时间周期内动态地分析和综合处理的方法。他们查询大量数据,筛选并将其分类为几个感兴趣的关键事件,将这些事件标记为一个活动集,然后在不同的关联区域或时段内重复该过程。综合处理过程是将活动集联系起来,重新构建一个完整的故事空间,这个故事空间可以通过动画来理解和报告行为模式。

22.3.2 证据追溯

情报分析员使用框架进行证据追溯,这是 ABI 的序列不确定性的体现。PV 实验室描述了一个系统,其可以"实时索引数据,允许数据用于各种开发解决方案……用于追溯和标识其他多源情报节点"[3]。埃克塞利斯公司也提供了一个解决方案:"基于活动的情报解决方案,具有证据追溯能力,可以建立趋势和相互关联的行为模式,包括社会互动、旅行起源和目的地"[4]。

关键事件作为情报分析员的提示或证据追溯关联数据分析的起点。从时间轴上 $t=0$ 处的关键事件开始,分析员可以向左滑动以动画演示事件和事务,也可以反向操作时轴[5],移动对象从目的地反向跟踪到原点。这些位置可以查询、研究或通过观察框进行标记。使用这种技术,情报分析员可以重建事件并定位关键事件发生之前不知道的空间位置。参见图 22.3 获取关键事件的证据追溯示例。

22.3.3 观察框和告警

基于地理信息的边框是用于地理空间事件触发操作的虚拟边界[6]。梅茨格描述了地面动目标指示情报分析员如何使用这个概念来提供车辆运动的实

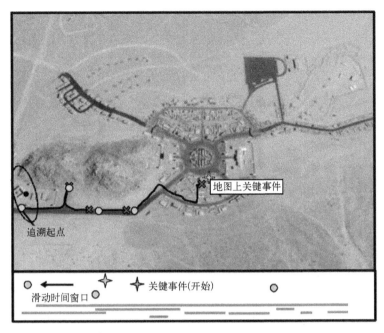

图 22.3　根据关键事件进行证据追溯的示例

时指示和告警[7]。这种技术也可以用在 ABI 方法中①。通过对时空框架内的事件和事务进行演绎分析，确定感兴趣的区域后，情报分析员可以在较小的区域周围设置观察框（图 22.1 中的第 8 项）。观察框标识出私密位置，作为后续收集、处理或分析产生的附加数据的持久化查询。本质上，如果信息出现在与用户定义的过滤器匹配的观察框中，情报分析员将通过电子邮件、RSS 或其他方式得到提示，表明新的数据已经到达一个感兴趣的地点[8]。

需要注意的是，观察框通常关注已知的兴趣领域——要么最初通过基于目标的分析进行描述，要么通过对事件和事务的演绎分析来发现。观察框倾向于支持基于预期结果的归纳推理，并抑制发现未知内容（必须将观察框的阈值设置为某个值，因此它将仅对预期内容发出提示）。顶级情报分析员不断地实践发现和演绎筛选，用新的假设、触发器和阈值更新观察框。

告警提示可能引发后续的分析或数据收集。例如，当检测到与特定筛选器匹配的事件和事务时，可以向情报收集管理专家发送告警提示信息，并指示其在具有特定功能的感兴趣区域收集数据。当告警提示信息进入收集系统

---

① 观察框可能是一个有用的工具，但提醒学员们需要注意的是，非常大的观察框会触发许多错误警报。从观察框开始，使情报分析员回到基于目标的模型，因此，他们应该在演绎分析确定了感兴趣的区域之后使用。

时，它们通常被称为"提示"或"线索"。

22.3.4 轨迹链接

如第12章所述，自动轨迹提取算法很少能产生从一个物体的起点到终点的完整轨迹。各种混杂因素，如阴影和障碍物，会导致轨迹中断。分析环境中的一个常见特性是基于元数据进行手动链接轨迹的能力。广域运动图像（WAMI）导出的轨迹通常在每一时刻都伴随着被检测对象的图像切片[9-10]。图像切片是从全帧图像中提取出来的。有时，背景像素也可以从图像切片上删除，以进一步减少文件大小。

单击轨迹的最后一个点可以加载检测到的对象图像切片。在轨迹起点附近单击，情报分析员可以尝试通过可视化特征和相关的元数据（如速度和航向）来匹配断开的轨迹。不同的颜色或符号区分了链接的轨迹，用于维护数据的来源，以便情报分析员可以确定哪些轨迹是通过算法生成的，哪些是经过人工验证的。图22.4显示了环境中的轨迹链接示例。

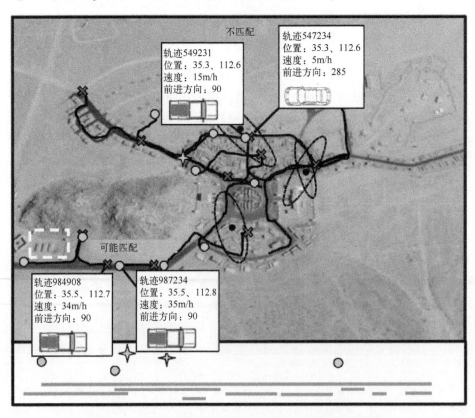

图22.4 时空分析环境中跟踪与广域运动图像数据的链接

22.4 高级分析

许多 ABI 分析工具的另一个关键特性是"高级分析"的实现——自动化算法流程，将常规功能自动化，或将大量数据集整合到丰富的可视化工具中。

密度图允许跨大空间区域进行模式分析，也称为"热力图"。这些可视化将事件和事务数据相加，创建一个带有热点区域的栅格层，其中包含大量活动。数据聚合是在某个特定时间间隔内完成的。例如，通过按周设置的时间阈值，创建多个密度图，情报分析员可以快速了解周与周之间的活动模式变化情况。

密度图使得情报分析员能够快速了解活动可能发生的位置（以及时间）。根据分析的需要，可以以不同的方式使用这些信息。如果事件罕见，如导弹发射或爆炸，则密度图将情报分析员的注意力聚焦到这些关键事件上。

在车辆运动（轨迹）的案例中，密度图标识了大多数交通可能发生的地方。这本质上识别了公共的位置，并可服务于发现疑似或感兴趣目标的行为模式。例如，在城市环境中，密度图高亮显示主要购物中心和拥挤的十字路口。在远程环境中，移动数据密度图可能会将情报分析员引向感兴趣的位置。

其他的算法处理轨迹数据来寻找交叉点和重叠部分。例如，速度相近、方向相近的搬家工会被视为同行者。当他们排成一行时，他们可以被认为是一个车队。当两个搬家工人在一定的时间和距离内相遇时，就可以称之为"相遇"。不同时间和空间阈值的数学关系确定特定的行为或复合事件。通过这些分析可以快速地分析和筛选大型数据集，从而识别新的关键事件，并进一步将情报分析员的注意力集中在后续数据开发利用上。

高级用户界面已经实现了。2015 年，浣熊设计公司和比萨公司演示了一个独特的触摸屏界面，该界面使用 Hiper Stare®WAMI 查看器和浣熊设计公司"回放"实时分析和可视化工具，可以快速轻松地在单个面板上开发利用多个数据集[11-12]。

22.5 信息共享和数据导出

许多框架使用地理注记来增强空间故事呈现能力。在地理空间和时间上，采用"标注框"来突出显示关键事件，并包含情报分析员输入的元数据信息，用于描述一系列复杂事件和事务。

并不是所有的情报分析员都在 ABI 分析工具中操作，并可从 ABI 分析的输出中获益。活动集中的轨迹、图像片段、事件标记、注释和其他数据可以以 KML 格式导出，KML 是谷歌地球和许多空间可视化工具的标准格式。带有时间元数据的 KML 文件使得谷歌地球拥有时间滑块，允许播放动画或回放空间故事过程。

22.6 总　　结

在过去的 10 年中，出现了一些工具，它们使用相同的核心特性来帮助情报分析员理解大量的空间和时间数据。在 2014 年美国地理空间情报基金会（USGIF）地理空间情报研讨会上，工具供应商们包括 BAE 系统公司[13-14]、诺斯罗普·格鲁曼公司[15]、通用动力公司[16]、分析图形学公司[17-18]、数字地球公司和译夺公司[19]等在内，展示了与上述类似的高级分析工具[20]。地理相关的事件和事务，时间上的探索以及与其他情报源的关联，允许情报分析员开采数据中的行为模式元素，发现新的位置和联系。随着工具的持续开发，情报分析员发现数据源的新用途，开发了曾经难以预见的用于商业组合数据分析的新方法。

参考文献

[1] Arbetter, R., "Understanding Activity-Based Intelligence and the human Dimension," presented at the 2010 GEOINT Symposium, New Orleans, LA, November 1, 2010.

[2] "The GDELT Project," web. Available：http:/gdeltproject.org/.

[3] "PV Labs," corporate overview.

[4] "CorvusEye 1500 Persistent Real-Time Intelligence Over a Wide Area (Spec Sheet)," Exelis Corporation, October 2014.

[5] Ratches, J. A., R. Chait, and J. W. Lyons, "Some Recent Sensor-Related Army Critical Technology Events, National Defense University, Defense Technology 100 Paper, Center for Technology and National Security Policy, Feb. 2013.

[6] Ijeh, A. C., et al., "Geofencing in a Security Strategy Model," in Global securit, Safety and Sustainability Berlin; New York: Springer, 2009.

[7] Metzger, P. J., "Automated Indications and Warnings from Live Surveillance Data," Lincoln Laboratory Journal, Vol. 18, No. 1, 2009.

[8] Rise of the Drones (NOVA), Public Broadcasting System, 2013.

[9] "LVSD Motion Imagery Streaming, MISB RP 1011. 1, IC/DOD/NGA Motion Imagery Standards Board, February 27, 2014.

[10] "MISB Engineering Guideline 0810. 2, Profile 2: KLV for LVSD Applications. 11 Jun 2010.

[11] Ringtail Design and PIXIA Corporation, "Wide area motion Imagery analysis," web. Available: https://www.youtube.com/watch? v=qn_50vphg6A.

[12] Ringtail Design," Replay for Real-time Sltuational Awareness, web. Available: https://www.youtube.com/watch? v=_sgbjjyjbw0.

[13] Ratzer, C., "BAE Systems Honored for Outstanding Achievement in Aerospace & Defense," web. Available: http://www.baesystems.com/article/baes_167280/baesystems-honored-for-outstanding-achievement-in-aerospace—defense. [Accessed: 10-Mar-2015].

[14] BAE Systems, "Activity-Based Intelligence: Get Answers to Your Most Difficult Questions (SOCET GXP 4.0 Brochure)," 2012.

[15] Mitchell, L. T., "From Messy to Intelligible Data: A Look at Northrop Grumman's ABI R&d, Trajectory Magazine, web. Available: http://trajectorymagazine.com/got-geoint/item/1786-from-messy-to-intelligible-data.html. [Accessed: March 10, 2015].

[16] "Multi-INT Analysis and Archive SystemTM (MAAS®) -Operationally Deployed Full Motion Video (FMV) and Imagery processing, Exploitation and Dissemination (PED) Information Sheet," web. Available: http://www.gd-ais.com/products/isr-imagery analysis/MAAS.

[17] Analytical Graphics, Inc, "A Case Study: Patterns-of-Life and Activity Based Intelligence Analysis. Suritec Integrates STK Engine to Create Multi-INT Fusion Framework, March 13, 2013, web. Available: http://www.agi.com/downloads/support/productsupport/literature/pdfs/ Case Studies/031313_Case Study_ Suritec. Pdf.

[18] Claypoole, S., "STK and Activity-Based Intelligence," April 25, 2013.

[19] Leidos Corporation, "Advanced Analytics Suite."

[20] Gerber, C., "Video Program Expands Imagery," Geospatial Intelligence Forum, Vol. 10, No. 7, October 2012.

第 23 章
泛在传感器模式分析

"物联网"是一种新兴的模式,在这种模式中,有传感器功能的数字设备可以记录和传输越来越多的关于穿戴者、操作者、持有者(即所谓的用户)行为模式的信息。作为用户,我们在日常生活中留下了大量的"数字碎片"。数据挖掘可以揭示生活、地理活动的模式,并根据活动和事务解析实体。本章展示了 ABI 的原则如何应用于分析人类、他们的活动和他们的网络……以及商业公司如何利用这些常规做法来对付普通公民,以达到其营销和商业目的。

23.1 通过活动模式进行实体解析

美国前进保险公司(Progressive Insurance)的"快照计划"旨在奖励好司机,惩罚坏司机:"快照根据您的实际驾驶情况个性化设置您的保险费率(称为基于使用情况的保险)。您驾驶得越好,可以节省得越多[1]"。

该公司给每位订购保险的驾驶员邮寄一个应答器,将该应答器插入车载诊断(OBD2)端口——这是自 20 世纪 80 年代以来生产的大多数车辆的标准设备接口。按照该公司的说法,应答器设备记录的信息包括距离、一天中的时间、硬加速/减速以及车辆识别码(VIN,车辆的唯一标识符和驾驶员的表征)。该设备配有蜂窝数据连接,可以将记录的数据实时传送回前进公司。它会根据"你的硬刹车数量、你行驶的英里数以及你在午夜到凌晨 4 点之间的驾驶时间"对你的保险费率进行个性化设置[1]。设备的用户通常被监控 75 天,在这之后,他们将设备返回前进公司,并根据司机的活动模式计算修改后的"基于使用的"保险费率。

前进保险公司称,该设备不包含 GPS 传感器或其他跟踪技术,也不收集

"速度"信息。该设备确实收集距离和持续时间（因此平均速度可以收集）。我们称其为"准空间"数据，因为距离值揭示了关于起点和终点的细节：您可以（通常）假设当天的第一次行程源于目标的下床位置，而最后一次行程终止于相同的位置。对于上班族来说，第一次和最后一次行程的距离是一样的（不包括午间行程和中途站点）。与每次行程相关的时间也是一种启动/停止数据。

本书作者和他的配偶报名参加了前进保险公司的持续监测活动，并举办了一场友谊赛："谁是更好的司机？"经过 75 天的监测，两个用户获得了相同的折扣。对数据的证据追溯分析显示，司机之间"硬刹车"的平均数量没有明显的差异。在整个采样期间，两辆车的行驶次数大致相同（149 次对 159 次），行驶距离大致相同（1030 英里对 1216 英里）。但这个故事里还有更多的信息等待发现。

"快照计划"有一个基本假设：车辆识别号是驾驶员及其行为的表征。在这种情况下，作者有一个单独的车库，两辆车同时停放。而不是基于"所有权"选择一辆车，后面的车辆总是由第一个离开家的司机选择。因此，尽管每个司机都更喜欢一辆独立的车（"我的车"），但两个实体可能会基于便利的原则交换车辆，导致两个实体之间的行为模式出现交叉，从而使得进一步的分析变得困难。另一个问题出现了：车辆的驾驶员能否被车辆的行为唯一地识别？由于没有记录空间信息，因此无法通过与已知空间节点的地理信息来识别实体。

图 23.1 描述了每辆车随时间变化的活动模式。方框中的字母突出了分组模式，下标的字母突出了五天工作周中的某一天。为了清晰起见，周末被删除。距离条上的阴影部分显示当天行程的时间。颜色越浅越早，颜色越深越晚。阴影部分的方框高亮显示了取证实体识别的结果——可以根据样本集中除两天以外的所有行为模式消除实体的歧义。

模式 A 和模式 B 之间的关系是第一个线索。在 B 点，其中一名驾驶员每天早上离开，晚上离开，每天行驶 20～40 英里，我们假设这就是驾驶员 1 的模式，这种模式再次出现在 E、F、I、J/K、N、P/Q、R1–3、$S_{4,5}$ 和 U 点。

另一种模式是在 A 看到的另一辆车的轻型使用（也主要是短时间的午间行程）。我们将这种偶尔使用模式分配给驾驶员 2，并在 D、H、K 和 L 处看到它。在已知车辆/驾驶员配对的情况下，可使用演绎推理进行车辆/驾驶员配对（D）。在某些情况下，模式并不明显，例如，J/K 和 P/Q 看起来很相似。

基于活动的情报技术原理及应用

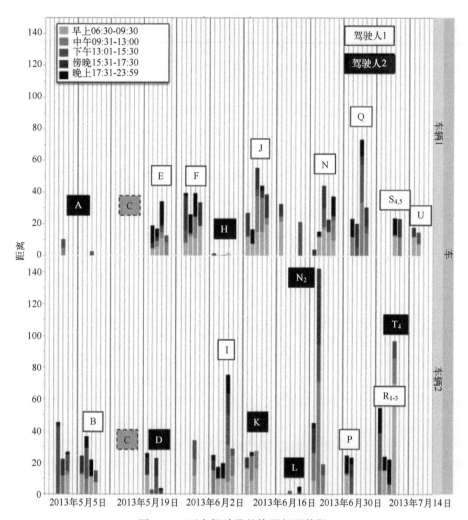

图 23.1　两个驾驶员的快照行程数据

另一个演绎推理的例子发生在 R 和 S，它们精确地遵循了 1 号司机的行为模式。因此，T4 一定是 2 号司机。如果一个 100 英里的往返行程 T4 是 2 号司机的活动，那么这是否揭示了 6 月 25 日神秘事件 N_2 的某些信息？这是一个演绎分析揭示新问题的例子。

在对数据的初步检查后，大约 50%~70% 的数据模式可以基于一个简单的、可概括的规则，从而唯一地解析对应到单个实体。另外 20%~25% 的数据模式解析，可以通过一些推论和假设来实现，但通常需要一些关于个体实体的知识（如：交换车辆的趋向；驾驶员 2 在家工作）。最后 5%~10% 的数据模式需要整合相关数据来解析，如联邦假日；或与其他数据集相关，如飞行记录。最后的数据需要花费大量的精力来解析，有些最终是无法解决的。这些是 ABI 分析的典型数据比例，反映了评估嘈杂、稀疏、困难的数据集所面临的现实情况。

添加一个额外的数据源（如地理位置）将极大地简化任务，因为它允许将每次行程与家庭、工作或中间位置相关联。这就是时空关联性和在开发前数据整合的价值所在。

23.2 时间行为模式

另一个高度时间性、弱空间性活动数据来源于健康监测系统。计步器曾经是测量用户每天步数的非重要设备，但随着人们对自身健康意识的增强，它变得越来越普遍。图 23.2 显示了一名办公室职员的步长数据柱状图，揭示了许多关于行为模式和个人活动和事务的信息。数据的时间非常准确，但空间性很弱，步数可以测量事务的距离，还可以告诉我们两个事件之间有关距离的某些信息。

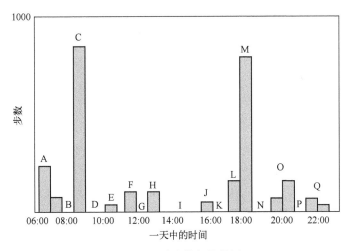

图 23.2　计步数据柱状图

在 ABl 中，缺乏收集并不意味着缺乏活动。这个概念提醒情报分析员，数据的缺乏并不意味着"什么都没发生"，可能只是意味着传感器没有记录到这些活动和事务而已。这一原理的逆过程如图 23.3 所示：缺少活动并不意味着缺少收集。相反，因为计步器持续地测量多个方向的变化作为步数，缺乏数据意味着缺乏运动，这本身就是一种活动。

基于活动的情报技术原理及应用

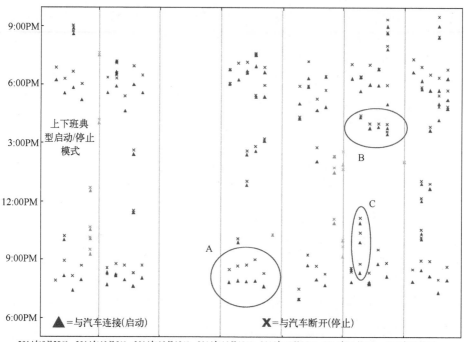

图 23.3　车辆蓝牙连接活动数据

例如，将 A、B、C 和 D 处的活动视为相关的活动序列。收集开始于上午 6：00 左右，用户在 A 处移动。接下来，用户大约 30min 不动。接下来，用户移动大约 800 步，然后停止移动 1h。活动 B 是开车去上班，大约早上 8 点到达。C 是从停车场走到用户的办公桌，D 是在办公桌前工作 1h 没有移动。当这四个活动被认为是一个序列时，构成了一个显而易见的用户行为模式。运用"一个事实意味着两个事实"的原则，可将上、下班视为一个完整的事务。如果这些数据代表了上班族的行为模式，而 C 是从停车场走出来到办公室，那么 M 就是与 C 配对的活动：从办公室走回汽车，这使得 N 表示开车回家（注意 N 比 B 长）。活动 F 和活动 H 也可以构成一个活动配对，G 在这两个活动中间，这三个活动可以代表步行去餐厅、吃饭、回到办公桌。此后，在 I 处久坐不动，连续工作几个小时。

无论用户是否意识到，数字设备都会记录用户的行为模式数据。考虑在一款名为"Trigger"的安卓应用程序上，导出用户移动设备上的活动日志数据。"Trigger"在事件被触发时启动活动，例如连接或断开蓝牙设备（如现代汽车中的娱乐系统）。车辆的活动可以看做是个人活动的表征，由于移动设备对每个连接和断开连接都扔出一个事件，所以这些事件代表了汽车引擎启动和停止的特征。该数据如图 23.3 所示。

在图 23.3 中，三角形表示开始，X 表示停止。周末是轻度阴影区。A 表示早上 8 点左右离开家去上班的典型模式（周四比平时稍长，周五此人提前几分钟离开家）。11 月 2 日那一周，发现了一种新的行为模式 B，此人似乎在下午 3 点到 4 点之间下班，开车走一小段路（不到 10min），接下来断网 1h 左右，然后回家。在 C 点的行为表示一类午间行动，也许是从办公室到另一个地点，然后再回来。此人也很少在周末将移动设备连接到车辆上，并且在 10 月中旬有很大的连接空白区。这种类型的数据代表了另一个行为的模式元素——它允许情报分析员估计此人大部分时间所在的位置，因为他或她倾向于遵循预测模型，同时，它提供了在途中或在事务的某个可疑端点处进行数据收集的机会。

23.3 整合多个泛在传感器数据源

越来越多的商业传感器收集了各种各样的传感器数据，但大多数数据从未被"利用"。这些数据被收集和索引是"以防万一"或"因为它很有趣"。当这些数据组合在一起时，它说明了在开发前进行数据整合的 ABI 原则，并说明了大量信息如何从几个在时间和空间上注册的数据集或彼此相关的数据集中被提取出来，或者只是简单地相互关联。图 23.2 中的计步数据与脸书历史记录、Gmail 发送邮件日志、微软 Outlook 日程安排和电子邮件记录、图 23.3 中的车辆/移动设备同步记录数据和一天的短信和电话日志，这些数据可用于如图 23.4 中的已知实体（作者）活动模型分析讨论。

某人在早上 6 点左右醒来，在 7 点 15 分左右上班之前，他会在家里四处走动，对脸书上的帖子进行评论，并发送六封电子邮件。到了公司后，他发了几条短信和几封电子邮件，然后走到办公桌前。登录办公系统后，他会回复一系列电子邮件，然后起身去喝杯咖啡或上厕所。然后，他可能正在自己的办公桌参加一个电话会议（同时，他发送七封电子邮件，处理多项任务）。然后他去某个地方——可能是去吃 25min 的午餐——然后再去了另外一个地方。这个地方可能不是他的办公桌，因为 Outlook 日历上说有一个会议。由于相邻会议之间没有步骤，所以第二次会议可能在同一个房间举行。接下来，他走到另一个地方（可能是他的办公桌）参加另一个会议，但迟到了。下班后，他会发十几封电子邮件，走到车旁，发短信"离开"，边开车边打了一个电话。一到家，他就在屋子里转来转去，发几封电子邮件，大约 45min 没有移动（可能是看电视或吃饭），发一大堆电子邮件和网上信息，然后睡觉。

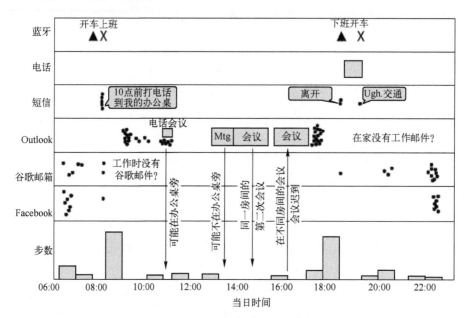

图 23.4　一天内单个实体的活动模式

对一天活动的语义理解，可以整合多个数据源来描绘一幅完整的图画，从而完成推断。某些关键的传感器，比如计步器，可以识别出什么时候这个实体肯定在同一个地方，理由是他没有移动。其他传感器，如来自两个电子邮件系统的事务记录，可以帮助识别位置。此人可以从家中或移动设备发送 Gmail，但无法在工作时访问 Gmail。因此，当他发送 Gmail 时，他不能被定位为在工作。类似地，Outlook 电子邮件的时间记录意味着他必须在办公桌前并且登录到公司的电子邮件系统。

对相关人员的分析可以发现类似的模式。例如，每封电子邮件必须至少有一个收件人，有些收件人可能与与会者有关；另一个人被告知"10min 后打电话到我办公室"；同一个或另一个人在该人下班时接到通知，说他堵车，解释他回家晚的原因。

语义轨迹的新兴研究将行为模式描述为一系列语义活动（如"他去商店"），作为大量空间数据的自然语言表示[2]。一些研究试图根据语义轨迹对相似的个体进行聚类，而不是试图使用相关系数和空间近似性将个体数据点进行数学关联[3]。

23.4 总　　结

来自数字设备的 ABI 数据,包括自我报告的活动和事务,正日益成为国土安全、执法和情报活动分析的一部分,这种数字数据的增值只会继续下去。为了实现这些数据所提供的好处,需要有方法和技术来实时整合大量的数据,并快速、准确地对其进行分析,以便做出决策。本章阐述了发现这些数据模式的可视化分析技术,商业公司正在使用"大数据分析"中的新兴技术,以网络速度和巨型规模自动挖掘和分析这些无处不在的传感器数据。

参考文献

[1] "FAQs: Snapshot Discount, Pay As You Drive®, Usage-Based Insurance," Progressive Insurance.

[2] Sabarish, B. A., R. Karthi, and T. Gireeshkumar, "A Survey of Location Prediction Using Trajectory Mining," in Artificial intelligence and Evolutionary algorithms in Engineering Systems (eds. Suresh, L. P., S. S. Dash, and B. K. Panigrahi), Vol. 324, Springer India, 2015, pp. 119-127.

[3] Ying, J. J.-C, et al., "Semantic Trajectory Mining for Location Prediction," Proceedings of the 19th ACM SIGSPATIAL International Conference on Advances in Geographic information Systems, 2011, P. 34.

第 24 章
ABI 的现在和未来

帕特里克·比尔特让,大卫·高瑟尔

ABI 的创立对情报界的影响,就像众所周知的"煤矿里的金丝雀"[①] 在提升矿井安全方面的作用。源源不断的数据持续汇集,数据量的剧增将使情报分析员感到无从下手甚至窒息。更复杂的问题是,新的非对称威胁在几乎无识别特征的情况下发生;另外,传统的基于国家的威胁则通过使用昂贵的对抗措施,以便(或者即将)在我们的情报能力中隐藏它们的特征。自 2000 年代中期引入 ABI 以来,这项技术从最初作为反恐的地理空间多源情报融合方法,发展成为一个包罗万象的学科,包括自动化、高级分析、预测分析、模式分析、关联和情报整合等。每个主要情报机构都依据这一技术进行了调整,然后基于 ABI 原则启动一系列行业和技术项目,本章将介绍部分最新成果。国家安全面临的威胁日益多样化,如果不改变商业模式,在预算和承包商合同方面将面临更多的压力。ABI 用于大规模演绎分析和多源情报数据关联的方法或原则,使得它有希望解决跨多源情报问题面临的急迫挑战。ABI 的核心原则正变得越来越重要,在一体化赛博/地理空间和即将到来的威胁中,其价值都会充分地体现出来。

24.1 日新月异的时代

在 2014 年全球航空安保大会上,美国国家情报主任克拉珀说,"每年

[①] 煤矿主将金丝雀带入矿井,通过金丝雀的活跃程度甚至死亡来判断矿井中的瓦斯含量是否超过安全指标,从而降低矿工面临的危险。——译者

我都告诉国会，我们正面临着我在情报工作中所见过的最多样化的威胁[1]。"2012 年，美国国家情报委员会（NIC）发布了《全球趋势：2030》（*Global Trends*：2030），这是情报界对未来趋势和驱动因素的第五份批判性评估报告。该报告"旨在促使人们思考当今世界迅速而巨大的地缘政治变化，以及未来 15~20 年可能出现的全球威胁发展趋势"[2]。他们设想了几种大趋势和游戏规则的改变，包括个人赋权、全球不稳定加剧、国际力量扩散和新技术的革命性影响。尽管信息技术等技术提高了生产率和生活质量，但美国国家情报委员会指出，"对奥威尔式国家监控增长的担忧，可能导致公民——尤其是发达国家的公民——限制或废除大数据系统"[2]。报告还明确指出，世界急剧发展变化的速度和多样性威胁将在未来一段时间继续保持。

2014 年 9 月 17 日，克拉珀公布了《2014 年国家情报战略》（*The 2014 National Intelligence Strategy*），这是该战略首次全部公开，并作为美国国家情报委员会未来四年工作重点的蓝图。NIS 描述了三个主要任务域，即战略情报、当前行动和预测情报，以及当前四个重点情报任务，即网络情报、反恐、反扩散和反情报[3]。网络情报任务首次被认为与反扩散、反情报等传统情报任务具有同等地位（图 24.1）。美国国家情报委员会在《全球趋势：2030》中提出的一个主要威胁[2]是国家和非国家网络行为体的扩散和信息技术的利用。

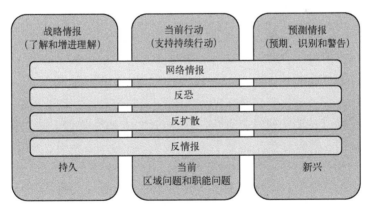

图 24.1　2014 年美国情报委员会确定的任务目标[3]

即将上任的国家地理空间情报局主管罗伯特·卡迪罗说："当今对手的本性是十分敏捷的，它以一种前所未有的方式适应移动和沟通，因此我们必须改变我们的行为模式[4]"。ABI 代表了这种变化，这是情报技术和科学技术在情报整合和决策优势上的根本性转变，可以从最初应对反恐演变为应对更广泛的威胁。

24.2 ABI 与地理空间情报革命

美国国家地理空间情报局的 ABI 革命始于 21 世纪初基层的努力，随着越来越多的情报分析员从对图像和视频的文字分析，转向利用地理坐标元数据进行（非文字的）演绎推理，这场革命也随之演变成为官方行为。2011 年 4 月，美国国家情报委员会前主管利蒂希娅·朗向公众介绍了基于活动的地理空间情报，她说："情报分析人员被要求以不同的方式进行思考、工作、协作等，被要求以基于活动的地理空间情报方式进行思考，而不是以基于目标的地理空间情报方式进行思考，不仅要解释事情在哪里发生，还要解释为什么会发生[5]。"

朗将 ABI 描述为一种管理"大数据"，并将其转换为情报"大价值"的方法，她说："我们不能用传统的以目标为中心、以产品为焦点的分析方法来实现'大价值'。相反，我们必须实施一种基于活动的情报方法，这样我们才能更广泛地合作、更深入地理解并发现更重要的信息"。她将 ABI 描述为情报分析方法的一个根本性转变，因为"我们面临的目标和威胁不再是稳定的、可预测的或者行动缓慢的，以至于我们无法用传统的情报技术逐步建立起对威胁的洞察力"[6]。

图 24.2 中所谓的等式图（在美国地理空间情报基金会 2013 年地理空间情报研讨会上提出[7]）显示了地理信息内容和持久地理空间内容是如何构成大数据基础的，这些数据可以使用第 10 章中描述的方法来获取、管理和访问。而活动分析、对象发现和模型构建/网络分析等新功能则使用第 12~14 章中的分析技术、自动化和融合方法。最后，第 15 章中描述了知识管理技术，即通过后续的收集和分析，建立了关于行为知识的核心基础，支持包括基于对象情报生产和地理空间情报生产。

朗在 2014 年地理空间情报研讨会上的发言中介绍了美国国家地理空间情报局的项目组合计划[8]。图 24.3 所示的情报分析能力组合包括模型和策略、数据收集、数据分析以及结构化数据文档等。美国国家地理空间情报局的结构化数据术语不但包括设施、单位和设备等传统地理空间情报术语，也包括活动和人员（实体）为中心的 ABI 情报术语[9]。ABI 能力的研发包含在美国国家地理空间情报局的情报分析能力组合计划中。

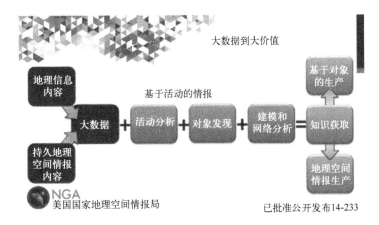

图 24.2 从大数据到大价值的转变

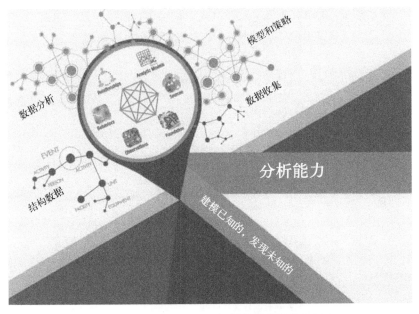

图 24.3 美国国家地理空间情报局分析能力组合

美国国家地理空间情报局的下一任局长罗伯特·卡迪罗（Robert Cardillo）强调了地理空间情报对第四代情报的重要性。卡迪罗表示，"每一个现代、地方、区域和全球性的挑战——气候变化、未来能源格局等——都以地理为核心"[10]。2015 年 3 月 16 日，卡迪罗还推动了在地理空间情报分析中越来越多地使用非保密信息，并宣布了一个不涉密的政府资助的情报分析环境——地理空间情报探路者，该环境于 2015 年夏季启动[11]。卡迪罗强调了"我们新的非保密信息来源和我们复杂的保密信息来源的协同作用，以使我们对新的、更加开放的竞争环境有更敏锐的洞察力和理解"的重要性[11]。

美国国家地理空间情报局还发布了 2020 年的情报分析环境展望,指出未来的情报分析员将需要"少花时间开发利用地理空间情报第一手资源,而多花时间进行情报分析和理解活动、关系,以及基于这些数据源的情报发现模式——ABI 情报技术在全球情报问题的实现"。表 24.1 突出列出了该机构确定的关键技术需求,包括 ABI 情报实现技术。

表 24.1　2020 年国家地理空间情报局关键情报分析技术需求

重点领域	关键技术需求
研究和发现	集中式跨域、数据不可知的联合搜索能力; 自然语言/语义查询能力; 自动元数据标记用于描述时空和情报/域内容; 自动数据发现的"深度学习"算法; 具有实时、上下文相关内容流的 IC 桌面仪表板
访问和可视化	聚合数据访问点的统一/通用分发框架; 统一内容可视化的独立的综合分析环境; 开放的、基于标准数据模型的互操作能力; 所有美国国家地理空间情报局数据源的服务使能; 沉浸式可视化情报分析员桌面; 移动开发和分析能力
开发与分析	对象(实体和活动)检测、向量化和归纳的自动算法; 分配和验证对象之间基于图形的关系的自动算法; 结构化观察捕获、共享和分析的企业级数据库; 技术能力/算法与管道式分析平台的解耦; 基于触摸、手势和语音交互的集成分析环境; 企业级图形数据库; 集中地理空间情报模型管理、共享和测试的分析建模框架
发布和报告	可向客户实时公开地理信息观测和判断的数据中心发布平台; 无需重新格式化、导出或移植就可实现对数据发布与警报信息的传播和消息服务; 可互操作的结构化数据可视化功能; 基于结构化数据自动生成报告的能力

注:资料来源:文献 [12]。批准公开发行,美国国家地理空间情报局 14-472。

24.3　ABI 和基于对象的生产

虽然美国国家地理空间情报局牢牢占据了 ABI 的定义及其作为地理空间情报技术实现方面的统治地位,但美国国家安全局和国防情报局在基于对象的生产(OBP)方面开展合作,组织已知信息以增加情报实用性。ABI 和

OBP 是有关系的，如图 24.4 所示。ABI 侧重于通过对活动和事务的演绎推理发现未知信息，而 OBP 则通过关注对象和实体及其行为来构造和组织已知信息，从而提升情报报告生成能力。地理空间可视化、数据过滤、相关与融合以及网络分析等技术是 ABI 和 OBP 这两种方法特有的。这两种方法的组合提高了情报综合能力并节省情报分析员的时间。当已知的对象和实体被识别和组织时，情报分析员更容易发现知识差距，采用 ABI 方法通过分析和后续数据收集来填补这些差距。

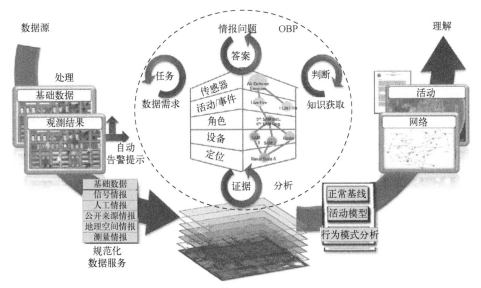

图 24.4　ABI 和 OBP 的关系[13]

在图 24.4 中，ABI 数据等价性原则以"规范化数据服务"的形式进行体现，并强调了"正常基线、活动模型和行为模式分析"的作用。在图 24.4 的中心，OBP 以层次模型体现，采用图形分析概念和一个非线性分析过程，获取知识以形成判断，并回答情报问题。与侧重于交付一系列情报产品的传统情报过程相比，ABI/OBP 组合过程的输出提升了对活动和网络的理解。

24.4　ABI 用于高空侦察

美国国防部副部长办公室最初定义的 ABI 核心是"分析和后续收集"，或者体现这样一种思想，即循环收集情报过程可用于填补 ABI 数据演绎分析而产生的知识缺口。国家侦察局开发、获得、发射和运营的高空情报采集系统，从历史角度看是与传统的情报问题绑定在一起的。近年来，国家侦察局越来越重视以 ABI 方法来调整这些采集器、它们的任务和相关的地面处理系统。国家侦察局主管贝蒂·萨普（Betty Sapp）相信，空中和地面创新能够实现 ABI 这样的革命性能力，他说："我们打算为美国提供多样性传感器和按需持续服务能力，我们在伊拉克和阿富汗的机载平台上发现了非常高价值情报。我们想只从太空着手，利用太空提供的独特优势——近乎即时的全球访问能力，以及对拒止区域的访问能力"[14-15]。2010 年，国家侦察局启动了感知程序（图 24.5）来处理诸如问题驱动、协调、多源情报收集[16]等新情况。在 2014 年的地理空间情报研讨会上，萨普罕见地公开展示了国家侦察局的感知能力，他说："我们已经证明，我们不仅能够做出反应，而且能够预测在哪里可以利用我们的太空侦察资源瞄准目标。"如图 24.5 所示，"预测情报和历史知识"的概念（在第 16 章中描述）是将人类分析与多源情报任务、统筹收集和多源情报处理联系起来的关键。这种关键的反馈循环对于使用自动化或半自动化方法实现 ABI 的"分析和后续收集"愿景非常重要。

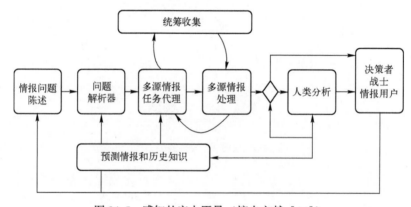

图 24.5　感知的宏大愿景（摘自文献［14］）

萨普还描述了融合分析与开发工作和多源情报时空工具套件的成功运用案例，该套件于 2007 年投入使用，当时国家侦察办公室用户意识到，当时空数据用动画方式呈现时，他们从中获得了更多信息。国家侦察办公室设计了"一组帮助情报分析员在大量数据中发现活动模式的工具"[15]。多源情报时空工具套件允许用户使用基于 web 的工具在时间和地理空间上呈现数百万个数据元素，使它们具有动画效果，使多个情报源相互关联，并共享数据之间的链接。"融合分析与开发工作被情报部门、国防部和国土安全部用作情报单元的一个组成部分"[17]。一个集成了 ABI/多源情报的框架是国家侦察办公室未来地面系统架构的核心组件[18]。

24.5　ABI 在情报界的未来

1987 年，以 24 世纪为背景的电视剧《星际迷航：下一代》(Star Trek: The Next Generation) 引入了"通信器徽章"的概念，这是一种佩戴在制服右胸位置的多功能设备。这枚徽章代表了组织标识、地理定位器、健康监测系统、环境传感器、跟踪器、通用翻译器和通信设备，这些设备被组合成为一个 4cm×5cm 的套件包。

2014 年，所有这些功能都被整合到现代智能手机中。在韩国，智能手机普及率今年首次超过 70%，这意味着 10 个用户中有 7 个是智能手机用户[19]。在拥有 980 万人口的首尔，超过 300 万居民乘坐私家车上下班，500 万居民乘坐公共交通工具上下班，平均每天上下班通勤时间超过 40min[20]。因此，手机还成为了移动支付设备、地铁卡和流媒体视频播放器——许多韩国人在通勤途中会在火车上看电视节目，移动设备可作为基本的身份表征之一。

最新一代宝马汽车的连接驱动系统集成了蜂窝网络连接和 GPS 硬件，为车辆提供位置服务和远程信息访问服务，将车辆的健康和状态传递给授权的服务中心[21]。智能仪表、智能恒温器（如谷歌的 Nest）、支持 Wi-Fi 的冰箱，以及亚马逊始终在线的语音识别数字辅助设备 Echo，越来越多地成为我们日常生活的一部分。

到 2030 年，将不可能存在"脱离电网"的生活环境（生活在没有电和网络的环境中），生活的必需品需要与你的朋友、家人、财务系统和工作场所等建立数字链接。这为国内外的商业、教育或情报目的的数据收集、分析和操作引入了新的模式。彭博社预测，到 2030 年，全球将有 40 个超大城市，至少拥有 1000 万人口[22]。马尼拉的人口密度为 4.3 万人/km²（是巴黎的两倍）[23]。在特大城市，成千上万的人员可能处于一栋建筑之中，成千上万的人员可能在一天之内进出一个城市街区。由于传统遥感数据的空间分辨率无法消除不同实体及其活动的歧义，因此，在这些建筑物内外部流动的物体和信息可能是收集有关人员及其网络的有意义情报的唯一途径。实体解析将需要对实体的多个特征及其与其他实体特征的交互关系进行彻底分析，特别是对重要安全操作场所的雇员的解析。在数字信息充满所有生活空间的今天，如果一个实体没有任何类型的标签，本身就会突显为感兴趣实体。每件事都发生在某个地方，但如果在某个地方什么事都没有发生，那就提示可能存在一个感兴趣的私密位置。

本书中描述的方法将逐渐成为情报分析艺术的核心。客户服务行业已经采用这些技术来提供基于个人身份和位置的个性化服务。通过互联网连接的日常物品的数据将使食品、能源和人员等物质资料在复杂的地理分布系统中高效流动。为实现这种超高效率而创建的业务系统（通常被称为"智能电网"和"物联网"）将生成大量事务数据。这些被情报界视为非传统的数据，将成为 ABI 情报分析方法的资源，以消除实体正常活动与严重威胁的歧义。

在情报界，使用非传统数据资源的过程不会一蹴而就，推动采用外部信息来源和全新情报分析方法所必需的组织变革将需要一定的时间，就像要改变拥有强大文化认同感的劳动人口一样。当然，情报界已经认识到，它将不再垄断复杂的情报收集来源，因此必须采用来自所有来源的地理空间信息作为了解地点和时间的新基础数据。从社交媒体和开放资源中获取的不断更新的信息的连续基线，其价值将随着非传统情报系统的使用而被放大。这种向基于数据等价性（ABI 的核心原则）的模型的广泛转变，从根本上改变了未来情报的本质。

克里斯坦森（Christensen）描述了一种使用 S 曲线来衡量革命性技术变革对公司影响的方法[24]。今天，这条曲线经常被用来描述企业的组织变化过程，美国国家地理空间情报局对这条曲线进行了优化调整，以预测向数据驱动分析方法（如 OBP 和 ABI）大规模过渡所面临的挑战（图 24.6）。变革的第一个困难来自体系结构和组织结构——为分散在各地的潜在数据源信息提供标准化的数据访问能力，而不用关心具体是什么数据源。标准化 OBP 和 ABI 数据服务正在提供跨数据源身份的初始解决方案。

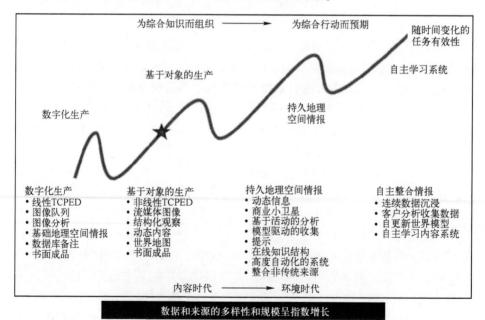

图 24.6　地理空间情报的颠覆性变化（经批准可公开发表。NGA15-296[25]）

变革的第二个困难将是这些信息在以任务为中心的情报分析内部得到广泛应用——人工分析与机器分析的搭配使用将推动实时的自动情报收集决策。美国国家地理空间情报局目前使用"持久地理空间情报"一词来定义这个新能力,并在2014年5月创建了一个同名办公室来领导这一转变进程。国家侦察办公室正在率先通过感知计划(图24.5)来研究和开发这些能力。人-机合作的概念,即人与机器的集成和优化,以协同执行各自理论上最适合的任务,正逐渐在商业、医疗和军事科学中得到实现。

24.6 结　　论

2030年的情报界将完全由"9·11"事件之后出生的"数字人"组成,他们能够无缝、舒适地驾驭复杂的数据场景,模糊了地理空间和网络空间之间的区别。他们在上小学的时候,就可能很自然地接触到本书中的某些主题。

我们的对手将会和我们上同样类型的学校,我们需要用反ABI的方法来阻止、否认和欺骗那些对手,否则他们会利用我们对数字的依赖反过来对付我们。设备——那些可以上网的、具备人工智能的运输和通信技术——将越来越像人类,甚至你的洗衣机也可能泄露你的生活隐私信息。从洗衣店获取的情报可以显示你的某些活动和事务,比如你去过哪里、做过什么、什么时候做过什么等,因为每一粒灰尘都代表着某个人或某个地方,而你的衣服会知道它们在做什么,甚至知道它们什么时候会被穿上。

在不远的将来,网络情报、信号情报和人工情报之间的界限将变得模糊,但地理空间情报丰富的时空展现能力仍将成为整合所有数据源的无处不在的基础。

本书的核心原则:时空关联性、序列不确定性、数据等价性和开发前数据整合,将仍然保持不变,但技术的应用将大大扩展,包括新的情报来源和情报分析方法。我们将开发新的情报分析和预测技术,提供决策优势,避免战略上的意外,并提高我们对日益危险、多样化和动态变化的世界中一系列问题的理解。

24.7 本章作者简介

大卫·高瑟尔是美国国家地理空间情报局持久地理空间情报办公室的高级概念主任。在此之前,他是ABI领导和特殊项目办公室的整合负责人。高瑟尔已经完成了一些支持社区发起的活动任务。他是众多奖项的获得者，包括 2015 年国家情报专业人员奖和 2012 年优秀单位奖。高瑟尔拥有科罗拉多大学博尔德分校的航空航天工程硕士学位和电信科学硕士学位，以及仁斯利尔理工大学的电气工程学士学位。本章所提出的观点是作者的观点，并不完全代表国防部或其下属单位的观点。

参考文献

[1] Clapper, J, "Remarks as delivered by The Honorable James R. Clapper Director of National Intelligence," presented at the IATA—AVSEC World, Grand Hyatt Hotel, Washington, D. C., October 27, 2014.

[2] "Global Trends 2030: Alternative Worlds, National Intelligence Council, December 2012.

[3] "National Intelligence Strategy of the United States of America (2014)," Office of the Director of National intelligence, September 2014.

[4] Roop, L., "5 questions with Americas New National Geospatial-Intelligence Agency Director, AL. com. November 2014.

[5] Long, L., "On My Mind: Leveraging Technology, Pathfinder, Vol. 9, No. 2, April 2011.

[6] Long, L., "Building a New Superhighway for Intelligence Integration, Remarks at the 2013 INSA Leadership Dinner, INSA Leadership Dinner, April 30, 2013.

[7] Gauthier, D., "Activity Based Intelligence Finding Things That Don't Want to be Found." Presented at the 2013 * GEOINT Symposium, Tampa, FL, April 16, 2014. Approved for Public Release. NGA Case #14-233.

[8] Long, L., "Remarks at the 2013 * USGIF GEOINT Symposium," Tampa, FL, April 2014.

[9] "Analytic Capabilities Portfolio Overview," National Geospatial-Intelligence Agency, Handout at the 2013 * GEOINT Symposium, approved for public release," April 2014.

[10] Cardillo, R., "Remarks at the Geography 2050 Conference, New York, November 19, 2014.

[11] Cardillo, R, "Remarks as Prepared for Robert Cardillo, Director, National Geospatial-Intelligence Agency for AFCEA/NGA Industry Day 2015," approved for public release, NGA Case#15-281.

[12] "2020 Analysis Technology Plan," National Geospatial-Intelligence Agency, approved for public release. NGA Case #14-472, November 12, 2014.

[13] Gauthier, D, "Activity-Based Intelligence," Presented at the Unmanned Aircraft Systems Conference, September 12, 2012, approved for public release, NGA Case #12-446.

[14] Sapp, B., "Keynote Presentation," Proceedings of the 2013 * GEOINT Symposium, Tampa, FL, April 2014.

[15] Alderton, M., "From Airborne to Spaceborne, NRO Director Shares Recipe for the Next

Generation in Space Innovation," Trajectory Magazine.

［16］National Reconnaissance Office, "Sentient Enterprise Request for Information," October 20, 2010, web. Available: https://www.fbo.gov.

［17］Carlson, B, "Remarks," at the 2011 USGIF GEOINT Symposium.

［18］Nakamura, M., "Future Ground Architecture, presented at the 2014 Enterprise innovation Symposium, May 7, 2014.

［19］"Korea's Smartphone Population Tops Milestone," Wall Street Journal July 28, 2014.

［20］"Economy/news/newS/KBS World Radio," web. Available: http://world.kbs.co.kr/english/news/news_Ec_detail.htm?No=84738.

［21］"BMW Connected Drive: Broaden of Access and Expansion of Services globally Will Include benefits for US Customers," BMW USA, May 6, 2013.

［22］"Global Megacities," Bloomberg, September 9, 2014.

［23］"List of Cities Proper by Population Density. Wikipedia [Accessed: 16-Nov-2014].

［24］Christensen, C. M., "Exploring the Limits of the Technology S-Curve. Part Component Technologies," Production and Operations Management. Vol. 1, No. 4, Fall 1992.

［25］Gauthier, D, "Persistent GEOINT Vision," approved for public release, NGA Case#15-296.

第 25 章
结语

在 21 世纪初期的许多学科中，传统主义者和革命者之间的斗争非常激烈。前者通常由那些对业务凭直观感觉的艺术家组成。后者由数据科学家和情报分析员组成，他们试图将人类的所有存在简化为事实、数字、方程和算法。在塔勒布的证券交易世界里，他们被称为量化，而在刘易斯（Lewis）的小说《点球成金》（*Moneyball*）里，他们被称为统计主管。IBM 已经投资数十亿美元，或许未来有一天会用一台名为"沃森"的计算机取代传统的医生。

本书介绍了一个新兴领域的方法和技术，同时也介绍了情报分析员和工程师之间类似的二分法。本书的作者认识到，理解 ABI 的故事，是情报分析艺术与科学方法共同的胜利，而不是某一方取得胜利。在《信号与噪声》（*The Signal and the Noise*）一书中，统计学家兼情报分析员内特·西尔弗（Nate Silver）指出：在《点球成金》中，侦察兵与统计学家之间的故事，是关于如何将两种方法结合起来解决一个难题的。团队之间的文化差异对合作和进步是一个巨大的挑战，但不同的视角也是一个巨大的优势。在 ABI 中，艺术和科学都有发展的空间；事实上，在新的情报时代，解决最困难的问题往往都需要这两者。

情报分析员在某些方面类似于西尔弗的侦察兵，他们有一句脱口而出的口头禅："我们无法解释我们是如何知道的，但我们就是知道"（如经验直觉或第六感）。有时，情报分析员甚至很难在事后清楚地说出导出特定结论的完整推理过程。不可否认，这是自然界中人的独特能力的一部分。在情报这个极其困难的职业中，充满了蓄意的欺骗和迷惑的企图，情报分析员从工作的第一天起就被训练去相信自己的判断。但是，判断常常是不科学的，尽管尝试应用结构化分析技术或引入贝叶斯思想。在地理空间情报分析行业内也存在分歧，传统主义者往往只关注头顶上的卫星图像，而革命者则关注所有与时间空间有关的数据。尽管所有的自动化工具和算法都被用来处理大量的奇异数据，但在一天结束的时候，一个简单问题总是会落在一个情报分析员的头上："你的判断是什么？"

西尔弗的统计主管——我们的程序员、数据科学家和工程师——相信，如果他们能把模型搞对，问题就会迎刃而解。尽管团队科学相信它是优秀的，但技术专家也同样可能落入情报分析员们所屈服的心理陷阱中。工程师们也有自己的思维陷阱、偏见和对世界运行方式的看法，最好的技术几乎总是无法解决"人的问题"。早期 ABI 从业人员最伟大的发现之一，就是他们心中的情报问题是人的问题。

ABI 引入了四个支柱（原则）：时空关联性、序列不确定性、数据等价性，以及开发前数据整合，如图 25.1 所示。这些支柱为分析"大数据"世界中的复杂问题提供了方法学框架。

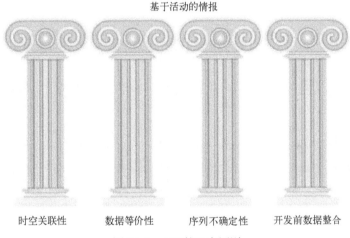

图 25.1 ABI 的四大原则

ABI 提到了艺术家（情报分析员）经常被工程师批判的三个观点，他们认为：第一，在空间环境中查看数据，似乎太简单而无法理解（洞察）某件事情，但是情报分析员的经验表明，通常唯一共同的元数据是时间和位置——这是一个很好的起点。第二，数据的相关性优先于因果关系。情报故事通常不是完整的故事，没有明确的开头、中间和结尾。如果相关性将分析和后续收集的重点放在感兴趣的关键领域或重大谜团的缺失线索上，则不需要因果链。第三，经常争论的焦点是对实体近乎痴迷的关注。实体解析、特征分析和附带收集等概念将情报分析员的重点放在"了解谁"上。这是对领袖人物进行情报分析的人员所熟悉的，他们多年来一直专注于高层次的人格特征和心理分析。但与分析领袖人物的重点——理解心态和意图——不同，ABI 关注的是最细微层次的人的问题：人的行为，不管这些人是坦克驾驶员、恐怖分子还是普通公民。通过对人在时空中的活动的详细了解和反演推理，为解析这些人的身份和意图提供了可能性。最终，找到下一步的目标——有时是"为什么"，有时是"下一步是什么"。

自动化活动提取、跟踪和数据融合等技术可以帮助情报分析员处理庞大而难以处理的数据集。虽然这些技术有时与"ABI"同义，或者称为"ABI 使能器"，但它们更适合称为"ABI 增强器"。没有哪项技术完全不需要情报分析员的参与就能解决情报问题。政策制定者和军事指挥官不会向计算机"哈尔"（《2001：太空漫游》（*2001: A Space Odyssey*）中的杀人计算机）去征求意见；相反，他们获得的建议来自情报分析员：简（Jane）、赛义夫（Saif）和米格尔（Miguel）等。本书的例子集中在使用先进的情报分析技术促进未知情报的幸运发现。在情报分析中，事件点之间不会自动相互联系，因此也不能漫无目的地大海捞针。ABI 中的工具和技术将情报分析员的注意力集中在分析上，这样他们就可以花更多的时间来开展分析工作，而不是用于处理条件不佳的数据集。

工程师的世界充满了看起来挺美的自动化分析算法和一些解决具体问题的巧妙的规则集，但也要警惕数据不确定性的影响。在西尔弗的"棒球资料的统计分析"中，棒球球员卡展示了可能是世界上最丰富的数据集，这是一组非常精细、记录良好，最重要的是可以从中得出结论的完整数据集。在棒球运动中，数据收集的对象不会刻意隐藏他们的行为，也不会阻止收集他们的数据。然而，在情报界却是非常不同的，情报机构试图收集近乎同等地位的国家级对手、恐怖组织、黑客群体和其他许多人的信息，这些人都是经过深思熟虑、协调一致地努力将自己的数据足迹最小化。在以国家为中心的情报领域，这被称为拒绝与干扰；在以实体为中心的情报领域，这被称为蓄意行动安全。数据中存在脏数据、欺骗性和不完整性，算法本身无法理解这些数据，算法效果被无限的不确定性所削弱，需要人类的判断力来充分发挥算法的潜能。

"预测是困难的，尤其是对未来的预测"，这是一句至理名言。早期的 ABI 情报分析员将电子表格加载到地理信息系统中，分析相互关系并记录活动模式，以便更好地预测恐怖分子和叛乱分子的潜在位置。通过对战场上收集的数据的详细了解，他们对战术数据收集资源的分配做出了合理决策。该方法获得的几个预测元素同时出现在情报分析员的大脑中，解决了单独的数据元素无法回答谁、在哪里的关键问题——身份和位置。

第 25 章 结语

有些情报分析员沉浸在杂乱无章的数据中,从众所周知的现代战场的"剪切室地板"中收集数据(在图片剪切室中,各类碎片被随意丢弃在地板上,意味着大量杂乱无章的垃圾数据),反而对要回答的关键问题缺乏了解。演绎推理和归纳推理被用来匹配时空数据的解释力:集中在解释观察到的行为的假设上。这意味着大量潜在的、需要解释的假设等着在数据中被发现。在寻找特定高价值目标的过程中,情报分析员往往会根据之前未知的个体特征的空间相关性来发现实体和行为。情报分析的重心向未知情报发现转移是该方法的首要和持久的突破,我们相信这种聚焦可以扩展到反恐和追捕领域之外的广泛的情报问题。

在美国情报界发生重大变化之际,ABI 也终于走到了最前沿。领导人认识到,在一种由新型威胁主导的灵活而富有挑战性的环境中,为冷战开发的情报过程无法提供需要的答案,因此他们努力重新定义像情报循环这样的旧模式,并将 ABI 视为一种"新业务模式"的代表。在这样做的过程中,ABI 代表了情报改革和现代化的全部内涵,从而厘清了现在的混乱和困惑。2015 年 1 月,美国国家安全局局长罗伯特·卡迪罗(Robert Cardillo)在情报与国家安全联盟上表示:"传统的情报循环已经死了。"卡迪罗接着说,他不确定是否会有一个缩写来取代它:"ABI、SOM 和 OBP——我们称为新思维方式的名称并不重要,重要的是改变思维方式",这一认识恰当地将 ABI 定位为情报领域具有特定的方法、特定的技术需求和特定的应用领域的少数新方法之一。毫无疑问,在现代情报机构努力适应不断变化和越来越复杂的世界的过程中,还会出现其他方法,这些方法将对 ABI 形成补充并可能有一天会取代它。

本书对 ABI 的核心方法进行了深入的阐述,并对远远超出 ABI 方法范围的 ABI 增强器进行了广泛的调查。理解这些原则最终将有助于情报分析员更有效地实现他们的唯一目的:向决策者和作战人员提供信息,帮助他们在一个不确定的世界中做出复杂的决策。

关 于 作 者

帕特里克·比尔特让是 Vencore 公司支持国家侦察办公室的高级首席系统工程师。在此之前，他是 BAE 系统情报集成局的高级任务工程师，是国家地理空间情报局基于活动的情报能力实施的主题专家。比尔特让博士在 BAE 系统公司中担任过多种角色，包括地理空间情报数据自动化"管道"处理的初始概念的开发、多源情报数据发现和关联，以及与图论相关联的对象关系。比尔特让还领导了一项预测研究，研究 2050 年对情报界的影响。

在加入情报界之前，比尔特让博士是佐治亚理工学院的研究工程师和研究生研究员。他的研究工作将机器学习与飞机设计能力相结合，同时优化远程轰炸机的战术和技术。他是高维多学科设计优化、统计可视化分析方法和基于能力的贸易研究的专家。比尔特让获得了佐治亚理工学院的航空航天工程学士、硕士和博士学位。他获得了国防科学与工程研究生奖学金、宇航员奖学金、佐治亚理工学院总统奖学金和 2006 年美国航空航天协会奥维尔和威尔伯·莱特奖。比尔特让也是萨姆·纳恩（Sam Nunn）安全项目的成员，他和他的妻子吉娜住在弗吉尼亚北部。

斯蒂芬·瑞安是诺斯罗普·格鲁曼公司信息系统部门情报、监视和侦察部门的任务工程经理。他领导和建议诺斯罗普·格鲁曼公司的基于活动的情报计划，并管理一个研发项目计划，专注于多情报处理和分析。在加入诺斯罗普·格鲁曼公司之前，他是美国国家地理空间情报局的一名荣誉情报分析员，专门从事针对阿富汗和巴基斯坦的恐怖主义分析，他曾是情报界研究 ABI 的权威专家之一。为了支持特种作战部队，他在"持久自由"行动期间被派往阿富汗，在那里待了将近一年的时间。瑞安曾两次获得联合文职人员嘉奖，还获得过北约奖章、全球反恐战争的国防部长奖章，以及大量用于表彰在情报分析和项目支持方面表现出色的团队和个人奖项。

瑞安是场景总监和"三叉戟幽灵"的高级情报分析员，"三叉戟幽灵"是由 SOF 行业组织的一个跨部门活动，重点关注技术和方法的评估与开发。2012 年，他加入了一个由国家情报委员会赞助的跨部门团队，该团队有五名情报分析员和一名外部专家，他们根据"阿拉伯之春"事件对基地组织进行了重新评估。2013 年,他帮助创建了情报界第一个"基于活动的情报"的培训课程,名为"ABI 101"。他以优异成绩获得乔治敦大学沃尔什外交学院的安全研究硕士学位,并在乔治·华盛顿大学埃利奥特国际事务学院获得国际事务学士学位,在那里他以大学和系优等成绩毕业,也是国际事务学会主席,并被选为优等生荣誉学会的成员。他目前住在加州洛杉矶。

比尔特让和瑞安因其在情报行动和基于活动的情报方面的贡献而获得国家情报功勋单位奖和国家情报综合奖。